AutoCAD 2018 中文版机械设计实例教程

三维书屋工作室
胡仁喜　刘昌丽　等编著

机械工业出版社

本书介绍了使用 AutoCAD 2018 中文版进行机械设计的方法和技巧。书中根据机械零件的结构特点，以各种常见的机械零件为主要的具体实例模型，详细介绍了 AutoCAD 2018 绘图基础知识、二维零件图绘制、二维装配图绘制、三维零件图绘制、轴测图绘制及三维图转化为二维图等知识。通过全书的学习，读者可以掌握使用 AutoCAD 2018 进行机械设计的方法，以及二维绘图与三维绘图的技巧。已经是业内的读者，也可以在本书中感受到针对不同零件的设计思路、风格和技巧。书中对每个零件实例都介绍了在设计过程中使用的命令和数据，提供了真实的设计效果图片。

　　本书可以作为 AutoCAD 机械设计培训教材，也可以作为工业造型设计人员的参考书。

图书在版编目（CIP）数据

AutoCAD 2018 中文版机械设计实例教程/胡仁喜等编著. —4 版. —北京：机械工业出版社，2018.1

普通高等教育"十三五"规划教材

ISBN 978-7-111-58656-2

Ⅰ. ①A… Ⅱ. ①胡… Ⅲ. ①AutoCAD软件—高等学校—教材
Ⅳ. ①TP391.72

中国版本图书馆 CIP 数据核字(2017)第 300881 号

机械工业出版社（北京市百万庄大街 22 号　邮政编码 100037）
责任编辑：曲彩云　　　责任校对：刘秀云　　　责任印制：孙　炜
北京中兴印刷有限公司印刷
2018 年 1 月第 4 版第 1 次印刷
184mm×260mm · 29.25 印张 · 710 千字
0001—3000 册
标准书号：ISBN 978-7-111-58656-2
定价：79.00 元

凡购本书，如有缺页、倒页、脱页，由本社发行部调换
电话服务　　　　　　　　　网络服务
服务咨询热线：010-88361066　机工官网：www.cmpbook.com
读者购书热线：010-68326294　机工官博：weibo.com/cmp1952
　　　　　　　010-88379203　金 书 网：www.golden-book.com
编辑热线：　　010-88379782　教育服务网：www.cmpedu.com
封面无防伪标均为盗版

前　言

AutoCAD 是用户群非常庞大的 CAD 软件。经过多年的发展，其功能不断完善，现已覆盖机械、建筑、服装、电子、气象、地理等多个学科，在全球建立了牢固的用户网络。目前，各种 CAD 软件不断从国外引进，这些后起之秀虽然在不同的方面有很多优秀而卓越的功能，但是 AutoCAD 毕竟历经市场的风雨考验，其开放性的平台和简单易行的操作方法早已成为工程设计人员心目中的一座丰碑。

机械行业作为一门古老而成熟的学科，在其发展长河中走过了很多具有里程碑意义的转折点.今天的机械设计从理论到应用都已发展得非常完善,但是,随着计算机技术的飞速发展,机械设计这门古老的学科又焕发了青春,这就是计算机辅助设计（CAD）技术在机械设计领域中的应用。其中,最早进行系统开发,目前在世界上应用极为广泛的 CAD 软件就是 AutoCAD。

本书系统介绍了利用 AutoCAD 2018 进行机械设计的思路与具体方法。全书以实例讲解为核心，以各种常见的机械零件为主要的具体实例模型，详细介绍了 AutoCAD 2018 绘图基础知识、二维零件图绘制、二维装配图绘制、三维零件图绘制、轴测图绘制、三维图转化为二维图等知识。通过全书的学习，读者可以掌握利用 AutoCAD 2018 进行机械设计的方法，以及二维绘图与三维绘图的技巧。这样的实例安排可以使读者在学习时做到有的放矢，既避免了空洞的机械设计理论说教，又不至于盲目地学习 AutoCAD 2018 的各项功能。

为了方便广大读者更加形象直观地学习本书，随书配赠电子资料包，包含全书实例操作过程录屏讲解 AVI 文件和实例源文件以及 AutoCAD 操作技巧集锦和 AutoCAD 建筑设计、室内设计、电气设计的相关操作实例的录屏讲解 AVI 电子教材，总教学时长达 3000 分钟。读者可以登录百度网盘地址：http://pan.baidu.com/s/1dEMDEhj 下载，密码：c7t8（读者如果没有百度网盘，需要先注册一个才能下载）。

本书由 **Autodesk 中国认证考试中心首席专家**胡仁喜博士和河北省石家庄市三维书屋文化传播有限公司的刘昌丽老师主要编写，康士廷、闫聪聪、杨雪静、卢园、孟培、李亚莉、解江坤、秦志霞、张亭、毛瑢、闫国超、吴秋彦、甘勤涛、李兵、王敏、孙立明、王玮、王培合、王艳池、王义发、王玉秋、张琪、朱玉莲、徐声杰、张俊生、王兵学等也参加了部分编写工作。由于时间仓促、编者水平有限，书中错误、纰漏之处在所难免，欢迎广大读者、同仁登录网站 www.sjzswsw.com 或联系 win760520@126.com 批评斧正，编者将不胜感激。也欢迎加入三维书屋图书学习交流群（QQ：597056765）交流探讨。

编　者

目　录

第1章
AutoCAD 2018 基础

AutoCAD 2018 是美国 Autodesk 公司于 2018 年推出的 AutoCAD 最新版本,这个版本与 2016 版的 DWG 文件及应用程序兼容,具有很好的整合性。

本章循序渐进地介绍了 AutoCAD 2018 绘图的有关基本知识,可以使读者了解如何设置图形的系统参数、样板图,熟悉建立新的图形文件及打开已有文件的方法等。

知识点

- 操作界面
- 设置绘图环境
- 文件管理
- 基本输入操作

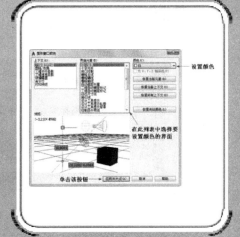

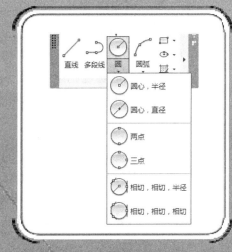

1.1 操作界面

AutoCAD 操作界面是 AutoCAD 显示、编辑图形的区域，一个完整的 AutoCAD 中文版操作界面如图 1-1 所示，包括标题栏、主菜单栏、绘图工具栏、功能区（选项卡）、快速访问工具栏、交互信息工具栏、绘图区、十字光标、坐标系图标、命令行窗口、状态栏、布局标签、滚动条等。

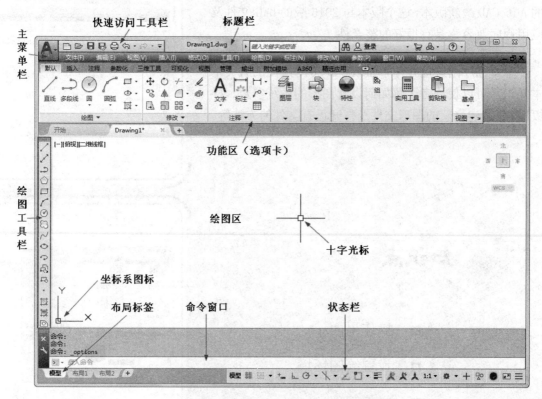

图 1-1 AutoCAD 2018 中文版操作界面

1.1.1 标题栏

在 AutoCAD 2018 绘图窗口的最上端是标题栏。在标题栏中显示了系统当前正在运行的应用程序（AutoCAD 2018）和用户正在使用的图形文件。在第一次启动 AutoCAD 时，在绘图窗口的标题栏中将显示 AutoCAD 2018 在启动时创建并打开的图形文件的名字 Drawing1.dwg，如图 1-1 所示。

1.1.2 绘图区

绘图区是指在功能区下方的大片空白区域，绘图区是用户使用 AutoCAD 绘制图形的区域，用户完成一幅设计图形的主要工作都是在绘图区中完成的。

在绘图区中，还有一个作用类似光标的十字线，其交点反映了光标在当前坐标系中的位置。在 AutoCAD 中，将该十字线称为光标，AutoCAD 通过光标显示当前点的位置。

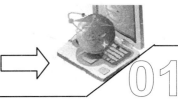
十字线的方向与当前用户坐标系 UCS 的 X 轴、Y 轴方向平行，十字线的长度系统预设为屏幕大小的 5%，如图 1-1 所示。

1. 修改图形窗口中十字光标的大小

光标的长度预设为屏幕大小的 5%，可以根据绘图的实际需要更改其大小。改变光标大小的方法为：在绘图区右击，在弹出的快捷菜单中选择"选项"命令，弹出"选项"对话框；单击"显示"选项卡，在"十字光标大小"文本框中直接输入数值，或者拖动文本框后的滑块，即可以对十字光标的大小进行调整，如图 1-2 所示。

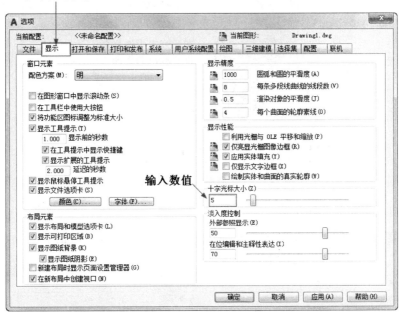

图 1-2　"显示"选项卡

此外，还可以通过设置系统变量 CURSORSIZE 的值实现对其大小的更改。方法是在命令行输入：

```
命令: CURSORSIZE↙
输入 CURSORSIZE 的新值 <5>:
```

在提示下输入新值即可。默认值为 5%。

2. 修改绘图窗口的颜色

在默认情况下，AutoCAD 的绘图窗口是黑色背景、白色线条，这不符合绝大多数用户的习惯，因此修改绘图窗口颜色是大多数用户都需要进行的操作。

修改绘图窗口颜色的步骤为：

1）在图 1-2 所示的"显示"选项卡中单击"窗口元素"选项组中的"颜色"按钮，弹出如图 1-3 所示的"图形窗口颜色"对话框。

2）单击"图形窗口颜色"对话框中"颜色"字样右侧的下拉箭头，在打开的下拉列表中选择需要的窗口颜色，然后单击"应用并关闭"按钮，此时 AutoCAD 的绘图窗口变

成了窗口背景色，通常按视觉习惯选择白色为窗口颜色。

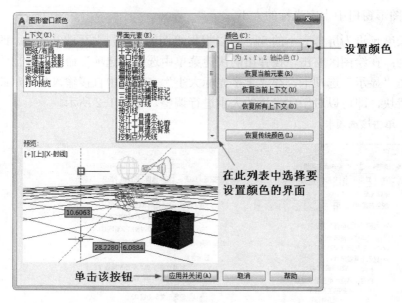

图 1-3　"图形窗口颜色"对话框

3．设置自动保存时间和位置

1）选择菜单栏中的"工具"→"选项"命令，弹出"选项"对话框。

2）打开"打开和保存"选项卡，如图 1-4 所示。

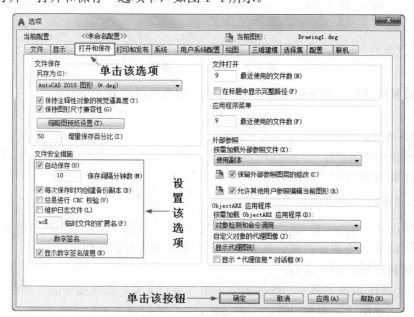

图 1-4　"打开和保存"选项卡

3）勾选"文件安全措施"中的"自动保存"复选框，在其下方的输入框中输入自动

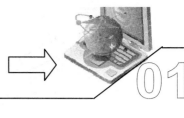
保存的间隔分钟数，建议设置为 10～30min。

4）在"文件安全措施"中的"临时文件的扩展名"输入框中，可以改变临时文件的扩展名，默认为.ac$。

5）打开"文件"选项卡，在"自动保存文件位置"中设置自动保存文件的路径，单击"浏览"按钮修改自动保存文件的存储位置，如图 1-5 所示。单击"确定"按钮，完成设置。

图 1-5 "文件"选项卡

1.1.3 坐标系图标

在绘图区的左下角有一个指向图标，称之为坐标系图标，表示用户绘图时正使用的坐标系形式，如图 1-1 所示。坐标系图标的作用是为点的坐标确定一个参照系。根据工作需要，可以选择将其关闭，方法是单击"视图"选项板中的"视口工具"选项卡最左端的"UCS 图标"按钮或选择菜单命令：选择菜单栏中的"视图"→"显示"→"UCS 图标"→"开"命令，如图 1-6 和图 1-7 所示。

1.1.4 菜单栏

在 AutoCAD 2018 默认的"草图与注释"界面中不显示菜单栏，可以单击快速访问工具栏后面的下拉三角按钮 ⬚ ⬚ 🖫 🖫 🖨 ↶ · ↷ · ⬚ ，弹出"自定义快速访问工具栏"如图 1-8 所示，单击"显示菜单栏"选项，调出菜单栏。调出菜单栏后的操作界面如图 1-9 所示。

同其他 Windows 程序一样，AutoCAD 的菜单也是下拉形式的，并在菜单中包含子菜

单。AutoCAD 的菜单栏中包含 12 个菜单："文件""编辑""视图""插入""格式""工具""绘图""标注""修改""参数""窗口"和"帮助"。这些菜单几乎包含了 AutoCAD 的所有绘图命令，后面的章节将围绕这些菜单展开讲述。一般来讲，AutoCAD 下拉菜单中的命令有以下三种：

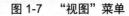

图 1-6 "视图"选项板   图 1-7 "视图"菜单

图 1-8 自定义快速访问工具栏

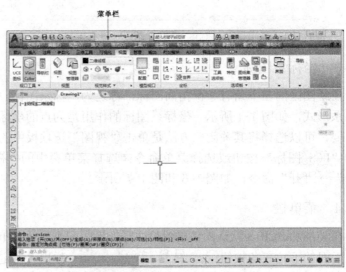

图 1-9 菜单栏

1. 带有小三角形的菜单命令

这种类型的命令后面带有子菜单。例如，单击"绘图"菜单，指向其下拉菜单中的

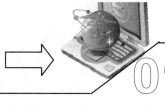
"圆"命令，屏幕上就会进一步下拉出"圆"子菜单中所包含的命令，如图 1-10 所示。

2．打开对话框的菜单命令

这种类型的命令后面带有省略号。例如，单击菜单栏中的"格式"菜单，选择其下拉菜单中的"表格样式（B）..."命令，如图 1-11 所示，屏幕上就会弹出对应的"表格样式"对话框，如图 1-12 所示。

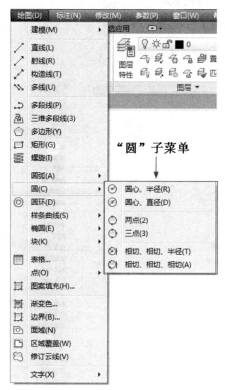

图 1-10　带有子菜单的菜单命令　　　　图 1-11　打开相应对话框的菜单命令

3．直接操作的菜单命令

这种类型的命令将直接进行相应的绘图或其他操作。例如，选择"视图"菜单中的"重画"命令，系统将刷新显示所有视图，如图 1-13 所示。

1.1.5　工具栏

在 AutoCAD 2018 默认的"草图与注释"界面中不显示菜单栏，可以单击菜单栏中的"工具"→"工具栏"→"AutoCAD"按钮，弹出"工具栏选项板"，如图 1-14 所示，在"工具栏选项板"中依次选择需要的工具栏，将其调出。此处调出的工具栏分别为："标注""标准""工作空间""绘图""特性""文字""图层""修改""样式"。

工具栏是一组图标型工具的集合，把光标移动到某个图标，稍停片刻即在该图标一侧显示相应的工具提示，同时在状态栏中显示对应的说明和命令名。此时，单击图标也可以启动相应命令。

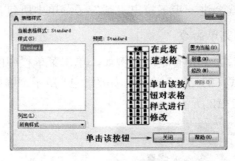

图 1-12 "表格样式"对话框

图 1-13 直接执行菜单命令　　　　　　图 1-14 工具栏选项板

1．设置工具栏

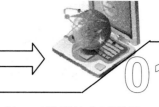

AutoCAD 2018 的标准菜单提供有 52 种工具栏，将光标放在任一工具栏的非标题区，单击鼠标右键，系统会自动打开单独的工具栏标签，如图 1-15 所示。单击某一个未在界面显示的工具栏名，系统自动在界面打开该工具栏。反之，关闭工具栏。

图 1-15　单独的工具栏标签　　　　　　　　图 1-16　"浮动"工具栏

2. 工具栏的"固定""浮动"与"打开"

工具栏可以在绘图区"浮动"（见图 1-16），此时显示该工具栏标题，并可关闭该工具栏。也可以用鼠标拖动"浮动"工具栏到图形区边界，使它变为"固定"工具栏，此时该工具栏标题隐藏。还可以把"固定"工具栏拖出，使它成为"浮动"工具栏。

在有些图标的右下角带有一个小三角，单击小三角会打开相应的工具栏（见图1-17），再按住鼠标左键，将光标移动到某一图标上然后松手，该图标就为当前图标。单击当前图标，即可执行相应命令。

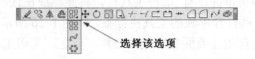

图 1-17 "打开"工具栏

1.1.6 命令行窗口

命令行窗口是输入命令名和显示命令提示的区域,默认的命令行窗口布置在绘图区下方,是若干文本行,如图 1-1 所示。对命令行窗口,有以下几点需要说明:

1)移动拆分条,可以扩大与缩小命令行窗口。

2)可以拖动命令行窗口,布置在屏幕上的其他位置。默认情况下布置在图形窗口的下方。

3)对当前命令行窗口中输入的内容,可以按 F2 键用文本编辑的方法进行编辑,如图 1-18 所示。AutoCAD 文本窗口和命令行窗口相似,它可以显示当前 AutoCAD 进程中命令的输入和执行过程,在执行 AutoCAD 某些命令时,它会自动切换到文本窗口,列出有关信息。

4)AutoCAD 通过命令行窗口反馈各种信息,包括出错信息。因此,用户要时刻关注在命令行窗口中出现的信息。

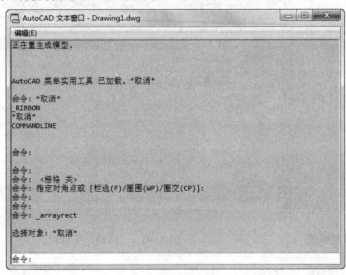

图 1-18 文本窗口

1.1.7 布局标签

AutoCAD 系统默认设定一个模型空间布局标签和"布局 1""布局 2"两个图样空间布局标签。在这里有两个概念需要解释一下。

1. 布局

布局是系统为绘图设置的一种环境,包括图样大小、尺寸单位、角度设定、数值精

确度等，在系统预设的三个标签中，这些环境变量都按默认设置。用户可根据实际需要改变这些变量的值，也可以根据需要设置符合自己要求的新标签。

2．模型

AutoCAD 的空间分模型空间和图样空间。模型空间是通常绘图的环境，而在图样空间中，用以创建叫作"浮动视口"的区域，以不同视图显示所绘图形。可以在图样空间中调整浮动视口并决定所包含视图的缩放比例。如果选择图样空间，则可打印多个视图，且用户可以打印任意布局的视图。

AutoCAD 系统默认打开模型空间，用户可以通过单击选择需要的布局。

1.1.8　状态栏

状态栏在屏幕的底部，依次有"坐标""模型空间""栅格""捕捉模式""推断约束""动态输入""正交模式""极轴追踪""等轴测草图""对象捕捉追踪""二维对象捕捉""线宽""透明度""选择循环""三维对象捕捉""动态 UCS""选择过滤""小控件""注释可见性""自动缩放""注释比例""切换工作空间""注释监视器""单位""快捷特性""图形性能""锁定用户界面""隔离对象""全屏显示""自定义"这 30 个功能按钮。单击部分开关按钮，可以实现这些功能的开关。通过部分按钮也可以控制图形或绘图区的状态。

> **注　意**
>
> 默认情况下，不会显示所有工具，可以通过状态栏上最右侧的按钮，选择要从"自定义"菜单显示的工具。状态栏上显示的工具可能会发生变化，具体取决于当前的工作空间以及当前显示的是"模型"选项卡还是"布局"选项卡。下面对部分状态栏上的按钮（见图 1-19）做简单介绍。

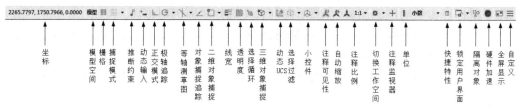

图 1-19　状态栏

（1）坐标：显示工作区鼠标放置点的坐标。

（2）模型空间：在模型空间与布局空间之间进行转换。

（3）栅格：栅格是覆盖整个坐标系（UCS）XY 平面的直线或点组成的矩形图案。使用栅格类似于在图形下放置一张坐标纸。利用栅格可以对齐对象并直观显示对象之间的距离。

（4）捕捉模式：对象捕捉对于在对象上指定精确位置非常重要。不论何时提示输入点，都可以指定对象捕捉。默认情况下，当光标移到对象的对象捕捉位置时，将显示标记和工具提示。

（5）推断约束：自动在正在创建或编辑的对象与对象捕捉的关联对象或点之间应用约束。

（6）动态输入：在光标附近显示出一个提示框（称为"工具提示"），工具提示中显示出对应的命令提示和光标的当前坐标值。

（7）正交模式：将光标限制在水平或垂直方向上移动，以便于精确地创建和修改对象。当创建或移动对象时，可以使用"正交"模式将光标限制在相对于用户坐标系（UCS）的水平或垂直方向上。

（8）极轴追踪：使用极轴追踪，光标将按指定角度进行移动。创建或修改对象时，可以使用"极轴追踪"来显示由指定的极轴角度所定义的临时对齐路径。

（9）等轴测草图：通过设定"等轴测捕捉/栅格"，可以很容易地沿三个等轴测平面之一对齐对象。尽管等轴测图形看似三维图形，但它实际上是由二维图形表示的，因此不能期望提取三维距离和面积、从不同视点显示对象或自动消除隐藏线。

（10）对象捕捉追踪：使用对象捕捉追踪，可以沿着基于对象捕捉点的对齐路径进行追踪。已获取的点将显示一个小加号（+），一次最多可以获取 7 个追踪点。获取点之后，在绘图路径上移动光标，将显示相对于获取点的水平、垂直或极轴对齐路径。例如，可以基于对象端点、中点或者对象的交点，沿着某个路径选择一点。

（11）二维对象捕捉：使用执行对象捕捉设置（也称为对象捕捉），可以在对象上的精确位置指定捕捉点。选择多个选项后，将应用选定的捕捉模式，以返回距离靶框中心最近的点。按 Tab 键可以在这些选项之间循环。

（12）线宽：分别显示对象所在图层中设置的不同宽度，而不是统一线宽。

（13）透明度：使用该命令调整绘图对象显示的明暗程度。

（14）选择循环：当一个对象与其他对象彼此接近或重叠时，准确地选择某一个对象是很困难的，这时可使用选择循环的命令，单击鼠标左键，弹出"选择集"列表框（里面列出了鼠标点击处周围的图形），然后在列表中选择所需的对象。

（15）三维对象捕捉：三维中的对象捕捉与在二维中工作的方式类似，不同之处在于在三维中可以投影对象捕捉。

（16）动态 UCS：在创建对象时使 UCS 的 XY 平面自动与实体模型上的平面临时对齐。

（17）选择过滤：根据对象特性或对象类型对选择集进行过滤。当按下该图标按钮后，只选择满足指定条件的对象，其他对象将被排除在选择集之外。

（18）小控件：帮助用户沿三维轴或平面移动、旋转或缩放一组对象。

（19）注释可见性：当图标亮显时表示显示所有比例的注释性对象，当图标变暗时表示仅显示当前比例的注释性对象。

（20）自动缩放：注释比例更改时，自动将比例添加到注释对象。

（21）注释比例：单击注释比例右下角的小三角符号，弹出注释比例列表，可以根据需要选择适当的注释比例。

（22）切换工作空间：进行工作空间转换。

（23）注释监视器：打开仅用于所有事件或模型文档事件的注释监视器。

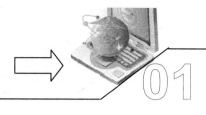

（24）单位：指定线性和角度单位的格式和小数位数。

（25）快捷特性：控制快捷特性面板的使用与禁用。

（26）锁定用户界面：按下该按钮，锁定工具栏、面板和可固定窗口的位置和大小。

（27）隔离对象：当选择隔离对象时，在当前视图中显示选定对象，所有其他对象都暂时隐藏；当选择隐藏对象时，在当前视图中暂时隐藏选定对象，所有其他对象都可见。

（28）硬件加速：设定图形卡的驱动程序以及设置硬件加速的选项。

（29）全屏显示：该选项可以清除 Windows 窗口中的标题栏、功能区和选项板等界面元素，使 AutoCAD 的绘图窗口全屏显示，如图 1-20 所示。

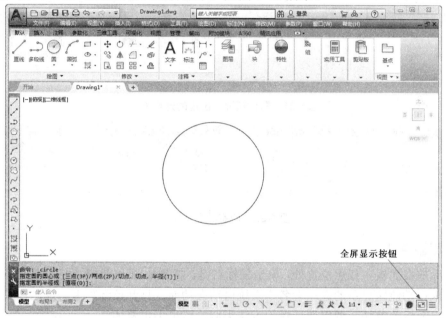

图 1-20　绘图窗口全屏显示

1.1.9　滚动条

在 AutoCAD 的绘图窗口中，在窗口的下方和右侧还提供了用来浏览图形的水平和竖直方向的滚动条。在滚动条中单击鼠标或拖动滚动条中的滚动块，用户可以在绘图窗口中按水平或竖直两个方向浏览图形。

1.1.10　快速访问工具栏和交互信息工具栏

1．快速访问工具栏

该工具栏包括“新建”“打开”“保存”“另存为”“放弃”“重做”和“打印”等几个最常用的工具。用户也可以单击本工具栏后面的下拉按钮设置需要的常用工具。

2．交互信息工具栏

该工具栏包括“搜索”、Autodesk Online 服务、“交换”和“帮助”4 个常用的数

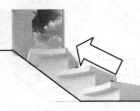

据交互访问工具按钮。

1.1.11 功能区

在功能区面板中把光标移动到某个图标，稍停片刻即在该图标一侧显示相应的工具提示，同时在状态栏中显示对应的说明和命令名。此时单击图标也可以启动相应命令。在默认情况下，可以见到功能区顶部的"默认"选项卡、"插入"选项卡、"注释"选项卡、"参数化"选项卡、"视图"选项卡、"管理"选项卡、"输出"选项卡、"附加模块"选项卡、"A360"选项卡以及"精选应用"选项卡，如图1-21所示。功能区中所有的选项卡如图1-22所示）。

图 1-21　默认情况下出现的选项卡

图 1-22　所有的选项卡

1．设置选项卡

将光标放在面板中任意位置处，单击鼠标右键，打开如图1-23所示的快捷菜单。单击某一个未在功能区显示的选项卡名，系统自动在功能区打开该选项卡。反之，关闭选项卡。调出面板的方法与调出选项板的方法类似，这里不再赘述。

图 1-23　快捷菜单

2．选项卡中面板的"固定""浮动""关闭"与"打开"

面板可以在绘图区"浮动"，如图1-24所示，将光标放到浮动面板的右上角位置处，

显示"将面板返回到功能区",如图 1-25 所示。单击此处,使它变为"固定"面板。也可以把"固定"面板拖出,使它成为"浮动"面板。将光标放在面板中任意位置处,单击鼠标右键,打开如图 1-23 所示的快捷菜单,单击"关闭"按钮,可以关闭选项卡。单击菜单栏中的"工具"→"选项板"→"功能区"按钮,可以重新打开选项卡。

在有些图标的右下角带有一个小三角,按住鼠标左键,将光标移动到某一图标上然后松手,该图标就成为当前图标。单击当前图标(见图 1-26)便可执行相应命令。

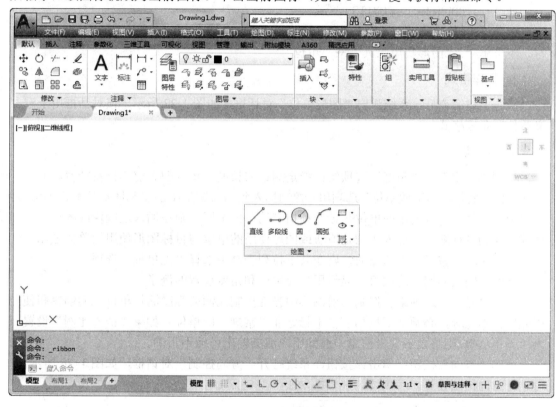

图 1-24　"浮动"面板

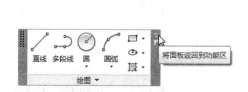

图 1-25　显示"将面板返回到功能区"

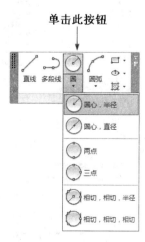

图 1-26　"圆"下拉菜单

1.2　设置绘图环境

1.2.1　图形单位设置

1.　执行方式

命令行：DDUNITS（或 UNITS）。

菜单栏：“格式”→“单位”。

主菜单栏：“图形实用工具”→“单位”。

2.　操作格式

执行上述命令后，系统弹出“图形单位”对话框，如图 1-27 所示。该对话框用于定义单位和角度格式。

3.　选项说明

（1）“长度”与“角度”选项组：指定测量的长度与角度的当前单位及精度。

（2）“插入时的缩放单位”选项组：控制插入到当前图形中的块和图形的测量单位。如果块或图形创建时使用的单位与该选项指定的单位不同，则在插入这些块或图形时将对其按比例进行缩放。插入比例是原块或图形使用的单位与目标图形使用的单位之比。如果插入块时不按指定单位缩放，则在其下拉列表框中选择“无单位”选项。

（3）“输出样例”选项组：显示用当前单位和角度设置的例子。

（4）“光源”选项组：控制当前图形中光度控制光源的强度测量单位。为创建和使用光度控制光源，必须从下拉列表框中指定非“常规”的单位。如果“插入比例”设置为“无单位”，则将显示警告信息，通知用户渲染输出可能不正确。

（5）“方向”按钮：单击该按钮，系统打开“方向控制”对话框，如图 1-28 所示，可进行方向控制设置。

图 1-27　“图形单位”对话框

图 1-28　“方向控制”对话框

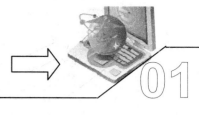

1.2.2 图形边界设置

1. 执行方式

命令行：LIMITS。
菜单："格式"→"图形范围"。

2. 操作格式

命令：LIMITS✓

重新设置模型空间界限：

指定左下角点或［开(ON)/关(OFF)］〈0.0000,0.0000〉：（输入图形边界左下角的坐标后按 Enter键）

指定右上角点〈12.0000,9.0000〉：（输入图形边界右上角的坐标后按 Enter 键）

3. 选项说明

（1）开(ON)：使绘图边界有效。系统在绘图边界以外拾取的点视为无效。

（2）关（OFF）：使绘图边界无效。用户可以在绘图边界以外拾取点或实体。

（3）动态输入角点坐标：它可以直接在屏幕上输入角点坐标，输入了横坐标值后，按下"，"键，接着输入纵坐标值，如图 1-29 所示。也可以按光标位置直接按下鼠标左键确定角点位置。

图 1-29　动态输入

1.2.3 工作空间

1. 执行方式

命令行：WSCURRENT。
菜单："工具"→"工作空间"。
状态栏：单击状态栏中的"切换工作空间"按钮 ⚙▾。
工具栏：单击"工作空间"工具栏中的下拉箭头 ▾。

2. 操作格式

命令：WSCURRENT✓（在命令行输入命令，与菜单执行功能相同，命令行提示如下）

输入 WSCURRENT 的新值〈"AutoCAD 经典"〉：（输入需要的工作空间）

可以根据需要选择初始工作空间。"工作空间"对话框如图 1-30 所示。无论选择何种工作空间，都可以在日后对其进行更改。也可以自定义并保存自己的自定义工作空间，当移植 AutoCAD 早期版本中的设置时，系统会显示"AutoCAD 默认"选项。

三维建模工作空间包括新面板，可方便地访问新的三维功能。

三维建模工作空间中的绘图区域可以显示渐变背景色、地平面或工作平面（UCS 的 XY 平面）以及新的矩形栅格。这将增强三维效果和三维模型的构造，如图 1-31 所示。

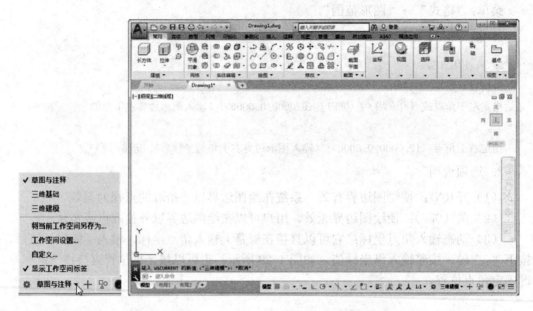

图 1-30　"工作空间"对话框　　　　　　　　图 1-31　三维建模空间

1.3　文件管理

1.3.1　新建文件

1. 执行方式

命令行：NEW 或 QNEW。

菜单："文件"→"新建"。

工具栏："标准"→"新建"按钮□。

主菜单栏：单击主菜单栏中的"新建"按钮□。

2. 操作格式

执行上述命令后，系统弹出如图 1-32 所示的"选择样板"对话框。在"文件类型"下拉列表框中有 3 种格式的图形样板，扩展名分别是.dwt，.dwg，.dws 的三种图形样板。一般情况下，.dwt 文件是标准的样板文件，通常将一些规定的标准性的样板文件设成.dwt 文件；.dwg 文件是普通的样板文件；而.dws 文件是包含标准图层、标注样式、线型和文字样式的样板文件。

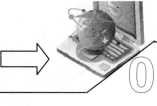

图 1-32   "选择样板"对话框

1.3.2　打开文件

1.　执行方式

命令行：OPEN。

菜单："文件"→"打开"。

工具栏："标准"→"打开"按钮📂。

主菜单栏：单击主菜单栏中的"打开"按钮📂。

2.　操作格式

执行上述命令后，系统弹出"选择文件"对话框，如图 1-33 所示。在"文件类型"列表框中用户可选.dwg 文件、dwt 文件、dxf 文件和.dws 文件。其中.dxf 文件是用文本形式存储的图形文件，能够被其他程序读取，许多第三方应用软件都支持.dxf 格式。

图 1-33   "选择文件"对话框

1.3.3 保存文件

1. 执行方式

命令行：QSAVE 或 SAVE。

菜单："文件"→"保存"。

工具栏："标准"→"保存"按钮 🔲。

主菜单栏：单击主菜单栏中的"保存"按钮 🔲。

2. 操作格式

执行上述命令后，若文件已命名，则 AutoCAD 自动保存；若文件未命名（即为默认名 drawing1.dwg），则系统打开"图形另存为"对话框（见图 1-34），用户可以命名保存。在"保存于"下拉列表框中可以指定保存文件的路径，在"文件类型"下拉列表框中可以指定保存文件的类型。

为了防止因意外操作或计算机系统故障导致正在绘制的图形文件的丢失，可以对当前图形文件设置自动保存。步骤如下：

1）利用系统变量 SAVEFILEPATH 设置所有"自动保存"文件的位置，如 D:\HU\。

2）利用系统变量 SAVEFILE 存储"自动保存"文件名。该系统变量储存的文件是只读文件，用户可以从中查询自动保存的文件名。

3）利用系统变量 SAVETIME 指定在使用"自动保存"时多长时间保存一次图形。

"保存于"下拉列表框，用于指定保存

"文件类型"下拉列表框，可以指定保存文件的类型

图 1-34　"图形另存为"对话框

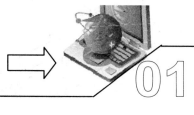

1.3.4 另存为

1. 执行方式

命令行：SAVEAS。

菜单："文件"→"另存为"。

主菜单栏：单击主菜单栏中的"另存为"按钮 。

2. 操作格式

执行上述命令后，系统弹出"图形另存为"对话框（见图 1-34），AutoCAD 用另存名保存，并把当前图形更名。

1.3.5 退出

1. 执行方式

命令行：QUIT 或 EXIT。

菜单："文件"→"退出"。

按钮：AutoCAD 操作界面右上角的"关闭"按钮 。

主菜单栏：单击主菜单栏下的"关闭"命令。

2. 操作格式

命令：QUIT✓（或 EXIT✓）

执行上述命令后，若用户对图形所做的修改尚未保存，会出现如图 1-35 所示的系统警告对话框。选择"是"按钮，系统将保存文件，然后退出；选择"否"按钮，系统将不保存文件。若用户对图形所做的修改已经保存，则直接退出。

图 1-35　系统警告对话框

1.3.6 图形修复

1. 执行方式

命令行：DRAWINGRECOVERY。

菜单："文件"→"图形实用工具"→"图形修复管理器"。

主菜单栏：单击主菜单中的"图形实用工具"→"打开图形修复管理器"命令。

2. 操作格式

命令：DRAWINGRECOVERY✓

执行上述命令后，系统打开图形修复管理器，如图 1-36 所示，弹出"备份文件"列

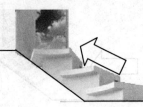

表中的文件，可以将其重新保存，从而进行修复。

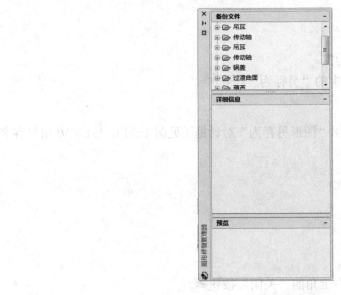

图 1-36　图形修复管理器

1.4　基本输入操作

1.4.1　命令输入方式

AutoCAD 交互绘图必须输入必要的指令和参数。有多种 AutoCAD 命令输入方式（以画直线为例）：

（1）在命令行窗口输入命令名：命令字符可不区分大小写。例如，命令：LINE✓。执行命令时，在命令行提示中经常会出现命令选项，如输入绘制直线命令"LINE"后，命令行提示与操作如下：

命令：LINE✓

指定第一个点：（在屏幕上指定一点或输入一个点的坐标）

指定下一点或［放弃(U)］：

选项中不带括号的提示为默认选项，因此可以直接输入直线段的起点坐标或在屏幕上指定一点，如果要选择其他选项，则应该首先输入该选项的标识字符，如"放弃"选项的标识字符"U"，然后按系统提示输入数据即可。在命令选项的后面有时候还带有尖括号，尖括号内的数值为默认数值。

（2）在命令行窗口输入命令缩写字：如 L（Line）、C（Circle）、A（Arc）、Z（Zoom）、R（Redraw）、M（More）、CO（Copy）、PL（Pline）、E（Erase）等。

（3）选取绘图菜单直线选项：选取该选项后，在状态栏中可以看到对应的命令说明及命令名。

（4）选取工具栏中的对应图标：选取该图标后在状态栏中也可以看到对应的命令说明及命令名。

1.4.2　命令执行方式

有的命令有两种执行方式，即通过对话框或通过命令行输入命令。如果指定使用命令行窗口方式，可以在命令名前加短画来表示，如"-LAYER"表示用命令行方式执行"图层特性管理器"命令。而如果在命令行输入"LAYER"，则系统会自动弹出"图层特性管理器"对话框。

另外，有些命令同时存在命令行、菜单和工具栏三种执行方式，这时如果选择菜单或工具栏方式，则命令行会显示该命令，并在前面加一下画线，如通过菜单或工具栏方式执行"直线"命令时，命令行会显示"_line"，命令的执行过程与结果与命令行方式相同。

1.4.3　命令的重复、撤销、重做

1. 命令的重复

在命令行窗口中按 Enter 键可重复调用上一个命令，不管上一个命令是完成了还是被取消了。

2. 命令的撤销

在命令执行的任何时刻都可以取消和终止命令的执行。

◆　执行方式

命令行：UNDO。
菜单："编辑"→"放弃"。
工具栏："标准"→"放弃"按钮⬅。
快捷键：ESC。

3. 命令的重做

已被撤销的命令还可以恢复重做。

◆　执行方式

命令行：REDO。
菜单："编辑"→"重做"。
工具栏："标准"→"重做"按钮➡。
该命令可以一次执行多重放弃和重做操作。单击"UNDO"或"REDO"列表箭头，可以选择要放弃或重做的操作。

1.4.4　坐标系与数据的输入方法

1. 坐标系

AutoCAD 采用两种坐标系：世界坐标系（WCS）与用户坐标系（UCS）。用户刚进入

AutoCAD 时的坐标系就是世界坐标系，它是固定的坐标系。世界坐标系也是坐标系中的基准，绘制图形时多数情况下都是在这个坐标系下进行的。

◆ 执行方式

命令行：UCS。

菜单："工具"→"新建 UCS"。

功能区："三维工具"→"坐标"或"可视化"→"坐标"。

AutoCAD 有两种视图显示方式：模型空间和图样空间。模型空间是指单一视图显示法，我们通常使用的都是这种显示方式；图样空间是指在绘图区域创建图形的多视图。用户可以对其中每一个视图进行单独操作。在默认情况下，当前 UCS 与 WCS 重合。图 1-37a 所示为模型空间下的 UCS 坐标系图标，通常放在绘图区左下角处；如当前 UCS 和 WCS 重合，则出现一个 W 字，如图 1-37b 所示；也可以指定它放在当前 UCS 的实际坐标原点位置，此时出现一个十字，如图 1-37c 所示。图 1-37d 所示为图样空间下的坐标系图标。

2．数据输入方法

在 AutoCAD 中，点的坐标可以用直角坐标、极坐标、球面坐标和柱面坐标表示，每一种坐标又分别具有两种坐标输入方式：绝对坐标和相对坐标。其中直角坐标和极坐标最为常用。

（1）直角坐标法：用点的 X、Y 坐标值表示的坐标。

例如，在命令行中输入点的坐标提示下，输入"15，18"，则表示输入了一个 X、Y 的坐标值分别为 15、18 的点，此为绝对坐标输入方式，表示该点的坐标是相对于当前坐标原点的坐标值，如图 1-38a 所示。如果输入"@10，20"，则为相对坐标输入方式，表示该点的坐标是相对于前一点的坐标值，如图 1-38c 所示。

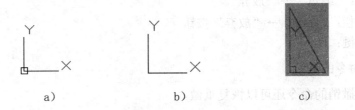

a)   b)   c)

图 1-37　坐标系图标

（2）极坐标法：用长度和角度表示的坐标，只能用来表示二维点的坐标。

在绝对坐标输入方式下，表示为"长度<角度"，如"25<50"，其中长度表为该点到坐标原点的距离，角度为该点至原点的连线与 X 轴正向的夹角，如图 1-38b 所示。

在相对坐标输入方式下，表示为"@长度<角度"，如"@25<45"，其中长度为该点到前一点的距离，角度为该点至前一点的连线与 X 轴正向的夹角，如图 1-38d 所示。

3．动态数据输入

单击状态栏中的"动态输入"按钮 ，系统打开动态输入功能，可以在屏幕上动态地输入某些参数数据，例如，绘制直线时，在光标附近，会动态地显示"指定第一点"以及后面的坐标框，当前显示的是光标所在位置，可以输入数据，两个数据之间以逗号

隔开，如图 1-39 所示。指定第一点后，系统动态显示直线的角度，同时要求输入线段长度值，如图 1-40 所示，其输入效果与 "@长度<角度" 方式相同。

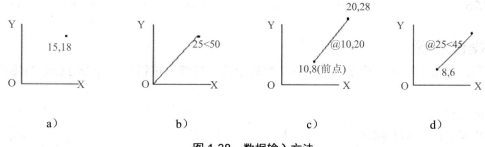

图 1-38　数据输入方法

图 1-39　动态输入坐标值

图 1-40　动态输入长度值

下面分别讲述一下点与距离值的输入方法。

（1）点的输入：绘图过程中，常需要输入点的位置，AutoCAD 提供了如下几种输入点的方式：

① 直接在命令行窗口中输入点的坐标。直角坐标有两种输入方式：x，y（点的绝对坐标值，如 100，50）和@x，y（相对于上一点的相对坐标值，如@50，-30）。坐标值均相对于当前的用户坐标系。

极坐标的输入方式为：长度<角度（其中，长度为点到坐标原点的距离，角度为原点至该点连线与 X 轴的正向夹角，如 20<45）或@长度<角度（相对于上一点的相对极坐标，如@50<-30）。

② 用鼠标等定标设备移动光标，单击左键在屏幕上直接取点。

③ 用目标捕捉方式捕捉屏幕上已有图形的特殊点（如端点、中点、中心点、插入点、交点、切点、垂足点等，详见第 3 章）。

④ 直接输入距离：先用光标拖拉出橡筋线确定方向，然后输入距离。这样有利于准确控制对象的长度等参数。

（2）距离值的输入：在 AutoCAD 命令中，有时需要提供高度、宽度、半径、长度等距离值。AutoCAD 提供了两种输入距离值的方式：一种是在命令行窗口中直接输入数值；另一种是在屏幕上拾取两点，以两点的距离值定出所需数值。

1.4.5　实例——绘制线段

绘制一条 20mm 长的线段。

 光盘\动画演示\第 1 章\绘制线段.avi

操作步骤

01 单击"默认"选项卡"绘图"面板中的"直线"按钮╱，命令行提示与操作如下：

> 命令:LINE ↙
>
> 指定第一点：（在屏幕上指定一点）
>
> 指定下一点或 [放弃(U)]：

02 在屏幕上移动鼠标指明线段的方向，但不要单击，如图 1-41 所示，在命令行输入 20，这样就在指定方向上准确地绘制了长度为 20mm 的线段。

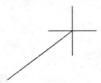

图 1-41 绘制直线

1.4.6 透明命令

在 AutoCAD 中，有些命令不仅可以直接在命令行中使用，而且还可以在其他命令的执行过程中插入并执行，待该命令执行完毕后，系统继续执行原命令，这种命令称为透明命令。透明命令一般多为修改图形设置或打开辅助绘图工具的命令。

上述三种命令的执行方式同样适用于透明命令的执行。例如：

> 命令：ARC↙
>
> 指定圆弧的起点或 [圆心(C)]：ZOOM↙（透明使用显示缩放命令 ZOOM）
>
> >>（执行 ZOOM 命令）
>
> 正在恢复执行 ARC 命令
>
> 指定圆弧的起点或 [圆心(C)]：（继续执行原命令）

1.4.7 按键定义

在 AutoCAD 中，除了可以通过在命令行窗口输入命令、单击工具栏图标或菜单项来完成外，还可以使用键盘上的一组功能键或快捷键，通过这些功能键或快捷键，可以快速实现指定功能，如按 F1 键，系统调用 AutoCAD 帮助对话框。

系统使用 AutoCAD 传统标准（Windows 之前）或 Microsoft Windows 标准解释快捷键。有些功能键或快捷键在 AutoCAD 的菜单中已经指出，如"粘贴"的快捷键为"Ctrl+V"，这些只要用户在使用的过程中多加留意就会熟练掌握。快捷键的定义见菜单命令后面的说明，如"粘贴(P) Ctrl+V"。

第 2 章
绘制二维图形

二维图形是指在二维平面空间中绘制的图形,主要由一些基本的图形对象(亦称图元)组成。AutoCAD 2018 提供了十余个基本图形对象,包括点、直线、圆弧、圆、椭圆、多段线、矩形、正多边形、圆环和样条曲线等。本章将分类介绍这些基本图形对象的绘制方法,读者应注意绘图中的技巧。本章所涉及的命令主要集中在"绘图"菜单和"绘图"面板。

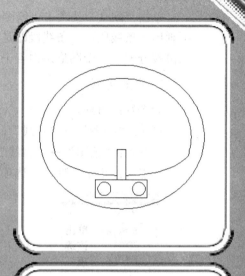

知识点

- ◘ 绘制直线类对象
- ◘ 绘制圆弧类对象
- ◘ 绘制多边形和点
- ◘ 多段线
- ◘ 样条曲线
- ◘ 图案填充

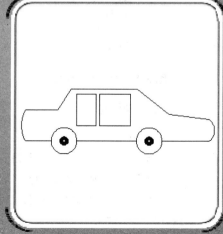

2.1 绘制直线类对象

2.1.1 直线段

单击"默认"选项卡"绘图"面板中的"直线"按钮，只需给定起点和终点，即可画出一条线段。一条线段即是一个图元。在 AutoCAD 中，图元是最小的图形元素，不能再被分解。一个图形是由若干个图元组成的。

1. 执行方式

命令行：LINE。
菜单："绘图"→"直线"（见图 2-1）。
工具栏："绘图"→"直线"按钮（见图 2-2）。
功能区：单击"默认"选项卡"绘图"面板中的"直线"按钮。

图 2-1 "绘图"菜单

选择该选项

图 2-2 "绘图"工具栏

2. 操作格式

命令：LINE↙
指定第一个点：（输入直线段的起点，用光标指定点或者指定点的坐标）
指定下一点或 [放弃(U)]：（输入直线段的端点）
指定下一点或 [放弃(U)]：（输入下一条直线段的端点。输入选项 U 表示放弃前面的输入；右键

单击，"确认"命令，或按 Enter 键结束命令）

指定下一点或［闭合(C)/放弃(U)］：（输入下一条直线段的端点，或输入选项 C 使图形闭合，结束命令）

3. 选项说明

1）在响应"指定下一点："时，若输入 U 或选择快捷菜单中的"放弃"命令，则取消刚刚画出的线段。连续输入 U 并按 Enter 键，即可连续取消相应的线段。

2）在命令行的"命令："提示下输入 U，则取消上次执行的命令。

3）在响应"指定下一点："时，若输入 C 或选择快捷菜单中的"闭合"命令，可以使绘制的折线封闭并结束操作。也可以直接输入长度值，绘制定长的直线段。

4）若要画水平线和铅垂线，可按 F8 键进入正交模式。

5）若要准确画线到某一特定点，可用对象捕捉工具。

6）利用 F6 键切换坐标形式，便于确定线段的长度和角度。

7）从命令行输入命令时，可输入某一命令的大写字母。例如，从键盘输入 L（LINE）即可执行绘制直线命令，这样执行有关命令更加快捷。

8）若要绘制带宽度信息的直线，可从"对象特性"工具栏的"线宽控制"列表框中选择线的宽度。

9）若设置动态数据输入方式（单击"动态输入"按钮 ⊹█），则可以动态输入坐标值或长度值。下面的命令同样可以设置动态数据输入方式，效果与非动态数据输入方式类似。除了特别需要，以后不再强调，而只按非动态数据输入方式输入相关数据。

2.1.2 实例——五角星

绘制如图 2-3 所示的五角星。

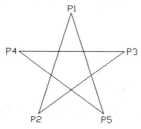

图 2-3　五角星

　　　　光盘\动画演示\第 2 章\五角星.avi

操作步骤

01 单击"默认"选项卡"绘图"面板中的"直线"按钮 ╱，命令行提示与操作如下：

```
命令: _line
指定第一个点:
```

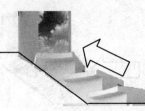
02 在命令行输入"120,120"（即顶点 P1 的位置）后按 Enter 键，系统继续提示，用相似方法输入五角星的各个顶点，命令行提示与操作如下：

> 指定下一点或[放弃(U)]：@80<252✓（P2 点，也可以打开"动态输入"功能，在光标位置为 108°时动态输入 80，如图 2-4 所示）
>
> 指定下一点或 [放弃(U)]：159.091,90.870✓（P3 点）
>
> 指定下一点或 [闭合(C)/放弃(U)]：@80,0 ✓ （错位的 P4 点，也可以打开"动态输入"功能，在光标位置为 0°时动态输入 80）
>
> 指定下一点或 [闭合(C)/放弃(U)]：U✓（取消对 P4 点的输入）
>
> 指定下一点或 [闭合(C)/放弃(U)]：@-80,0 ✓（P4 点，也可以打开"动态输入"功能，在光标位置为 180°时动态输入 80）
>
> 指定下一点或 [闭合(C)/放弃(U)]：144.721,43.916✓ （P5 点）
>
> 指定下一点或 [闭合(C)/放弃(U)]：C✓（封闭五角星并结束命令）

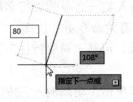

图 2-4 动态输入

2.1.3 构造线

构造线是指在两个方向上无限延长的直线。构造线主要用作绘图时的辅助线。当绘制多视图时，为了保持投影关系，可先画出若干条构造线，再以构造线为基准画图。

1. 执行方式

命令行：XLINE。

菜单："绘图"→"构造线"。

工具栏："绘图"→"构造线"按钮。

功能区：单击"默认"选项卡"绘图"面板中的"构造线"按钮。

2. 操作格式

> 命令：XLINE✓
>
> 指定点或 [水平(H)/垂直(V)/角度(A)/二等分(B)/偏移(O)]：（给出点 1）
>
> 指定通过点：（给定通过点 2，绘制一条双向无限长直线）
>
> 指定通过点：（继续给点，继续绘制线，如图 2-5a 所示，按 Enter 键结束）

3. 选项说明

1) 执行选项中有"指定点""水平""垂直""角度""二等分"和"偏移"6 种方式可以绘制构造线，分别如图 2-5a~f 所示。

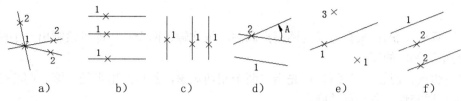

图 2-5 构造线

2）这种线可以模拟手工作图中的辅助作图线，用特殊的线型显示，在绘图输出时可不做输出。这种线常用于辅助作图。

图 2-6 所示为利用构造线辅助绘图的方法。其中，贯穿整个图形区域的 4 条水平线和两条铅垂线即是构造线。

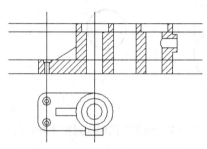

图 2-6 利用构造线辅助绘图

2.2 绘制圆弧类对象

AutoCAD 2018 提供了 5 种圆弧对象，包括圆、圆弧、圆环、椭圆和椭圆弧。

2.2.1 圆

1. 执行方式

命令行：CIRCLE。

菜单："绘图"→"圆"。

工具栏："绘图"→"圆"按钮⊘。

功能区：单击"默认"选项卡"绘图"面板中的"圆"按钮⊘。

2. 操作格式

命令：CIRCLE↙

指定圆的圆心或 [三点(3P)/两点(2P)/切点、切点、半径(T)]：(指定圆心)

指定圆的半径或 [直径(D)]：(直接输入半径数值或用鼠标指定半径长度)

指定圆的直径 〈默认值〉：(输入直径数值或用鼠标指定直径长度)

3. 选项说明

（1）三点（3P）：用指定圆周上 3 点的方法画圆。依次输入 3 个点，即可绘制出一

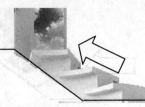
个圆。

（2）两点（2P）：根据直径的两端点画圆。依次输入两个点，即可绘制出一个圆，两点间的距离为圆的直径。

（3）切点、切点、半径(T)：先指定两个相切对象，然后给出半径画圆。图 2-7 所示为指定不同相切对象绘制的圆。

提　示

相切对象可以是直线、圆、圆弧、椭圆等图线，这种绘制圆的方式在圆弧连接中经常使用。

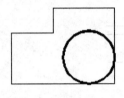

三点（3P）　　　　　　两点（2P）　　　切点、切点、半径（T）

图 2-7　指定不同相切对象绘制的圆

绘制一个圆与另外两个圆相切，切圆决定于选择切点的位置和切圆半径的大小。图 2-8 所示为一个圆与另外两个圆相切的 3 种情况。其中，图 a 所示为外切时切点的选择情况，图 2-8b 所示为与一个圆内切而与另一个圆外切时切点的选择情况，图 2-8c 所示为内切时切点的选择情况。假定 3 种情况下的条件相同，则后两种情况对切圆半径的大小有限制，半径太小时不能出现内切情况。

 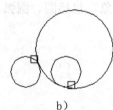 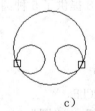

a)　　　　　　　　　　b)　　　　　　　　　　c)

图 2-8　相切类型

选择菜单栏中的"绘图"→"圆"命令，显示出绘制圆的 6 种方法。其中，"相切、相切、相切"是菜单执行途径特有的方法，用于选择 3 个相切对象以绘制圆。

2.2.2　实例——连接杆

绘制如图 2-9 所示的连接杆。

光盘\动画演示\第 2 章\连接杆.avi

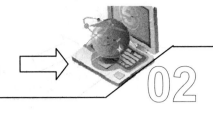

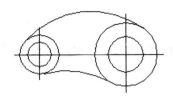

图 2-9　连接杆

操作步骤

01 单击"默认"选项卡"绘图"面板中的"直线"按钮／，绘制 3 条直线段，如图 2-10a 所示。

02 单击"默认"选项卡"绘图"面板中的"圆"按钮◎，绘制 4 个圆，如图 2-10b 所示。

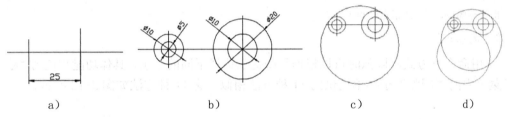

a)　　　　　　　　　　　b)　　　　　　　　　　　c)　　　　　　　　　　d)

图 2-10　绘制过程

03 按 Enter 键重复执行画圆命令，输入 T（画切圆）并按 Enter 键，选择切点并输入半径，画出半径为 30 的内切圆，如图 2-10c 所示。命令行提示与操作如下：

> 命令:CIRCLE_
>
> 指定圆的圆心或 [三点(3P)/两点(2P)/切点、切点、半径(T)]: T↙（或在动态输入模式下，按↓键，打开动态菜单，选择"切点、切点、半径(T)"命令，如图 2-11 所示。以"切点、切点、半径(T)"方式绘制中间的圆，并自动打开"切点"捕捉功能）
>
> 指定对象与圆的第一个切点: （将光标在切点大致区域移动，当出现切点黄色标记时单击，捕捉左边外层圆的切点）
>
> 指定对象与圆的第二个切点: （捕捉右边外层圆的切点）
>
> 指定圆的半径〈16.6687〉: 30↙（输入圆的半径）

04 同理，画出外切圆，半径为 25，如图 2-10d 所示。

图 2-11　动态菜单

05 单击"默认"选项卡"修改"面板中的"修剪"按钮-/--，对多余的圆弧进行修剪（执行到此步骤也可以暂时保存文件，等学习了后面的知识再继续执行下面的操作），按 Enter 键。

06 选择同心圆中的两个大圆作为修剪对象，按 Enter 键。

07 选择两个切圆多余的部分作为被修剪的对象，按 Enter 键，即可完成如图 2-9 所示的图形。

2.2.3 圆弧

AutoCAD 2018 提供了多种画圆弧的方法，用户可根据不同的情况选择不同的方式。

1. 执行方式

命令行：ARC（A）。

菜单："绘图"→"圆弧"。

工具栏："绘图"→"圆弧"按钮 ⌒。

功能区：单击"默认"选项卡"绘图"面板中的"圆弧"按钮 ⌒。

2. 操作格式

命令：ARC↙

指定圆弧的起点或［圆心(C)］:（指定起点）

指定圆弧的第二点或［圆心(C)/端点(E)］:（指定第二点）

指定圆弧的端点:（指定端点）

3. 选项说明

1）用命令行方式画圆弧时可以根据系统提示选择不同的选项，具体功能和使用"绘制"菜单中的"圆弧"子菜单提供的 11 种方法相似。这 11 种方法如图 2-12 所示。

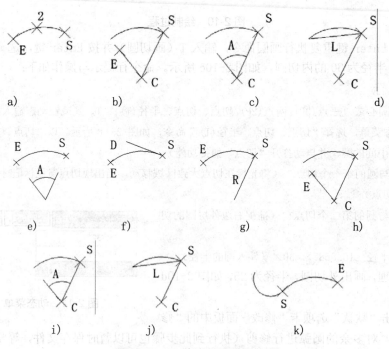

图 2-12 11 种绘制圆弧的方法

2）需要强调的是"继续"方式，绘制的圆弧与上一线段或圆弧相切，继续画圆弧段，因此提供端点即可。

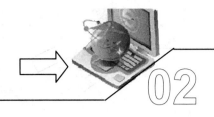
2.2.4　实例——圆头平键

绘制如图 2-13 所示的圆头平键。

图 2-13　圆头平键

光盘\动画演示\第 2 章\圆头平键.avi

操作步骤

01 绘制直线。单击"默认"选项卡"绘图"面板中的"直线"按钮 ，以（100,100）为起点、（150,100）为终点绘制直线。同理，绘制坐标值为（100,130）和（150,130）的直线，结果如图 2-14 所示。

02 绘制圆弧。在命令行中输入"ARC"，或者选择菜单栏中的"绘图"→"圆弧"→"起点、端点、方向"命令或者单击"默认"选项卡"绘图"面板中的"圆弧"按钮 ，绘制圆头部分圆弧。命令行提示与操作如下：

命令：_ARC

指定圆弧的起点或[圆心(C)]：（打开"对象捕捉"开关，指定起点为上面水平线左端点）

指定圆弧的第二个点或[圆心(C)/端点(E)]：E

指定圆弧的端点：（指定端点为下面水平线左端点）

指定圆弧的中心点(按住 Ctrl 键可以切换方向)或[角度(A)/方向(D)/半径(R)]：D

指定圆弧起点的相切方向(按住 Ctrl 键可以切换方向)：180

结果如图 2-15 所示。

03 绘制另一端圆弧。单击"默认"选项卡"绘图"面板中的"圆弧"按钮 ，绘制另一端圆弧。命令行提示与操作如下：

命令：_ARC

指定圆弧的起点或[圆心(C)]：（打开"对象捕捉"开关，指定起点为上面水平线右端点）

指定圆弧的第二个点或[圆心(C)/端点(E)]：E

指定圆弧的端点：（指定端点为下面水平线右端点）

指定圆弧的中心点(按住 Ctrl 键可以切换方向)或[角度(A)/方向(D)/半径(R)]：A

指定夹角(按住 Ctrl 键可以切换方向)：-180

最终结果如图 2-13 所示。

图 2-14　绘制直线　　　　图 2-15　绘制左端圆弧

提 示

绘制圆弧时，注意圆弧的曲率是遵循逆时针方向的，所以在选择指定圆弧两个端点和半径模式时，需要注意端点的指定顺序，否则有可能导致圆弧的凹凸形状与预期的相反。

2.2.5 圆环

用户可以通过指定圆环的内、外直径绘制圆环，也可以绘制填充圆。图 2-16 所示的车轮即是用圆环绘制的。

图 2-16　车轮

1. 执行方式

命令行：DONUT。

菜单："绘图"→"圆环"。

功能区：单击"默认"选项卡"绘图"面板中的"圆环"按钮◎。

2. 操作格式

命令：DONUT↙

指定圆环的内径〈默认值〉：(指定圆环内径)

指定圆环的外径〈默认值〉：(指定圆环外径)

指定圆环的中心点或〈退出〉：(指定圆环的中心点)

指定圆环的中心点或〈退出〉：(继续指定圆环的中心点，则继续绘制相同内外径的圆环。用按 Enter 键、空格键或鼠标右键结束命令，如图 2-17a 所示)

3. 选项说明

1）若指定内径为零，则画出实心填充圆（见图 2-17b）。

a)　　　　　　　　b)　　　　　　　　c)

图 2-17　绘制圆环

2）用命令 FILL 可以控制圆环是否填充，命令行提示与操作如下：

命令：FILL↙

输入模式［开(ON)/关(OFF)］〈开〉：（选择 ON 表示填充，选择 OFF 表示不填充，如图 2-17c 所示）

2.2.6　椭圆和椭圆弧

1.　执行方式

命令行：ELLIPSE。

菜单："绘图"→"椭圆"→"圆弧"。

工具栏："绘图"→"椭圆"按钮 或"绘图"→"椭圆弧"按钮 。

功能区：单击"默认"选项卡"绘图"面板中的"椭圆"按钮 或旁边下拉箭头中的"椭圆弧"按钮 。

2.　操作格式

命令：ELLIPSE↙

指定椭圆的轴端点或［圆弧(A)/中心点(C)］：（指定轴端点 1，如图 2-18 所示）

指定轴的另一个端点：（指定轴端点 2，如图 2-18 所示）

指定另一条半轴长度或［旋转(R)］：

3.　选项说明

（1）指定椭圆的轴端点：根据两个端点定义椭圆的第一条轴。第一条轴的角度确定了整个椭圆的角度。第一条轴既可以定义椭圆的长轴，也可以定义椭圆的短轴。

（2）旋转（R）：通过绕第一条轴旋转圆来创建椭圆。相当于将一个圆绕椭圆轴翻转一个角度后的投影视图，如图 2-19 所示。

（3）中心点（C）：通过指定的中心点创建椭圆。

（4）圆弧（A）：用于创建一段椭圆弧。与"绘制"工具栏中的"椭圆弧"按钮功能相同。其中，第一条轴的角度确定了椭圆弧的角度。第一条轴既可以定义椭圆弧长轴，也可以定义椭圆弧短轴。选择该项，系统继续提示，具体如下：

指定椭圆弧的轴端点或［中心点(C)］：（指定端点或输入 C）

指定轴的另一个端点：（指定另一端点）

指定另一条半轴长度或［旋转(R)］：（指定另一条半轴长度或输入 R）

指定起点角度或［参数(P)］：（指定起始角度或输入 P）

指定端点角度或［参数(P)/夹度(I)］：

其中，各选项含义如下：

① 角度：指定椭圆弧端点的两种方式之一，光标和椭圆中心点连线与水平线的夹角为椭圆端点位置的角度，如图 2-20 所示。

② 参数（P）：指定椭圆弧端点的另一种方式，该方式同样是指定椭圆弧端点的角度，但通过以下矢量参数方程式创建椭圆弧：

$$p(u) = c + a\cos(u) + b\sin(u)$$

式中，c 是椭圆的中心点，a 和 b 分别是椭圆的长轴和短轴，u 为光标与椭圆中心点连线的夹角。

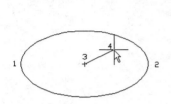

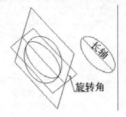

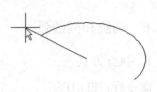

图 2-18　椭圆　　　　　　图 2-19　旋转　　　　　　图 2-20　椭圆弧

③ 夹角（I）：定义从起始角度开始的包含角度。

2.2.7　实例——定位销

绘制如图 2-21 所示的定位销（这里先忽略线型，下一章介绍）。

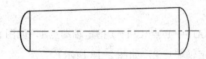

图 2-21　定位销

光盘\动画演示\第 2 章\定位销.avi

操作步骤

01 单击"默认"选项卡"绘图"面板中的"直线"按钮，绘制中心线，端点坐标值为{（100,100），（138,100）}。

02 单击"默认"选项卡"绘图"面板中的"直线"按钮，命令行提示与操作如下：

```
命令：LINE ✓
指定第一点：104,104 ✓
指定下一点或 [放弃(U)]：@30<1.146✓
指定下一点或 [放弃(U)]：✓
命令：LINE✓
指定第一点：104,96 ✓
指定下一点或 [放弃(U)]：@30<-1.146✓
指定下一点或 [放弃(U)]：✓
```

绘制的结果如图 2-22 所示。

03 单击"默认"选项卡"绘图"面板中的"直线"按钮，分别连接两条斜线的两个端点，结果如图 2-23 所示。

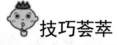

图 2-22 绘制斜线　　　　　　　　　　　图 2-23 连接端点

技巧荟萃

对于绘制直线，一般情况下都是采用笛卡儿坐标系下输入直线两端点的直角坐标来完成的，例如：

命令：LINE ✓

指定第一点：（指定所绘直线段的起始端点的坐标(x1, y1)）

指定下一点或 [放弃(U)]：（指定所绘直线段的另一端点坐标(x2, y2)）

…

指定下一点或 [闭合(C)／放弃(U)]：（按空格键或 Enter 键结束本次操作）

但是对于绘制与水平线倾斜某一特定角度的直线时，直线端点的笛卡儿坐标往往不能精确算出，此时需要使用极坐标模式，即输入相对于第一端点的水平倾角和直线长度"@直线长度<倾角"，如图 2-24 所示。

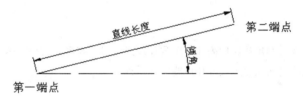

图 2-24 极坐标系下的"直线"命令

04 单击"默认"选项卡"绘图"面板中的"椭圆弧"按钮，命令行提示与操作如下：

命令：_ELLIPSE

指定椭圆的轴端点或 [圆弧(A)／中心点(C)]：_A

指定椭圆弧的轴端点或 [中心点(C)]：104, 104✓

指定轴的另一个端点：104, 96✓

指定另一条半轴长度或 [旋转(R)]：102, 100✓

指定起点角度或 [参数(P)]：0✓

指定端点角度或 [参数(P)／夹角(I)]：180✓

命令：_ELLIPSE

指定椭圆的轴端点或 [圆弧(A)／中心点(C)]：_A

指定椭圆弧的轴端点或 [中心点(C)]：133.99, 95.4✓

指定轴的另一个端点：133.99, 104.6✓

指定另一条半轴长度或 [旋转(R)]：135.99, 100✓

指定起点角度或 [参数(P)]：0✓

指定端点角度或 [参数(P)／夹角(I)]：180✓

绘制的结果如图 2-21 所示。

2.3 绘制多边形和点

AutoCAD 2018 提供了直接绘制矩形和正多边形的方法，还提供了点、等分点、测量点的绘制方法，用户可根据需要选择。

2.3.1 矩形

用户可以直接绘制矩形，也可以对矩形倒角或倒圆，还可以改变矩形的线宽。

1. 执行方式

命令行：RECTANG（REC）。
菜单："绘图"→"矩形"。
工具栏："绘图"→"矩形"按钮 ▭。
功能区：单击"默认"选项卡"绘图"面板中的"矩形"按钮 ▭。

2. 操作格式

命令：RECTANG↙
指定第一个角点或 [倒角(C)/标高(E)/圆角(F)/厚度(T)/宽度(W)]：（指定一点）
指定另一个角点或 [面积(A)/尺寸(D)/旋转(R)]：

3. 选项说明

（1）第一个角点：通过指定两个角点确定矩形，如图 2-25a 所示。

（2）倒角(C)：指定倒角距离，绘制带倒角的矩形，如图 2-25b 所示。每一个角点的逆时针和顺时针方向的倒角可以相同，也可以不同。其中，第一个倒角距离是指角点逆时针方向倒角距离，第 2 个倒角距离是指角点顺时针方向倒角距离。

（3）标高(E)：指定矩形标高（Z 坐标），即把矩形画在标高为 Z 以及和 XOY 坐标面平行的平面上，并作为后续矩形的标高值。

（4）圆角(F)：指定圆角半径，绘制带圆角的矩形，如图 2-25c 所示。

（5）厚度(T)：指定矩形的厚度，如图 2-25d 所示。

（6）宽度(W)：指定线宽，如图 2-25e 所示。

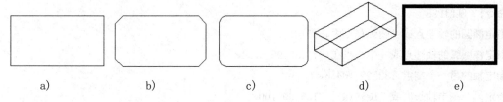

a)　　　　　b)　　　　　c)　　　　　d)　　　　　e)

图 2-25　绘制矩形

（7）面积(A)：指定面积和长或宽创建矩形。选择该项，系统提示如下：

输入以当前单位计算的矩形面积 〈20.0000〉：　（输入面积值）

计算矩形标注时依据 [长度(L)/宽度(W)] 〈长度〉：（按 Enter 键或输入 W）

输入矩形长度 〈4.0000〉：　（指定长度或宽度）

指定长度或宽度后，系统自动计算出另一个维度后绘制出矩形。如果矩形被倒角或圆角，则在长度或宽度计算中会考虑此设置，如图 2-26 所示。

（8）尺寸(D)：使用长和宽创建矩形。第二个指定点将矩形定位在与第一角点相关的 4 个位置之一内。

（9）旋转(R)：旋转所绘制的矩形的角度。选择该项，系统提示如下：

指定旋转角度或 [拾取点(P)] 〈45〉：　（/指定角度）

指定另一个角点或 [面积(A)/尺寸(D)/旋转(R)]：（指定另一个角点或选择其他选项）

指定旋转角度后，系统按指定旋转角度创建矩形，如图 2-27 所示。

倒角距离（1,1）　圆角半径：1.0
面积：20 长度：6　面积：20 长度：6

图 2-26　按面积绘制矩形

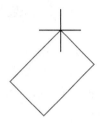

图 2-27　按指定旋转角度创建矩形

2.3.2　实例——方头平键

绘制如图 2-28 所示的方头平键。

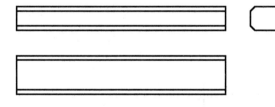

图 2-28　方头平键

光盘\动画演示\第 2 章\方头平键.avi

操作步骤

01 单击"默认"选项卡"绘图"面板中的"矩形"按钮□，绘制主视图外形，命令行提示与操作如下：

命令：RECTANG✓

指定第一个角点或 [倒角(C)/标高(E)/圆角(F)/厚度(T)/宽度(W)]：0,30 ✓

指定另一个角点或 [面积(A)/尺寸(D)/旋转(R)]：@100,11 ✓

结果如图 2-29 所示。

02 单击"默认"选项卡"绘图"面板中的"直线"按钮 ∕，绘制主视图的两条棱线。一条棱线端点的坐标值为（0，32）和（@100，0），另一条棱线端点的坐标值为（0，39）和（@100，0），结果如图 2-30 所示。

图 2-29　绘制主视图外形　　　　　　　　　图 2-30　绘制主视图棱线

03 单击"默认"选项卡"绘图"面板中的"构造线"按钮 ∕，绘制构造线，命令行提示与操作如下：

命令:XLINE↙

指定点或［水平(H)/垂直(V)/角度(A)/二等分(B)/偏移(O)]:（指定主视图左边竖线上一点）

指定通过点:（指定竖直位置上一点）

指定通过点:↙

利用同样的方法绘制右边竖直构造线，如图 2-31 所示。

04 单击"默认"选项卡"绘图"面板中的"矩形"按钮 □ 和"直线"按钮 ∕，绘制俯视图，命令行提示与操作如下：

命令: RECTANG↙

指定第一个角点或［倒角(C)/标高(E)/圆角(F)/厚度(T)/宽度(W)]:0，0↙

指定另一个角点或［面积(A)/尺寸(D)/旋转(R)]: @100，18↙

接着绘制两条直线，端点分别为{（0，2），（@100，0）}和{（0，16），（@100，0）}，结果如图 2-32 所示。

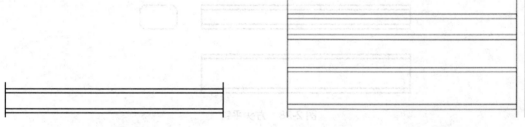

图 2-31　绘制竖直构造线　　　　　　　　　图 2-32　绘制俯视图

05 单击"默认"选项卡"绘图"面板中的"构造线"按钮 ∕，绘制左视图构造线，命令行提示与操作如下：

命令:XLINE

指定点或［水平(H)/垂直(V)/角度(A)/二等分(B)/偏移(O)]: H↙

指定通过点:（指定主视图上右上端点）

指定通过点:（指定主视图上右下端点）

指定通过点:（捕捉俯视图上右上端点）

指定通过点:（捕捉俯视图上右下端点）

指定通过点:↙

命令: ↙（按 Enter 键表示重复绘制构造线命令）

指定点或［水平(H)/垂直(V)/角度(A)/二等分(B)/偏移(O)］：A↙

输入构造线的角度 (0) 或［参照(R)］：-45↙

指定通过点：（任意指定一点）

指定通过点：↙

命令：XLINE↙

指定点或［水平(H)/垂直(V)/角度(A)/二等分(B)/偏移(O)］：V↙

指定通过点：（指定斜线与第三条水平线的交点）

指定通过点：（指定斜线与第四条水平线的交点）

结果如图 2-33 所示。

06 单击"默认"选项卡"绘图"面板中的"矩形"按钮 ，绘制矩形，并设置矩形两个倒角距离为2，绘制左视图，命令行提示与操作如下：

命令：_RECTANG↙

指定第一个角点或［倒角(C)/标高(E)/圆角(F)/厚度(T)/宽度(W)］：C↙

指定矩形的第一个倒角距离〈0.0000〉：2 ↙

指定矩形的第二个倒角距离〈2.0000〉：↙

指定第一个角点或［倒角(C)/标高(E)/圆角(F)/厚度(T)/宽度(W)］：（按构造线确定位置指定角点）

指定另一个角点或［面积(A)/尺寸(D)/旋转(R)］：（按构造线确定位置指定另一个角点）

结果如图 2-34 所示。

07 删除构造线，最终结果如图 2-28 所示。

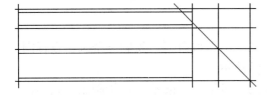

图 2-33 绘制左视图构造线

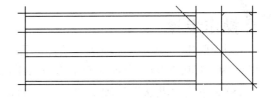

图 2-34 绘制左视图

2.3.3 正多边形

在 AutoCAD 2018 中可以绘制边数为 3～1024 的正多边形。

1. 执行方式

命令行：POLYGON。

菜单："绘图"→"多边形"。

工具栏："绘图"→"多边形"按钮 。

功能区：单击"默认"选项卡"绘图"面板中的"多边形"按钮 。

2. 操作格式

命令：POLYGON↙

输入侧面数〈4〉：（指定多边形的边数，默认值为4）

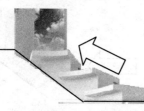

指定正多边形的中心点或 [边(E)]:（指定中心点）

输入选项 [内接于圆(I)/外切于圆(C)]〈I〉:（指定是内接于圆或外切于圆，I 表示内接于圆，如图 2-35a 所示，C 表示外切于圆，如图 2-35b 所示）

指定圆的半径:（指定外切圆或内接圆的半径）

3. 选项说明

如果选择"边"选项，只要指定多边形的一条边，系统就会按逆时针方向创建该正多边形，如图 2-35c 所示。

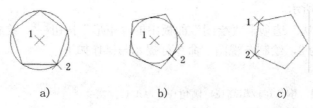

| a) | b) | c) |

图 2-35　绘制正多边形

2.3.4　实例——螺母

绘制如图 2-36 所示的螺母。

光盘\动画演示\第 2 章\螺母.avi

操作步骤

01 单击"默认"选项卡"绘图"面板中的"圆"按钮⊙，绘制一个圆。设置圆心坐标为（150,150）、半径为 50，结果如图 2-37 所示。

02 单击"默认"选项卡"绘图"面板中的"多边形"按钮⬡，绘制正六边形，命令行提示与操作如下：

命令：POLYGON✓

输入侧面数 〈4〉: 6✓

指定正多边形的中心点或 [边(E)]: 150,150✓

输入选项 [内接于圆(I)/外切于圆(C)]〈I〉: C✓

指定圆的半径: 50✓

结果如图 2-38 所示。

图 2-36　螺母　　　　　　图 2-37　绘制圆　　　　　图 2-38　绘制正六边形

03 同样以（150,150）为中心，以 30 为半径绘制另一个圆。最后结果如图 2-36

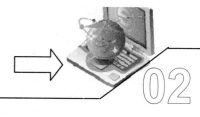

所示。

2.3.5 点

1. 执行方式

命令行：POINT。

菜单："绘图" → "点" → "单点" 或 "多点"。

工具栏："绘图" → "点" 按钮 · 。

功能区：单击"默认"选项卡"绘图"面板下拉菜单中的"多点"按钮 · 。

2. 操作格式

命令：POINT↙

指定点：（指定点所在的位置）

3. 选项说明

1）通过菜单方法操作时如图 2-39 所示。"单点"命令表示只输入一个点，"多点"命令表示可输入多个点。

2）可以打开状态栏中的"对象捕捉"开关设置点捕捉模式，帮助用户拾取点。

3）点在图形中的表示样式共有 20 种。可通过命令 DDPTYPE 或菜单命令"格式" → "点样式"或单击"默认"选项卡"实用工具"面板下拉菜单中的"点样式"，在弹出的"点样式"对话框中进行设置，如图 2-40 所示。

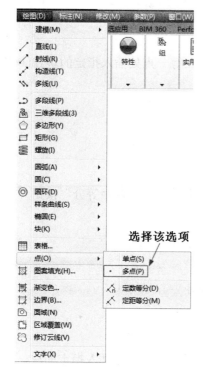

图 2-39　"点"子菜单

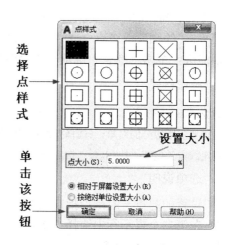

图 2-40　"点样式"对话框

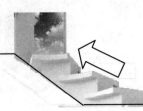

2.3.6 定数等分

1. 执行方式

命令行：DIVIDE（DIV）。

菜单："绘图"→"点"→"定数等分"。

功能区：单击"默认"选项卡"绘图"面板下拉菜单中的"定数等分"按钮。

2. 操作格式

命令：DIVIDE✓

选择要定数等分的对象：（选择要等分的实体）

输入线段数目或［块(B)］：（指定实体的等分数，绘制结果如图2-41a所示）

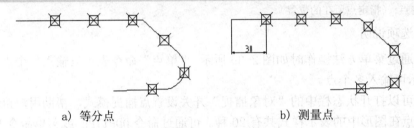

a）等分点   b）测量点

图 2-41 绘制等分点和测量点

3. 选项说明

1）等分数范围为2～32767。

2）在等分点处按当前点样式设置画出等分点。

3）在第二个提示行中选择"块(B)"选项时，表示在等分点处插入指定的块(BLOCK)。

2.3.7 定距等分

1. 执行方式

命令行：MEASURE（缩写名：ME）。

菜单："绘图"→"点"→"定距等分"。

功能区：单击"默认"选项卡"绘图"面板下拉菜单中的"定距等分"按钮。

2. 操作格式

命令：MEASURE✓

选择要定距等分的对象：（选择要设置定距等分的实体）

指定线段长度或［块(B)］：（指定分段长度，绘制结果如图2-41b所示）

3. 选项说明

1）设置的起点一般是指指定线的绘制起点。

2）在第二个提示行中选择"块(B)"选项时，表示在测量点处插入指定的块，后续操作与2.3.6节等分点类似。

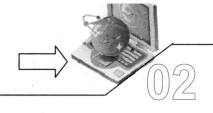

3）在等分点处，按当前点样式设置绘制出等分点。

（4）最后一个测量段的长度不一定等于指定分段长度。

2.3.8 实例——棘轮

绘制如图 2-42 所示的棘轮。

图 2-42 绘制棘轮

光盘\动画演示\第 2 章\棘轮.avi

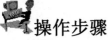操作步骤

01 单击"默认"选项卡"绘图"面板中的"圆"按钮⊙，绘制 3 个半径分别为 90、60、40 的同心圆，如图 2-43 所示。

02 设置点样式。单击"默认"选项卡"实用工具"面板中的"点样式"按钮⬚，在弹出的"点样式"对话框中选择⊠样式。

03 单击"默认"选项卡"绘图"面板中的"定数等分"按钮⚲，等分圆，命令行提示与操作如下：

命令：DIVIDE✓

选择要定数等分的对象：（选取 R90 圆）

输入线段数目或 ［块(B)］：12✓

用相同方法等分 R60 圆，结果如图 2-44 所示。

04 单击"默认"选项卡"绘图"面板中的"直线"按钮╱，连接 3 个等分点，如图 2-45 所示。

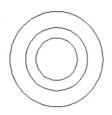

图 2-43 绘制同心圆

图 2-44 等分圆周

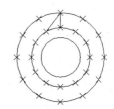

图 2-45 连接 3 个等分点

05 用相同的方法连接其他点，用光标选择绘制的点和多余的圆及圆弧，按 Delete 键删除，最后结果如图 2-42 所示。

2.4 多段线

多段线是由宽窄相同或不同的线段和圆弧组合而成的。图 2-46 所示为利用多段线绘制的图形。用户可以使用 PEDIT（多段线编辑）命令对多段线进行各种编辑。

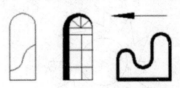

图 2-46 用多段线绘制的图形

2.4.1 绘制多段线

1. 执行方式

命令行：PLINE（缩写名：PL）。

菜单："绘图"→"多段线"。

工具栏："绘图"→"多段线"按钮。

功能区：单击"默认"选项卡"绘图"面板中的"多段线"按钮。

2. 操作格式

命令：PLINE✓
指定起点：（指定多段线的起点）
当前线宽为 0.0000
指定下一个点或 [圆弧(A)/半宽(H)/长度(L)/放弃(U)/宽度(W)]：（指定多段线的下一点）

3. 选项说明

多段线主要由连续的、不同宽度的线段或圆弧组成，如果在上述提示中选择"圆弧"，则命令行提示：

指定圆弧的端点或 [角度(A)/圆心(CE)/方向(D)/半宽(H)/直线(L)/半径(R)/第二个点(S)/放弃(U)/宽度(W)]：

绘制圆弧的方法与"圆弧"命令相似。

2.4.2 编辑多段线

1. 执行方式

命令行：PEDIT（缩写名：PE）。

菜单："修改"→"对象"→"多段线"。

工具栏："修改 II"→"编辑多段线"按钮。

快捷菜单：选择要编辑的多段线，右键单击，在弹出的快捷菜单中选择"多段线"→"编辑多段线"命令。

功能区：单击"默认"选项卡"修改"面板下拉菜单中的"编辑多段线"按钮 。

2. 操作格式

命令：PEDIT↙

选择多段线或[多条(M)]：（选择一条要编辑的多段线）

输入选项[闭合(C)/合并(J)/宽度(W)/编辑顶点(E)/拟合(F)/样条曲线(S)/非曲线化(D)/线型生成(L)/放弃(U)]：

3. 选项说明

（1）合并(J)：以选中的多段线为主体，合并其他直线段、圆弧和多段线，使其成为一条多段线。能合并的条件是各段端点首尾相连，如图 2-47 所示。

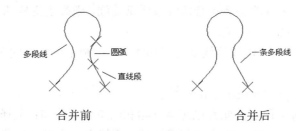

图 2-47　合并多段线

（2）宽度(W)：修改整条多段线的线宽，使其具有同一线宽，如图 2-48 所示。

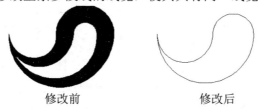

图 2-48　修改整条多段线的线宽

（3）编辑顶点(E)：选择该项后，在多段线起点处出现一个斜的十字叉"×"，它为当前顶点的标记，并在命令行出现进行后续操作的提示：

[下一个(N)/上一个(P)/打断(b)/插入(I)/移动(M)/重生成(R)/拉直(S)/切向(T)/宽度(W)/退出(X)] <N>：

这些选项允许用户进行移动、插入顶点和修改任意两点间的线宽等操作。

（4）拟合(F)：将指定的多段线生成由光滑圆弧连接的圆弧拟合曲线，该曲线经过多段线的各顶点，如图 2-49 所示。

图 2-49　生成圆弧拟合曲线

（5）样条曲线(S)：将指定的多段线以各顶点为控制点生成 B 样条曲线，如图 2-48 所示。

修改前　　　　　　　　　　　修改后

图 2-50　生成 B 样条曲线

（6）非曲线化(D)：将指定的多段线中的圆弧由直线代替。对于选用"拟合(F)"或"样条曲线(S)"选项后生成的圆弧拟合曲线或样条曲线，则删去生成曲线时新插入的顶点，恢复成由直线段组成的多段线。

（7）线型生成(L)：当多段线的线型为点画线时，控制多段线的线型生成方式开关。选择此项后系统提示：

输入多段线线型生成选项 ［开(ON)/关(OFF)］〈关〉：

选择 ON 时，将在每个顶点处允许以短画开始和结束生成线型；选择 OFF 时，将在每个顶点处以长画开始和结束生成线型。"线型生成"不能用于带变宽线段的多段线，如图 2-51 所示。

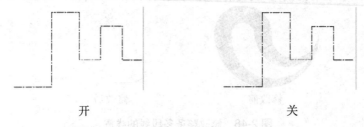

开　　　　　　　　　　　　　　关

图 2-51　控制多段线的线型（线型为点画线时）

2.4.3　实例——轴承座

绘制如图 2-52 所示的轴承座。

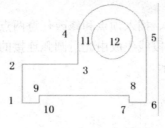

图 2-52　轴承座

光盘\动画演示\第 2 章\轴承座.avi

操作步骤

单击"默认"选项卡"绘图"面板中的"多段线"按钮，命令行提示与操作如下：

命令：PLINE✓

指定起点：（单击确定图 2-52 中的点 1）

当前线宽为 0.0000

指定下一个点或 [圆弧(A)/半宽(H)/长度(L)/放弃(U)/宽度(W)]：W✓

指定起点宽度 <0.0000>：1✓

指定端点宽度 <1.0000>：✓

指定下一个点或 [圆弧(A)/半宽(H)/长度(L)/放弃(U)/宽度(W)]：<正交 开>（按 F8 键进入正交模式，指定点 2）

指定下一点或 [圆弧(A)/闭合(C)/半宽(H)/长度(L)/放弃(U)/宽度(W)]：（指定点 3）

指定下一点或 [圆弧(A)/闭合(C)/半宽(H)/长度(L)/放弃(U)/宽度(W)]：（指定点 4）

指定下一点或 [圆弧(A)/闭合(C)/半宽(H)/长度(L)/放弃(U)/宽度(W)]：A✓

指定圆弧的端点(按住 Ctrl 键可以切换方向)或[角度(A)/圆心(CE)/闭合(CL)/方向(D)/半宽(H)/直线(L)/半径(R)/第二个点(S)/放弃(U)/宽度(W)]：（输入点 5，画出半圆）

指定圆弧的端点(按住 Ctrl 键可以切换方向)或[角度(A)/圆心(CE)/闭合(CL)/方向(D)/半宽(H)/直线(L)/半径(R)/第二个点(S)/放弃(U)/宽度(W)]：L✓

指定下一点或 [圆弧(A)/闭合(C)/半宽(H)/长度(L)/放弃(U)/宽度(W)]：（指定点 6）

指定下一点或 [圆弧(A)/闭合(C)/半宽(H)/长度(L)/放弃(U)/宽度(W)]：（指定点 7）

指定下一点或 [圆弧(A)/闭合(C)/半宽(H)/长度(L)/放弃(U)/宽度(W)]：（指定点 8）

指定下一点或 [圆弧(A)/闭合(C)/半宽(H)/长度(L)/放弃(U)/宽度(W)]：（指定点 9）

指定下一点或 [圆弧(A)/闭合(C)/半宽(H)/长度(L)/放弃(U)/宽度(W)]：（指定点 10）

指定下一点或 [圆弧(A)/闭合(C)/半宽(H)/长度(L)/放弃(U)/宽度(W)]：C✓

指定下一点或 [圆弧(A)/闭合(C)/半宽(H)/长度(L)/放弃(U)/宽度(W)]：✓

命令：✓（按 Enter 键表示重复执行上次命令）

PLINE

指定起点：（输入点 11，即圆的左端点）

当前线宽为 1.0000

指定下一个点或 [圆弧(A)/半宽(H)/长度(L)/放弃(U)/宽度(W)]：A✓

指定圆弧的端点(按住 Ctrl 键可以切换方向)或[角度(A)/圆心(CE)/方向(D)/半宽(H)/直线(L)/半径(R)/第二个点(S)/放弃(U)/宽度(W)]：CE✓

指定圆弧的圆心：（指定半圆的圆心，即点 12）

指定圆弧的端点(按住 Ctrl 键可以切换方向)或 [角度(A)/长度(L)]：A✓

指定夹角(按住 Ctrl 键可以切换方向)：180✓

指定圆弧的端点(按住 Ctrl 键可以切换方向)或[角度(A)/圆心(CE)/闭合(CL)/方向(D)/半宽(H)/直线(L)/半径(R)/第二个点(S)/放弃(U)/宽度(W)]：CL✓

 提 示

（1）利用 PLINE 命令可以画不同宽度的直线、圆和圆弧。但在实际绘制工程图时，不是利用 PLIME 命令在屏幕上画出具有宽度信息的图形，而是利用 LINE、ARC 和 CIRCLE 等命令画出不具有（或具有）宽度信息的图形。

（2）多段线是否填充受 FILL 命令的控制。执行该命令，输入 OFF，即可使填充处于关闭状态。

2.5 样条曲线

AutoCAD 使用一种称为非一致有理 B 样条（NURBS）曲线的特殊样条曲线类型。NURBS 曲线在控制点之间产生一条光滑的曲线，如图 2-53 所示。样条曲线常用于绘制不规则的零件轮廓，如零件断裂处的边界。

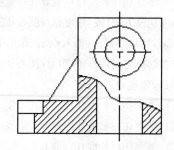

图 2-53　样条曲线

2.5.1　绘制样条曲线

1. 执行方式

命令行：SPLINE。

菜单："绘图"→"样条曲线"。

工具栏："绘图"→"样条曲线"按钮 ~ 。

功能区：单击"默认"选项卡"绘图"面板中的"样条曲线拟合"按钮 ~ 或"样条曲线控制点"按钮 ~ 。

2. 操作格式

命令：SPLINE✓

当前设置：方式=拟合　　节点=弦

指定第一个点或 ［方式(M)/节点(K)/对象(O)］：_M

输入样条曲线创建方式 ［拟合(F)/控制点(CV)］〈拟合〉：_FIT

当前设置：方式=拟合　　节点=弦

指定第一个点或 ［方式(M)/节点(K)/对象(O)］：（指定一点或选择"对象(O)"选项）

输入下一个点或 ［起点切向(T)/公差(L)］：（指定一点）

输入下一个点或 ［端点相切(T)/公差(L)/放弃(U)］：（指定一点）

输入下一个点或 ［端点相切(T)/公差(L)/放弃(U)/闭合(C)］：

3. 选项说明

（1）方式(M)：控制是使用拟合点还是使用控制点来创建样条曲线。选项会因您选择的是使用拟合点创建样条曲线的选项还是使用控制点创建样条曲线的选项而异。

（2）节点(K)： 指定节点参数化，它会影响曲线在通过拟合点时的形状（SPLKNOTS系统变量）。

（3）对象(O)：将二维或三维的二次或三次样条曲线拟合多段线转换为等价的样条曲线，然后（根据 DELOBJ 系统变量的设置）删除该多段线。

（4）起点切向(T)：基于切向创建样条曲线。

（5）公差(L)：指定距样条曲线必须经过的指定拟合点的距离。公差应用于除起点和端点外的所有拟合点。

（6）端点相切(T)：停止基于切向创建曲线。可通过指定拟合点继续创建样条曲线。选择"端点相切"后，将提示您指定最后一个输入拟合点的最后一个切点。

（7）闭合(C)：将最后一点定义为与第一点一致，并使它在连接处相切，这样可以闭合样条曲线。选择该项，系统继续提示：

指定切向：（指定点或按 Enter 键）

用户可以指定一点来定义切向矢量，或者使用"切点"和"垂足"对象捕捉模式使样条曲线与现有对象相切或垂直。

2.5.2 编辑样条曲线

1. 执行方式

命令行：SPLINEDIT。

菜单："修改"→"对象"→"样条曲线"。

快捷菜单：选择要编辑的样条曲线，右键单击，从打开的快捷菜单上选择"样条曲线"→"编辑样条曲线"命令。

工具栏："修改 II"→"编辑样条曲线"按钮。

功能区：单击"默认"选项卡"修改"面板中的"编辑样条曲线"按钮。

2. 操作格式

命令：SPLINEDIT↙

选择样条曲线：（选择要编辑的样条曲线。若选择的样条曲线是用 SPLINE 命令创建的，则其近似点以夹点的颜色显示出来；若选择的样条曲线是用 PLINE 命令创建的，则其控制点以夹点的颜色显示出来）

输入选项 ［闭合(C)/合并（J）/ 拟合数据(F)/编辑顶点(E)/转换为多段线（P）/反转(R)/放弃(U)/退出（X）］：

选择相应选项，可以编辑样条曲线。

2.5.3 实例——螺钉旋具

绘制如图 2-54 所示的螺钉旋具。

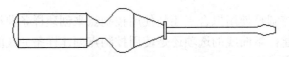

图 2-54　螺钉旋具

光盘\动画演示\第 2 章\螺钉旋具.avi

操作步骤

01 绘制螺钉旋具左部把手。单击"默认"选项卡"绘图"面板中的"矩形"按钮□，绘制矩形，两个角点的坐标为（45，180）和（170，120）；单击"默认"选项卡"绘图"面板中的"直线"按钮/，绘制两条线段，坐标分别为{（45，166），（@125<0）}、{（45，134），（@125<0）}；单击"默认"选项卡"绘图"面板中的"圆弧"按钮/，绘制圆弧，三点坐标分别为（45，180）、（35，150）、（45，120）。绘制的图形如图 2-55 所示。

02 绘制螺钉旋具的中间部分。单击"默认"选项卡"绘图"面板中的"样条曲线拟合"按钮∿，命令行提示与操作如下：

```
命令：SPLINE↙
当前设置：方式=拟合    节点=弦
指定第一个点或 [方式(M)/节点(K)/对象(O)]：170,180↙
输入下一个点或 [起点切向(T)/公差(L)]：192,165↙
输入下一个点或 [端点相切(T)/公差(L)/放弃(U)]：225,187↙
输入下一个点或 [端点相切(T)/公差(L)/放弃(U)/闭合(C)]：255,180↙
输入下一个点或 [端点相切(T)/公差(L)/放弃(U)/闭合(C)]：
命令：SPLINE↙
当前设置：方式=拟合    节点=弦
指定第一个点或 [方式(M)/节点(K)/对象(O)]：170,120↙
输入下一个点或 [起点切向(T)/公差(L)]：192,135↙
输入下一个点或 [端点相切(T)/公差(L)/放弃(U)]：225,113↙
输入下一个点或 [端点相切(T)/公差(L)/放弃(U)/闭合(C)]：255,120↙
输入下一个点或 [端点相切(T)/公差(L)/放弃(U)/闭合(C)]：↙
```

单击"默认"选项卡"绘图"面板中的"直线"按钮/，绘制一条连续线段，坐标分别为{（255，180），（308，160），（@5<90），（@5<0），（@30<-90），（@5<-180），（@5<90），（255，120），（255，180）}；再利用"直线"命令绘制一条连续线段，坐标分别为{（308，160），（@20<-90）}。绘制完此步后的图形如图 2-56 所示。

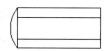

图 2-55　绘制螺钉旋具把手

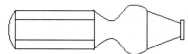

图 2-56　绘制完成的螺钉旋具中间部分

03 绘制螺钉旋具的右部。单击"默认"选项卡"绘图"面板中的"多段线"按钮，命令行提示与操作如下：

命令：PLINE↙

指定起点：313,155↙

当前线宽为 0.0000

指定下一点或［圆弧(A)/闭合(C)/半宽(H)/长度(L)/放弃(U)/宽度(W)]：@162<0↙

指定下一点或［圆弧(A)/闭合(C)/半宽(H)/长度(L)/放弃(U)/宽度(W)]：A↙

指定圆弧的端点(按住 Ctrl 键可以切换方向)或[角度(A)/圆心(CE)/闭合(CL)/方向(D)/半宽(H)/直线(L)/半径(R)/第二点(S)/放弃(U)/宽度(W)]：490,160↙

指定圆弧的端点(按住 Ctrl 键可以切换方向)或[角度(A)/圆心(CE)/闭合(CL)/方向(D)/半宽(H)/直线(L)/半径(R)/第二点(S)/放弃(U)/宽度(W)]：↙

命令：PLINE↙

指定起点：313,145↙

当前线宽为 0.0000

指定下一点或［圆弧(A)/闭合(C)/半宽(H)/长度(L)/放弃(U)/宽度(W)]：@162<0↙

指定下一点或［圆弧(A)/闭合(C)/半宽(H)/长度(L)/放弃(U)/宽度(W)]：A↙

指定圆弧的端点(按住 Ctrl 键可以切换方向)或[角度(A)/圆心(CE)/闭合(CL)/方向(D)/半宽(H)/直线(L)/半径(R)/第二点(S)/放弃(U)/宽度(W)]：490,140↙

指定圆弧的端点(按住 Ctrl 键可以切换方向)或[角度(A)/圆心(CE)/闭合(CL)/方向(D)/半宽(H)/直线(L)/半径(R)/第二点(S)/放弃(U)/宽度(W)]：L↙

指定下一点或［圆弧(A)/闭合(C)/半宽(H)/长度(L)/放弃(U)/宽度(W)]：510,145↙

指定下一点或［圆弧(A)/闭合(C)/半宽(H)/长度(L)/放弃(U)/宽度(W)]：@10<90↙

指定下一点或［圆弧(A)/闭合(C)/半宽(H)/长度(L)/放弃(U)/宽度(W)]：490,160↙

指定下一点或［圆弧(A)/闭合(C)/半宽(H)/长度(L)/放弃(U)/宽度(W)]：↙

最终绘制的图形如图 2-54 所示。

2.6　图案填充

当用户需要用一个重复的图案填充一个区域时，可以使用 BHATCH 命令建立一个相关联的填充阴影对象，然后指定相应的区域进行填充，即所谓的图案填充。

2.6.1　基本概念

1. 图案边界

当进行图案填充时,首先要确定填充图案的边界。定义边界的对象只能是直线、双向射线、单向射线、多段线、样条曲线、圆弧、圆、椭圆、椭圆弧、面域等对象或用这些对象定义的块,而且作为边界的对象在当前屏幕上必须全部可见。

2. 孤岛

在进行图案填充时,把位于总填充域内的封闭区域称为孤岛,如图 2-57 所示。在用 BHATCH 命令填充时,AutoCAD 允许用户以点取点的方式确定填充边界,即在希望填充的区域内任意点取一点,AutoCAD 会自动确定出填充边界,同时也确定该边界内的孤岛。如果用户是以点取对象的方式确定填充边界的,则必须确切地点取这些孤岛(有关知识将在 2.6.2 小节中介绍)。

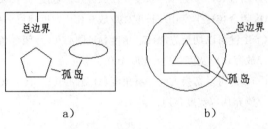

图 2-57　孤岛

3. 填充方式

在进行图案填充时,需要控制填充的范围,AutoCAD 为用户设置了 3 种控制填充范围的填充方式。

(1)普通方式:如图 2-58a 所示,该方式从边界开始,由每条填充线或每个填充符号的两端向里画,遇到内部对象与之相交时,填充线或符号断开,直到遇到下一次相交时再继续画。采用这种方式时,要避免剖面线或符号与内部对象的相交次数为奇数。该方式为系统内部的默认方式。

(2)外部方式:如图 2-58b 所示,该方式从边界向里画剖面符号,只要在边界内部与对象相交,剖面符号便由此断开,而不再继续画。

(3)忽略方式:如图 2-58c 所示,该方式忽略边界内的对象,所有内部结构都被剖面符号覆盖。

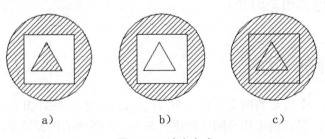

图 2-58　填充方式

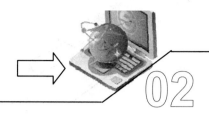
2.6.2 图案填充的操作

1. 执行方式

命令行：BHATCH。

菜单："绘图" → "图案填充"。

工具栏："绘图" → "图案填充"按钮 。

功能区：单击"默认"选项卡"绘图"面板中的"图案填充"按钮 。

2. 操作格式

在打开功能区的操作界面下执行上述命令后系统打开图 2-59 所示的"图案填充创建"选项卡，各面板中的按钮含义如下：

图 2-59 "图案填充创建"选项卡

（1）"边界"面板

① 拾取点：通过选择由一个或多个对象形成的封闭区域内的点，确定图案填充边界（见图 2-60）。指定内部点时，可以随时在绘图区域中单击鼠标右键以显示包含多个选项的快捷菜单。

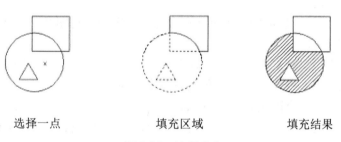

选择一点　　　　　填充区域　　　　　填充结果

图 2-60 边界确定

② 选择边界对象：指定基于选定对象的图案填充边界。使用该选项时，不会自动检测内部对象，必须选择选定边界内的对象，以按照当前孤岛检测样式填充这些对象（见图 2-61）。

原始图形　　　　　选取边界对象　　　　　填充结果

图 2-61 选取边界对象

③ 删除边界对象：从边界定义中删除之前添加的任何对象（见图 2-62）。

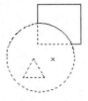
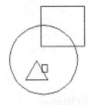
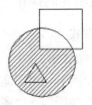

选取边界对象   删除边界   填充结果

图 2-62　删除"岛"后的边界

④ 重新创建边界：围绕选定的图案填充或填充对象创建多段线或面域，并使其与图案填充对象相关联（可选）。

⑤ 显示边界对象：选择构成选定关联图案填充对象的边界的对象，使用显示的夹点可修改图案填充边界。

⑥ 保留边界对象：指定如何处理图案填充边界对象，选项包括：

◇ 不保留边界（仅在图案填充创建期间可用）。不创建独立的图案填充边界对象。

◇ 保留边界——多段线（仅在图案填充创建期间可用）。创建封闭图案填充对象的多段线。

◇ 保留边界——面域（仅在图案填充创建期间可用）。创建封闭图案填充对象的面域对象。

◇ 选择新边界集。指定对象的有限集（称为边界集），以便通过创建图案填充时的拾取点进行计算。

（2）"图案"面板：显示所有预定义和自定义图案的预览图像。

（3）"特性"面板

① 图案填充类型：指定是使用纯色、渐变色、图案还是用户定义的对象填充。

② 图案填充颜色：替代实体填充和填充图案的当前颜色。

③ 背景色：指定填充图案背景的颜色。

④ 图案填充透明度：设定新图案填充或填充的透明度，替代当前对象的透明度。

⑤ 图案填充角度：指定图案填充或填充的角度。

⑥ 填充图案比例：放大或缩小预定义或自定义填充图案。

⑦ 相对图纸空间（仅在布局中可用）：相对于图纸空间单位缩放填充图案。使用此选项，可很容易地做到以适用于布局的比例显示填充图案。

⑧ 双叉线（仅当"图案填充类型"设定为"用户定义"时可用）：将绘制第二组直线与原始直线成 90°角，从而构成交叉线。

⑨ ISO 笔宽（仅对于预定义的 ISO 图案可用）：基于选定的笔宽缩放 ISO 图案。

（4）"原点"面板

① 设定原点：直接指定新的图案填充原点。

② 左下：将图案填充原点设定在图案填充边界矩形范围的左下角。

③ 右下：将图案填充原点设定在图案填充边界矩形范围的右下角。

④ 左上：将图案填充原点设定在图案填充边界矩形范围的左上角。

⑤ 右上：将图案填充原点设定在图案填充边界矩形范围的右上角。

⑥ 中心：将图案填充原点设定在图案填充边界矩形范围的中心。

⑦ 使用当前原点：将图案填充原点设定在 HPORIGIN 系统变量中存储的默认位置。

⑧ 存储为默认原点：将新图案填充原点的值存储在 HPORIGIN 系统变量中。

（5）"选项"面板

① 关联：指定图案填充或填充为关联图案填充。关联的图案填充或填充在用户修改其边界对象时将会更新。

② 注释性：指定图案填充为注释性。此特性会自动完成缩放注释过程，从而使注释能够以正确的大小在图纸上打印或显示。

③ 特性匹配

◇ 使用当前原点：使用选定图案填充对象（除图案填充原点外）设定图案填充的特性。

◇ 使用源图案填充的原点：使用选定图案填充对象（包括图案填充原点）设定图案填充的特性。

④ 允许的间隙：设定将对象用作图案填充边界时可以忽略的最大间隙。默认值为 0，此值指定对象必须封闭区域而没有间隙。

⑤ 创建独立的图案填充：控制当指定了几个单独的闭合边界时，是创建单个图案填充对象，还是创建多个图案填充对象。

⑥ 孤岛检测

◇ 普通孤岛检测：从外部边界向内填充。如果遇到内部孤岛，填充将关闭，直到遇到孤岛中的另一个孤岛。

◇ 外部孤岛检测：从外部边界向内填充。此选项仅填充指定的区域，不会影响内部孤岛。

◇ 忽略孤岛检测：忽略所有内部的对象，填充图案时将通过这些对象。

⑦ 绘图次序：为图案填充或填充指定绘图次序。选项包括不更改、后置、前置、置于边界之后和置于边界之前。

（6）"关闭"面板

"关闭图案填充创建"：退出 HATCH 并关闭上下文选项卡。也可以按 Enter 键或 Esc 键退出 HATCH。

2.6.3　渐变色的操作

1. 执行方式

命令行：GRADIENT。

菜单："绘图"→"图案填充"。

工具栏："绘图"→"渐变色"按钮。

功能区：单击"默认"选项卡"绘图"面板中的"渐变色"按钮。

2. 操作格式

在打开功能区的操作界面下执行上述命令后系统打开如图 2-63 所示的"图案填充创

建"选项卡,各面板中的按钮含义与图案填充的类似,这里不再赘述。

图 2-63 "图案填充创建"选项卡

2.6.4 编辑填充的图案

利用 HATCHEDIT 命令可以编辑已经填充的图案。

1. 执行方式

命令行:HATCHEDIT。

菜单:"修改"→"对象"→"图案填充"。

工具栏:"修改 II"→"编辑图案填充"按钮 。

功能区:单击"默认"选项卡"修改"面板中的"编辑图案填充"按钮 。

2. 操作格式

执行上述命令后,选取填充对象后,系统弹出如图 2-64 所示的"图案填充编辑"对话框。选择"图案填充"选项卡,此选项卡中的各选项用来确定图案及其参数。打开此选项卡并可以看到图 2-64 中左边的选项。各选项的含义如下:

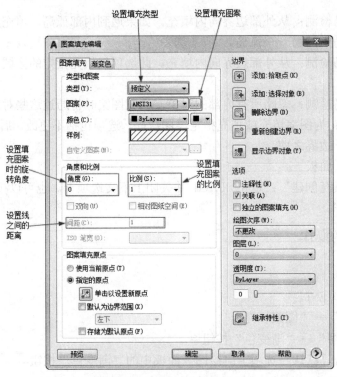

图 2-64 "图案填充编辑"对话框

（1）类型：此下拉列表框用于确定填充图案的类型及图案。单击右侧的下三角按钮，弹出下拉列表，如图 2-65 所示。其中，"用户定义"选项表示用户要临时定义填充图案，与命令行方式中的"U"选项作用一样；"自定义"选项表示选用 ACAD.pat 图案文件或其他图案文件（.pat 文件）中的图案填充；"预定义"选项表示用 AutoCAD 标准图案文件（ACAD.pat 图案文件）中的图案填充。

（2）图案：此下拉列表框用于确定标准图案文件中的填充图案。在弹出的下拉列表中，用户可从中选取填充图案。选取所需要的填充图案后，在"样例"框内会显示出该图案。只有用户在"类型"下拉列表框中选择了"预定义"，此项才以正常亮度显示，即允许用户从自己定义的图案文件中选取填充图案。

如果选择的图案类型是"预定义"，单击"图案"下拉列表框右边的按钮，则会弹出如图 2-64 所示的对话框。该对话框中显示了所选类型所具有的图案，用户可从中确定所需要的图案。

（3）样例：此框用来给出一个样本图案。用户可以通过单击该图像的方式迅速查看或选取已有的填充图案（见图 2-66）。

图 2-65　填充图案类型　　　　　　　**图 2-66　图案列表**

（4）自定义图案：此下拉列表框用于从用户定义的填充图案中进行选取。只有在"类型"下拉列表框中选用"自定义"选项后，该项才以正常亮度显示，即允许用户从自己定义的图案文件中选取填充图案。

（5）角度：此下拉列表框用于确定填充图案时的旋转角度。每种图案在定义时的旋转角度为零，用户可在"角度"下拉列表框中输入所希望的旋转角度。

（6）比例：此下拉列表框用于确定填充图案的比例值。每种图案在定义时的初始比例为 1，用户可以根据需要放大或缩小，方法是在"比例"下拉列表框内输入相应的比例值。

（7）双向：用于确定用户临时定义的填充线是一组平行线，还是相互垂直的两组平行线。只有当在"类型"下拉列表框中选用"用户定义"选项，该项才可以使用。

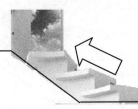

（8）相对图纸空间：确定是否相对于图纸空间单位确定填充图案的比例值。选择此选项，可以按适用于版面布局的比例显示填充图案。该选项仅仅适用于图形版面编排。

（9）间距：指定线之间的间距，在"间距"文本框内输入值即可。只有当在"类型"下拉列表框中选用"用户定义"选项时该项才可以使用。

（10）ISO 笔宽：此下拉列表框告诉用户根据所选择的笔宽确定与 ISO 有关的图案比例。只有选择了已定义的 ISO 填充图案后，才可确定它的内容。

（11）图案填充原点：控制填充图案生成的起始位置。某些图案填充（如砖块图案）需要与图案填充边界上的一点对齐。默认情况下，所有图案填充原点都对应于当前的 UCS 原点。也可以选择"指定的原点"及下面一级的选项重新指定原点。

2.6.5 实例——滚花零件

绘制如图 2-67 所示的滚花零件。

光盘\动画演示\第 2 章\滚花零件.avi

操作步骤

01 单击"默认"选项卡"绘图"面板中的"矩形"按钮，绘制一个角点坐标分别为（190，30）和（150，170）的矩形；单击"默认"选项卡"绘图"面板中的"直线"按钮，绘制 5 条线段，端点坐标分别是{（190,170），（195,165）}、{（195,35），（190,30）}、{（195,165），（195,35）}{（10,150），（150,150）}和{（10,50），（150,50）}。结果如图 2-68 所示。

02 单击"默认"选项卡"绘图"面板中的"圆弧"按钮，绘制零件断裂部分示意线，命令行提示与操作如下：

```
命令：ARC↙
指定圆弧的起点或[圆心（C）]：10,150↙
指定圆弧的第二个点或[圆心（C）/端点（E）]：@-5,-25↙
指定圆弧的端点：@5,-25↙
命令：ARC↙
指定圆弧的起点或[圆心（C）]：10,50↙
指定圆弧的第二个点或[圆心（C）/端点（E）]：E↙
指定圆弧的端点：@0,50↙
指定圆弧的中心点（按住 Ctrl 键可以切换方向）或[角度（A）/方向（D）/半径（R）]：D↙
指定圆弧起点的相切方向（按住 Ctrl 键可以切换方向）：50↙
```

重复"圆弧"命令，绘制另外一条圆弧，如图 2-69 所示。命令行提示与操作如下：

```
命令：ARC↙
指定圆弧的起点或[圆心（C）]：10,100↙
指定圆弧的第二个点或[圆心（C）/端点（E）]：E↙
```

指定圆弧的端点：@0，-50↙

指定圆弧的中心点（按住 Ctrl 键可以切换方向）或[角度（A）/方向（D）/半径（R）]：D↙

指定圆弧起点的相切方向（按住 Ctrl 键可以切换方向）：230↙

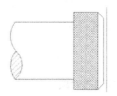

图 2-67　滚花零件

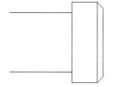

图 2-68　绘制主体

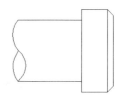

图 2-69　绘制断裂线

03 填充断面。单击"默认"选项卡"绘图"面板中的"图案填充"按钮，系统弹出"图案填充创建"选项卡，在"特性"面板的"图案填充类型"下拉列表框中选择"用户定义"选项，"角度"设置为 45，"间距"设置为 4，如图 2-70 所示。

单击该按钮　　选择该选项　　　　设置角度

默认	插入	注释	参数化	视图	管理	输出	附加模块	A360	精选应用	图案填充创建

用户定义　　　　图案填充透明度　0

ByLayer　　　　角度　　　45

无　　　　4

拾取点　图案填充图案　　　　　　　　　　　　　设定原点　关联　注释性　特性匹配　关闭图案填充创建

边界　图案　　　　　　　特性　　　　　　　原点　　选项　　关闭

设置间距

图 2-70　图案填充设置

单击"拾取点"按钮，系统切换到绘图平面，在断面处拾取一点，如图 2-71 所示。单击鼠标右键，系统弹出快捷菜单，选择"确认"命令，如图 2-72 所示。填充结果如图 2-73 所示。

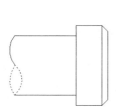

图 2-71　拾取点

确认(E)
取消(C)
最近的输入　▶
选择对象(S)
放弃(U)
设置(T)
捕捉替代(V)　▶
平移(P)
缩放(Z)
SteeringWheels
快速计算器

图 2-72　快捷菜单

04 绘制滚花表面。重新输入图案填充命令，弹出"图案填充创建"选项卡，在"特性"面板的"图案填充类型"下拉列表框中选择"用户定义"选项，"角度"设置为 45，"间距"设置为 10，选中"双叉线"复选框。单击"拾取点"按钮，选择边界对象，选中的对象亮显，如图 2-74 所示。单击鼠标右键，系统弹出右键快捷菜单，选择"确

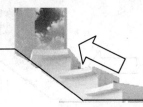

认"命令,最终绘制的图形如图 2-67 所示。

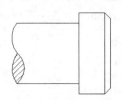

图 2-73　填充结果

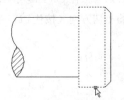

图 2-74　选择边界对象

2.7　综合实例——汽车

本实例绘制的汽车简易造型如图 2-75 所示。绘制的大致顺序是先绘制两个车轮,从而确定汽车的大致尺寸和位置。然后绘制车体轮廓,最后绘制车窗。绘制过程中要用到直线、圆、圆弧、多段线、圆环、矩形和多边形等命令。

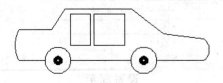

图 2-75　汽车

光盘\动画演示\第 2 章\汽车.avi

操作步骤

01 绘制车轮。

❶单击"默认"选项卡"绘图"面板中的"圆"按钮⊙,命令行提示与操作如下:

命令: CIRCLE↙

指定圆的圆心或 [三点(3P)/两点(2P)/切点、切点、半径(T)]: 500,200↙

指定圆的半径或 [直径(D)] <163.7959>: 150↙

同样方法,指定圆心坐标为(1500,200),半径为 150 绘制另外一个圆。

❷单击"默认"选项卡"绘图"面板中的"圆环"按钮◎,命令行提示与操作如下:

命令:DONUT↙

指定圆环的内径 <10.0000>: 30↙

指定圆环的外径 <80.0000>:100↙

指定圆环的中心点或 <退出>:500,200↙

指定圆环的中心点或 <退出>:1500,200↙

指定圆环的中心点或 <退出>:↙

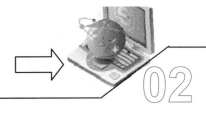

结果如图 2-76 所示。

02 绘制车体轮廓。

❶单击"默认"选项卡"绘图"面板中的"直线"按钮 ╱，命令行提示与操作如下：

命令：LINE↙

指定第一个点：50,200↙

指定下一点或 [放弃(U)]：350,200↙

指定下一点或 [放弃(U)]：↙

采用同样方法，指定端点坐标分别为{（650，200）、（1350，200）}和{（1650，200）、（2200，200）}绘制两条线段，作为汽车底板，结果如图 2-77 所示。

 　　　　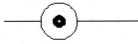

图 2-76　绘制车轮　　　　　　　　　　　图 2-77　绘制底板

❷单击"默认"选项卡"绘图"面板中的"多段线"按钮 ⌐ᵒ，命令行提示与操作如下：

命令：PLINE↙

指定起点：50,200↙

当前线宽为 0.0000

指定下一个点或 [圆弧(A)/半宽(H)/长度(L)/放弃(U)/宽度(W)]：A↙　（在 AutoCAD 中执行命令时，采用大写字母与小写字母效果相同）

指定圆弧的端点(按住 Ctrl 键可以切换方向)或[角度(A)/圆心(CE)/方向(D)/半宽(H)/直线(L)/半径(R)/第二个点(S)/放弃(U)/宽度(W)]：S↙

指定圆弧上的第二个点：0,380↙

指定圆弧的端点：50,550↙

指定圆弧的端点或[角度(A)/圆心(CE)/闭合(CL)/方向(D)/半宽(H)/直线(L)/半径(R)/第二个点(S)/放弃(U)/宽度(W)]：L↙

指定下一点或 [圆弧(A)/闭合(C)/半宽(H)/长度(L)/放弃(U)/宽度(W)]：@375,0↙

指定下一点或 [圆弧(A)/闭合(C)/半宽(H)/长度(L)/放弃(U)/宽度(W)]：@160,240↙

指定下一点或 [圆弧(A)/闭合(C)/半宽(H)/长度(L)/放弃(U)/宽度(W)]：@780,0↙

指定下一点或 [圆弧(A)/闭合(C)/半宽(H)/长度(L)/放弃(U)/宽度(W)]：@365,-285↙

指定下一点或 [圆弧(A)/闭合(C)/半宽(H)/长度(L)/放弃(U)/宽度(W)]：@470,-60↙

指定下一点或 [圆弧(A)/闭合(C)/半宽(H)/长度(L)/放弃(U)/宽度(W)]：↙

❸单击"默认"选项卡"绘图"面板中的"圆弧"按钮 ╱，命令行提示与操作如下：

命令：ARC ↙

指定圆弧的起点或 [圆心(C)]：2200,200↙

指定圆弧的第二个点或 [圆心(C)/端点(E)]：2256,322↙

指定圆弧的端点：2200,445↙

结果如图 2-78 所示。

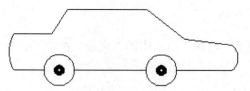

图 2-78 绘制轮廓

03 绘制车窗。单击"默认"选项卡"绘图"面板中的"矩形"按钮▭，命令行提示与操作如下：

命令：RECTANG↙

指定第一个角点或 ［倒角(C)/标高(E)/圆角(F)/厚度(T)/宽度(W)］：650,730↙

指定另一个角点或 ［面积(A)/尺寸(D)/旋转(R)］：880,370↙

单击"默认"选项卡"绘图"面板中的"多边形"按钮⬠，命令行提示与操作如下：

命令：POLYGON↙

输入侧面数 ⟨4⟩：4↙

指定正多边形的中心点或 ［边(E)］：E↙

指定边的第一个端点：920,730↙

指定边的第二个端点：920,370↙

结果如图 2-75 所示。

第 3 章
基本绘图工具

AutoCAD 2018 提供了多种功能强大的辅助绘图工具，包括图层相关工具、绘图定位工具和显示控制工具等。利用这些工具，用户可以方便、快速、准确地进行绘图。

知识点

- ◘ 设置图层
- ◘ 设置颜色
- ◘ 图层的线型
- ◘ 精确定位工具
- ◘ 对象捕捉
- ◘ 对象追踪
- ◘ 显示控制

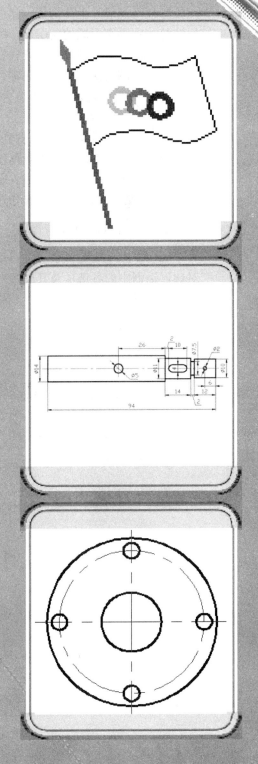

3.1 设置图层

图层的概念类似投影片，即将不同属性的对象分别画在不同的投影片（图层）上。例如，将图形的主要线段、中心线、尺寸标注等分别画在不同的图层上，每个图层可设定不同的线型、线条颜色，然后把不同的图层堆栈在一起成为一张完整的视图，这样可以使视图层次分明、有条理，方便图形对象的编辑与管理。一个完整的图形就是将它所包含的所有图层上的对象叠加在一起，如图 3-1 所示。

在用图层功能绘图之前，首先要对图层的各项特性进行设置，包括建立和命名图层、设置当前图层、设置图层的颜色和线型、图层是否关闭、图层是否冻结、图层是否锁定以及图层删除等。本节主要对图层的这些相关操作进行介绍。

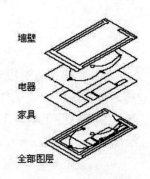

图 3-1 图层叠加效果

3.1.1 利用对话框设置图层

AutoCAD 2018 提供了详细直观的"图层特性管理器"对话框，用户可以方便地通过对该对话框中的各选项及其二级对话框进行设置，实现建立新图层、设置图层颜色及线型等各种操作。

1. 执行方式

命令行：LAYER。

菜单："格式"→"图层"。

工具栏："图层"→"图层特性管理器"按钮 。

功能区：单击"默认"选项卡"图层"面板中的"图层特性"按钮 （或单击"视图"选项卡"选项板"面板中的"图层特性"按钮 ）。

2. 操作格式

命令：LAYER✓

执行上述命令后，系统弹出如图 3-2 所示的"图层特性管理器"对话框。

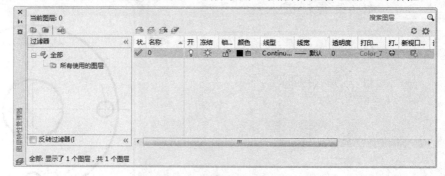

图 3-2 "图层特性管理器"对话框

在"图层特性管理器"对话框中，图层列表区显示已有的图层及其特性。若修改某一图层的某一特性，单击对应的图标即可。右击空白区域，利用弹出的快捷菜单可以快速选中所有图层。下面介绍列表区中各列的含义。

（1）名称：显示满足条件的图层的名称。如果要对某图层进行修改，首先选中该图层，使其逆反显示。

（2）开：控制打开或关闭图层。此项对应的图标是小灯泡，如果灯泡颜色是黄色，则表示该图层是打开的，单击使其变为灰色，表示该图层被关闭。如果灯泡颜色是灰色，则表示该图层是关闭的，单击使其变为黄色，表示该图层被打开。图 3-3 所示为尺寸标注图层打开和关闭的情形。

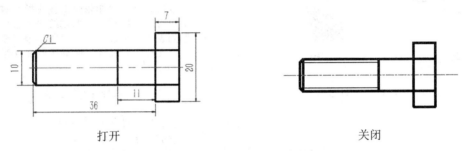

打开 关闭

图 3-3 打开或关闭尺寸标注图层

（3）冻结：控制图层的冻结与解冻。可控制所有视区中、当前视区中和新建视区中的图层冻结与否。单击某图层所对应的"冻结/解冻"图标，可使其在冻结与解冻之间转换。当前图层不能冻结。

（4）锁…：控制图层的锁定与解锁。在该栏对应的列中，如果某图层对应的图标是打开的锁，则表示该图层是非锁定的.单击图标使其变为锁住的锁，则表示将该图层锁定；再次单击图标使其变为打开的锁，则表示将该图层解锁。

（5）颜色：显示和改变图层的颜色。如果要改变某一图层的颜色，单击对应的颜色图标，将弹出如图 3-4 所示的"选择颜色"对话框，用户可从中选取需要的颜色。

（6）线型：显示和修改图层的线型。如果要修改某一图层的线型，单击该图层的"线型"项，弹出"选择线型"对话框，如图 3-5 所示。该对话框中列出了当前可用的线型，用户可从中选取。有关线型的具体内容将在 3.3 节中详细介绍。

（7）线宽：显示和修改图层的线宽。如果要修改某一图层的线宽，单击该图层的"线宽"选项，弹出"线宽"对话框，如图 3-6 所示。该对话框中列出了 AutoCAD 设定的线宽，用户可从中选取。

（8）打印样式：修改图层打印样式。所谓打印样式，是指打印图形时各项属性的设置。

（9）打印：控制所选图层是否可被打印。如果关闭某图层的此开关，则该图层上的图形对象仍旧可见但不可以打印输出。对于处于开和解冻状态的图层来说，关闭此开关不影响在屏幕上的可见性，只影响在打印图中的可见性。如果某个图层处于冻结和关状态，则即使打开"打印"开关，AutoCAD 也无法把该图层打印出来。

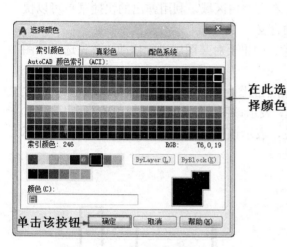

在此选择颜色

单击该按钮

图 3-4 "选择颜色"对话框

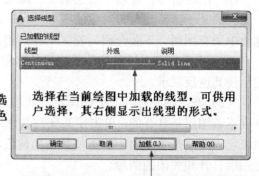

选择在当前绘图中加载的线型,可供用户选择,其右侧显示出线型的形式。

单击此按钮。打开"加载或重载线型"对话框,用户可通过此对话框加载线并把它添加到线型列表中,不过加载的线型必须在线型库(LIN)文件中定义过。标准线型都保存在acad.lin文件中。

图 3-5 "选择线型"对话框

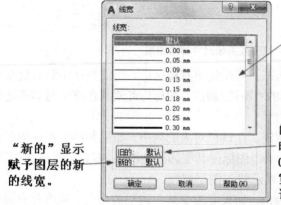

"线宽"列表框显示可以选用的线宽值,包括一些绘图中经常用到的线宽,用户可以从中选取需要的线宽。

"旧的"显示前面赋予图层的线宽,当建立一个新图层时,采用默认线宽(其值为0.01in即0.25mm),默认线宽的值由系统变量LWDEFAUL设置。

"新的"显示赋予图层的新的线宽。

图 3-6 "线宽"对话框

(10)透明度:选择或输入要应用于当前图形中选定图层的透明度级别。

(11)说明:设定现有图层的说明特性值。 向带有现有说明的图层输入说明时将显示警告提示。

3.1.2 利用工具栏或功能区设置图层

1.利用工具栏设置图层

AutoCAD 提供了一个"特性"工具栏,如图 3-7 所示。用户可以通过该工具栏上的工具图标快速地查看和改变所选对象的图层、颜色、线型和线宽等特性。"特性"工具栏增强了查看和编辑对象属性的功能。在绘图窗口中选择任何对象都将在工具栏上自动显示它所在的图层、颜色、线型等属性。

2.利用功能区设置图层

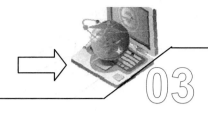

AutoCAD 还提供了一个"特性"面板，如图 3-8 所示。用户能够控制和使用面板上的图标快速地查看和改变所选对象的图层、颜色、线型和线宽等特性。"特性"面板上的图层颜色、线型、线宽和打印样式的控制增强了查看和编辑对象属性的命令。在绘图屏幕上选择任何对象都将在面板上自动显示它所在图层、颜色和线型等属性。

"颜色控制"下拉列表框：单击右侧的向下箭头，在下拉列表中选择使之成为当前颜色，如果选择"选择颜色"选项，AutoCAD打开"选择颜色"对话框以选择其他颜色。修改当前颜色之后，不论在哪个图层上绘图都采用这种颜色，但对各个图层的颜色设置没有影响。

"线型控制"下拉列表框：单击右侧的向下箭头，在下拉列表中选择某一线型使之成为当前线型。修改当前线型之后，不论在哪个图层上绘图都采用这种线型，但对各个图层的线型设置没有影响。

"线宽控制"下拉列表框：单击右侧的向下箭头，在下拉列表中选择一个线宽使之成为当前线宽。修改当前线宽之后，不论在哪个图层上绘图都采用这种线宽，但对各个图层的线宽设置没有影响。

"打印类型控制"下拉列表框：单击右侧的向下箭头，在下拉列表中选择一种打印样式使之成为当前打印样式。

图 3-7　"特性"工具栏

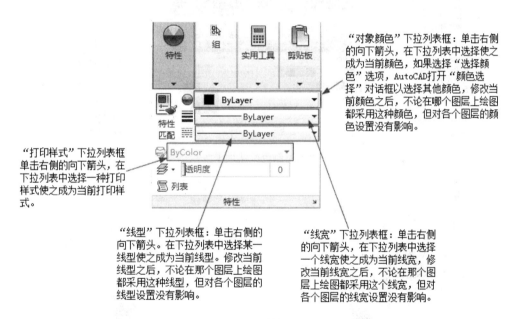

"对象颜色"下拉列表框：单击右侧的向下箭头，在下拉列表中选择使之成为当前颜色，如果选择"选择颜色"选项，AutoCAD打开"颜色选择"对话框以选择其他颜色，修改当前颜色之后，不论在哪个图层上绘图都采用这种颜色，但对各个图层的颜色设置没有影响。

"打印样式"下拉列表框单击右侧的向下箭头，在下拉列表中选择一种打印样式使之成为当前打印样式。

"线型"下拉列表框：单击右侧的向下箭头。在下拉列表中选择某一线型使之成为当前线型。修改当前线型之后，不论在那个图层上绘图都采用这种线型，但对各个图层的线型设置没有影响。

"线宽"下拉列表框：单击右侧的向下箭头，在下拉列表中选择一个线宽使之成为当前线宽，修改当前线宽之后，不论在那个图层上绘图都采用这个线宽，但对各个图层的线宽设置没有影响。

图 3-8　"特性"面板

3.2　设置颜色

AutoCAD 绘制的图形对象都具有一定的颜色，为使绘制的图形清晰明了，对同一类的图形对象可用相同的颜色绘制，使不同类的对象具有不同的颜色，以示区分。为此，需要适当地对颜色进行设置。AutoCAD 允许用户为图层设置颜色，为新建的图形对象设置当前颜色，还可以改变已有图形对象的颜色。

1. 执行方式

命令行：COLOR。

菜单："格式"→"颜色"。

功能区：单击"默认"选项卡"特性"面板上的"对象颜色"下拉菜单中的"更多颜色"按钮 ●。

2. 操作格式

命令：COLOR✓

单击相应的菜单项或在命令行输入 COLOR 命令后按 Enter 键，AutoCAD 将打开如图 3-9 所示的"选择颜色"对话框。其中有索引颜色、真彩色、配色系统三种模式可供选择。

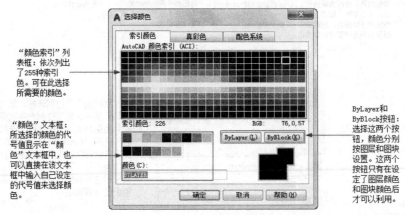

"索引颜色"选项卡

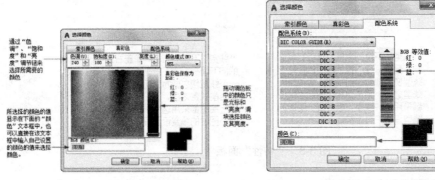

"真彩色"选项卡　　　　　　　"配色系统"选项卡

图 3-9　"选择颜色"对话框

3.3　图层的线型

国家标准对机械图样中使用的各种图线的名称、线型、线宽以及在图样中的应用做了规定，见表 3-1。其中，常用的图线有 4 种，即粗实线、细实线、细点画线、虚线。

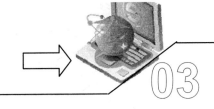

图线分为粗、细两种，粗线的宽度 b 应按图样的大小和图形的复杂程度，在 0.5～2mm 之间选择。细线的宽度约为 $b/2$。

表 3-1　图线的线型及应用

图线名称	线型	线宽	主要用途
粗实线	——————————	b	可见轮廓线等
细实线	————————	约 $b/2$	尺寸线、尺寸界线、剖面线、引出线、弯折线、牙底线、齿根线、辅助线、可见过渡线等
细点画线	— — · — — · —	约 $b/2$	轴线、对称中心线、齿轮分度圆线等
虚线	— — — — — —	约 $b/2$	不可见轮廓线、不可见过渡线
波浪线	∿∿∿∿	约 $b/2$	断裂处的边界线、剖视与视图的分界线
双折线	—∿—∿—	约 $b/2$	断裂处的边界线
粗点画线	■■■ ■■ ■■	b	有特殊要求的线或面的表示线
双点画线	— — · · — —	约 $b/2$	相邻辅助零件的轮廓线、极限位置的轮廓线、假想投影的轮廓线

3.3.1　在"图层特性管理器"对话框中设置线型

按照 3.1.1 节讲述的方法打开"图层特性管理器"对话框。在图层列表的"线型"栏中单击线型名，弹出"选择线型"对话框，如图 3-5 所示。"选择线型"对话框中各选项的含义如下：

（1）"已加载的线型"：显示在当前绘图中加载的线型，可供用户选用，其右侧显示出线型的外观和说明。

（2）"加载"按钮：单击"加载"按钮，弹出"加载或重载线型"对话框，如图 3-10 所示，用户可通过此对话框加载线型并将其添加到线型列表中，不过加载的线型必须在线型库（LIN）文件中定义过。标准线型都保存在 acad.lin 文件中。

图 3-10　"加载或重载线型"对话框

3.3.2　直接设置线型

用户也可以直接设置线型。

执行方式

命令行：LINETYPE。

执行上述命令后，系统弹出"线型管理器"对话框，如图 3-11 所示。"线型管理器"对话框与前面讲述的相关知识相同，这里不再赘述。

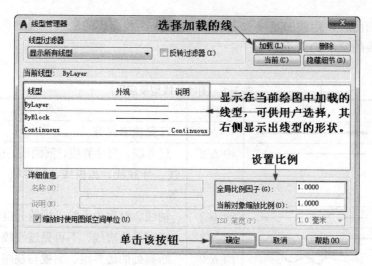

图 3-11 "线型管理器"对话框

3.3.3 实例——泵轴零件图

利用图层命令绘制如图 3-12 所示的泵轴零件图。

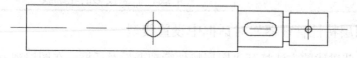

图 3-12 泵轴零件图

光盘\动画演示\第 3 章\泵轴零件图.avi

操作步骤

01 单击"默认"选项卡"图层"面板中的"图层特性"按钮，弹出"图层特性管理器"对话框。

02 单击"新建图层"按钮，创建一个新层，把该图层的名称由默认的"图层 1"改为"中心线"，如图 3-13 所示。

03 单击"中心线"层对应的"颜色"选项，弹出"选择颜色"对话框，选择红色为该图层颜色，如图 3-14 所示。

04 单击"中心线"层对应的"线型"项，弹出"选择线型"对话框，如图 3-15 所示。

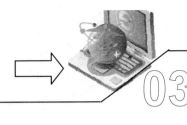

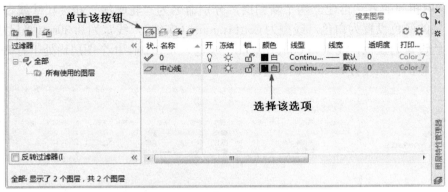

图 3-13　更改图层名

图 3-14　"选择颜色"对话框

图 3-15　"选择线型"对话框

05 在"选择线型"对话框中单击"加载"按钮，弹出"加载或重载线型"对话框，选择 CENTER（点画线）线型，如图 3-16 所示。单击"确定"按钮退出。在"选择线型"对话框中选择 CENTER 为该图层线型，单击"确定"按钮，返回"图层特性管理器"对话框。

06 单击"中心线"图层对应的"线宽"选项，弹出"线宽"对话框，选择 0.09mm 线宽，如图 3-17 所示。设置完成后单击"确定"按钮，返回"图层特性管理器"对话框。

图 3-16　加载新线型

图 3-17　选择线宽

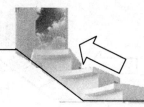

07 用相同的方法再建立两个新图层，分别命名为"轮廓线"和"尺寸线"。"轮廓线"图层的颜色设置为白色，线型为 Continuous（实线），线宽为 0.30mm。"尺寸线"图层的颜色设置为蓝色，线型为 Continuous，线宽为 0.09mm。3 个图层均处于打开、解冻和解锁状态，各项设置如图 3-18 所示。

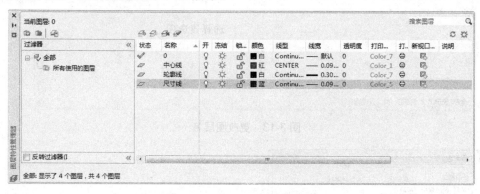

图 3-18　设置图层

08 选中"中心线"图层，单击"置为当前"按钮，将其设置为当前图层，然后单击"关闭"按钮 ✕ ，关闭"图层特性管理器"对话框。

09 绘制泵轴的中心线。单击"默认"选项卡"绘图"面板中的"直线"按钮，绘制坐标分别为{（65，130），（170，130）}、{（110，135）（110，125）}、{（158，133），（158，127）}的直线，结果如图 3-19 所示。

图 3-19　绘制中心线

10 单击"默认"选项卡"图层"面板中"图层"下拉列表的下三角按钮，将"轮廓线"图层置为当前图层，并在其上绘制主体图形。

❶单击"默认"选项卡"绘图"面板中的"矩形"按钮，绘制左端 φ14mm 轴段，角点坐标为（70,123）、（@66,14）。

❷单击"默认"选项卡"绘图"面板中的"直线"按钮，命令行提示与操作如下：

```
命令: L（绘制φ11轴段）
_line
指定第一点: _from 基点:（打开"捕捉自"功能）
_int 于（捕捉φ14轴段右端与水平中心线的交点）
<偏移>: @0,5.5✓
指定下一点或 [放弃(U)]: @14,0✓
指定下一点或 [放弃(U)]: @0,-11✓
指定下一点或 [闭合(C)/放弃(U)]: @-14,0✓
指定下一点或 [闭合(C)/放弃(U)]:✓
命令:✓
```

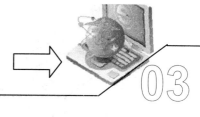

LINE 指定第一点：_from 基点：_int 于（捕捉φ11轴段右端与水平中心线的交点）

〈偏移〉：@0,3.75↙

指定下一点或 [放弃(U)]：@2,0↙

指定下一点或 [放弃(U)]：↙

命令：↙

LINE 指定第一点：_from 基点：_int 于（捕捉φ11轴段右端与水平中心线的交点）

〈偏移〉：@0,-3.75↙

指定下一点或 [放弃(U)]：@2,0↙

指定下一点或 [放弃(U)]：↙

❸单击"默认"选项卡"绘图"面板中的"矩形"按钮▭，绘制右端φ10轴段，角点坐标为（152，125）、（@12，10），结果如图3-20所示。

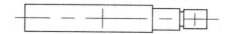

图3-20　泵轴的外轮廓线

11　绘制泵轴的孔及键槽。

❶单击"默认"选项卡"绘图"面板中的"圆"按钮⊘，以左端中心线的交点为圆心，绘制直径为5的圆；重复"圆"命令，以右端中心线的交点为圆心，绘制直径为2的圆。

❷单击"默认"选项卡"绘图"面板中的"多段线"按钮⟋，命令行提示与操作如下：

命令：PLINE↙（绘制泵轴的键槽）

指定起点：140,132↙

当前线宽为 0.0000

指定下一个点或 [圆弧(A)/半宽(H)/长度(L)/放弃(U)/宽度(W)]：@6,0↙

指定下一点或 [圆弧(A)/闭合(C)/半宽(H)/长度(L)/放弃(U)/宽度(W)]：A↙（绘制圆弧）

指定圆弧的端点(按住 Ctrl 键可以切换方向)或[角度(A)/圆心(CE)/闭合(CL)/方向(D)/半宽(H)/直线(L)/半径(R)/第二个点(S)/放弃(U)/宽度(W)]：@0,-4↙（输入圆弧端点的相对坐标）

指定圆弧的端点(按住 Ctrl 键可以切换方向)或[角度(A)/圆心(CE)/闭合(CL)/方向(D)/半宽(H)/直线(L)/半径(R)/第二个点(S)/放弃(U)/宽度(W)]：L↙（绘制直线）

指定下一点或 [圆弧(A)/闭合(C)/半宽(H)/长度(L)/放弃(U)/宽度(W)]：@-6,0↙

指定下一点或 [圆弧(A)/闭合(C)/半宽(H)/长度(L)/放弃(U)/宽度(W)]：A↙

指定圆弧的端点(按住 Ctrl 键可以切换方向)或[角度(A)/圆心(CE)/闭合(CL)/方向(D)/半宽(H)/直线(L)/半径(R)/第二个点(S)/放弃(U)/宽度(W)]：_endp 于（捕捉上部直线段的左端点，绘制左端的圆弧）

指定圆弧的端点(按住 Ctrl 键可以切换方向)或 [角度(A)/圆心(CE)/闭合(CL)/方向(D)/半宽(H)/直线(L)/半径(R)/第二个点(S)/放弃(U)/宽度(W)]：↙

12　将"尺寸线"图层设置为当前图层，并在"尺寸线"图层上进行尺寸标注（后

面有介绍,这里就不再标注)。

最终结果如图 3-12 所示。

3.4 精确定位工具

精确定位工具是指能够帮助用户快速准确地定位某些特殊点(如端点、中点、圆心等)和特殊位置(如水平位置、垂直位置)的工具,这些工具主要集中在状态栏上,如图 3-21 所示。

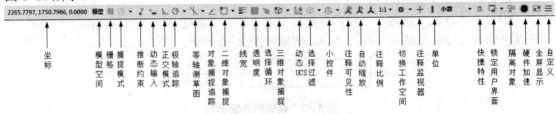

图 3-21 状态栏

3.4.1 正交模式

在绘图过程中,经常需要绘制水平直线和垂直直线,但是用光标拾取线段的端点时很难保证两个点严格沿水平或垂直方向,为此,AutoCAD 提供了正交功能。当启用正交模式时,画线或移动对象时只能沿水平方向或垂直方向移动光标,因此只能画平行于坐标轴的正交线段。

1. 执行方式

命令行:ORTHO。

状态栏:"正交"按钮 ∟。

快捷键:F8。

2. 操作格式

命令:ORTHO↙

输入模式 [开(ON)/关(OFF)] 〈开〉:(设置开或关)

3.4.2 栅格工具

用户可以应用显示栅格工具使绘图区域上出现可见的网格,它是一个形象的画图工具,就像传统的坐标纸一样。

1. 执行方式

菜单:"工具"→"绘图设置"。

状态栏:"栅格"按钮 ▦(仅限于打开与关闭)或单击"捕捉模式"右侧的小三角,在弹出的下拉菜单中选择"捕捉设置"。

快捷键:F7(限于打开与关闭)。

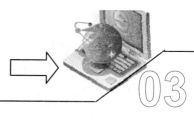
2. 操作格式

打开"草图设置"对话框中的"捕捉和栅格"选项卡，如图 3-22 所示。

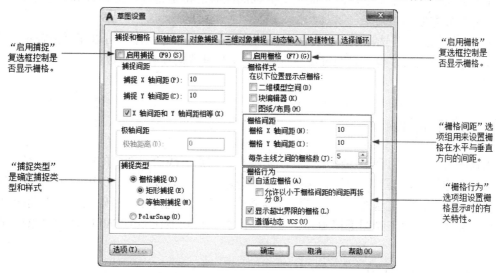

"启用捕捉"复选框控制是否显示栅格。

"捕捉类型"是确定捕捉类型和样式

"启用栅格"复选框控制是否显示栅格。

"栅格间距"选项组用来设置栅格在水平与垂直方向的间距。

"栅格行为"选项组设置栅格显示时的有关特性。

图 3-22 "草图设置"对话框中的"捕捉和栅格"选项卡

3.4.3 捕捉工具

为了准确地在屏幕上捕捉点，AutoCAD 提供了捕捉工具，可以在屏幕上生成一个隐含的栅格（捕捉栅格），这个栅格能够捕捉光标，约束它只能落在栅格的某一个节点上，使用户能够高精确度地捕捉和选择栅格上的点。

1. 执行方式

菜单："工具"→"绘图设置"。

状态栏："捕捉"按钮 ▦（仅限于打开与关闭）或单击"捕捉模式"右侧的小三角，在弹出的下拉菜单中选择"捕捉设置"。

快捷键：F9（仅限于打开与关闭）。

2. 操作格式

打开"草图设置"对话框，并打开其中的"捕捉和栅格"选项卡（参见图 3-22）。

3. 选项说明

（1）"启用捕捉"复选框：控制捕捉功能的开关，与 F9 快捷键或状态栏上的"捕捉"按钮功能相同。

（2）"捕捉间距"选项组："捕捉 X 轴间距"与"捕捉 Y 轴间距"确定捕捉栅格点在水平和垂直两个方向上的间距。

（3）"捕捉类型"选项组：确定捕捉类型和样式。AutoCAD 提供了两种捕捉栅格的方式："栅格捕捉"和"极轴捕捉"。"栅格捕捉"是指按正交位置捕捉位置点，"极轴捕捉"则可以根据设置的任意极轴角捕捉位置点。"栅格捕捉"又分为"矩形捕捉"和"等

轴测捕捉"两种方式。

在"矩形捕捉"方式下捕捉栅格是标准的矩形；在"等轴测捕捉"方式下捕捉栅格和光标十字线不再互相垂直，而是成绘制等轴测图时的特定角度，这种方式对于绘制等轴测图是十分方便的。

（4）"极轴间距"选项组：只有在"极轴捕捉"类型下才可用。可以在"极轴距离"文本框中输入距离值，也可以通过命令行命令 SNAP 设置捕捉有关参数。

3.5 对象捕捉

在画图时经常要用到一些特殊的点，如圆心、切点、线段或圆弧的端点、中点等，如果仅用光标拾取，要准确地找到这些点是十分困难的，为此，AutoCAD 提供了一些识别这些点的工具。通过这些工具，可以很容易构造出新的几何体，精确地画出创建的对象，其结果比传统手工绘图更精确并且更容易维护。该功能在 AutoCAD 中称为对象捕捉功能。

3.5.1 特殊位置点捕捉

在绘制 AutoCAD 图形时，有时需要指定一些特殊位置的点，如圆心、端点、中点和平行线上的点等（见表 3-2）。可以通过对象捕捉功能来捕捉这些点。

表 3-2　特殊位置点捕捉

名称	命令	含义
临时追踪点	TT	建立临时追踪点
两点之间中点	M2P	捕捉两个独立点之间的中点
捕捉自	FRO	与其他捕捉方式配合使用建立一个临时参考点，作为指出后继点的基点
端点	END	线段或圆弧的端点
中点	MID	线段或圆弧的中点
交点	INT	线、圆弧或圆等的交点
外观交点	APP	图形对象在视图平面上的交点
延长线	EXT	指定对象的延伸线上的点
圆心	CET	圆或圆弧的圆心
象限点	QUA	距光标最近的圆或圆弧上可见部分象限点，即圆周上 0°、90°、180°、270° 位置点
切点	TAN	最后生成的一个点到选中的圆或圆弧上引切线的切点位置
垂足	PER	在线段、圆、圆弧或其延长线上捕捉一个点，使最后生成的对象线与原对象正交

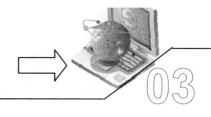
（续）

名称	命令	含　义
平行线	PAR	指定对象平行的图形对象上的点
节点	NOD	捕捉用 Point 或 DIVIDE 等命令生成的点
插入点	INS	文本对象和图块的插入点
最近点	NEA	离拾取点最近的线段、圆、圆弧等对象上的点
无	NON	取消对象捕捉
对象捕捉设置	OSNAP	设置对象捕捉

AutoCAD 提供了命令行、工具栏和快捷菜单 3 种执行特殊点对象捕捉的方法。

1. 命令行方式

绘图时，当在命令行中提示输入一点时，输入相应的特殊位置点命令，见表 3-2，然后根据提示操作即可。

2. 工具栏方式

利用如图 3-23 所示的"对象捕捉"工具栏可以使用户更加方便地实现捕捉点的目的。当命令行提示输入一点时，从"对象捕捉"工具栏上单击相应的按钮（当把光标放在某一图标上时，会显示出该图标功能的提示），然后根据提示操作即可。

3. 快捷菜单方式

快捷菜单可以通过同时按 Shift 键和鼠标右键来激活，菜单中列出了 AutoCAD 提供的对象捕捉模式，如图 3-24 所示。操作方法与工具栏相似，只要在 AutoCAD 提示输入点时单击快捷菜单上相应的菜单项，然后按提示操作即可。

图 3-23　"对象捕捉"工具栏　　图 3-24　对象捕捉快捷菜单

3.5.2　实例——绘制线段

从图 3-25a 中线段的中点到圆的圆心画一条线段。

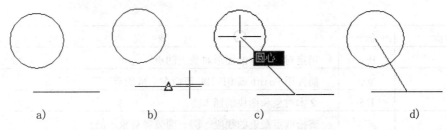

图 3-25　利用对象捕捉工具绘制线段

光盘\动画演示\第 3 章\绘制线段.avi

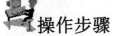

操作步骤

单击"默认"选项卡"绘图"面板中的"直线"按钮／，命令行提示与操作如下：

命令：LINE↙

指定第一个点：MID↙

于：（把十字光标放在线段上，如图 3-25b 所示，在线段的中点处出现一个三角形的中点捕捉标记，单击鼠标左键，拾取该点）

指定下一点或［放弃(U)]：CEN↙

于：（把十字光标放在圆上，如图 3-25c 所示，在圆心处出现一个圆形的圆心捕捉标记，单击鼠标左键，拾取该点）

指定下一点或［放弃(U)]：↙

结果如图 3-25d 所示。

提示

AutoCAD 对象捕捉功能中，捕捉垂足（Perpendicular）和捕捉交点（Intersection）等项有延伸捕捉的功能，即如果对象没有相交，AutoCAD 会假想把线或弧延长，从而找出相应的点，上例中的垂足就是这种情况。

3.5.3　设置对象捕捉

在用 AutoCAD 绘图之前，可以根据需要事先设置运行一些对象捕捉模式，绘图时 AutoCAD 能自动捕捉这些特殊点，从而加快绘图速度，提高绘图质量。

1. 执行方式

命令行：DDOSNAP。

菜单："工具"→"绘图设置"。

工具栏："对象捕捉"→"对象捕捉设置"按钮．。

状态栏："二维对象捕捉"按钮（功能仅限于打开与关闭）或单击"二维对象捕捉"按钮右侧的小三角，在弹出的下拉菜单中选择"对象捕捉设置"选项。

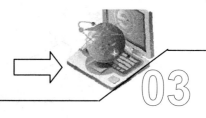

快捷键：F3（功能仅限于打开与关闭）。

2. 操作格式

命令：DDOSNAP✓

执行上述命令后，系统弹出"草图设置"对话框中的"对象捕捉"选项卡，如图 3-26 所示。利用此对话框可以设置对象捕捉方式。

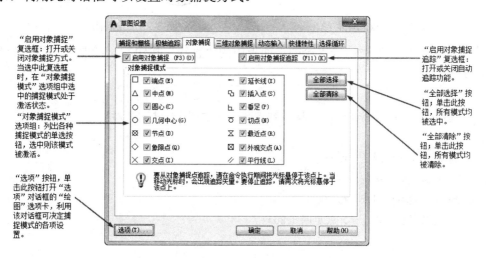

图 3-26 "草图设置"对话框中的"对象捕捉"选项卡

3.5.4 实例——绘制圆的公切线

绘制如图 3-27 所示的圆的公切线。

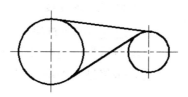

图 3-27 圆的公切线

光盘\动画演示\第 3 章\绘制圆公切线.avi

操作步骤

01 单击"默认"选项卡"图层"面板中的"图层特性"按钮，新建两个图层。中心线层：线型为 CENTER，其余属性默认。粗实线层：线宽为 0.30mm，其余属性默认。

02 将"中心线层"设置为当前图层，单击"默认"选项卡"绘图"面板中的"直线"按钮，绘制适当长度的垂直相交中心线，结果如图 3-28 所示。

03 将"粗实线层"设置为当前图层，单击"默认"选项卡"绘图"面板中的"圆"

按钮 ⓞ ，绘制图形轴孔部分。绘制圆时，分别以水平中心线与竖直中心线交点为圆心，以适当半径绘制两个圆，结果如图 3-29 所示。

图 3-28   绘制中心线   图 3-29   绘制圆

04 单击"默认"选项卡"绘图"面板中的"直线"按钮 ╱，绘制公切线，命令行提示与操作如下：

命令：LINE ✓

指定第一个点：（按住 Shift 键，同时在绘图区单击鼠标右键，打开"对象捕捉"快捷菜单，选择切点）

_tan 到：（指定左边圆上一点）

指定下一点或 [放弃(U)]：（重复上述操作，选择切点）

_tan 到：（指定右边圆上一点）

指定下一点或 [放弃(U)]： ✓（见图 3-30）

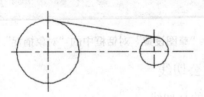

图 3-30   绘制公切线

05 单击"默认"选项卡"绘图"面板中的"直线"按钮 ╱，绘制公切线。同样，利用"捕捉到切点"捕捉切点。图 3-31 所示为捕捉第二个切点的情形。

06 系统自动捕捉到切点的位置，最终结果如图 3-27 所示。

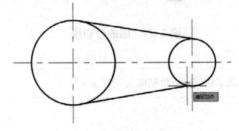

图 3-31   捕捉切点

提 示

不管用户指定圆上哪一点作为切点，系统都会自动根据圆的半径和指定的大致位置确定准确的切点，并且根据大致的指定点与内、外切点的距离，依据距离趋近原则判断是绘制外切线还是内切线。

3.6 自动追踪

自动追踪是指按指定角度或与其他对象的指定关系自动绘制对象。利用自动追踪功能可以对齐路径，有助于以精确的位置和角度创建对象。自动追踪包括两种追踪选项："极轴追踪"和"对象捕捉追踪"。"极轴追踪"是指按指定的极轴角或极轴角的倍数对齐要指定点的路径；"对象捕捉追踪"是指以捕捉到的特殊位置点为基点，按指定的极轴角或极轴角的倍数对齐要指定点的路径。

"极轴追踪"必须配合"极轴"功能和"对象追踪"功能一起使用，即同时打开状态栏上的"极轴"开关和"对象追踪"开关；"对象捕捉追踪"必须配合"对象捕捉"功能和"对象追踪"功能一起使用，即同时打开状态栏上的"对象捕捉"开关和"对象追踪"开关。

3.6.1 对象追踪

1. 执行方式

命令行：DDOSNAP。

菜单："工具"→"绘图设置"。

工具栏："对象捕捉"→"对象捕捉设置"按钮 。

状态栏："对象捕捉追踪"按钮 （功能仅限于打开与关闭）或右击"对象捕捉追踪"按钮 ，在弹出的快捷菜单中选择"对象捕捉追踪设置"选项。

快捷键：F11。

2. 操作格式

按照上面的执行方式操作，打开"草图设置"对话框中的"对象捕捉"选项卡，选中"启用对象捕捉追踪"复选框，即完成了对象捕捉追踪设置。

3.6.2 实例——补全三视图

利用对象捕捉追踪功能准确确定如图 3-32 所示的主视图上 a 点的位置。

光盘\动画演示\第 3 章\补全三视图.avi

操作步骤

01 首先打开"光盘\源文件\第 3 章\3.6.2/补全三视图"，在状态栏上同时打开"对象捕捉"和"对象捕捉追踪"功能。

02 单击"默认"选项卡"绘图"面板中的"点"按钮 。

03 将光标移至 b 点，显示为"十"字形状，b 点成为追踪点，向上沿垂直追踪参照线移动。

04 将光标移到 c 点，获得第二个追踪点。

05 沿着从 c 点出发的水平参照线向左移动光标。

06 当光标移到和 b 点垂直时，显示从 b 点出发的垂直追踪参照线，在两条线的交点处单击，即可确定 a 点位置，如图 3-32b 所示。

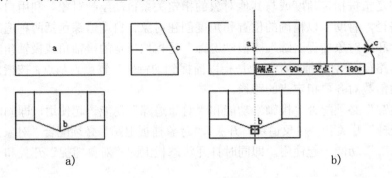

图 3-32 对象捕捉追踪

3.6.3 极轴追踪

1. 执行方式

命令行：DDOSNAP。

菜单："工具"→"绘图设置"。

工具栏："对象捕捉"→"对象捕捉设置"按钮 ￼。

状态栏："极轴追踪"按钮 ￼（功能仅限于打开与关闭）或单击"极轴追踪"按钮 ￼ 右侧的小三角，在弹出的下拉菜单中选择"正在追踪设置"选项。

快捷键：F10。

2. 操作格式

按照上面的执行方式操作或者在"极轴"开关上右击，在弹出的快捷菜单中选择"设置"命令，打开如图 3-33 所示的"草图设置"对话框中的"极轴追踪"选项卡。

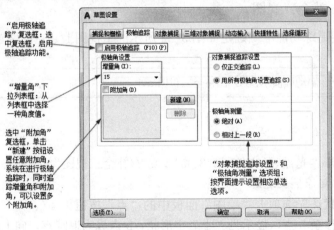

图 3-33 "极轴追踪"选项卡

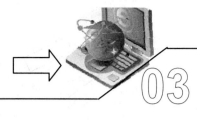

3.6.4 实例——绘制特定角度线段

利用极轴追踪功能绘制如图 3-34a 所示的图形。

光盘\动画演示\第 3 章\绘制特定角度线段.avi

操作步骤

01 单击"默认"选项卡"绘图"面板中的"直线"按钮，绘制直线，结果如图 3-34b 所示。

02 在"草图设置"对话框的"极轴追踪"选项卡中选中"启用极轴追踪"复选框，并设置角度增量为 30，其余采用默认值。

03 以下端矩形的左上角为起点绘制斜线，移动鼠标，当光标向右上方约 60° 方向移动时，显示极轴追踪，如图 3-34c 所示。

04 选择一段距离，单击确定斜线的另一个端点。

05 镜像左侧图形，完成绘制（镜像操作将在第 4 章中介绍）。

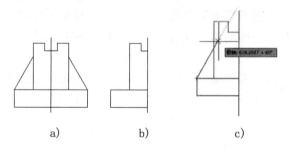

a)　　　　　　　b)　　　　　　　c)

图 3-34　利用极轴追踪功能绘制图形

3.7　显示控制

为了便于绘图操作，AutoCAD 还提供了一些控制图形显示的命令，一般这些命令只能改变图形在屏幕上的显示方式，可以按操作者所期望的位置、比例和范围进行显示，以便于观察，但不会使图形产生实质性的改变，既不改变图形的实际尺寸，也不影响实体之间的相对关系。

3.7.1　图形的缩放

所谓视图，就是必须有特定的放大倍数、位置及方向的图形。改变视图最一般的方法就是利用"缩放"和"平移"命令，可以在绘图区域放大或缩小图像显示，或者改变观察位置。

缩放并不改变图形的绝对大小，只是在图形区域内改变视图形。AutoCAD 提供了多种缩放视图的方法，下面以动态缩放为例介绍缩放的操作方法。

1. 执行方式

命令行：ZOOM。

菜单："视图"→"缩放"→"动态"。

工具栏："标准"→"缩放"→"动态缩放"按钮 🔍。

功能区：单击"视图"选项卡"导航"面板上的"范围"下拉菜单中的"动态"按钮 🔍。

2. 操作格式

> 命令：ZOOM↙
>
> 指定窗口的角点，输入比例因子 (nX 或 nXP)，或者[全部(A)/中心(C)/动态(D)/范围(E)/上一个(P)/比例(S)/窗口(W)/对象(O)]〈实时〉：D↙

执行上述命令后，系统弹出一个图框。选取动态缩放前的画面呈绿色点线。如果动态缩放的图形显示范围与选取动态缩放前的范围相同，则此框与边线重合而不可见。重生成区域的四周有一个蓝色虚线框，用来标记虚拟屏幕。

这时，如果线框中有一个"×"，如图 3-35a 所示，就可以拖动线框并将其平移到另外一个区域。如果要放大图形到不同的放大倍数，按下鼠标，"×"就会变成一个箭头，如图 3-35b 所示。这时左右拖动边界线就可以重新确定视口的大小。缩放后的图形如图 3-35c 所示。

另外，还有实时缩放、窗口缩放、比例缩放、中心缩放、全部缩放、缩放对象、缩放上一个和范围缩放，操作方法与动态缩放类似，这里不再赘述。

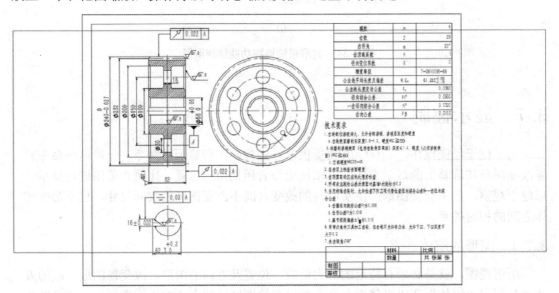

a）带"×"的线框

图 3-35　动态缩放

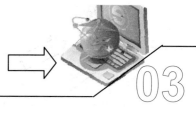
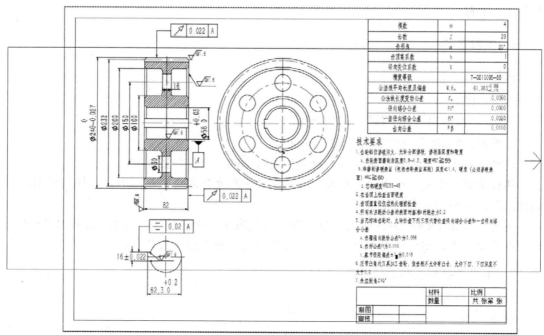

b）带箭头的线框

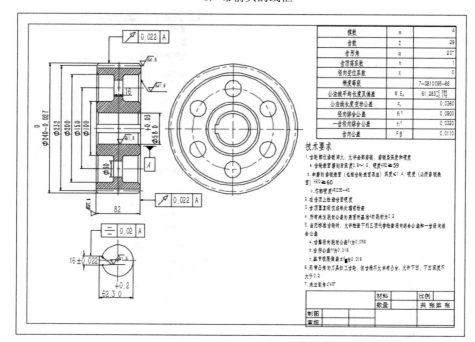

c）缩放后的图形

图3-35　动态缩放（续）

3.7.2　平移

1．实时平移

执行方式

命令：PAN。

菜单："视图"→"平移"→"实时"。

工具栏："标准"→"实时平移"按钮 🖐 。

功能区：单击"视图"选项卡"导航"面板中的"平移"按钮 🖐 。

执行上述命令后，按下鼠标左键，然后移动手形光标即可平移图形。当移动到图形的边沿时，光标呈三角形显示。

另外，在 AutoCAD 2018 中为显示控制命令设置了一个右键快捷菜单，如图 3-36 所示。在该菜单中，用户可以在显示命令执行的过程中透明地进行切换。

2．定点平移和方向平移

（1）执行方式

命令：PAN。

菜单："视图"→"平移"→"点"（见图 3-37）。

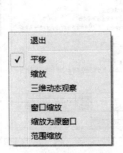

图 3-36　右键快捷菜单　　　　　图 3-37　"平移"子菜单

（2）操作格式

命令：-pan ✓

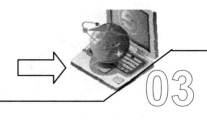

指定基点或位移：（指定基点位置或输入位移值）
指定第二个点：（指定第二点，确定位移和方向）

执行上述命令后，当前图形按指定的位移和方向进行平移。另外，在"平移"子菜单中还有"左""右""上""下"4个平移命令，选择这些命令时，图形按指定的方向平移一定的距离。

3.8 综合实例——三环旗

可以根据如图3-38所示的三环旗的不同部分建立4个图层来绘制这个图形。最后通过"特性"选项板来修改三环的颜色。绘制过程中要用到直线、多段线、圆环、镜像等命令。

图3-38 三环旗

 光盘\动画演示\第3章\三环旗.avi

操作步骤

01 建立4个图层。单击"默认"选项卡"图层"面板中的"图层特性"按钮，弹出"图层特性管理器"对话框（或者单击"标准"工具栏中的"图层特性管理器"图标也可），如图3-39所示。

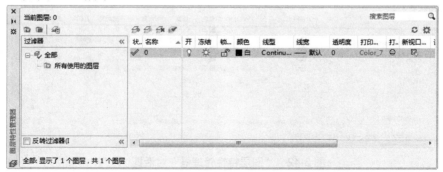

图3-39 "图层特性管理器"对话框

单击"新建图层"按钮，创建新图层，新图层的特性将继承0层的特性或继承已选择的某一图层的特性。新图层默认名为"图层1"，显示在中间的图层列表中，将其更

名为"旗尖";接着重复上述方法,再建立一个新图层"图层2",将其更名为"旗杆",方法同上,建立"旗面"图层和"三环"图层。这样就建立了4个新图层。此时,选中"旗尖"图层,单击"颜色"下的色块形图标,将弹出"选择颜色"对话框,如图3-40所示。单击灰色色块,按下"确定"按钮,返回到"图层特性管理器"对话框。此时,"旗尖"层的颜色变为灰色。

选中"旗杆"层,用同样的方法将颜色改为红色,单击"线宽"下的线宽值,将弹出"线宽"对话框,如图3-41所示,选择0.4mm的线宽,按下"确定"按钮,返回到"图层特性管理器"对话框。用同样的方法将"旗面"层的颜色设置为白色,线宽设置为默认值,将"三环"图层的颜色设置为蓝色。整体设置如下:

图 3-40 "选择颜色"对话框 　　　　　　　 图 3-41 "线宽"对话框

- 旗尖层:线型为CONTINOUS,颜色为254(灰色),线宽为默认值。
- 旗杆层:线型为CONTINOUS,颜色为红色,线宽为0.4mm。
- 旗面层:线型为CONTINOUS,颜色为白色,线宽为默认值。
- 三环层:线型为CONTINOUS,颜色为蓝色,线宽为默认值。

设置完成的"图层特性管理器"对话框如图3-42所示。

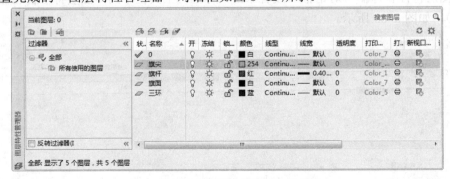

图 3-42 "图层特性管理器"对话框

02 绘制辅助图线。单击"默认"选项卡"绘图"面板中的"直线"按钮，绘制一条倾斜直线,作为辅助线。

03 绘制灰色的旗尖。将"旗尖"图层设置为当前图层。

命令：Z✓（显示缩放命令 ZOOM 的缩写名）

指定窗口角点，输入比例因了（nX 或 nXP），或者[全部(A)/中心点(C)/动态(D)/范围(E)/上一个(P)/比例(S)/窗口(W)/对象（O)]〈实时〉：W✓（指定一个窗口，把窗口内的图形放大到全屏）

指定第一个角点：（单击指定窗口的左上角点）

指定对角点：（拖动鼠标，出现一个动态窗口，单击指定窗口的右下角点）

单击"默认"选项卡"绘图"面板中的"多段线"按钮，命令行提示与操作如下：

命令：PLINE✓

指定起点：（按下状态栏上"对象捕捉"按钮，将光标移至直线上，单击指定一点）

当前线宽为 0.0000

指定下一个点或 [圆弧(A)/半宽(H)/长度(L)/放弃(U)/宽度(W)]：W✓（设置线宽）

指定起始宽度 〈0.0000〉：✓

指定端点宽度 〈0.0000〉：8✓

指定下一个点或 [圆弧(A)/半宽(H)/长度(L)/放弃(U)/宽度(W)]：（将光标移至直线上，单击指定一点）

指定下一点或 [圆弧(A)/闭合(C)/半宽(H)/长度(L)/放弃(U)/宽度(W)]：✓

单击"默认"选项卡"修改"面板中的"镜像"按钮，命令行提示与操作如下：

命令：MIRROR✓

选择对象：（选择所画的多段线）

选择对象：✓

指定镜像线的第一个点：（捕捉所画多段线的端点）

指定镜像线的第二个点：（单击，指定第二点）

要删除源对象吗？[是(Y)/否(N)]〈否〉：✓

结果如图 3-43 所示。

04 绘制红色的旗杆。将"旗杆"图层设置为当前图层。

命令：Z✓

指定窗口角点，输入比例因子（nX 或 nXP），或[全部(A)/中心点(C)/动态(D)/范围(E)/上一个(P)/比例(S)/窗口(W)]〈实时〉：P✓（恢复前一次显示）

命令：〈Lineweight On〉（按下状态栏上的"线宽"按钮，打开线宽显示功能）

单击"默认"选项卡"绘图"面板中的"直线"按钮，命令行提示与操作如下：

命令：_line✓

指定第一个点：（捕捉所画旗尖的端点）

指定下一点或 [放弃(U)]：（将光标移至直线上，单击指定一点）

指定下一点或 [放弃(U)]：✓

单击"默认"选项卡"修改"面板中的"删除"按钮，删除辅助线。绘制完此步后的图形如图 3-44 所示。

05 绘制白色的旗面。将"旗面"图层设置为当前图层。单击"默认"选项卡"绘图"面板中的"多段线"按钮，绘制旗面，命令行提示与操作如下：

图 3-43　灰色的旗尖　　　　　　　　图 3-44　绘制红色的旗杆后的图形

命令:PLINE↙

指定起点：（捕捉所画旗杆的端点）

当前线宽为 8.0000

指定下一点或 [圆弧(A)/半宽(H)/长度(L)/放弃(U)/宽度(W)]:W↙

指定起点宽度<8.000>:0↙

指定端点宽度<0.0000>:↙

指定下一点或 [圆弧(A)/半宽(H)/长度(L)/放弃(U)/宽度(W)]:A↙

指定圆弧的端点(按住 Ctrl 键可以切换方向)或[角度(A)/圆心(CE)/方向(D)/半宽(H)/直线(L)/半径(R)/第二个点(S)/放弃(U)/宽度(W)]: S↙

指定圆弧的第二个点：（单击一点，指定圆弧的第二点）

指定圆弧的端点：（单击一点，指定圆弧的端点）

指定圆弧的端点(按住 Ctrl 键可以切换方向)或[角度(A)/圆心(CE)/闭合(CL)/方向(D)/半宽(H)/直线(L)/半径(R)/第二点(S)/放弃(U)/宽度(W)]:（单击一点，指定圆弧的端点）

指定圆弧的端点(按住 Ctrl 键可以切换方向)或[角度(A)/圆心(CE)/闭合(CL)/方向(D)/半宽(H)/直线(L)/半径(R)/第二点(S)/放弃(U)/宽度(W)]:↙

采用相同方法绘制另一条旗面边线。

 注 意

在后面的内容中，有一个更简单的命令COPY可以完成此步操作，请注意体会。

单击"默认"选项卡"绘图"面板中的"直线"按钮，命令行提示与操作如下：

命令: LINE↙

指定第一个点：（捕捉所画旗面上边的端点）

指定下一点或 [放弃(U)]:（捕捉所画旗面下边的端点）

指定下一点或 [放弃(U)]:↙

绘制完此步后的图形如图 3-45 所示。

06 绘制三个蓝色的圆环。将"三环"图层设置为当前图层，单击"默认"选项卡"绘图"面板中的"圆环"按钮◎，命令行提示与操作如下：

命令: DONUT↙

指定圆环的内径 <10.0000>: 10↙

指定圆环的外径 <20.0000>: 20↙

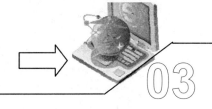
指定圆环的中心点〈退出〉：（在旗面内单击一点，确定第一个圆环中心坐标值）

指定圆环的中心点〈退出〉：（在旗面内单击一点，确定第二个圆环中心坐标值）

（用同样的方法确定剩余两个圆环的圆心，使所画出的三个圆环排列为一个三环形状）

指定圆环的中心点〈退出〉：↙

图 3-45　绘制白色的旗面后的图形

07 将绘制的 3 个圆环分别修改为三种不同的颜色。单击第二个圆环。

命令：DDMODIFY↙　（或者单击"视图"选项卡"选项板"面板中的"特性"按钮，下同）

按 Enter 键后，系统弹出"特性"对话框，如图 3-46 所示，其中列出了该圆环所在的图层、颜色、线型、线宽等基本特性及其几何特性。单击"颜色"选项，在表示颜色的色块后出现一个 按钮，单击此按钮，出现颜色选项，从中选择"洋红"，如图 3-47 所示。单击"关闭"按钮退出。用同样的方法，将另一个圆环的颜色修改为绿色。

图 3-46　"特性"对话框

图 3-47　选择"洋红"

最终绘制的结果如图 3-38 所示。

第4章
二维图形的编辑

图形编辑是对已有的图形进行修改、移动、复制和删除等操作。AutoCAD 2018 提供了 30 多种图形编辑命令。在实际绘图中，绘图命令与编辑命令交替使用可大量节省绘图时间。本章详细介绍了图形编辑的各种方法。这些编辑命令的菜单操作主要集中在"修改"菜单栏。

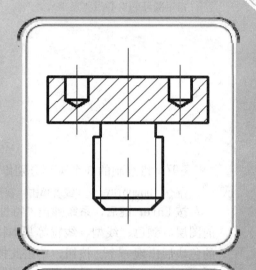

知识点

- 构造选择集

- 删除与恢复

- 图形的复制、镜像和修剪

- 图形的阵列和偏移

- 图形的移动和旋转

- 图形的打断和延伸

- 图形的拉长和拉伸

- 面域

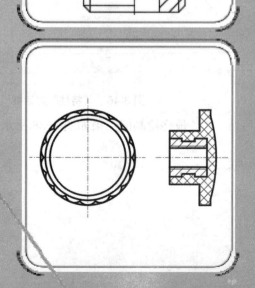

4.1　构造选择集

当用户执行某个编辑命令时，命令行提示如下：

选择对象：

此时系统要求用户从屏幕上选择要进行编辑的对象，即构造选择集，并且光标的形状由十字光标变成了一个小方框（即拾取框）。编辑对象时需要构造对象的选择集。选择集可以是单个的对象，也可以由多个对象组成。用户可以在执行编辑命令之前构造选择集，也可以在选择编辑命令之后构造选择集。

可以使用下列任意一种方法构造选择集：

1）先选择一个编辑命令，然后选择对象并按 Enter 键，结束操作。

2）输入 SELECT 命令，然后选择对象并按 Enter 键，结束操作。

3）用定点设备选择对象，然后调用编辑命令。

下面结合 SELECT 命令说明选择对象的方法。

SELECT 命令可以单独使用，也可以在执行其他编辑命令时被自动调用。此时屏幕提示如下：

选择对象：

系统等待用户以某种方式选择对象作为回答。AutoCAD 2018 提供了多种选择方式，可以键入"？"查看这些选择方式。选择该选项后，出现如下提示：

需要点或窗口(W)/上一个(L)/窗交(C)/框(BOX)/全部(ALL)/栏选(F)/圈围(WP)/圈交(CP)/编组(G)/添加(A)/删除(R)/多个(M)/前一个(P)/放弃(U)/自动(AU)/单个(SI)/子对象(SU)/对象(O)

选择对象：

上面各选项含义如下：

（1）点：点选是系统默认的一种对象选择方式，用拾取框直接去选择对象，选中的目标以高亮显示。选中一个对象后，命令行提示仍然是"选择对象："，用户可以接着选择。选完后按 Enter 键结束对象的选择。

选择模式和拾取框的大小可以通过"选项"对话框进行设置，操作如下：

选择菜单栏中的"工具"→"选项"命令，弹出"选项"对话框，然后打开"选择集"选项卡，如图 4-1 所示。利用该选项卡可以设置选择集模式和拾取框的大小。

（2）窗口(W)：用由两个对角顶点确定的矩形窗口选取位于其范围内部的所有图形，与边界相交的对象不会被选中。指定对角顶点时应该按照从左向右的顺序，如图 4-2 所示。

（3）上一个(L)：在"选择对象："提示下键入 L 后按 Enter 键，系统会自动选取最后绘出的一个对象。

（4）窗交(C)：该方式与上述"窗口"方式类似，区别在于：它不但选择矩形窗口内部的对象，也选中与矩形窗口边界相交的对象。选择的对象如图 4-3 所示。

（5）框(BOX)：使用该方式时，系统根据用户在屏幕上给出的两个对角点的位置而自动引用"窗口"或"窗交"选择方式。若从左向右指定对角点，为"窗口"方式；反之，为"窗交"方式。

（6）全部(ALL)：选取图面上所有对象。

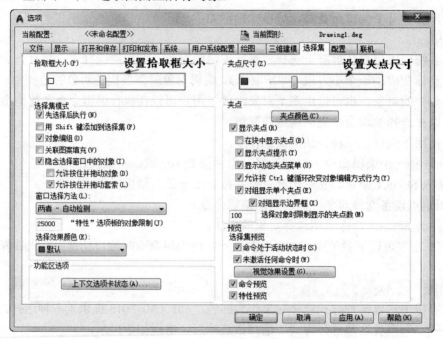

图 4-1   "选择集"选项卡

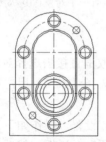

图中下部方框为选择框

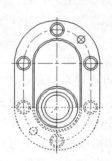

选择后的图形

图 4-2   "窗口"对象选择方式

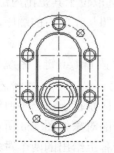

图中下部虚线框为选择框

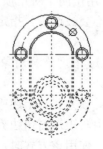

选择后的图形

图 4-3   "窗交"对象选择方式

（7）栏选(F)：用户临时绘制一些直线，这些直线不必构成封闭图形，凡是与这些直线相交的对象均被选中。执行结果如图4-4所示。

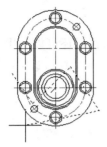 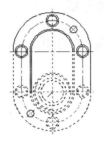

图中虚线为选择栏　　　　　　　　　　　选择后的图形

图4-4　"栏选"对象选择方式

（8）圈围(WP)：使用一个不规则的多边形来选择对象。根据提示，用户顺次输入构成多边形所有顶点的坐标，直到最后用按Enter键做出空回答结束操作，系统将自动连接第一个顶点与最后一个顶点形成封闭的多边形。凡是被多边形围住的对象均被选中（不包括边界）。执行结果如图4-5所示。

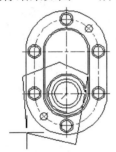 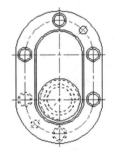

图中十字线所拉出的深色多边形为选择窗口　　　　选择后的图形

图4-5　"圈围"对象选择方式

（9）圈交(CP)：类似于"圈围"方式，在提示后键入CP，后续操作与"圈围"方式相同，区别在于：与多边形边界相交的对象也被选中，如图4-6所示。

其他选项不再赘述。

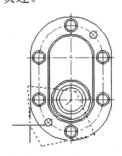 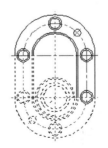

图中十字线所拉出的多边形为选择框　　　　选择后的图形

图4-6　"圈交"对象选择方式

4.2 删除与恢复

对于不需要的图形在选中后可以删除,如果删除有误,还可以利用相关命令进行恢复。

4.2.1 删除命令

1. 执行方式

命令行:ERASE。

菜单:"修改"→"删除"(见图 4-7)。

工具栏:"修改"→"删除"按钮 (见图 4-8)。

右键打开快捷菜单:删除。

功能区:单击"默认"选项卡"修改"面板中的"删除"按钮 。

图 4-7 "修改"菜单

选择该选项

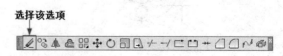

图 4-8 "修改"工具栏

2. 操作格式

可以先选择对象，调用"删除"命令；也可以先调用"删除"命令，再选择对象。选择对象时可以使用前面介绍的各种选择对象的方法。

当选择多个对象时，多个对象都被删除；若选择的对象属于某个对象组，则该对象组的所有对象都被删除。

4.2.2 实例——删除中心线

将选择的中心线删除。

 光盘\动画演示\第 4 章\删除中心线.avi

操作步骤

01 用快速选择方式选择欲删除的对象，如图 4-9a 所示。

02 单击"默认"选项卡"修改"面板中的"删除"按钮，结果如图 4-9b 所示。

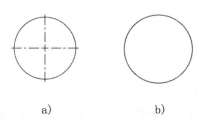

a)   b)

图 4-9　删除

在此例中，也可以先选择"删除"命令，再选择对象，选中的对象高亮显示，如图 4-9a 所示。其他的修改命令的执行过程与此类似，可以先选择对象，再修改；也可以先执行修改命令，再选择对象。

4.2.3 恢复命令

若不小心误删除了图形，可以使用恢复命令 OOPS 恢复误删除的对象。

1. 执行方式

命令行：OOPS 或 U。

工具栏："标准"→"放弃"。

快捷键：Ctrl+Z。

2. 操作格式

在命令行中输入 OOPS，按 Enter 键。

4.2.4 清除命令

此命令与"删除"命令功能完全相同。

1. 执行方式

菜单："编辑"→"清除"。

快捷键：Delete。

2. 操作格式

用菜单或快捷键输入上述命令后，系统提示如下：

选择对象：（选择要清除的对象，按 Enter 键执行清除命令）

4.3 图形的复制、镜像和修剪

复制、镜像和修剪都具有对图形对象进行复制的功能，但三者在本质和使用上是不同的，在应用时需加以区分和注意。

4.3.1 复制图形

1. 执行方式

命令行：COPY（或 CO）。

菜单："修改"→"复制"。

工具栏："修改"→"复制"按钮 。

功能区：单击"默认"选项卡"修改"面板中的"复制"按钮 。

2. 操作格式

命令：COPY↙

选择对象：（选择要复制的对象）

选择对象：↙

当前设置：复制模式 = 多个

指定基点或 ［位移(D)/模式(O)］〈位移〉：指定第二个点或［阵列(A)］〈使用第一个点作为位移〉：（指定基点或位移）

3. 选项说明

（1）指定基点：指定一个坐标点后，AutoCAD 2018 把该点作为复制对象的基点，并提示：

指定第二个点或 ［阵列(A)］〈使用第一个点作为位移〉：

指定第二个点或 ［阵列(A)/退出(E)/放弃(U)］〈退出〉：↙

如果此时直接按 Enter 键，即选择默认的"使用第一个点作为位移"，则第一个点被当作相对于 X、Y、Z 的位移。例如，如果指定基点为 2,3 并在下一个提示下按 Enter 键，则该对象从它当前的位置开始在 X 方向上移动 2 个单位，在 Y 方向上移动 3 个单位。

复制完成后，系统会继续提示：

指定第二个点或 ［阵列(A)/退出(E)/放弃(U)］〈退出〉：

这时，可以不断指定新的第二点，从而实现多重复制，如图 4-10 所示。

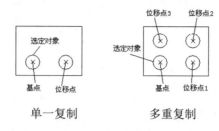

图 4-10　复制图形

（2）位移：直接输入位移值，表示以选择对象时的拾取点为基准，以拾取点坐标为移动方向纵横比移动指定位移后确定的点为基点。例如，选择对象时拾取点坐标为（2，3），输入位移为 5，则表示以（2，3）点为基准，沿纵横比为 3∶2 的方向移动 5 个单位所确定的点为基点。

（3）模式：控制是否自动重复该命令。选择该项后，系统提示：

输入复制模式选项［单个(S)/多个(M)］〈多个〉:

可以设置复制模式是单个或多个。

4.3.2　实例——支座

将图 4-11a 中左上角的圆及中心线复制到另外 5 个位置。

光盘\动画演示\第 4 章\支座.avi

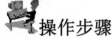操作步骤

01 打开随书光盘中的文件：光盘\源文件\第 4 章\支座操作图.DWG。

02 单击"默认"选项卡"修改"面板中的"复制"按钮 ⌐。

03 用窗口框选要复制的对象，按 Enter 键，出现如下提示：

当前设置：复制模式 = 多个

指定基点或［位移(D)/模式(O)］〈位移〉:

04 利用对象捕捉，捕捉欲复制对象的圆心作为复制的基点，系统提示如下：

指定第二个点或［阵列(A)］〈使用第一个点作为位移〉:

05 根据状态栏的坐标显示确定复制的距离，连续复制，结果如图 4-11b 所示。

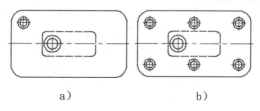

a)　　　　　　　　b)

图 4-11　复制

4.3.3 镜像图形

1. 执行方式

命令行：MIRROR（或 MI）。

菜单："修改"→"镜像"。

工具栏："修改"→"镜像"按钮◭。

功能区：单击"默认"选项卡"绘图"面板中的"镜像"按钮◭。

2. 操作格式

命令：MIRROR↙

选择对象：（选定要复制的对象）

选择对象：↙

指定镜像线的第一点：（指定镜像线上的一点，如图 4-12 所示的"1"点）

指定镜像线的第二点：（指定镜像线上的另一点，如图 4-12 所示的"2"点）

要删除源对象吗？［是(Y)/否(N)］＜否＞：（确定是否删除原图形。默认为不删除原图形，如图 4-12a 所示）

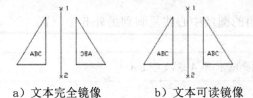

a）文本完全镜像   b）文本可读镜像

图 4-12　文本镜像

提　示

1）镜像线是一条临时的参考线，镜像后不保留。

2）对文本做镜像后，文本变为反写和倒排，不便阅读，如图 4-12a 所示。如果在调用镜像命令前，把系统变量 MIRRTEXT 的值设置为 0，则镜像时，文本只做文本框的镜像，而文本仍可读，如图 4-12b 所示。

4.3.4 实例——压盖

绘制如图 4-13 所示的压盖。

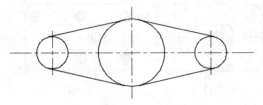

图 4-13　压盖

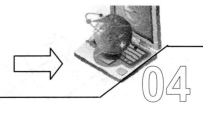

光盘\动画演示\第 4 章\压盖.avi

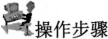 操作步骤

01 单击"默认"选项卡"图层"面板中的"图层特性"按钮，新建两个图层：第一图层命名为"轮廓线"，线宽为 0.3mm，其余属性默认；第二图层命名为"中心线"，设置颜色为红色、线型为 CENTER，其余属性默认。

02 绘制中心线。将"中心线"图层设置为当前图层。单击"默认"选项卡"绘图"面板中的"直线"按钮，在屏幕上的适当位置指定直线端点坐标，绘制一条水平中心线和两条竖直中心线，如图 4-14 所示。

03 将"轮廓线"图层设置为当前图层，单击"默认"选项卡"绘图"面板中的"圆"按钮，分别捕捉两个中心线交点为圆心，指定适当的半径绘制两个圆，如图 4-15 所示。

图 4-14　绘制中心线　　　　　　　　　　　图 4-15　绘制圆

04 单击"默认"选项卡"绘图"面板中的"直线"按钮，结合对象捕捉功能绘制一条切线，如图 4-16 所示。

05 单击"默认"选项卡"修改"面板中的"镜像"按钮，以水平中心线为对称线，镜像刚绘制的切线。命令行提示与操作如下：

命令：MIRROR↙

选择对象：（选择切线）

选择对象：↙

指定镜像线的第一点：指定镜像线的第二点：（在中间的中心线上选取两点）

要删除源对象吗？［是(Y)/否(N)］＜否＞：↙

结果如图 4-17 所示。

图 4-16　绘制切线　　　　　　　　　　　图 4-17　镜像切线

06 单击"默认"选项卡"修改"面板中的"镜像"按钮，以中间竖直中心线为对称线，选择对称线左边的图形对象进行镜像，结果如图 4-13 所示。

4.3.5 修剪图形

1. 执行方式

命令行：TRIM（或 TR）。

菜单："修改"→"修剪"。

工具栏："修改"→"修剪"按钮￥。

功能区：单击"默认"选项卡"修改"面板中的"修剪"按钮￥。

2. 操作格式

命令：TRIM↙

当前设置:投影=UCS，边=无

选择剪切边...

选择对象或〈全部选择〉： 找到 1 个

选择对象:

选择要修剪的对象，或按住 Shift 键选择要延伸的对象，或[栏选(F)/窗交(C)/投影(P)/边(E)/删除(R)/放弃(U)]：（继续选择，按 Enter 键结束修剪，如图4-18 所示）

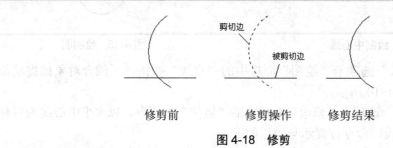

修剪前　　　　　　修剪操作　　　　修剪结果

图 4-18　修剪

3. 选项说明

1）在选择对象时，如果按住 Shift 键，系统就自动将"修剪"命令转换成"延伸"命令，"延伸"命令将在 4.7.3 节中介绍。

2）选择"边"选项时，可以选择对象的修剪方式。

① 延伸(E)：延伸边界进行修剪，在此方式下，如果剪切边没有与要修剪的对象相交，系统会延伸剪切边直至与对象相交，然后再修剪，如图 4-19 所示。

② 不延伸(N)：不延伸边界修剪对象，只修剪与剪切边相交的对象。

选择剪切边　　　　　选择要修剪的对象　　　　修剪后的结果

图 4-19　延伸方式修剪对象

3）选择"栏选（F）"选项时，系统以栏选的方式选择被修剪对象，如图 4-20 所示。

选择剪切边　　　　　　　选择要修剪的对象　　　　　　修剪后的结果

图 4-20　栏选修剪对象

4）选择"窗交(C)"选项时，系统以窗交方式选择被修剪对象，如图 4-21 所示。

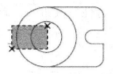 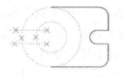 

选择剪切边　　　　　　　选择要修剪的对象　　　　　修剪后的结果

图 4-21　窗交选择修剪对象

 提示

1）剪切边可以选择多段线、直线、圆、圆弧、椭圆、X 直线、射线、样条曲线和文本等，被剪切边可以选择多段线、直线、圆、圆弧、椭圆、射线、样条曲线等。

2）被选择的对象可以互为边界和被修剪对象，此时系统会在选择的对象中自动判断边界，如图 4-22 所示。

 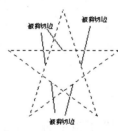 

选择剪切边　　　　　　　选择被剪切边　　　　　　　修剪结果

图 4-22　修剪五角星

4.3.6　实例——端盖

绘制如图 4-23 所示的端盖图形。

 光盘\动画演示\第 4 章\端盖.avi

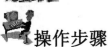 **操作步骤**

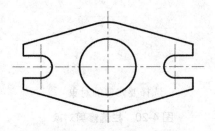

图 4-23 端盖

01 单击"默认"选项卡"图层"面板中的"图层特性"按钮，新建两个图层：第一图层命名为"轮廓线"，线宽为 0.3mm，其余属性默认；第二图层命名为"中心线"，设置颜色为红色、线型为 CENTER，其余属性默认。

02 将"中心线"图层设置为当前图层，单击状态栏中的"线宽"按钮，显示线宽。单击"默认"选项卡"绘图"面板中的"直线"按钮，绘制图形的中心线，端点坐标值分别为{（57，100），（143，100）}、{（100，75），（100，125）}，结果如图 4-24 所示。

03 将"轮廓线"图层设置为当前图层，单击"默认"选项卡"绘图"面板中的"圆"按钮，以中心线的交点为圆心，绘制直径分别为 40 和 25 的同心圆，结果如图 4-25 所示。

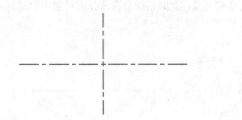

图 4-24 绘制中心线   **图 4-25 绘制同心圆**

04 单击"默认"选项卡"绘图"面板中的"多段线"按钮，命令行提示与操作如下：

```
命令：PLINE✓
指定起点：125,100✓（输入起点坐标）
当前线宽为 0.0000
指定下一个点或 [圆弧(A)/半宽(H)/长度(L)/放弃(U)/宽度(W)]：A✓（绘制圆弧）
指定圆弧的端点(按住 Ctrl 键可以切换方向)或[角度(A)/圆心(CE)/方向(D)/半宽(H)/直线(L)/
半径(R)/第二个点(S)/放弃(U)/宽度(W)]：CE✓（选择指定圆心方式）
指定圆弧的圆心：130,100✓（输入圆心坐标）
指定圆弧的端点或 [角度(A)/长度(L)]：A✓（选择角度方式）
指定夹角(按住 Ctrl 键以切换方向):-90✓（输入圆弧的夹角）
指定圆弧的端点(按住 Ctrl 键可以切换方向)或[角度(A)/圆心(CE)/闭合(CL)/方向(D)/半宽(H)/
```

直线(L)/半径(R)/第二个点(S)/放弃(U)/宽度(W)：L✓（绘制直线）

　　指定下一点或 [圆弧(A)/闭合(C)/半宽(H)/长度(L)/放弃(U)/宽度(W)]：@8,0✓

　　指定下一点或 [圆弧(A)/闭合(C)/半宽(H)/长度(L)/放弃(U)/宽度(W)]：@0,5✓

　　指定下一点或 [圆弧(A)/闭合(C)/半宽(H)/长度(L)/放弃(U)/宽度(W)]：捕捉φ40圆的切点

　　指定下一点或 [圆弧(A)/闭合(C)/半宽(H)/长度(L)/放弃(U)/宽度(W)]：✓

　　绘制结果如图4-26所示。

05 绘制右端竖直中心线。将"中心线"图层设置为当前图层，单击"默认"选项卡"绘图"面板中的"直线"按钮／，绘制直线，端点坐标为（130，110）、（@0，-20），结果如图4-27所示。

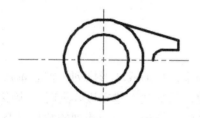

图4-26　绘制多段线　　　　　　　　　　图4-27　绘制轴线

06 单击"默认"选项卡"修改"面板中的"镜像"按钮⚎，镜像所绘制的图形，命令行提示与操作如下：

命令：MIRROR✓

选择对象：（对所绘制的多段线和右边的竖直中心线进行镜像操作）

选择对象：✓

指定镜像线的第一点：_endp 于（捕捉中间竖直中心线的上端点）

指定镜像线的第二点：_endp 于（捕捉中间竖直中心线的下端点）

要删除源对象吗？[是(Y)/否(N)]〈否〉：✓

　　采用同样方法，将右端绘制与镜像生成的多段线以水平中心线为轴进行镜像，结果如图4-28所示。

07 单击"默认"选项卡"修改"面板中的"修剪"按钮┽，修剪所绘制的图形，命令行提示与操作如下：

命令：TRIM✓（修剪命令，剪去多余的线段）

当前设置：投影=UCS，边=无

选择剪切边…

选择对象或〈全部对象〉：（选择4条多段线，如图4-29所示）

……总计 4 个

选择对象：✓

选择要修剪的对象，或按住 Shift 键选择要延伸的对象，或 [栏选(F)/窗交(C)/投影(P)/边(E)/删除(R)/放弃(U)]：（分别选择中间大圆的左右段）

　　结果如图4-23所示。

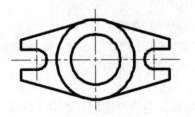

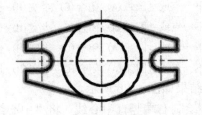

图 4-28　镜像图形　　　　　图 4-29　选择剪切边

4.4　图形的阵列和偏移

建立阵列是指多重复制选择的对象并把这些副本按矩形或环形排列。把副本按矩形排列称为建立矩形阵列，把副本按环形排列称为建立极阵列。建立极阵列时，应该控制复制对象的次数和对象是否被旋转；建立矩形阵列时，应该控制行和列的数量以及对象副本之间的距离。

AutoCAD 2018 提供了 ARRAY 命令建立阵列。用该命令可以建立矩形阵列、极阵列（环形）和旋转的矩形阵列。

4.4.1　阵列图形

1. 执行方式

命令行：ARRAY。

菜单：修改→阵列→矩形阵列/路径阵列/环形阵列。

工具栏：修改→矩形阵列 ▦ /路径阵列 ⌁ /环形阵列 ❖ 。

功能区：单击"默认"选项卡"修改"面板中的"矩形阵列"按钮 ▦ /"路径阵列"按钮 ⌁ /"环形阵列"按钮 ❖ 。

2. 操作格式

> 命令：ARRAY✓
>
> 选择对象：（使用对象选择方法）
>
> 选择对象：✓
>
> 输入阵列类型[矩形（R）/路径（PA）/极轴（PO）]<矩形>：

3. 选项说明

（1）矩形（R）：将选定对象的副本分布到行数、列数和层数的任意组合。选择该选项后出现如下提示：

> 选择夹点以编辑阵列或 [关联(AS)/基点(B)/计数(COU)/间距(S)/列数(COL)/行数(R)/层数(L)/退出(X)]<退出>：（通过夹点，调整阵列间距、列数、行数和层数；也可以分别选择各选项输入数值）

（2）路径（PA）：沿路径或部分路径均匀分布选定对象的副本。选择该选项后出现

如下提示：

选择路径曲线：（选择一条曲线作为阵列路径）

选择夹点以编辑阵列或 ［关联(AS)/方法(M)/基点(B)/切向(T)/项目(I)/行(R)/层(L)/对齐项目(A)/Z 方向(Z)/退出(X)］〈退出〉：（通过夹点，调整阵行列数和层数；也可以分别选择各选项输入数值）

（3）极轴（PO）：绕中心点或旋转轴的环形阵列中均匀分布对象副本。选择该选项后出现如下提示：

指定阵列的中心点或 ［基点(B)/旋转轴(A)］：（选择中心点、基点或旋转轴）

选择夹点以编辑阵列或 ［关联(AS)/基点(B)/项目(I)/项目间角度(A)/填充角度(F)/行(ROW)/层(L)/旋转项目(ROT)/退出(X)］〈退出〉：（通过夹点，调整角度，填充角度；也可以分别选择各选项输入数值）

 提 示

在命令行中输入ARRAYCLASSIC，将弹出"阵列"对话框，如图4-30所示。

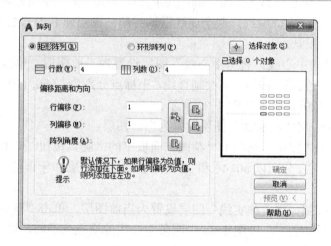

图 4-30 "阵列"对话框

4.4.2 实例——锁紧螺母

绘制如图 4-31 所示的锁紧螺母零件图。

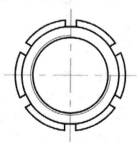

图 4-31 锁紧螺母零件图

光盘\动画演示\第 4 章\锁紧螺母.avi

操作步骤

01 设置绘图环境。

❶在命令行中输入"LIMITS"命令,设置图幅:297×210。命令行提示与操作如下:

> 命令:LIMITS↙
>
> 重新设置模型空间界限:
>
> 指定左下角点或 [开(ON)/关(OFF)] <0.0000,0.0000>:↙
>
> 指定右上角点 <420.0000,297.0000>: 297,210↙

❷单击"默认"选项卡"图层"面板中的"图层特性"按钮 ，新建 3 个图层:第一图层命名为"粗实线",线宽为 0.3mm,其余属性默认;第二图层命名为"中心线",设置颜色为红色、线型为 CENTER,其余属性默认;第三图层命名为"细实线",设置颜色为蓝色,其余属性默认。

02 绘制螺母的中心线。将"中心线"图层设置为当前图层。单击"默认"选项卡"绘图"面板中的"直线"按钮 ，绘制直线,坐标点分别为{(50,170),(@120,0)}、{(110,110),(@0,120}},结果如图 4-32 所示。

03 绘制螺母。将"粗实线"图层设置为当前图层。

❶绘制圆。单击"默认'选项卡"绘图"面板中的"圆"按钮 ，以图 4-32 中两条中心线的交点为圆心,分别以 50、44 和 34 为半径绘制圆轮廓和牙顶圆,结果如图 4-33 所示。

❷绘制螺纹牙底圆。将"细实线"图层设置为当前图层。单击"默认"选项卡"绘图"面板中的"圆"按钮 ，以图 4-32 中两条中心线的交点为圆心,以 36 为半径绘制螺纹牙底圆,结果如图 4-34 所示。

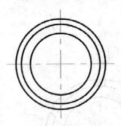
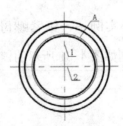

图 4-32　绘制中心线　　　　图 4-33　绘制圆轮廓和牙顶圆　　　图 4-34　绘制螺纹牙底圆后的图形

❸修剪螺纹牙底圆。单击"默认"选项卡"修改"面板中的"修剪"按钮 ，以图 4-34 中的中心线 1 和 2 为剪切边,对图 4-34 中圆 A 处进行修剪,结果如图 4-35 所示。

❹绘制圆螺母边缘的缺口。将"粗实线"图层设置为当前图层。单击"默认"选项卡"绘图"面板中的"直线"按钮 ，以起点坐标为 (115,170)、终点为与图 4-35 中外圆的交点绘制直线,结果如图 4-36 所示。

❺镜像上一步绘制的直线。单击"修改"工具栏中的"镜像"按钮 ⚊，以竖直中心线为镜像线，镜像图 4-36 中的直线 1，结果如图 4-37 所示。

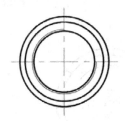
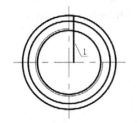
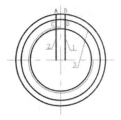

图 4-35　修剪螺纹牙底圆后的图形　　图 4-36　绘制直线后的图形　　图 4-37　镜像直线后的图形

❻修剪圆弧。单击"默认"选项卡"修改"面板中的"修剪"按钮 ┬，以图 4-37 中的直线 1 和 2 为剪切边，修剪图 4-37 中圆弧 AB 和圆弧 CD，结果如图 4-38 所示。

❼绘制直线。单击"默认"选项卡"绘图"面板中的"直线"按钮 ╱，连接 C、D 点，结果如图 4-39 所示。

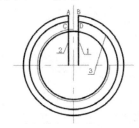
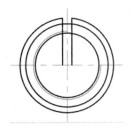

图 4-38　修剪圆弧后的图形　　　　　　图 4-39　绘制直线后的图形

❽修剪直线。单击"默认"选项卡"修改"面板中的"修剪"按钮 ┬，以图 4-38 中的圆 3 为修剪边，修剪图 4-38 中圆 3 内部的直线 1、2，结果如图 4-40 所示。

❾选取圆螺母边缘的缺口，进行阵列处理，命令行提示与操作如下：

```
命令：ARRAY↙
选择对象：（选择图 4-38 中为 1、2 和 3 三条直线）
选择对象：输入阵列类型［矩形(R)/路径(PA)/极轴(PO)]〈极轴〉：PO↙
类型 = 极轴　关联 = 是
指定阵列的中心点或［基点(B)/旋转轴(A)]：110,170↙
选择夹点以编辑阵列或［关联(AS)/基点(B)/项目(I)/项目间角度(A)/填充角度(F)/行(ROW)/层
(L)/旋转项目(ROT)/退出(X)]〈退出〉：I↙
输入阵列中的项目数或［表达式(E)]〈6〉：6↙
选择夹点以编辑阵列或［关联(AS)/基点(B)/项目(I)/项目间角度(A)/填充角度(F)/行(ROW)/层
(L)/旋转项目(ROT)/退出(X)]〈退出〉：F↙
指定填充角度(+=逆时针、-=顺时针)或［表达式(EX)]〈360〉：↙
选择夹点以编辑阵列或［关联(AS)/基点(B)/项目(I)/项目间角度(A)/填充角度(F)/行(ROW)/层
(L)/旋转项目(ROT)/退出(X)]〈退出〉：↙
```

结果如图 4-41 所示。

⑩修剪圆弧。单击"默认"选项卡"修改"面板中的"修剪"按钮-/--， 依次修剪阵列圆螺母边缘缺口处的圆弧，结果如图 4-42 所示。

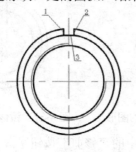

图 4-40　修剪后的图形

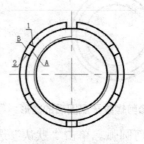

图 4-41　阵列后的图形

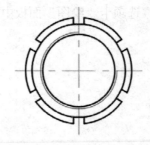

图 4-42　修剪后的图形

4.4.3　偏移图形

1. 执行方式

命令行：OFFSET（或 O）。

菜单："修改" → "偏移"。

工具栏："修改" → "偏移"按钮 ⊆。

功能区：单击"默认"选项卡"修改"面板中的"偏移"按钮 ⊆。

2. 操作格式

命令：OFFSET✓

当前设置：删除源=否　图层=源　OFFSETGAPTYPE=0

指定偏移距离或［通过(T)/删除(E)/图层(L)］〈通过〉:10✓（给定偏移的距离）

选择要偏移的对象，或［退出(E)/放弃(U)］〈退出〉:（选择要偏移的对象）

指定要偏移的那一侧上的点，或［退出(E)/多个(M)/放弃(U)］〈退出〉:（通过指定一点来确定在哪一侧画等距线，并完成等距线的绘制，如图 4-43b 所示）

选择要偏移的对象，或［退出(E)/放弃(U)］〈退出〉:（继续进行偏移操作，按 Enter 键结束）

3. 选项说明

选择"通过（T）"时，系统要求用户指定等距线经过的点来绘制等距线，如图 4-43c 所示。

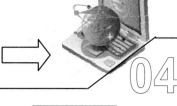

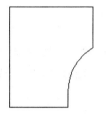

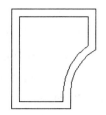

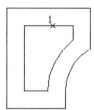

a) 偏移前   b) 指定偏移距离 10 进行偏移   c) 指定通过点"1"进行偏移

图 4-43 偏移

4.4.4 实例——多孔板

绘制如图 4-44 所示的多孔板。

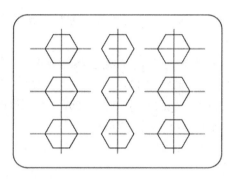

图 4-44 多孔板

光盘\动画演示\第 4 章\多孔板.avi

操作步骤

01 设置绘图环境。

❶在命令行中输入"LIMITS"命令，设置图幅：297×210。

❷单击"默认"选项卡"图层"面板中的"图层特性"按钮，新建两个图层：

第一图层命名为"粗实线"，线宽为 0.3mm，其余属性默认。

第二图层命名为"中心线"，设置颜色为红色、线型为 CENTER，其余属性默认。

02 将"粗实线"图层设置为当前图层，绘制矩形。单击"默认"选项卡"绘图"面板中的"矩形"按钮，命令行提示与操作如下：

命令：RECTANG✓

指定第一个角点或 [倒角(C)/标高(E)/圆角(F)/厚度(T)/宽度(W)]：F✓（绘制带圆角的矩形）

指定矩形的圆角半径 <0.0000>：5✓（指定圆角半径值）

指定第一个角点或 [倒角(C)/标高(E)/圆角(F)/厚度(T)/宽度(W)]：80,100✓

指定另一个角点或 [面积(A)/尺寸(D)/旋转(R)]：@74,54✓

结果如图 4-45 所示。

03 将"中心线"图层设置为当前图层，绘制中心线。单击"默认"选项卡"绘图"面板中的"直线"按钮 /，绘制直线，端点坐标分别为{（86，112），（@62，0）}和{（97，105），（@0，44）}，结果如图 4-46 所示。

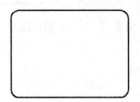

图 4-45　绘制矩形

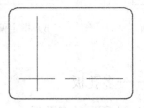

图 4-46　绘制轴线

04 单击"默认"选项卡"修改"面板中的"偏移"按钮 ⛃，生成其他中心线。命令行提示与操作如下：

命令：OFFSET（偏移命令，对所绘制的竖直中心线进行偏移操作）

当前设置：删除源=否　图层=源　OFFSETGAPTYPE=0

指定偏移距离或 [通过(T)/删除(E)/图层(L)] <通过>:20✓（输入偏移距离）

选择要偏移的对象，或 [退出(E)/放弃(U)] <退出>:（选择竖直中心线）

指定要偏移的那一侧上的点，或 [退出(E)/多个(M)/放弃(U)]<退出>:（在所选择的竖直中心线右侧任一点单击）

选择要偏移的对象，或 [退出(E)/放弃(U)] <退出>:（选择偏移生成的竖直中心线）

指定要偏移的那一侧上的点，或 [退出(E)/多个(M)/放弃(U)]<退出>:（在所选择的竖直中心线右侧任一点单击）

选择要偏移的对象，或[退出(E)/放弃(U)]<退出>:✓

采用同样方法，将所绘制的水平中心线依次向上偏移 15，结果如图 4-47 所示。

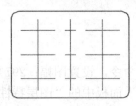

图 4-47　偏移水平中心线

05 将"粗实线"图层设置为当前图层，绘制正六边形。单击"默认"选项卡"绘图"面板中的"多边形"按钮 ⬠，命令行提示与操作如下：

命令：POLYGON ✓

输入侧面数 <4>:6✓（输入多边形边数）

指定正多边形的中心点或 [边(E)]：_int 于（捕捉左下角中心线的交点）

输入选项 [内接于圆(I)/外切于圆(C)] <I>：C✓（选择外切于圆的方式绘制正六边形）

指定圆的半径：5✓（输入内切圆的半径值）

06 单击"默认"选项卡"修改"面板中的"矩形阵列"按钮，选取正六边形，进行阵列，命令行提示与操作如下：

> 命令：ARRAYRECT✓
>
> 选择对象：（选取正六边形）
>
> 选择对象：✓
>
> 选择夹点已编辑阵列或[关联（AS）/基点（B）/计数（COU）/间距（S）/列数（COL）/行数（R）/层数（L）/退出（X）]<退出>：R✓
>
> 输入行数或[表达式（E）]<3>：3✓
>
> 指定行数之间的距离或[总计（T）/表达式（E）]<15>：15✓
>
> 指定行数之间的标高增量或[表达式（E）]<0>：✓
>
> 选择夹点以编辑阵列或[关联（AS）/基点（B）/计数（COU）/间距（S）/列数（COL）/行数（R）/层数（L）/退出（X）]<退出>：COL✓
>
> 输入列数或[表达式（E）]<4>：3✓
>
> 指定列数之间的距离或[总计（T）/表达式（E）]<15>：20✓
>
> 选择夹点以编辑阵列或[关联（AS）/基点（B）/计数（COU）/间距（S）/列数（COL）/行数（R）/层数（L）/退出（X）]<退出>：✓

最终结果如图 4-44 所示。

4.5 图形的移动和旋转

4.5.1 移动图形

1. 执行方式

命令行：MOVE（或 M）。

菜单："修改" → "移动"。

工具栏："修改" → "移动"按钮。

功能区：单击"默认"选项卡"修改"面板中的"移动"按钮。

2. 操作格式

> 命令：MOVE✓
>
> 选择对象：指定对角点：找到 1 个，总计 1 个（利用窗口选择要移动的对象）
>
> 选择对象：（继续选择，按 Enter 键结束选择）
>
> 指定基点或 [位移(D)]<位移>：
>
> 指定第二个点或 <使用第一个点作为位移>：

3. 选项说明

（1）指定对角点：选择对象的时候利用窗口选择，两次单击分别为窗口的两个对角点。

（2）指定基点：图形在基点的基础上移动。

（3）位移：移动后的图形相对于移动前图形的距离。

4.5.2 实例——轴承座

将图 4-48a 中的左图移至右图上，并使左图的圆心与右图的中心线对正。

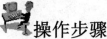 光盘\动画演示\第 4 章\轴承座.avi

操作步骤

01 打开随书光盘中的文件：光盘\源文件\第 4 章\轴承座操作图.DWG。

02 单击"默认"选项卡"修改"面板中的"移动"按钮 ✛。命令行提示与操作如下：

命令：_move↙

选择对象：指定对角点：找到 5 个（图 4-48a 中的左图）

选择对象：（继续选择，按 Enter 键结束选择）

指定基点或 [位移(D)] 〈位移〉：（捕捉圆心作为移动的基点）

指定第二个点或〈使用第一个点作为位移〉：（捕捉图 4-48a 中右图中心线的交点，以指定第二个位移点）

结果如图 4-48b 所示。

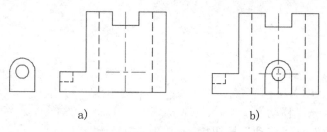

a)   b)

图 4-48 移动图形

4.5.3 旋转图形

1. 执行方式

命令行：ROTATE（或 RO）。

菜单："修改" → "旋转"。

工具栏："修改" → "旋转" 按钮 ○。

功能区：单击"默认"选项卡"修改"面板中的"旋转"按钮 ○。

2. 操作格式

命令：ROTATE↙

UCS 当前的正角方向：ANGDIR=逆时针 ANGBASE=0

选择对象:（选择要旋转的对象，如图 4-49a 所示）

选择对象:（继续选择，按 Enter 键结束选择）

指定基点:（指定旋转的中心点，如图 4-49a 所示）

指定旋转角度，或〔复制(C)/参照(R)〕〈0〉: 30↙（给定旋转的角度，旋转所选图形，逆时针为正，如图 4-49b 所示）

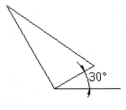

a）选择对象、指定基点　　　　b）旋转后（旋转角为30°）

图 4-49　旋转图形

3. 选项说明

（1）参照（R）：如图 4-50 所示，要将矩形绕"2"点旋转到三角形斜边上，可是不知道旋转角度，此时可通过该选项，指定参考角，来确定实际的转角。选择该选项后系统提示如下：

指定参照角〈上一个参照角度〉:　（输入参考方向角，如图 4-50a 所示，通过指定"1""2"点来确定该角）

指定新角度或〔点 P〕〈上一个新角度〉:（输入参考方向角旋转后的新角度，如图 4-50b 所示，通过指定"3"点来确定该角）

此时矩形绕"2"点旋转到三角形斜边上。

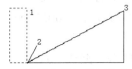
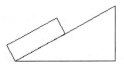

a）选择参照角及新角度　　　　b）旋转后

图 4-50　设置参照角旋转

（2）复制(C)：选择该项，旋转对象的同时保留原对象，如图 4-51 所示。

旋转前　　　　　　　　　　　　　旋转后

图 4-51　复制旋转

4.5.4 实例——曲柄

绘制如图 4-52 所示的曲柄。

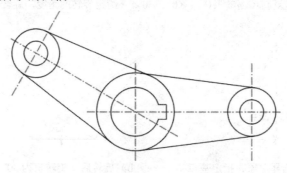

图 4-52　曲柄

操作步骤

01 设置绘图环境。

❶在命令行中输入"LIMITS"命令，设置图幅：297×210。

❷单击"默认"选项卡"图层"面板中的"图层特性"按钮，新建两个图层：第一图层命名为"粗实线"，线宽为 0.3mm，其余属性默认；第二图层命名为"中心线"，设置颜色为红色、线型为 CENTER，其余属性默认。

02 将"中心线"图层设置为当前图层，绘制中心线。单击"默认"选项卡"绘图"面板中的"直线"按钮，绘制直线，端点坐标值为{（100,100），（180,100）}、{（120,120），（120,80）}，结果如图 4-53 所示。

03 对所绘制的竖直中心线进行偏移操作。单击"默认"选项卡"修改"面板中的"偏移"按钮，将竖直中心线向右偏移 48，结果如图 4-54 所示。

图 4-53　绘制中心线　　　　　　　　　　图 4-54　偏移中心线

04 将"粗实线"图层设置为当前图层，绘制同心圆。单击"默认"选项卡"绘图"面板中的"圆"按钮，以左端中心线的交点为圆心，绘制直径为 32 和 20 的同心圆，再以右端中心线的交点为圆心，绘制直径为 10 和 20 的同心圆，结果如图 4-55 所示。

05 绘制切线。单击"默认"选项卡"绘图"面板中的"直线"按钮，命令行提示与操作如下：

命令：LINE↙（绘制左端 $\phi32$ 圆与右端 $\phi20$ 圆的切线）

指定第一个点:捕捉右端 $\phi20$ 圆上部的切点(利用二维对象捕捉功能捕捉切点)

指定下一点或［放弃(U)］:捕捉左端 $\phi32$ 圆上部的切点

指定下一点或［放弃(U)］:↙

单击"默认"选项卡"修改"面板中的"镜像"按钮▲，以水平中心线为镜像线，镜像刚绘制的切线，结果如图 4-56 所示。

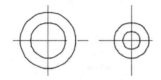

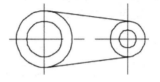

图 4-55　绘制同心圆　　　　　　　　图 4-56　绘制并镜像切线

06 单击"默认"选项卡"修改"面板中的"偏移"按钮△，将左边竖直中心线向右偏移 12.8，将水平中心线分别向上、向下偏移 3，结果如图 4-57 所示。

07 绘制键槽。单击"默认"选项卡"绘图"面板中的"直线"按钮／，命令行提示与操作如下：

命令：LINE ↙（绘制中间的键槽）

指定第一个点: _int 于（捕捉上部水平中心线与小圆的交点）

指定下一点或［放弃(U)］: _int 于（捕捉上部水平中心线与竖直中心线的交点）

指定下一点或［放弃(U)］: _int 于（捕捉下部水平中心线与竖直中心线的交点）

指定下一点或［闭合(C)/放弃(U)］: _int 于（捕捉下部水平中心线与小圆的交点）

指定下一点或［闭合(C)/放弃(U)］:↙

结果如图 4-58 所示。

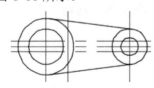

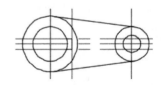

图 4-57　偏移中心线　　　　　　　　图 4-58　绘制键槽

单击"默认"选项卡"修改"面板中的"删除"按钮☑，删除偏移的中心线。然后单击"默认"选项卡"修改"面板中的"修剪"按钮／，以键槽的上、下边为剪切边，修剪键槽中间的圆弧，结果如图 4-59 所示。

08 复制旋转。单击"默认"选项卡"修改"面板中的"旋转"按钮○，命令行提示与操作如下：

命令：ROTATE↙

UCS 当前的正角方向：　ANGDIR=逆时针　ANGBASE=0

选择对象：（选择图形对象，如图 4-60 所示）

……

找到 1 个，总计 6 个

选择对象:↙

指定基点: _int 于（捕捉左边中心线的交点）

指定旋转角度，或［复制(C)/参照(R)］〈0〉:C↙

旋转一组选定对象。

指定旋转角度，或［复制(C)/参照(R)］〈0〉: 150↙

绘制结果如图 4-52 所示。

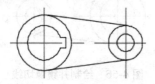

图 4-59　修剪键槽中间的圆弧

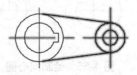

图 4-60　选择复制对象

4.6　图形的比例和对齐

4.6.1　比例缩放图形

1. 执行方式

命令行：SCALE（或 SC）。

菜单："修改"→"缩放"。

工具栏："修改"→"缩放"按钮。

功能区：单击"默认"选项卡"修改"面板中的"缩放"按钮。

2. 操作格式

命令：SCALE↙

选择对象：找到 1 个（选择欲缩放的对象）

选择对象：（继续选择，按 Enter 键结束对象选择）

指定基点：（指定基准点，即比例缩放的中心点）

指定比例因子或［复制(C)/参照(R)］〈1.0000〉:（输入比例因子）

3. 选项说明

（1）复制(C)：如果选择了 C，所缩放和缩放后的图形都存在，如图 4-61 所示。

缩放前

缩放后

图 4-61　复制缩放

（2）参照(R)：如果用户不能确定对象缩放的比例，可以选择"参照（R）"选项、指定参照长度来确定最后缩放的效果。

4.6.2 对齐图形

1. 执行方式

命令行：ALIGN（或 AL）。

菜单："修改"→"三维操作"→"对齐"。

功能区：单击"默认"选项卡"修改"面板中的"对齐"按钮。

2. 操作格式

命令：ALIGN↙

正在初始化...

选择对象：（选定对象，如图 4-62a 所示，选择指针）

选择对象：（继续选定，按 Enter 键结束选择）

指定第一个源点：（指定第一个源点，一般是在选定对象上选择，如图 4-62a 所示，选择"1"点）

指定第一个目标点：（指定第一目标点，即第一个源点要对齐的位置点，如图 4-62a 所示，捕捉圆心"3"点，第一对源点与目标点控制对象的平移）

指定第二个源点：（指定第二个源点，如图 4-62a 所示，选择"2"点）

指定第二个目标点：（指定第二个目标点，即第二个源点要对齐的位置点，如图 4-62a 所示，捕捉圆上的"4"点，第二个对源点与目标点控制对象的旋转）

指定第三个源点或 〈继续〉:↙（按 Enter 键结束指定点操作。在三维对齐中，必要时可以使用第三对源点与目标点）

是否基于对齐点缩放对象？[是(Y)/否(N)]〈否〉:（确定是否按比例缩放对象，使其通过目标点，如图 4-62b 所示为选择"否（N）"的结果，如图 4-63c 所示为选择"是（Y）"的结果）

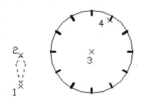

a）选择对象及源点与目标　　b）不按比例缩放对象　　c）按比例缩放对象

图 4-62　对齐

4.6.3 实例——管道接头

用窗口(W)框选要对齐的对象去对齐管道段，如图 4-63c 所示。

 光盘\动画演示\第 4 章\管道接头.avi

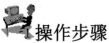操作步骤

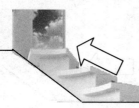
01 打开随书光盘中的文件：光盘\源文件\第 4 章\管道接头操作图.DWG。

02 在命令行中输入"ALIGN"命令。命令行提示与操作如下：

命令：ALIGN↙

正在初始化...

选择对象：（选定对象，如图 4-63a 所示，选择要对齐的对象）

选择对象：（继续选定，按 Enter 键结束选择）

指定第一个源点：（指定第一个源点，如图 4-63b 中所示的点 3）

指定第一个目标点：（指定第一个目标点，如图 4-63b 中所示的点 4）

指定第二个源点：（指定第二个源点，如图 4-63b 中所示的点 5）

指定第二个目标点：（指定第二个目标点，如图 4-63b 中所示的点 6）

指定第三个源点或〈继续〉:↙（按 Enter 键结束指定点操作。在三维对齐中，必要时可以使用第三对源点与目标点）

是否基于对齐点缩放对象？［是(Y)/否(N)］〈否〉:Y↙

系统缩放对象并使对齐点对齐，结果如图 4-63c 所示。

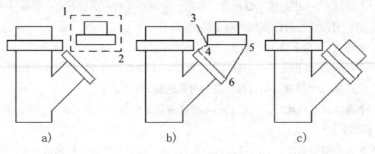

a)   b)   c)

图 4-63　对齐图形

4.7　图形的打断和延伸

4.7.1　打断图形

1. 执行方式

命令行：BREAK（或 BR）。

菜单："修改"→"打断"。

工具栏："修改"→"打断"按钮或"打断于点"按钮。

功能区：单击"默认"选项卡"修改"面板下拉菜单中的"打断"按钮或"打断于点"按钮。

2. 操作格式

命令:BREAK↙

选择对象：（指定要打断的对象，如图 4-64a 所示的"1"点）

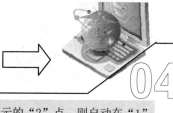
指定第二个打断点或 [第一点(F)]:（指定断开点，如图 4-64a 所示的"2"点，则自动在"1""2"点间将对象断开。相当于单击图标 ）

3. 选项说明

第一点（F）：选择第一个打断点。选择该选项后系统提示如下：

指定第一个打断点:（指定第一个断点，如图 4-64b 所示的"1"点）

指定第二个打断点:

a）两点间打断   b）打断于一点

图 4-64　打断

此时，如果输入"@"，则在指定的第一个断点处将一个选定对象切断为两个对象，相当于单击图标 ；如果指定第二个断点，则将选定对象在指定的两个断点处断开。

提 示

如果指定的第二个打断点在所选对象的外部，则又分为两种情况：（1）如果所选对象为直线或圆弧，则对象的该端被切掉，如图 4-65a、b 所示；（2）如果所选对象为圆，则从第一个打断点逆时针方向到第二个打断点的部分被切掉，如图 4-65c 所示。

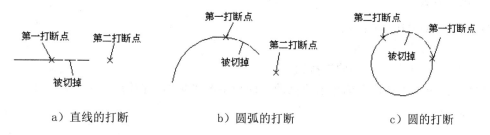

a）直线的打断   b）圆弧的打断   c）圆的打断

图 4-65　打断点在对象外部

4.7.2　实例——删除过长中心线

将图 4-67a 中过长的中心线删除。

光盘\动画演示\第 4 章\删除过长中心线.avi

操作步骤

01 打开随书光盘中的文件：光盘\源文件\第 4 章\修剪过长中心线操作图.DWG。

02 单击"默认"选项卡"修改"面板中的"打断"按钮 ，命令行提示与操作如下：

命令:BREAK↙

选择对象:（选择过长的中心线需要打断的地方，如图 4-66a 所示，这时被选中的中心线高亮显示，如图 4-66b 所示）

指定第二个打断点或 [第一点(F)]:（指定断开点，在中心线的延长线上选择第二点，多余的中心线被删除）

结果如图 4-66c 所示。

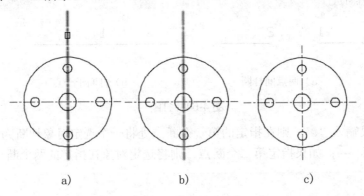

a)　　　　　　　　　b)　　　　　　　　　c)

图 4-66　打断对象

4.7.3　延伸图形

1. 执行方式

命令行：EXTEND（或 EX）。

菜单："修改"→"延伸"。

工具栏："修改"→"延伸"按钮 ┅┙ 。

功能区：单击"默认"选项卡"修改"面板中的"延伸"按钮 ┅┙ 。

2. 操作格式

命令：EXTEND↙

当前设置:投影=UCS，边=无

选择边界的边...

选择对象或〈全部选择〉:（选择要延伸到的边界对象，如图 4-67a 所示）

选择对象:（继续选择，按 Enter 键结束选择）

选择要延伸的对象，或按住 Shift 键选择要修剪的对象，或 [栏选(F)/窗交(C)/投影(P)/边(E)/放弃(U)]:（选择要延伸的对象，如图 4-67a 所示）

选择要延伸的对象，或按住 Shift 键选择要修剪的对象，或[栏选(F)/窗交(C)/投影(P)/边(E)/放弃(U)]:（继续选择、改变延伸模式或取消当前操作，按 Enter 键结束命令）

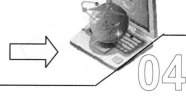

a）延伸前   b）延伸后

图 4-67　延伸

3. 选项说明

该命令的提示选项与修剪命令 TRIM 的含义类似。

4.7.4　实例——螺钉

绘制如图 4-68 所示的螺钉。

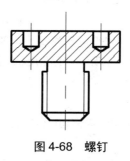

图 4-68　螺钉

光盘\动画演示\第 4 章\螺钉.avi

操作步骤

01 单击"默认"选项卡"图层"工具栏中的"图层特性"按钮，设置 3 个新图层：第一图层命名为"粗实线"，线宽 0.3mm，其余属性为默认值；第二图层命名为"细实线"，所有属性为默认值；第三图层命名为"中心线"，设置颜色为红色，线型为 CENTER，其余属性为默认值。

02 将"中心线"图层设置为当前图层，单击"默认"选项卡"绘图"面板中的"直线"按钮，绘制中心线。坐标分别是{（930,460），（930,430）}和{（921,445），（921,457）}，结果如图 4-69 所示。

03 将"粗实线"图层设置为当前图层，单击"默认"选项卡"绘图"面板中的"直线"按钮，绘制轮廓线，坐标分别是{（930,455），（916,455），（916,432）}，结果如图 4-70 所示。

04 单击"默认"选项卡"修改"面板中的"偏移"按钮，绘制初步轮廓，将刚绘制的竖直轮廓线分别向右偏移 3、7、8 和 9.25，将刚绘制的水平轮廓线分别向下偏移 4、8、11、21 和 23，结果如图 4-71 所示。

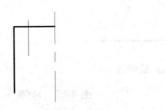

图 4-69　绘制中心线　　　　图 4-70　绘制轮廓线　　　　图 4-71　偏移轮廓线

05 分别选取适当的界线和对象，单击"默认"选项卡"修改"面板中的"修剪"按钮 ⊬，修剪偏移产生的轮廓线，生成螺孔和螺柱初步轮廓，结果如图 4-72 所示。

06 单击"默认"选项卡"修改"面板中的"倒角"按钮 ◿，对螺钉端部进行倒角（将在 4.8.3 节中介绍），命令行提示与操作如下：

命令：CHAMFER↙

（"修剪"模式）当前倒角距离 1 = 0.0000，距离 2 = 0.0000

选择第一条直线或 [放弃(U)/多段线(P)/距离(D)/角度(A)/修剪(T)/方式(E)/多个(M)]:D↙

指定第一个倒角距离 <0.0000>: 2↙

指定第二个倒角距离 <2.0000>:↙

选择第一条直线或 [放弃(U)/多段线(P)/距离(D)/角度(A)/修剪(T)/方式(E)/多个(M)]:（选择最下边的直线）

选择第二条直线，或按住 Shift 键选择直线以应用角点或[距离（D）/角度（A）/方法（M）]:（选择与其相交的侧面直线）

结果如图 4-73 所示。

07 绘制螺孔底部。单击"默认"选项卡"绘图"面板中的"直线"按钮 ⁄，绘制螺孔底部直线，端点坐标分别为{(919,451),(@10<-30)}和{(923,451),(@10<210)}，结果如图 4-74 所示。

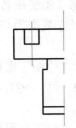　　　　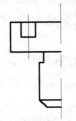　　　　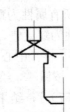

图 4-72　绘制螺孔和螺柱初步轮廓　　　图 4-73　倒角处理　　　图 4-74　绘制螺孔底部

08 单击"默认"选项卡"修改"面板中的"修剪"按钮 ⊬，修剪多余的线段，修剪结果如图 4-75 所示。

09 将"细实线"图层设置为当前图层，单击"默认"选项卡"绘图"面板中的"直线"按钮 ⁄，绘制一条螺纹牙底线，如图 4-76 所示。

10 单击"默认"选项卡"修改"面板中的"延伸"按钮，将螺纹牙底线延伸至倒角处，命令行提示与操作如下：

命令：EXTEND↙

当前设置：投影=UCS，边=无

选择边界的边...

选择对象或〈全部选择〉：（选择倒角生成的斜线）

找到 1 个

选择对象：↙

选择要延伸的对象，或按住 Shift 键选择要延伸的对象，或[栏选(F)/窗交(C)/投影(P)/边(E)/放弃(U)]：（选择刚绘制的细实线）

选择要延伸的对象，或按住 Shift 键选择要延伸的对象，或[栏选(F)/窗交(C)/投影(P)/边(E)/放弃(U)]：↙

结果如图 4-77 所示。

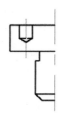 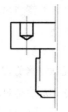 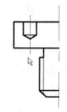

图 4-75　修剪螺孔底部直线　　　　图 4-76　绘制螺纹牙底线　　　　图 4-77　延伸螺纹牙底线

11 单击"默认"选项卡"修改"面板中的"镜像"按钮，对图形进行镜像处理，以长中心线为轴、该中心线左边所有的图线为对象进行镜像，结果如图 4-78 所示。

12 绘制剖面。单击"默认"选项卡"绘图"面板中的"图案填充"按钮，弹出"图案填充创建"选项卡，如图 4-79 所示。在"特性"面板中选择"类型"为"用户定义"，设置"角度"为 45、"间距"为 1.5，单击"边界"面板中的"拾取点"按钮，在图形中要填充的区域拾取点，按 Enter 键后完成剖面线绘制，最终结果如图 4-68 所示。

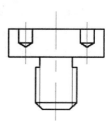

图 4-78　镜像对象

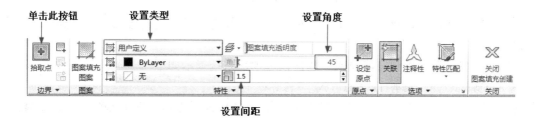

图 4-79　"图案填充创建"选项卡

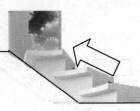
4.8 圆角和倒角

4.8.1 圆角操作

1. 执行方式

命令行：FILLET（或 F）。

菜单："修改" → "圆角"。

工具栏："修改" → "圆角" 按钮 。

功能区：单击"默认"选项卡"修改"面板中的"圆角"按钮 。

2. 操作格式

命令：FILLET✓

当前设置：模式 = 修剪，半径 = 0.0000（默认的修剪模式及圆角半径）

选择第一个对象或 ［放弃(U)/多段线(P)/半径(R)/修剪(T)/多个(M)］：R✓

指定圆角半径 <5.0000>：50✓

选择第一个对象或 ［放弃(U)/多段线(P)/半径(R)/修剪(T)/多个(M)］：

选择第一个对象或 ［放弃(U)/多段线(P)/半径(R)/修剪(T)/多个(M)］：

选择第二个对象，或按住 Shift 键选择要应用角点的对象：

3. 选项说明

（1）多段线（P）：选择该选项后系统提示：选择二维多段线。此时，用户可以选择一条多段线，对其进行倒圆操作。该选项只能在多段线的直线段间倒圆，如果两直线段间有圆弧段，则该圆弧段被忽略，如图 4-80 所示。

倒圆前   倒圆后

图 4-80　对多段线倒圆角

（2）半径（R）：重新设置圆角的半径（圆角半径为 0 时将使两边相交），也可以通过系统变量 FILLETRAD 设置。

（3）修剪（T）：控制修剪模式。选择该选项后系统提示如下：

输入修剪模式选项 ［修剪(T)/不修剪(N)］ <修剪>：

如图 4-81 所示，如果选择"不修剪（N）"，则做倒圆操作后将保留原线段，既不修剪，也不延伸。反之，则对原线段进行修剪或延伸。也可以通过系统变量 TRIMMODE 设置。

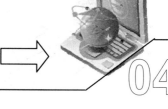

| 倒圆前 | "不修剪"模式 | "修剪"模式 |

图 4-81　修剪模式

提　示

1）如果在圆之间做圆角操作，则不修剪圆，而且选取点的位置不同，圆角的位置也不同，系统将根据选取点与切点相近的原则来判断圆角的位置，如图4-82所示。

2）在平行直线间做圆角操作时，将忽略当前圆角半径，系统自动计算两平行线的距离来确定圆角半径，并从第一线段的端点处作半圆，如图4-83所示，而且半圆优先出现在较长的一端。

3）如果圆角的两个对象具有相同的图层、线型和颜色，则创建的圆角对象也相同。否则，圆角对象采用当前的图层、线型和颜色。

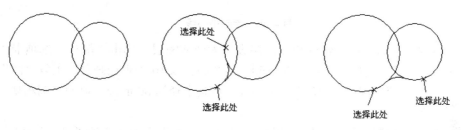

| 操作前 | 圆角后不修剪 | 不同的选择点，不同的圆角位置 |

图 4-82　圆的倒圆角

操作前　　　　　　　　　　　　　　　　圆角

图 4-83　平行线间的圆角操作

4.8.2　实例——手柄

绘制如图 4-84 所示的手柄。

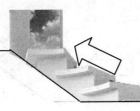
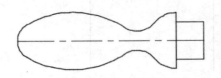

图 4-84　手柄

操作步骤

01 设置图层。单击"默认"选项卡"图层"面板中的"图层特性"按钮，新建两个图层：第一图层命名为"轮廓线"，线宽为 0.3mm，其余属性默认；第二图层命名为"中心线"，设置颜色为红色、线型为 CENTER，其余属性默认。

02 绘制直线。将"中心线"图层设置为当前图层。单击"默认"选项卡"绘图"面板中的"直线"按钮，绘制中心线，坐标为（150,150）（@100,0），结果如图 4-85 所示。

图 4-85　绘制中心线

03 绘制辅助圆。将"轮廓线"图层设置为当前图层。单击"默认"选项卡"绘图"面板中的"圆"按钮，以（160,150）为圆心、以 10 为半径画圆；重复"圆"命令，以（235,150）为圆心、以 15 为半径画圆。再画半径为 50 的圆与前两个圆相切，结果如图 4-86 所示。

04 绘制手柄安装部分。单击"默认"选项卡"绘图"面板中的"直线"按钮，绘制直线，坐标为{（250,150），（@10<90），（@15<180）}和{（235,165），（235,150）}，结果如图 4-87 所示。

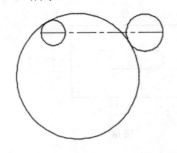

图 4-86　绘制圆

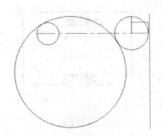

图 4-87　绘制直线

05 修剪处理。单击"默认"选项卡"修改"面板中的"修剪"按钮，修剪多余的线段，结果如图 4-88 所示。

06 绘制圆角。单击"默认"选项卡"修改"面板中的"圆角"按钮，以半径为 12 绘制与圆弧 1 和圆弧 2 相切的圆，命令行提示与操作如下：

命令:FILLET✓

当前模式: 模式 = 修剪, 半径 = 2.0000

选择第一个对象或 [放弃(U)/多段线(P)/半径(R)/修剪(T)/多个(M)]: R↙

指定圆角半径 <2.0000>: 12↙

选择第一个对象或 [放弃(U)/多段线(P)/半径(R)/修剪(T)/多个(M)]:（选择圆弧1）

选择第二个对象，或按住 Shift 键选择要应用角点的对象:（选择圆弧2）

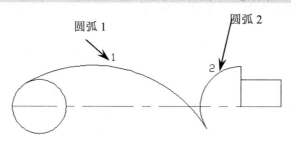

图 4-88　修剪处理

结果如图 4-89 所示。

07 镜像处理。单击"默认"选项卡"修改"面板中的"镜像"按钮 ⚏，将上步绘制的轮廓线镜像，生成整个手柄的轮廓，结果如图 4-90 所示。

图 4-89　绘制圆弧　　　　　　　　　　　　　　　图 4-90　镜像处理

08 修剪处理。单击"默认"选项卡"修改"面板中的"修剪"按钮 ⊹，将左边圆进行修剪处理，结果如图 4-84 所示。

4.8.3　倒角操作

1. 执行方式

命令行：CHAMFER（或 CHA）。

菜单："修改"→"倒角"。

工具栏："修改"→"倒角"按钮 ⌓。

功能区：单击"默认"选项卡"修改"面板中的"倒角"按钮 ⌓。

2. 操作格式

命令:CHAMFER↙

（"修剪"模式）当前倒角距离 1 = 10.0000, 距离 2 = 10.0000

选择第一条直线或 [放弃(U)/多段线(P)/距离(D)/角度(A)/修剪(T)/方式(E)/多个(M)]: D↙

指定第一个倒角距离 <10.0000>: 10↙

指定第二个倒角距离 <10.0000>: 20↙

选择第一条直线或 [放弃(U)/多段线(P)/距离(D)/角度(A)/修剪(T)/方式(E)/多个(M)]:

选择第二条直线，或按住 Shift 键选择要应用角点的直线：

3. 选项说明

（1）多线段（P）：在二维多段线的直线边之间进行倒角（忽略圆弧段）。当线段长度小于倒角距离时，则不作倒角，如图 4-91 所示"1"点处。

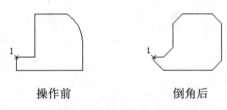

操作前　　　　　　倒角后

图 4-91　对多段线倒棱角

（2）距离（D）：重新设置倒角距离。也可以通过系统变量 CHAMFERA、CHAMFERB 设置，如图 4-92a 所示

（3）角度（A）：用"角度"方式确定倒角参数，即通过给定第一条直线的倒角距离和倒角角度进行倒角操作，如图 4-92b 所示。也可以通过系统变量 CHAMFERC、CHAMFERD 设置倒角距离和角度值。

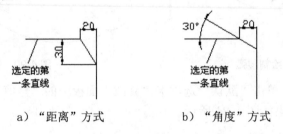

a）"距离"方式　　　　b）"角度"方式

图 4-92　倒棱角方式

（4）修剪（T）：选择修剪模式，意义与圆角命令 FILLET 相同。如果选择"不修剪（N）"，则保留倒角前的原线段，既不修剪，也不延伸。也可以通过系统变量 TRIMMODE 设置。

（5）方式（E）：选择倒角的方式，即"距离"方式还是"角度"方式。也可以通过系统变量 CHAMMODE 设置。

提　示

（1）倒角为0时，CHAMFER命令将使两边相交。

（2）如果倒角的两条直线具有相同的图层、线型和颜色，则创建的倒角边也相同。否则，倒角边采用当前的图层、线型和颜色。

4.8.4　实例——油杯

绘制如图 4-93 所示的油杯。

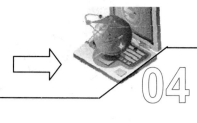

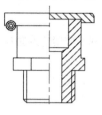

图 4-93　油杯

光盘\动画演示\第 4 章\油杯.avi

操作步骤

01 设置图层。单击"默认"选项卡"图层"面板中的"图层特性"按钮，新建 3 个图层：第一图层命名为"轮廓线"，线宽为 0.3mm，其余属性默认；第二图层命名为"中心线"，设置颜色为红色、线型为 CENTER，其余属性默认；第三图层命名为"细实线"，其余属性默认。

02 绘制中心线与辅助直线。将"中心线"图层设置为当前图层。单击"默认"选项卡"绘图"面板中的"直线"按钮，绘制竖直中心线。将"轮廓线"图层设置为当前图层。重复"直线"命令，绘制水平辅助直线，结果如图 4-94 所示。

03 偏移处理。单击"默认"选项卡"修改"面板中的"偏移"按钮，分别将竖直中心线向左偏移 14、12、10 和 8，向右偏移 14、10、8、6 和 4，将偏移后的直线转换为轮廓线图层，再将水平辅助直线向上偏移 2、10、11、12 和 14，向下偏移 4 和 14，结果如图 4-95 所示。

图 4-94　绘制辅助直线

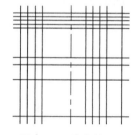

图 4-95　偏移处理

04 修剪处理。单击"默认"选项卡"修改"面板中的"修剪"按钮，修剪相关图线，结果如图 4-96 所示。

05 圆角处理。单击"默认"选项卡"修改"面板中的"圆角"按钮，将修剪的图形进行圆角处理，命令行提示与操作如下：

命令:FILLET↙

当前设置：模式 = 修剪，半径 = 0.0000

选择第一个对象或 ［放弃(U)/多段线(P)/半径(R)/修剪(T)/多个(M)］:R↙

指定圆角半径 ⟨0.0000⟩:1.2↙

选择第一个对象或 ［放弃(U)/多段线(P)/半径(R)/修剪(T)/多个(M)］:（选择线段 1）

选择第二个对象，或按住 Shift 键选择要应用角点的对象：（选择线段 2）

结果如图 4-97 所示。

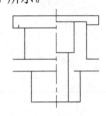

图 4-96 修剪处理

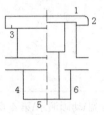

图 4-97 圆角处理

06 绘制圆。单击"默认"选项卡"绘图"面板中的"圆"按钮 ⊙，以点 3 为圆心，分别绘制半径为 0.5、1 和 1.5 的同心圆，结果如图 4-98 所示。

07 倒角处理。单击"默认"选项卡"修改"面板中的"倒角"按钮 ◁，命令行提示与操作如下：

命令：CHAMFER↙

（"修剪"模式）当前倒角距离 1 = 0.0000，距离 2 = 0.0000

选择第一条直线或 [放弃(U)/多段线(P)/距离(D)/角度(A)/修剪(T)/方式(E)/多个(M)]：D↙

指定第一个倒角距离 <0.0000>：1↙

指定第二个倒角距离 <1.0000>：↙

选择第一条直线或 [放弃(U)/多段线(P)/距离(D)/角度(A)/修剪(T)/方式(E)/多个(M)]：（选择线段 4）

选择第二条直线：（选择线段 5）

重复"倒角"命令，选择线段 5 和线段 6 进行倒角处理，结果如图 4-99 所示。

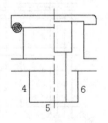

图 4-98 绘制圆

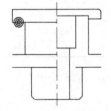

图 4-99 倒角处理

08 绘制直线。将"细实线"图层设置为当前图层，单击"默认"选项卡"绘图"面板中的"直线"按钮 ∕，在倒角处绘制直线，结果如图 4-100 所示。

09 修剪处理。单击"默认"选项卡"修改"面板中的"修剪"按钮 ⊁，修剪相关图线，结果如图 4-101 所示。

10 绘制正多边形。将"轮廓线"图层设置为当前图层，单击"默认"选项卡"绘图"面板中的"多边形"按钮 ⬠，绘制正六边形，命令行提示与操作如下：

命令：polygon↙

输入侧面数 <4>：6↙

指定正多边形的中心点或［边(E)］：（捕捉竖直中心线的下端点）
输入选项［内接于圆(I)/外切于圆(C)］<I>：✓
指定圆的半径：11.2✓

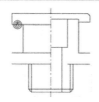

图 4-100　绘制直线　　　　　　　　图 4-101　修剪处理

结果如图 4-102 所示。

11 绘制直线。单击"默认"选项卡"绘图"面板中的"直线"按钮✐，绘制直线，结果如图 4-103 所示。

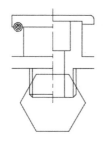
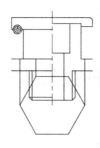

图 4-102　绘制正六边形　　　　　　图 4-103　绘制直线

12 修剪处理。单击"默认"选项卡"修改"面板中的"修剪"按钮✂，修剪相关图线，结果如图 4-104 所示。

13 删除线段。单击"默认"选项卡"修改"面板中的"删除"按钮✐，删除多余直线，结果如图 4-105 所示。

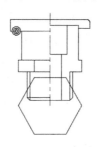
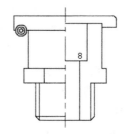

图 4-104　修剪处理　　　　　　　　图 4-105　删除多余直线

14 绘制直线。单击"默认"选项卡"绘图"面板中的"直线"按钮✐，以点 8 为起点，终点坐标为（@5<30），绘制直线；再绘制过其与相邻竖直线交点的水平直线，结果如图 4-106 所示。

15 修剪处理。单击"默认"选项卡"修改"面板中的"修剪"按钮✂，修剪相关图线，结果如图 4-107 所示。

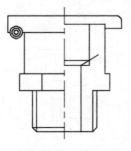

图 4-106　绘制直线

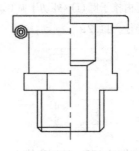

图 4-107　修剪处理

16 图案填充。将"细实线"图层设置为当前图层。单击"默认"选项卡"绘图"面板中的"图案填充"按钮，系统弹出"图案填充创建"选项卡，选择"用户定义"类型，分别输入角度为 45°和 135°，设置间距为 1.5，选择相应的填充区域进行填充，结果如图 4-93 所示。

4.9　图形的拉长和拉伸

4.9.1　拉长图形

1. 执行方式

命令行：LENGTHEN（或 LEN）。

菜单："修改"→"拉长"。

功能区：单击"默认"选项卡"修改"面板中的"拉长"按钮。

2. 操作格式

命令：LENGTHEN↙

选择要测量的对象或 ［增量(DE)/百分数(P)/全部(T)/动态(DY)］〈增量(DE)〉：（选定对象）

当前长度：30.5001（给出选定对象的长度，如果选择圆弧则还将给出圆弧的包含角）

选择要测量的对象或 ［增量(DE)/百分数(P)/全部(T)/动态(DY)］〈增量(DE)〉：DE↙（选择拉长或缩短的方式，如选择"增量（DE）"方式）

输入长度增量或 ［角度(A)］〈0.0000〉：10↙（输入长度增量数值。如果选择圆弧段，则可输入选项"A"给定角度增量）

选择要修改的对象或 ［放弃(U)］：（选定要修改的对象，进行拉长操作）

选择要修改的对象或 ［放弃(U)］：（继续选择，按 Enter 键结束命令）

3. 选项说明

（1）增量（DE）：给出增量的具体数值控制直线段与圆弧段的伸缩，正值为拉长，负值为缩短。

（2）百分数（P）：用原值的百分数控制直线段与圆弧段的伸缩。必须输入正数，输入值大于 100% 时为拉长，反之则缩短。

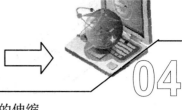
（3）全部（T）：用总长或总张角来控制直线段与圆弧段的伸缩。

（4）动态（DY）：进入拖动模式，拖动选定对象的一端进行拉长或者缩短操作。

提 示

直线段只能沿原方向进行拉长或缩短；圆弧段拉长或缩短后只改变弧长，而不会改变圆心位置及半径。

4.9.2 拉伸图形

1. 执行方式

命令行：STRETCH（或 S）。

菜单："修改"→"拉伸"。

工具栏："修改"→"拉伸"按钮 。

功能区：单击"默认"选项卡"修改"面板中的"拉伸"按钮 。

2. 操作格式

命令：STRETCH↙

以交叉窗口或交叉多边形选择要拉伸的对象...

选择对象:C↙（以交叉窗口方式选取对象）

指定第一个角点：（指定选取区域的第一角点，如图 4-108a 所示）

指定对角点：（指定选取区域的第二角点，如图 4-108a 所示）

找到 X 个

选择对象：（继续选择，按 Enter 键结束选择）

指定基点或位移：（指定基点，如图 4-108a 所示的右边小圆的圆心）

指定位移的第二个点或〈使用第一个点作位移〉：（指定基点要拉伸到的位置点，如图 4-108b 所示）

如图 4-108a 所示，以此方式选取对象后，左边图形没有被选中，右边小圆和矩形被选中。其中矩形与选择区域边界相交，右边小圆完全在选择区域内，因此执行拉伸操作后，右边小圆被移动，矩形发生拉伸变化，而左边图形没有变化，如图 4-108b 所示。

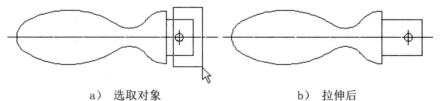

a）选取对象   b）拉伸后

图 4-108　拉伸图形

4.9.3 实例——螺栓

绘制如图 4-109 所示的螺栓。

光盘\动画演示\第 4 章\螺栓.avi

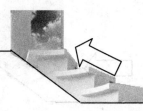

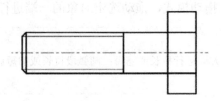

图 4-109　螺栓

操作步骤

01 图层设置。单击"默认"选项卡"图层"面板中的"图层特性"按钮，新建 3 个图层，名称及属性如下：图层一命名为"粗实线"，线宽为 0.3mm，其余属性默认；图层二命名为"细实线"图层，其余属性默认；图层三命名为"中心线"图层，设置线型为 CENTER、颜色设为红色，其余属性默认。

02 图形缩放。单击"视图"选项卡 "导航"面板中的"圆心"按钮，对图形进行缩放处理，命令行提示与操作如下：

命令：ZOOM↙

指定窗口角点，输入比例因子 (nX 或 nXP)，或[全部(A)/中心点(C)/动态(D)/范围(E)/上一个(P)/比例(S)/窗口(W)] <实时>：C↙

指定中心点：25,0↙

输入比例或高度 <31.9572>：40↙

03 绘制中心线。将"中心线"图层设置为当前图层，单击"默认"选项卡"绘图"面板中的"直线"按钮，以坐标点（-5,0)、(@30,0) 绘制中心线。

04 绘制初步轮廓线。将"粗实线"图层设置为当前图层。单击"默认"选项卡"绘图"面板中的"直线"按钮，绘制 4 条线段或连续线段，端点坐标分别为{ (0,0)、(@0,5)、(@20,0) }、{ (20,0)、(@0,10)、(@-7,0)、(@0,-10) }、{ (10,0)、(@0,5) }、{ (1,0)、(@0,5) }。

05 绘制螺纹牙底线。将"细实线"图层设置为当前图层。单击"默认"选项卡"绘图"面板中的"直线"按钮，绘制线段，端点坐标为{ (0,4)、(@10,0) }，结果如图 4-110 所示。

06 倒角处理。单击"默认"选项卡"修改"面板中的"倒角"按钮，设置倒角距离为 1，对图 4-111 中 A 点处的两条直线进行倒角处理，结果如图 4-111 所示。

07 镜像处理。单击"默认"选项卡"修改"面板中的"镜像"按钮，以螺栓的中心线为镜像轴，对所有绘制的对象进行镜像，绘制如图 4-112 所示。

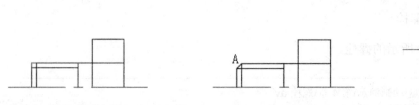

图 4-110　绘制轮廓线图　　　　图 4-111　倒角处理　　　　图 4-112　镜像处理

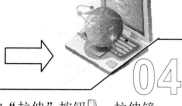

08 拉伸处理。单击"默认"选项卡"修改"面板中的"拉伸"按钮，拉伸镜像处理的图形，命令行提示与操作如下：

命令：STRETCH✓

以交叉窗口或交叉多边形选择要拉伸的对象...

选择对象：（选择图 4-113 所示的虚框所显示的范围）

选择对象：✓

指定基点或［位移(D)］〈位移〉：（指定图中任意一点）

指定第二个点或〈使用第一个点作为位移〉：@-8,0✓

拉伸结果如图 4-114 所示。

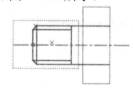

图 4-113　选择拉伸对象

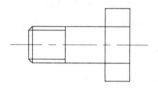

图 4-114　拉伸图形

命令：STRETCH✓

以交叉窗口或交叉多边形选择要拉伸的对象...

选择对象：（选择图 4-115 所示的虚框所显示的范围）

选择对象：✓

选择要延伸的对象，或按住 Shift 键选择要修剪的对象，或[栏选(F)/窗交(C)/投影(P)/边(E)/放弃(U)]：（指定图中任意一点）

选择要延伸的对象，或按住 Shift 键选择要修剪的对象，或[栏选(F)/窗交(C)/投影(P)/边(E)/放弃(U)]：@-15,0✓

拉伸结果如图 4-116 所示。

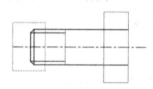

图 4-115　选择拉伸对象

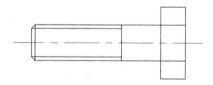

图 4-116　拉伸螺纹

09 保存文件。在命令行输入命令 QSAVE，或者单击"标准"工具栏中的"保存"按钮，将绘制的螺栓保存。

提　示

拉伸命令"修改"／"拉伸"选择拉伸的对象和拉伸的两个角点。AutoCAD 可拉伸与选择窗口相交的圆弧、椭圆弧、直线、多段线、二维实体、射线、宽线和样条曲线。拉伸命令可移动窗口内的端点，而不改变窗口外的端点。拉伸命令还可移动窗口内的宽线和二维实体的顶点，而不改变窗口外的宽线和二维实体的顶点。多段线的每一段都被当作简单的直线或圆弧分开处理。

4.10 分解和合并图形

4.10.1 分解图形

1. 执行方式

命令行：EXPLODE（或 X）。
菜单："修改"→"分解"。
工具栏："修改"→"分解"按钮 。
功能区：单击"默认"选项卡"修改"面板中的"分解"按钮 。

2. 操作格式

命令：EXPLODE（或 X）↙
选择对象：（选择要分解的对象）
选择对象：（继续选择对象，按 Enter 键结束选择）

提 示

对于不同的组合对象，分解后有丢失信息的现象，如多段线分解后将失去线宽和切线方向的信息；对于等宽多段线，分解后的直线段或圆弧段沿其中心线位置，如图 4-117 所示。

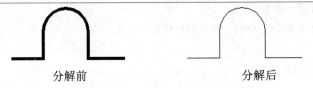

分解前   分解后

图 4-117 等宽多段线的分解

4.10.2 合并图形

合并功能可以将直线、圆、椭圆弧和样条曲线等独立的线段合并为一个对象，如图 4-118 所示。

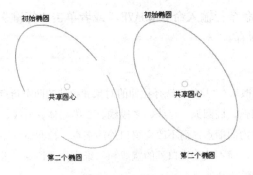

初始椭圆   初始椭圆

共享圆心   共享圆心

第二个椭圆   第二个椭圆

图 4-118 合并对象

1. 执行方式

命令行：JOIN。

菜单栏："修改"→"合并"。

工具栏："修改"→"合并"按钮 ⊷。

功能区：单击"默认"选项卡"修改"面板中的"合并"按钮 ⊷。

2. 操作格式

命令：JOIN↙

选择源对象或要一次合并的多个对象：（选择一个对象）

选择要合并的对象：（选择另一个对象）

找到 1 个，总计 2 个

选择要合并的对象：↙

2 个对象已转换为 1 条多段线

结果如图 4-118 所示。

4.11　夹点编辑

夹点编辑是 AutoCAD 2018 提供的一种快速编辑图形的方法。它没有特定的命令，而是通过对图形对象的夹点（即特征点）进行操作来实现对图形的编辑，如拉伸（STRETCH）、移动（MOVE）、旋转（ROTATE）、比例缩放（SCALE）及镜像（MIRROR）。

4.11.1　对象夹点

使用 AutoCAD 进行图形编辑时，在不执行任何命令的情况下选择要编辑的对象，则被选择的对象在其特征点处出现若干带有颜色的小方框，这些带有颜色的小方框就是对象夹点，如图 4-119 所示。由此可知，夹点是指图形对象本身的一些特征点。

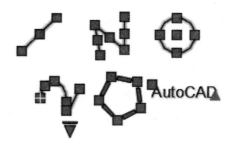

图 4-119　对象的夹点

对不同的对象进行夹点操作时，对象上的夹点位置和数量是不同的，如直线段和圆弧的夹点是两个端点和中点，圆的夹点是圆心和 4 个象限点，椭圆的夹点是圆心和长、短轴的端点等。AutoCAD 2018 对不同的图形对象规定了相应的夹点，见表 4-1。

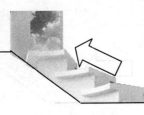

表 4-1　AutoCAD 2018 对象夹点

对象类型	夹点位置
直线（LINE）	两个端点和中点
多段线（PLINE）	直线段的两端点，圆弧段的圆心和两端点
构造线（XLINE）	控制点以及线上邻近两点
射线（RAY）	起点及射线上一点
多线（MLINE）	控制线上的两个端点
圆弧（ARC）	两个端点和圆心
圆（CIRCLE）	4 个象限点和圆心
椭圆（ELLIPSE）	4 个顶点和中心点
椭圆弧（ELLIPSE）	端点、中点和中心点
区域填充（HATCH）	各个顶点
文字（TEXT）	插入点和第二个对齐点
多行文字（MTEXT）	各个顶点
形（SHAPE）	插入点
三维面（3DFACE）	周边顶点
线型尺寸、对齐尺寸标注	尺寸线和尺寸界线的端点，尺寸文字的中心点
角度标注	尺寸线端点和指定尺寸标注弧的端点，尺寸文字的中心点
坐标标注	被标注点、用户指定的引出线端点和尺寸文字的中心点
半径标注、直径标注	半径或直径标注的端点，尺寸文字的中心点

4.11.2　设置夹点

1. 执行方式

命令行：DDGRIPS（可透明使用）。

菜单："工具"→"选项"。

功能区：单击"视图"选项卡"界面"面板中的启动按钮 ↘ 。

2. 操作格式

命令:DDGRIPS↙

执行上述命令后，系统弹出如图 4-120 所示的"选项"对话框，单击打开其中的"选择集"选项卡，在该选项卡右侧的"夹点"栏中可以对夹点进行设置。

4.11.3　夹点编辑方法

使用夹点编辑对象时，图形的夹点具有两种状态：冷夹点和热夹点。

在选取图形对象后，图形上将出现若干个小方框且颜色相同，此时选中对象的夹点称为冷夹点。单击任意一个要编辑的夹点，则该夹点改变颜色，此时该夹点为热夹点。

由此可知，热夹点是指被激活的夹点，用户可以对其执行夹点的编辑操作，冷夹点

是未被激活的夹点。两者在图形上表现的不同之处主要是颜色的差别。

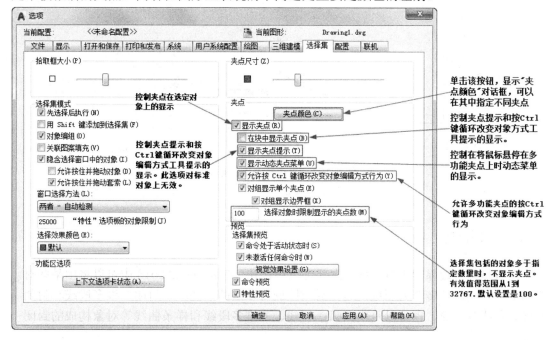

图 4-120　"选项"对话框

对象夹点变为热夹点时，在命令行窗口出现如下提示：

** 拉伸 **

指定拉伸点或［基点(B)/复制(C)/放弃(U)/退出(X)］：

此时，直接拖动热夹点就可以对图形对象进行编辑操作，包括拉伸（STRETCH）、移动（MOVE）、旋转（ROTATE）、比例缩放（SCALE）及镜像（MIRROR）5 种编辑模式。用户可以用按 Enter 键、空格键、鼠标右键或直接输入编辑模式名进行编辑模式的切换。

4.11.4　实例——夹点状态下的拉伸

将图 4-121a 所示的图形进行拉伸，修改成如图 4-121c 所示的图形。

光盘\动画演示\第 4 章\夹点状态下的拉伸.avi

操作步骤

01 打开随书光盘中的文件：光盘\源文件\第 4 章\夹点状态下的拉伸操作图.DWG。

02 选择两条直线，显示出的夹点如图 4-121a 所示。

03 按住 Shift 键并选择两个末端夹点（点 1、点 2）。

04 松开 Shift 键并选择两个末端夹点中的任一个作为基点（如点 1），如图 4-121b 所示。

05 捕捉点 3，为对象指定新的位置。拉伸结果如图 4-121c 所示。

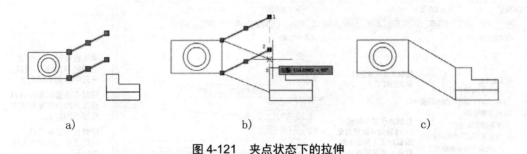

a)   b)   c)

图 4-121   夹点状态下的拉伸

4.12　面域

面域是具有边界的平面区域，内部可以包含孔。在 AutoCAD 2018 中可以将由某些对象围成的封闭区域转变为面域，这些封闭区域可以是圆、椭圆、封闭二维多段线和封闭的样条曲线等对象，也可以是由圆弧、直线、二维多段线和样条曲线等对象构成的封闭区域。

4.12.1　创建面域

1.　执行方式

命令行：REGION。
菜单："绘图" → "面域"。
工具栏："绘图" → "面域"按钮◎。
功能区：单击"默认"选项卡"绘图"面板中的"面域"按钮◎。

2.　操作格式

命令：REGION↙

选择对象：

选择对象后系统自动将所选的对象转换成面域。

4.12.2　面域的布尔运算

布尔运算是数学上的一种逻辑运算，用在 AutoCAD 绘图中能够极大地提高绘图效率。需要注意的是，布尔运算的对象只包括实体和共面的面域，对于普通的线条图形对象无法使用布尔运算。

通常的布尔运算包括并集、交集和差集 3 种，操作方法类似。

1.　执行方式

命令行：UNION（并集）或 INTERSECT（交集）或 SUBTRACT（差集）。

菜单："修改"→"实体编辑"→"并集"（或"交集"或"差集"）。

工具栏："实体编辑"→"并集" ⑩（或"交集" ⑪或"差集" ⑩）。

功能区：单击"三维工具"选项卡"实体编辑"面板中的"并集" ⑩（或"交集" ⑪或"差集" ⑩）。

2. 操作格式

命令：UNION（INTERSECT）✓

选择对象：

选择对象后，系统对所选择的面域做并集（交集）计算。

命令：SUBTRACT✓

选择要从中减去的实体、曲面和面域...（选择差集运算的主体对象）

选择对象：（单击鼠标右键结束）

选择要减去的实体、曲面和面域...（选择差集运算的参照体对象）

选择对象：（单击鼠标右键结束）

选择对象后，系统对所选择的面域做差集计算。运算逻辑是主体对象减去与参照体对象重叠的部分。

布尔运算的结果如图 4-122 所示。

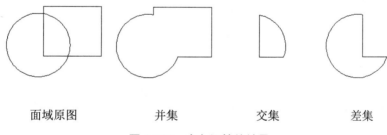

面域原图　　　　　　并集　　　　　交集　　　　　差集

图 4-122　布尔运算的结果

4.12.3　面域的数据提取

面域对象除了具有一般图形对象的属性外，还具有作为面对象所具备的属性，其中一个重要的属性就是质量特性。用户可以通过相关操作提取面域的有关数据。

1. 执行方式

命令行：MASSPROP。

菜单："工具"→"查询"→"面域/质量特性"。

2. 操作格式

命令：MASSPROP✓

选择对象：

选择对象后，系统自动切换到文本窗口，显示对象面域的质量特性数据，图 4-123 所示为并集面域的质量特性数据。用户可将分析结果写入文本文件保存起来。

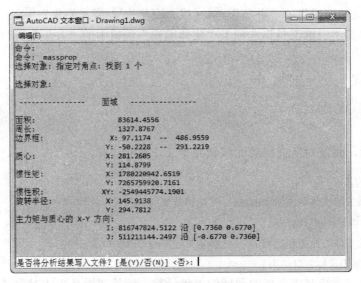

图 4-123　并集面域的质量特性数据

4.12.4　实例——法兰盘

利用布尔运算绘制如图 4-124 所示的法兰盘。

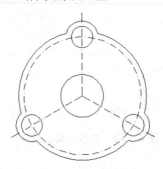

图 4-124　法兰盘

光盘\动画演示\第 4 章\法兰盘.avi

操作步骤

01 图层设置。单击"默认"选项卡"图层"面板中的"图层特性"按钮，设置两个新图层：第一图层命名为"粗实线"，线宽为 0.3mm，其余属性为默认值；第二图层命名为"中心线"，设置颜色为红色、线型为 CENTER，其余属性为默认值。

02 将"粗实线"图层设置为当前图层，单击"默认"选项卡"绘图"面板中的"圆"按钮，指定任一点为圆心，分别绘制半径为 60 和 20 的同心圆，结果如图 4-125 所示。

03 将"中心线"图层设置为当前图层，单击"默认"选项卡"绘图"面板中的"圆"按钮⊙，以上步绘制圆的圆心为圆心，绘制半径为 55 的圆。

04 绘制中心线。单击"默认"选项卡"绘图"面板中的"直线"按钮✐，以圆心为起点，终点坐标为（@0，75），绘制中心线，结果如图 4-126 所示。

05 将"粗实线"图层设置为当前图层，单击"默认"选项卡"绘图"面板中的"圆"按钮⊙，以定位圆和中心线的交点为圆心，分别绘制半径为 15 和 10 的同心圆，结果如图 4-127 所示。

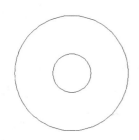
图 4-125 绘制同心圆

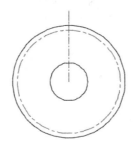
图 4-126 绘制中心线

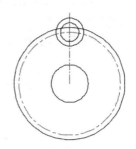
图 4-127 绘制同心圆

06 单击"默认"选项卡"修改"面板中的"环形阵列"按钮⬡，选取图中边缘的两个圆和中心线，进行阵列，命令行提示与操作如下：

命令：ARRAYPOIAR✓

选择对象：（选择图中边缘的两个圆和中心线）

类型 = 极轴 关联 = 是

指定阵列的中心点或 ［基点(B)/旋转轴(A)］：（选择步骤 **02** 绘制的圆的圆心）

选择夹点以编辑阵列或 ［关联(AS)/基点(B)/项目(I)/项目间角度(A)/填充角度(F)/行(ROW)/层(L)/旋转项目(ROT)/退出(X)］＜退出＞：AS✓

创建关联阵列［是（Y）/否（N）］＜否＞：N✓

选择夹点以编辑阵列或 ［关联(AS)/基点(B)/项目(I)/项目间角度(A)/填充角度(F)/行(ROW)/层(L)/旋转项目(ROT)/退出(X)］＜退出＞：I✓

输入阵列中的项目数或 ［表达式(E)］＜6＞：3✓

选择夹点以编辑阵列或 ［关联(AS)/基点(B)/项目(I)/项目间角度(A)/填充角度(F)/行(ROW)/层(L)/旋转项目(ROT)/退出(X)］＜退出＞：F✓

指定填充角度(+=逆时针、-=顺时针)或 ［表达式(EX)］＜360＞：✓

选择夹点以编辑阵列或 ［关联(AS)/基点(B)/项目(I)/项目间角度(A)/填充角度(F)/行(ROW)/层(L)/旋转项目(ROT)/退出(X)］＜退出＞：✓

结果如图 4-128 所示。

07 面域处理。单击"默认"选项卡"绘图"面板下拉菜单中的"面域"按钮◎，命令行提示与操作如下：

命令：REGION✓

选择对象：（依次选择图 4-128 中的圆 A、B、C 和 D）

选择对象：✓

已提取 4 个环。

已创建 4 个面域。

08 并集处理。单击"三维工具"选项卡"实体编辑"面板中的"并集"按钮⑩，命令行提示与操作如下：

命令：UNION↙

选择对象：（依次选择图 4-128 中的圆 A、B、C 和 D）

选择对象：↙

结果如图 4-129 所示。

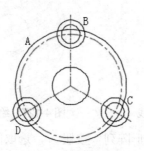

图 4-128　阵列后的图形

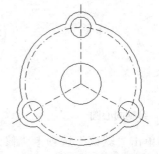

图 4-129　并集后的图形

09 提取数据。选择菜单栏中的"工具" →"查询"→"面域/质量特性"命令，命令行提示与操作如下：

命令：MASSPROP↙

选择对象：（框选绘图区所有的对象）

指定对角点：（指定对角点）

找到 9 个

选择对象：↙

系统自动切换到文本显示框，如图 4-130 所示。选择"是"或"否"，完成数据提取。

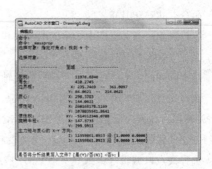

图 4-130　文本窗口

10 保存图形。单击"快速访问"工具栏中的"保存"按钮🖫。在弹出的"图形另存为"对话框中输入文件名保存即可。

4.13　特性与特性匹配

在 AutoCAD 中还有一种修改方法，就是修改对象本身的特性，包括线型、颜色、图层、坐标等。这种方法的优点是简单快速。

4.13.1　修改对象属性

1. 执行方式

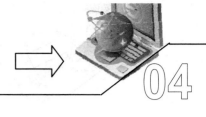
命令行：DDMODIFY 或 PROPERTIES。

菜单："修改"→"特性"。

功能区：单击"视图"选项卡"选项板"面板中的"特性"按钮。

2. 操作格式

命令：DDMODIFY↙

执行上述命令后，系统弹出"特性"面板，如图 4-131 所示。利用该面板可以方便地设置或修改对象的各种属性。

不同的对象属性种类和值不同，修改属性值后，对象将被赋予新的属性。

4.13.2 特性匹配

特性匹配是将一个对象的某些或所有特性复制到另一个或多个对象上。可以复制的特性包括颜色、图层、线型、线型比例、厚度以及标注、文字和图案填充特性。特性匹配的命令是 MATCHPROP。

1. 执行方式

命令行：MATCHPROP。

菜单："修改"→"特性匹配"。

工具栏："标准"→"特性匹配"按钮。

功能区：单击"默认"选项卡"特性"面板下拉菜单中的"特性匹配"按钮。

图 4-131　"特性"面板

2. 操作格式

命令：MATCHPROP↙

选择源对象：（选择源对象）

选择目标对象或［设置(S)］：（选择目标对象）

4.13.3 实例——特性匹配

对图 4-132a 所示的图形进行特性匹配修改。

光盘\动画演示\第 4 章\特性匹配.avi

操作步骤

01 打开随书光盘中的文件：光盘\源文件\第 4 章\特性匹配操作图.DWG。

02 单击"默认"选项卡"特性"面板下拉菜单中的"特性匹配"按钮。

03 选择源对象（即要复制其特性的对象），如图 4-132a 所示。

04 选择目标对象（即要进行特性匹配的对象），如图 4-132b 所示。完成特性匹

配，如图 4-132c 所示，此时实线圆变成了虚线圆。

05 若在提示下输入 S，则弹出"特性设置"对话框。利用该对话框可以改变特性匹配的设置。

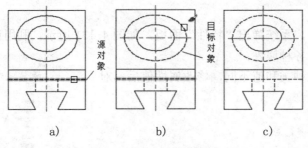

图 4-132　特性匹配

4.14　综合实例

本节将通过旋钮和弹簧两个实例对前面所学的平面图形编辑功能进行综合演练，帮助读者对所学知识进行巩固和提高。

4.14.1　实例——旋钮

本例绘制的旋钮如图 4-133 所示。根据图形的特点，采用圆命令（circle）、阵列命令（array）等命令绘制主视图，利用镜像命令（mirror）和图案填充命令（bhatch）完成左视图。

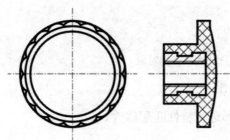

图 4-133　旋钮

光盘\动画演示\第 4 章\旋钮.avi

操作步骤

01 设置图层。单击"默认"选项卡"图层"面板中的"图层特性"按钮，新建 3 个图层：第一图层命名为"轮廓线"，线宽为 0.3mm，其余属性默认；第二图层命名

为"中心线",设置颜色为红色、线型为 CENTER,其余属性默认;第三图层命名为"细实线",设置颜色蓝色,其余属性默认。

02 绘制中心线。将"中心线"图层设置为当前图层,单击"默认"选项卡"绘图"面板中的"直线"按钮✏,绘制相互垂直的中心线,结果如图 4-134 所示。

03 绘制圆。将"轮廓线"图层设置为当前图层。单击"默认"选项卡"绘图"面板中的"圆"按钮⊙,以两中心线的交点为圆心,分别绘制半径为 20、22.5 和 25 的同心圆,再以半径为 20 的圆和竖直中心线的交点为圆心,绘制半径为 5 的圆,结果如图 4-135 所示。

图 4-134　绘制中心线

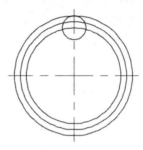

图 4-135　绘制圆

04 绘制辅助直线。单击"默认"选项卡"绘图"面板中的"直线"按钮✏,设置起点为两中心线的交点,终点坐标分别为(@30<80)、(@30<100),绘制两条辅助直线,结果如图 4-136 所示。

05 修剪处理。单击"默认"选项卡"修改"面板中的"修剪"按钮✂,修剪相关图线,结果如图 4-137 所示。

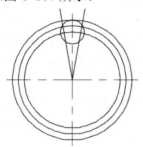

图 4-136　绘制辅助直线

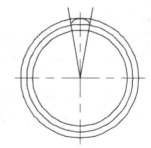

图 4-137　修剪处理

06 删除线段。单击"默认"选项卡"修改"面板中的"删除"按钮✎,删除辅助直线,结果如图 4-138 所示。

07 单击"默认"选项卡"修改"面板中的"环形阵列"按钮⬚,选取圆弧,进行阵列,命令行提示与操作如下:

命令: ARRAYPOLAR✓

选择对象:(选择圆弧)

类型 = 极轴　关联 = 是

指定阵列的中心点或 [基点(B)/旋转轴(A)]:(选择两中心线的交点)

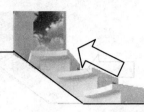
选择夹点以编辑阵列或［关联(AS)/基点(B)/项目(I)/项目间角度(A)/填充角度(F)/行(ROW)/层
(L)/旋转项目(ROT)/退出(X)］〈退出〉：I✓

　　输入阵列中的项目数或［表达式(E)］〈6〉：18✓

　　选择夹点以编辑阵列或［关联(AS)/基点(B)/项目(I)/项目间角度(A)/填充角度(F)/行(ROW)/层
(L)/旋转项目(ROT)/退出(X)］〈退出〉：F✓

　　指定填充角度(+=逆时针、-=顺时针)或［表达式(EX)］〈360〉：✓

　　选择夹点以编辑阵列或［关联(AS)/基点(B)/项目(I)/项目间角度(A)/填充角度(F)/行(ROW)/层
(L)/旋转项目(ROT)/退出(X)］〈退出〉：✓

结果如图 4-139 所示。

图 4-138　删除辅助线

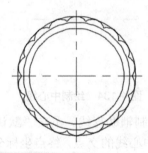
图 4-139　阵列处理

08 绘制直线。单击"默认"选项卡"绘图"面板中的"直线"按钮，绘制线
段 1 和线段 2，其中线段 1 与左边的中心线同水平位置，并把线段 1 放置到"中心线"
图层，结果如图 4-140 所示。

09 偏移处理。单击"默认"选项卡"修改"面板中的"偏移"按钮，将线段
1 分别向上偏移 5、6、8.5、10、14 和 25，将线段 2 分别向右偏移 6.5、13.5、16、20、
22 和 25。

选取偏移后的直线，将其所在图层分别修改为"轮廓线"图层和"细实线"图层，
其中将偏移距离为 6 的线段放置到"细实线"图层，结果如图 4-141 所示。

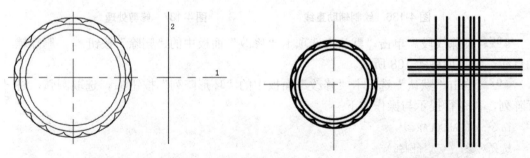
图 4-140　绘制直线　　　　　　　　图 4-141　偏移处理

10 修剪处理。单击"默认"选项卡"修改"面板中的"修剪"按钮，将多余

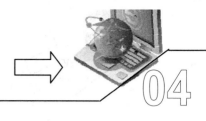

的线段进行修剪，结果如图 4-142 所示。

11 绘制圆。单击"默认"选项卡"绘图"面板中的"圆"按钮，命令行提示与操作如下：

> 命令:CIRCLE↙
>
> 指定圆的圆心或 ［三点(3P)/两点(2P)/切点、切点、半径(T)］:（从对象捕捉快捷菜单中按下 Shift 键后单击鼠标右键，选择"自"菜单）
>
> 　_from 基点:（选择右边竖直直线与水平中心线的交点）
>
> 〈偏移〉: @-80,0↙
>
> 指定圆的半径或 ［直径(D)］: 80↙

结果如图 4-143 所示。

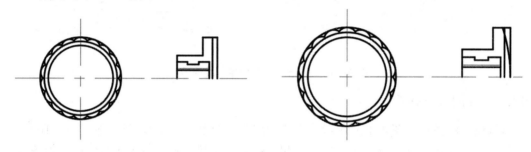

图 4-142　修剪处理　　　　　　　　　　　　　图 4-143　绘制圆

12 修剪处理。单击"默认"选项卡"修改"面板中的"修剪"按钮，将多余的线段进行修剪，结果如图 4-144 所示。

13 删除多余线段。单击"修改"工具栏中的"删除"按钮，将多余线段进行删除，结果如图 4-145 所示。

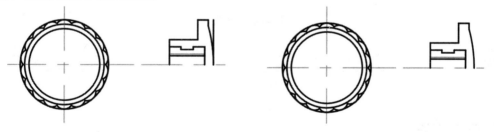

图 4-144　修剪处理　　　　　　　　　　　　　图 4-145　删除多余线段

14 镜像处理。单击"默认"选项卡"修改"面板中的"镜像"按钮，以水平中心线为镜像线，镜像左视图，结果如图 4-146 所示。

15 绘制剖面线。将"细实线"图层设置为当前图层，单击"默认"选项卡"绘图"面板中的"图案填充"按钮，弹出"图案填充创建"选项卡，如图 4-147 所示。在"图案填充创建"选项卡中，单击"图案"面板中的"图案填充图案"按钮，在弹出的下拉列表框中选择"ANSI37"填充图案，单击"拾取点"按钮，拾取填充区域，再单击按 Enter 键完成图案填充操作。重复操作填充"ANSI31"填充图案即完成剖面线的绘制。至此，旋钮的绘制工作完成，结果如图 4-133 所示。

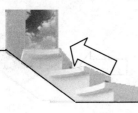
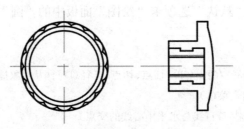

图 4-146　镜像处理

图 4-147　"图案填充创建"选项卡

4.14.2　实例——弹簧

本例绘制的弹簧如图 4-148 所示。主要利用直线命令（line）、圆命令（circle）、阵列命令（array）、修剪命令（trim）绘制出弹簧，再利用旋转命令（rotate）和图案填充命令（bhatch）完成整个图形的绘制。

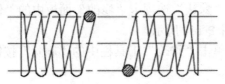

图 4-148　弹簧

光盘\动画演示\第 4 章\弹簧.avi

操作步骤

01 设置图层。单击"默认"选项卡"图层"面板中的"图层特性"按钮，新建 3 个图层：第一图层命名为"轮廓线"，线宽为 0.3mm，其余属性默认；第二图层命名为"中心线"，设置颜色为红色、线型为 CENTER，其余属性默；第三图层命名为"细实线"，设置颜色为蓝色，其余属性默认。

02 绘制中心线。将"中心线"图层设置为当前图层。单击"默认"选项卡"绘图"面板中的"直线"按钮，绘制一条水平线，结果如图 4-149 所示。

图 4-149　绘制中心线

03 偏移处理。单击"默认"选项卡"修改"面板中的"偏移"按钮 ，将水平中心线向上、下各偏移 15，结果如图 4-150 所示。

04 绘制辅助直线。单击"默认"选项卡"绘图"面板中的"直线"按钮 ✐，在水平直线下方任取一点为起点，终点坐标为（@45<95），绘制辅助直线，结果如图 4-151 所示。

图 4-150 偏移处理   图 4-151 绘制辅助直线

05 绘制圆。将"轮廓线"图层设置为当前图层，单击"默认"选项卡"绘图"面板中的"圆"按钮 ⊘，命令行提示与操作如下：

命令:CIRCLE✓

指定圆的圆心或 [三点(3P)/两点(2P)/切点、切点、半径(T)]：（选取点 1）

指定圆的半径或 [直径(D)]:3✓

重复"圆"命令，以点 2 为圆心绘制半径为 3 的圆，结果如图 4-152 所示。

06 绘制直线。单击"默认"选项卡"绘图"面板中的"直线"按钮 ✐，绘制两条与两个圆相切的直线，结果如图 4-153 所示。

图 4-152 绘制圆   图 4-153 绘制直线

07 单击"默认"选项卡"修改"面板中的"矩形阵列"按钮 ▦，选取圆柱体，进行阵列，命令行提示与操作如下：

命令：ARRAYRECT✓

选择对象：（选取圆柱体）

选择对象：

类型 = 矩形 关联 = 是

选择夹点以编辑阵列或 [关联(AS)/基点(B)/计数(COU)/间距(S)/列数(COL)/行数(R)/层数(L)/退出(X)]〈退出〉：COL✓

输入列数或 [表达式(E)]〈4〉:4✓

指定列数之间的距离或 [总计(T)/表达式(E)] 〈17.3205〉: 10✓

选择夹点以编辑阵列或 [关联(AS)/基点(B)/计数(COU)/间距(S)/列数(COL)/行数(R)/层数(L)/退出(X)]〈退出〉：R✓

输入行数或 [表达式(E)]〈3〉:1✓

指定行数之间的距离或 [总计(T)/表达式(E)] 〈15〉:1✓

指定行数之间的标高增量或 [表达式(E)]〈0〉:✓

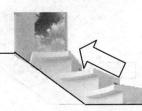

选择夹点以编辑阵列或 [关联(AS)/基点(B)/计数(COU)/间距(S)/列数(COL)/行数(R)/层数(L)/退出(X)]〈退出〉: ✓

结果如图 4-154 所示。

08 绘制直线。单击"默认"选项卡"绘图"面板中的"直线"按钮 ✓，绘制与圆相切的线段 3 和线段 4，结果如图 4-155 所示。

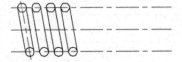

| 图 4-154　阵列处理 | 图 4-155　绘制直线 |

09 阵列处理。单击"默认"选项卡"修改"面板中的"矩形阵列"按钮 ⊞，采用矩形阵列，选择对象线段 3 和线段 4 进行阵列，结果如图 4-156 所示。

10 复制圆。单击"默认"选项卡"修改"面板中的"复制"按钮 ❀，命令行提示与操作如下:

命令: COPY✓

选择对象:(选择最上边最右侧的圆)

选择对象: ✓

当前设置: 复制模式 = 多个

指定基点或[位移(D)/模式(O)]〈位移〉:(选择圆心)

指定位移的第二点或[阵列(A)]〈用第一点作位移〉: @10<0✓（光标向右偏移）

结果如图 4-157 所示。

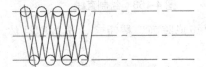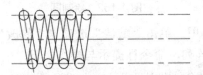

| 图 4-156　阵列处理 | 图 4-157　复制圆 |

11 绘制辅助直线。单击"默认"选项卡"绘图"面板中的"直线"按钮 ✓，绘制辅助直线 5，结果如图 4-158 所示。

12 修剪处理。单击"默认"选项卡"修改"面板中的"修剪"按钮 ⊸，命令行提示与操作如下:

命令: TRIM✓

当前设置:投影=UCS,边=无

选择剪切边...

选择对象或〈全部选择〉:（单击鼠标右键）

选择要修剪的对象，或按住 Shift 键选择要延伸的对象，或[栏选(F)/窗交(C)/投影(P)/边(E)/删除(R)/放弃(U)]:（用光标选择要修剪的对象）

选择要修剪的对象，或按住 Shift 键选择要延伸的对象，或[栏选(F)/窗交(C)/投影(P)/边(E)/

删除(R)/放弃(U)]:↙

结果如图 4-159 所示。

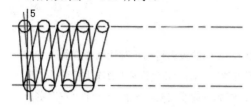

图 4-158 绘制辅助直线

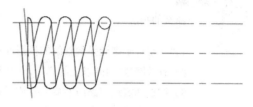

图 4-159 修剪处理

13 删除线段。单击"默认"选项卡"修改"面板中的"删除"按钮 ✎，删除多余直线，结果如图 4-160 所示。

14 复制图形。单击"默认"选项卡"修改"面板中的"复制"按钮 ⁒，复制左侧的图形，结果如图 4-161 所示。

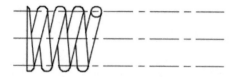

图 4-160 删除多余直线

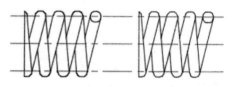

图 4-161 复制图形

15 旋转处理。单击"默认"选项卡"修改"面板中的"旋转"按钮 ⟳，命令行提示与操作如下：

命令:ROTATE↙

UCS 当前的正角方向: ANGDIR=逆时针 ANGBASE=0

选择对象: (选择右侧的图形)

找到 25 个

选择对象: ↙

指定基点: (在水平中心线上取一点)

指定旋转角度，或 [复制(C)/参照(R)]: 180↙

结果如图 4-162 所示。

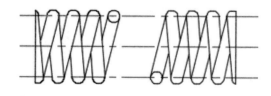

图 4-162 旋转处理

16 图案填充。将"细实线"图层设置为当前图层，单击"默认"选项卡"绘图"面板中的"图案填充"按钮 ▦，系统弹出"图案填充创建"选项卡，选择"用户定义"类型，设置角度为45°、间距为1，选择相应的填充区域，单击"关闭"按钮后进行填充，结果如图 4-148 所示。

提 示

弹簧的画法:

1）在平行于螺旋弹簧轴线的投影面视图中，各圈的投影转向轮廓线画成直线。

2）有效圈数在4圈以上的弹簧，中间各圈可省略不画，并允许适当缩短图形的长度。

3）螺旋弹簧均可画成右旋，左旋弹簧不论画成左旋或右旋，一律要加注"左"字。

4）螺旋压缩弹簧两端要求并紧且磨平时不论支承圈数多少，末端并紧情况如何，均按支承圈2.5、磨平1.5圈形式绘制。

5）在装配图中，弹簧被剖切时，如簧丝剖面直径在图形上等于或小于2mm时，剖面可涂黑，也可用示意画法画出。

第 5 章
文字、表格和尺寸标注

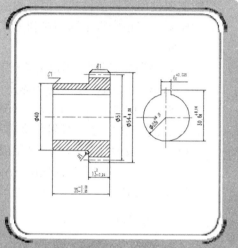

在一幅完整的工程图中，图形只能表达物体的形状结构，而物体的真实大小和各部分的相对位置则必须通过尺寸标注才能确定。另外，图样中还要有必要的文字，如注释说明、技术要求以及标题栏等，只有将文字、尺寸和图形配合起来使用，才能完整、准确地表达设计思想。

AutoCAD 2018 提供了强大的文字输入、尺寸标注和文字、尺寸编辑功能，而且支持多种字体，并允许用户定义不同的文字样式，以达到多种多样的文字注释效果。

本章将详细介绍如何利用 AutoCAD 2018 进行图样中文字、尺寸的标注和编辑。

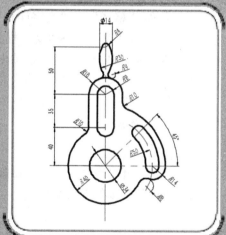

 **知识点**

- ¤ 文字样式

- ¤ 创建、编辑文字

- ¤ 表格

- ¤ 尺寸标注

- ¤ 制作机械图样模板

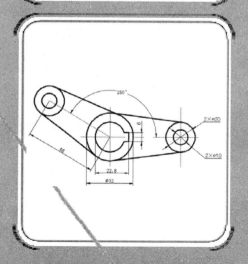

5.1 文字样式

在工程图中，不同位置的文字注释需要采用不同的字体，即使采用相同的字体又可能需要使用不同的样式，如有的需要字大一些，有的需要字小一些，又有水平、垂直或者倾斜一定角度等不同的排列方式，这些文字注释的效果都可以通过定义不同的文字样式来实现。

文字样式可以理解为定义了一定的字体、大小、排列方式和显示效果等特征的文字。

AutoCAD 2018 使用的字体是由一种形（SHAPE）文件定义的矢量化字体，它存放在文件夹 FONTS 中，如 txt.shx、romans.shx、isocp.shx 等。由一种字体文件，采用不同的大小、高宽比、字体倾斜角度等可定义多种字样。系统默认使用的字样名为 STANDARD，它根据字体文件 txt.shx 定义生成。

AutoCAD 2018 还允许使用 Windows 提供的包括宋体、仿宋体、隶书、楷体等 TrueType 字体和特殊字符。

1. 执行方式

命令行：STYLE 或 DDSTYLE。

菜单："格式"→"文字样式"。

工具栏："文字"→"文字样式"按钮 ⚛ 或"样式"→"文字样式管理器"按钮 ⚛。

功能区：单击"默认"选项卡"注释"面板中的"文字样式"按钮 ⚛（或单击"注释"选项卡"文字"面板上的"文字样式"下拉菜单中的"管理文字样式"按钮或单击"注释"选项卡"文字"面板中的"文字样式"按钮 ꜰ）。

2. 操作格式

命令：STYLE✓

执行上述命令后，系统弹出如图 5-1 所示的"文字样式"对话框。利用该对话框，用户可以建立或修改文字样式。

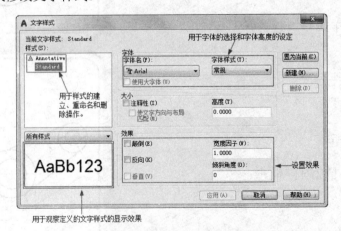

图 5-1 "文字样式"对话框

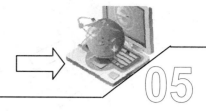
该对话框中有 4 个区域，下面分别对其说明如下：

（1）"样式"区域：其中的下拉列表框中列出了当前图形中已定义的文字样式名称，用户可以从中选择一种作为当前的文字样式；"新建"按钮用于创建新的文字样式，单击该按钮将弹出"新建文字样式"对话框，如图 5-2 所示，此时用户可以输入新建样式的名称；"重命名"按钮用于将选中的文字样式更名，单击该按钮，将打开"重命名文字样式"对话框（与"新建文字样式"对话框类似），此时输入新的名称即可；"删除"按钮用于将不使用的文字样式删除。

图 5-2　"新建文字样式"对话框

（2）"字体"区域：其中"字体名"下拉列表框中给出了可以选用的字体名称，包括 SHX 类型的矢量字体和 True Type 字体，分别以名称前面的和加以区别；当选用 TrueType 字体时，允许用户在"字体样式"中选择常规、粗体、粗斜体、斜体等样式；当选用矢量字体时，"使用大字体"复选框可以被选中，选中后可以在"字体样式"中选择大字体的样式；"高度"编辑框用于确定文字的高度，默认值为 0，表示字体高度是可以变动的，即在每次执行输入文字命令时，系统都提示用户确定字高，如果输入一个非零数值，则该字样就采用输入的值作为固定的字高，在执行输入文字命令时系统不再提示用户确定字高。

（3）"效果"区域：其中的"颠倒""反向""垂直"复选框用于确定文字特殊放置效果，从字面就可以理解其含义；"宽度因子"编辑框用于确定文字的宽度和高度的比例，值为 1 时保持字体文件中定义的比例，值小于 1 时字体变宽，反之变窄；"倾斜角度"编辑框用于确定文字的倾斜角度，值为 0 时不倾斜，正值表示右斜，负值表示左斜。

（4）"预览"区域：用于观察定义的文字样式的显示效果。

提　示

1）如果用户要使用不同于系统默认样式STANDARD的文字样式，最好的方法是自己建立一个新的文字样式，而不要对默认样式进行修改。

2）系统默认样式STANDARD不允许删除或重命名。

3）"大字体"是针对中文、韩文、日文等符号文字的专用字体。若要在单行文字中使用汉字，必须将"字体"设置为"大字体"，并选择对应的汉字大字体。

5.2　创建、编辑文字

AutoCAD 2018 提供了两种创建文字的工具，即创建单行文字命令和创建多行文字命

令。这两种命令在创建文字时对文字的控制方式不一样，功能也不一样。下面就分别介绍这两种创建文字的命令。

5.2.1 创建单行文字

1. 执行方式

命令行：TEXT。

菜单："绘图"→"文字"→"单行文字"。

工具栏："文字"→"单行文字"按钮 。

功能区：单击"默认"选项卡"注释"面板中的"单行文字"按钮 （或单击"注释"选项卡"文字"面板中的"单行文字"按钮 ）。

2. 操作格式

命令：TEXT↙

当前文字样式："样式 1" 文字高度：2.5000 注释性：否

指定文字的起点或[对正(J)/样式(S)]：（指定文字的起始点）

指定高度〈2.5000〉：（指定文字的高度）

指定文字的旋转角度〈0〉：（指定文字的旋转角度）

在适当的位置输入文字。

3. 选项说明

（1）对正（J）：用于设定输入文字的对正方式，即文字的哪一部分与所选的起始点对齐。选择该选项，系统提示如下：

输入选项

输入选项[对齐(A)/布满(F)/居中(C)/中间(M)/右对齐(R)/左上(TL)/中上(TC)/右上(TR)/左中(ML)/正中(MC)/右中(MR)/左下(BL)/中下(BC)/右下(BR)]：

AutoCAD 提供了基于水平文字行定义的顶线、中线、基线和底线以及 12 个对齐点的 14 种对正方式，用户可以根据文字书写外观布置要求选择一种适当的文字对正方式。

（2）样式（S）：用于确定当前使用的文字样式。

5.2.2 创建多行文字

1. 执行方式

命令行：MTEXT。

菜单栏："绘图"→"文字"→"多行文字"。

工具栏："绘图"→"多行文字"按钮 A 或"文字"→"多行文字"按钮 A。

功能区：单击"默认"选项卡"注释"面板中的"多行文字"按钮 A（或单击"注释"选项卡"文字"面板中的"多行文字"按钮 A）。

2. 操作格式

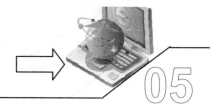

命令：MTEXT↙

当前文字样式："样式 1" 文字高度：2.5 注释性：否

指定第一角点：（指定代表文字位置的矩形框左上角点）

指定对角点或 [高度(H)/对正(J)/行距(L)/旋转(R)/样式(S)/宽度(W)/栏(C)]：（指定矩形框右下角点）

在指定矩形框右下角点时，屏幕上动态显示一个矩形框，文字按默认的左上角对正方式排布。指定完该角点后，系统在功能区中弹出"文字编辑器"选项卡，如图 5-3 所示。该"编辑器"选项卡与 Windows 文字处理程序很相似，可以灵活方便地对文字进行输入和编辑。

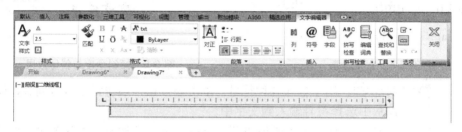

图 5-3　"文字编辑器"选项卡

"文字编辑器"选项卡用来控制文字的显示特性。可以在输入文字之前设置文字的特性，也可以改变已输入文字的特性。要改变已有文字的显示特性，首先应选中要修改的文字。

选择文字有以下两种方法：

- 将光标定位到文字开始处，按下鼠标左键，将光标拖到文字末尾。
- 双击鼠标，则选中全部内容。

3．"文字编辑器"选项卡中各项的功能应用

（1）"文字高度"下拉列表框：确定文字的字符高度，可在其中直接输入新的字符高度，也可从下拉列表中选择已设定过的高度。

（2）**B** 和 *I* 按钮：这两个按钮用来设置粗体或斜体效果。这两个按钮只对 TrueType 字体有效。

（3）"下划线" **U** 与 "上画线" **Ō** 按钮：这两个按钮用于设置或取消上（下）画线。

（4）"堆叠"按钮：该按钮为层叠/非层叠文字按钮，用于层叠所选的文字，也就是创建分数形式。当文字中某处出现"/"或"^"或"#"这 3 种层叠符号之一时可层叠文字，方法是选中需层叠的文字，然后单击此按钮，则符号左边文字作为分子，右边文字作为分母。AutoCAD 提供了 3 种分数形式，如果选中"abcd/efgh"后单击此按钮，则得到如图 5-4a 所示的分数形式，如果选中"abcd^efgh"后单击此按钮，则得到图 5-4b 所示的形式，此形式多用于标注极限偏差，如果选中"abcd # efgh"后单击此按钮，则创建斜排的分数形式，如图 5-4c 所示。如果选中已经层叠的文字对象后单击此按钮，则文字恢复到非层叠形式。

（5）"倾斜角度"微调框 $0/$：设置文字的倾斜角度。

提 示

倾斜角度与斜体效果是两个不同概念，前者可以设置任意倾斜角度，后者是在任意倾斜角度的基础上设置斜体效果。如图5-5所示，第一行倾斜角度为0°，非斜体；第二行倾斜角度为12°，非斜体；第三行倾斜角度为12°，斜体。

abcd   abcd   abcd/   都市农夫]

efgh   efgh   efgh   都市农夫

a)   b)   c)   都市农夫

图 5-4　文字层叠　　　　　　　　　　　　　　　**图 5-5　倾斜角度与斜体效果**

（6）"符号"按钮 **@**：用于输入各种符号。单击该按钮，系统弹出符号列表，如图5-6所示。用户可以从中选择符号输入到文字中。

（7）"字段"按钮：插入一些常用或预设字段。单击该按钮，系统弹出"字段"对话框，如图5-7所示。用户可以从中选择字段插入到标注文字中。

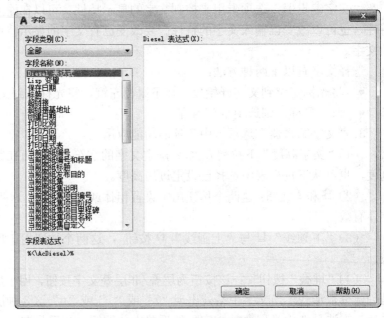

图 5-6　符号列表　　　　　　　　　　　　**图 5-7　"字段"对话框**

（8）"追踪"微调框 **a·b**：增大或减小选定字符之间的距离。1.0 设置是常规间距。设置为大于 1.0 可增大间距，设置为小于 1.0 可减小间距。

（9）"宽度因子"微调框：扩展或收缩选定字符。1.0 设置代表此字体中字母的常规宽度。可以增大该宽度或减小该宽度。

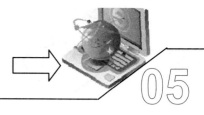
4."快捷"菜单

在"多行文字"绘制区域单击鼠标右键，系统打开快捷菜单，如图 5-8 所示。其中许多选项与 Word 中相关选项类似，这里只对其中比较特殊的选项做一简单介绍：

（1）符号：在光标位置插入列出的符号或不间断空格。也可以手动插入符号。

（2）输入文字：显示"选择文件"对话框，如图 5-9 所示。选择任意 ASCII 或 RTF 格式的文件。输入的文字保留原始字符格式和样式特性，但可以在多行文字编辑器中编辑和格式化输入的文字。选择要输入的文字文件后，可以在文字编辑框中替换选定的文字或全部文字，或在文字边界内将插入的文字附加到选定的文字中。输入文字的文件必须小于 32KB。

图 5-8 快捷菜单

图 5-9 "选择文件"对话框

（3）背景遮罩：用设定的背景对标注的文字进行遮罩。选择该命令，系统弹出"背景遮罩"对话框，如图 5-10 所示。

图 5-10 "背景遮罩"对话框

（4）删除格式：清除选定文字的粗体、斜体或下划线格式。

（5）字符集：显示代码页菜单。选择一个代码页并将其应用到选定的文字。

5.2.3　编辑文字

1. 执行方式

命令行：DDEDIT。

菜单："修改"→"对象"→"文字"→"编辑"。

工具栏："文字"→"编辑"按钮 🗛。

2. 操作格式

命令：DDEDIT✓

选择注释对象或［放弃(U)］:（选择要编辑的文字对象）

选择文字后，在功能区中弹出如图 5-3 所示的"文字编辑器"选项卡，在其中可以实现文字内容的修改。

5.2.4　实例——插入符号

在标注文字时，插入"±"号。

光盘\动画演示\第 5 章\插入符号.avi

操作步骤

01 单击"文字编辑器"选项卡"插入"面板中的"符号"按钮 @，弹出"符号"级联菜单，如图 5-11 所示，在"符号"级联菜单中选择"其他"命令，弹出"字符映射表"对话框，其中包含当前字体的整个字符集，如图 5-12 所示。

图 5-11　级联菜单

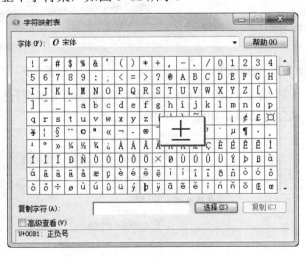

图 5-12　"字符映射表"对话框

168

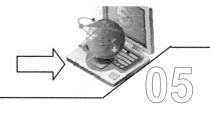

02 选中要插入的字符，然后单击"选择"按钮。

03 选择要使用的所有字符，然后单击"复制"按钮。

04 在多行文字编辑器中右击，然后在弹出的快捷菜单中选择"粘贴"命令。

5.3 表格

"表格"功能提供快速高效的表格绘制功能。有了该功能，创建表格就变得非常容易。用户可以直接插入设置好样式的表格，而不用绘制由单独的图线组成的栅格。

5.3.1 创建表格

1. 执行方式

命令行：TABLE。

菜单："绘图"→"表格"。

工具栏："绘图"→"表格"按钮⊞。

功能区：单击"默认"选项卡"注释"面板中的"表格"按钮⊞（或单击"注释"选项卡"表格"面板中的"表格"按钮⊞）。

2. 操作格式

命令：TABLE↙

执行上述命令后，系统弹出"插入表格"对话框，如图 5-13 所示。

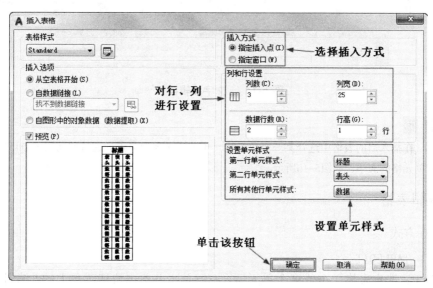

图 5-13 "插入表格"对话框

3. 选项说明

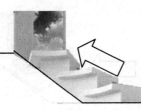
（1）"表格样式"选项组：可以在"表格样式"下拉列表框中选择一种表格样式，也可以单击后面的"启动表格样式对话框"按钮，弹出"表格样式"对话框，新建或修改表格样式。

（2）"插入方式"选项组：

①"指定插入点"单选按钮：指定表左上角的位置。可以使用定点设备，也可以在命令行输入坐标值。如果表格样式将表的方向设置为由下而上读取，则插入点位于表的左下角。

②"指定窗口"单选按钮：指定表的大小和位置。可以使用定点设备，也可以在命令行输入坐标值。选定此选项时，行数、列数、列宽和行高取决于窗口的大小以及列和行设置。

（3）"列和行设置"选项组：指定列和行的数目以及列宽与行高。

 提 示

　　在"插入方式"选项组中选择了"指定窗口"单选按钮后，列与行设置的两个参数中只能指定一个，另外一个有指定窗口大小自动等分指定。

在上面的"插入表格"对话框中进行相应设置后，单击"确定"按钮，系统在指定的插入点或窗口自动插入一个空表格，并显示"多行文字编辑器"选项卡，用户可以逐行逐列输入相应的文字或数据，如图5-14所示。

图 5-14　　文字编辑器

 提 示

　　在插入后的表格中选择某一个单元格，单击后出现钳夹点，通过移动钳夹点可以改变单元格的大小，如图5-15所示。

5.3.2　编辑表格

1. 执行方式

命令行：TABLEDIT。

快捷菜单：选定表格一个或多个单元后，右键单击并单击快捷菜单上的"编辑文字"（见图5-16）。

2. 操作格式

命令：TABLEDIT↙

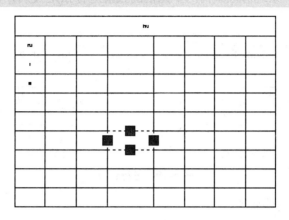

图 5-15　改变单元格大小

执行上述命令后，系统弹出图 5-14 所示的"文字编辑器"，用户可以对指定表格单元的文字进行编辑。

在 AutoCAD 2018 中，可以在表格中插入简单的公式，用于计算总计、计数和平均值，以及定义简单的算术表达式。要在选定的表格单元格中插入公式，可单击鼠标右键，然后在弹出的快捷菜单中选择"插入点"-"公式"，如图 5-17 所示。也可以使用在位文字编辑器来输入公式。选择一个公式项后，系统提示：

选择表格单元范围的第一个角点：（在表格内指定一点）

选择表格单元范围的第二个角点：（在表格内指定另一点）

图 5-16　快捷菜单

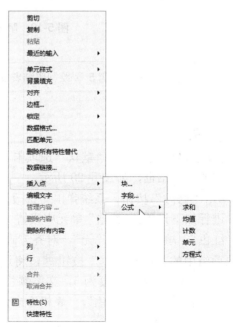

图 5-17　快捷菜单

指定单元范围后，系统对范围内的单元格的数值进行指定公式计算，给出最终计算值，如图 5-18 所示。

	A	B	C
1	Sum Table		
2	10		
3	20		
4	30		
5	=Sum(A2:A4)		
6			

显示公式

Sum Table
10
20
30
60

计算结果

图 5-18　进行计算

5.3.3　实例——绘制明细栏

绘制如图 5-19 所示的明细栏。

11	hu11	橡胶密封圈	1	
10	hu10	橡胶密封圈	1	
9	hu9	卡环	1	
8	hu8	卡环	1	
7	hu7	离合器压板	1	
6	hu6	外齿摩擦片	7	
5	hu5	弹簧	20	
4	hu4	离合器活塞	1	
3	hu3	CNL离合器缸体	1	
2	hu2	弹簧座总成	1	
1	hu1	内齿摩擦片总成	7	
序号	代号	名称	数量	备注

图 5-19　明细栏

光盘\动画演示\第 5 章\绘制明细表.avi

操作步骤

01 定义表格样式。单击"默认"选项卡"注释"面板中的"表格样式"按钮，弹出"表格样式"对话框，如图 5-20 所示。

02 单击"修改"按钮，系统弹出"修改表格样式"对话框，如图 5-21 所示。在该对话框中进行如下设置："数据"单元中设置文字样式为 Standard，文字高度为 5，文字颜色为"红色"，填充颜色为"无"，对齐方式为"左中"，边框颜色为"绿色"，单击"边框"选项组中的"所有边框"按钮，将边框颜色改成绿色；"表头"单元中设置文字样式为 Standard，文字高度为 5，文字颜色为"蓝色"，填充颜色为"无"，对齐方式为"正中"，边框颜色为"黑色"，表格方向为"向上"，水平页边距和垂直页边距都为 1.5 的表格样式。

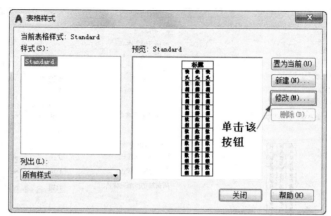

图 5-20　"表格样式"对话框

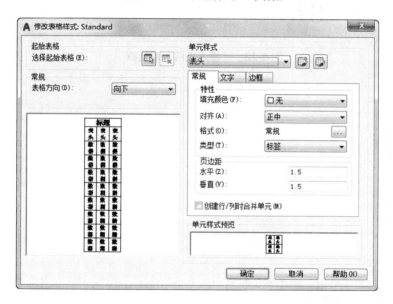

图 5-21　"修改表格样式"对话框

03 设置好文字样式后，单击"确定"按钮退出。

04 创建表格。单击"默认"选项卡"注释"面板中的"表格"按钮，弹出"插入表格"对话框，如图 5-22 所示，在该对话框中设置"插入方式"为"指定插入点"，行和列设置为 10 行 5 列，列宽为 10，行高为 1 行，设置"单元样式"的"第一行单元格样式"为"表头"，第二行"单元样式"为"数据"，"所有其他行单元样式"为"数据"。单击"确定"按钮，在绘图平面指定插入点，插入如图 5-23 所示的空表格，并显示"文字编辑器"选项卡，不输入文字，直接在"文字编辑器"中单击"关闭"按钮退出。

05 单击第 2 列中的任意一个单元格，出现钳夹点后将右边的钳夹点向右拖动，使列宽大约变成 30。使用同样的方法，将第 3 列和第 5 列的列宽设置为 40 和 20，结果如图 5-24 所示。

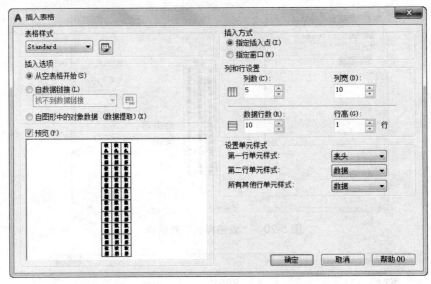

图 5-22   "插入表格"对话框

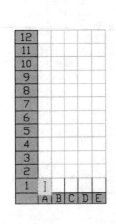

图 5-23   表格

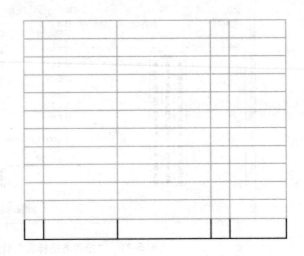

图 5-24   改变列宽

06 双击要输入文字的单元格，重新打开多行文字编辑器，在各单元中输入相应的文字或数据，最终结果如图 5-19 所示。

5.4 尺寸标注

尺寸标注是工程图的重要组成部分，一幅工程图不管绘制多么精确，精度有多高，零件加工的依据仍然是图样中标注的尺寸。尺寸标注包括公称尺寸标注、文字注释、尺寸公差、几何公差和表面粗糙度等内容。国家标准和有关行业标准对这些内容都有明确的规定，因而尺寸标注不仅要求内容准确，而且必须严格遵守这些标准的规定。

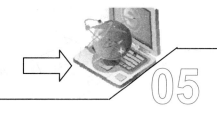
　　工程图中一个完整的尺寸标注包括 4 个要素：尺寸界线、尺寸线、箭头和尺寸文字。AutoCAD 采用半自动标注的方法，即用户在进行尺寸标注时，只需要指定尺寸标注的关键数据，其余参数由预先设定的标注样式和标注系统变量来自动提供并完成标注，从而简化了尺寸标注的过程。

　　AutoCAD 2018 提供了强大的尺寸标注和编辑命令，如图 5-25 所示，这些命令被集中安排在"标注"下拉菜单中。类似地，在"标注"工具栏和"注释"选项卡中的"标注"面板也列出了实现这些功能的按钮，如图 5-26 所示。利用这两种方式，用户可以方便灵活地进行尺寸标注。

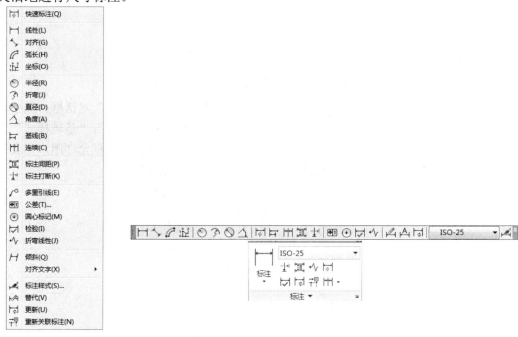

图 5-25　"标注"下拉菜单　　　　　　图 5-26　"标注"工具栏和"标注"面板

5.4.1　设置尺寸标注样式

1. 执行方式

命令行：DIMSTYLE。

菜单："标注"→"标注样式"按钮 。

工具栏："标注"→"标注样式"按钮 。

功能区：单击"默认"选项卡"注释"面板下拉菜单中的"标注样式"按钮 或单击"注释"选项卡"标注"面板中的启动按钮 。

2. 操作格式

命令：DIMSTYLE↙

　　执行上述命令后，系统弹出如图 5-27 所示"标注样式管理器"对话框。在该对话框中用户可以完成尺寸标注样式的新建、修改、替代、比较和设置某一样式为当前样式等

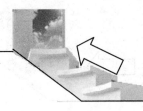

操作。

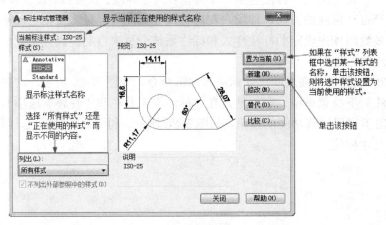

图 5-27　"标注样式管理器"对话框

1）单击"新建"按钮，弹出如图 5-28 所示的"创建新标注样式"对话框。其中在"新样式名"文本框中用户可以输入新建样式的名称，如"My Style"；"基础样式"下拉列表框用于选择当前使用的样式，如"ISO-25"；"用于"下拉列表框允许用户定义该新建样式的应用范围，如"所有标注"或者只用于"线性标注"。

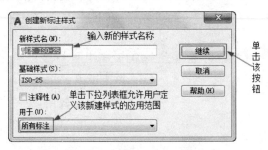

图 5-28　"创建新标注样式"对话框

2）单击"继续"按钮，将弹出如图 5-29a 所示的"新建标注样式"对话框。该对话框共有 7 个选项卡用于定义标注样式的不同状态和参数，选项卡的内容一目了然，很方便用户理解与设置，通过预览可以即时观察所做定义或者修改的效果。

3）"修改"和"替代"按钮：选中某一样式后，单击该按钮，同样弹出与"创建新标注样式"内容相同的对话框，可以分别对该样式的设置进行修改和替代。

下面分别说明"新建标注样式"对话框中 7 个选项卡的功能：

（1）线：在"新建标注样式"对话框中，第一个选项卡就是"线"选项卡，如图 5-29b 所示。该选项卡用于设置尺寸线、尺寸界线的形式和特性。

①"尺寸线"选项组：用于设置尺寸线的特性。

②"尺寸界线"选项组：用于确定尺寸界线的形式。

③尺寸样式显示框："新建标注样式"对话框的右上方是一个尺寸样式显示框，该框以样例的形式显示用户设置的尺寸样式。

（2）符号和箭头：在"新建标注样式"对话框中，第二个选项卡就是"符号和箭头"

选项卡，如图 5-30 所示。该选项卡用于设置箭头和圆心标记。

a)

b)

图 5-29 "新建标注样式"对话框

1）"箭头"选项组：设置尺寸箭头的形式。AutoCAD 提供了多种多样的箭头形状，列在"第一个"和"第二个"下拉列表框中。另外，还允许采用用户自定义的箭头形状。两个尺寸箭头可以采用相同的形式，也可采用不同的形式。

如果在列表中选择了"用户箭头"，则弹出如图 5-31 所示的"选择自定义箭头块"对话框，可以事先把自定义的箭头存成一个图块，在此对话框中输入该图块名即可。

2）"圆心标记"选项组：设置半径标注、直径标注和中心标注中的中心标记和中心线的形式。相应的尺寸变量是 DIMCEN。其中各项的含义如下：

标记：中心标记为一个记号。AutoCAD 将标记大小以一个正值存在 DIMCEN 中。

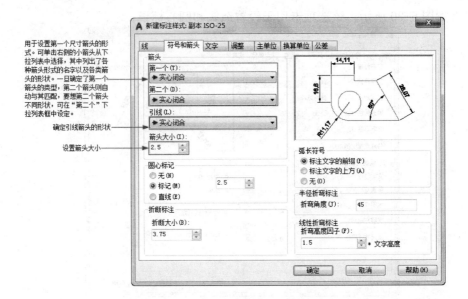

用于设置第一个尺寸箭头的形式。可单击右侧的小箭头从下拉列表中选择，其中列出了各种箭头形式的名字以及各类箭头的形状。一旦确定了第一个箭头的类型，第二个箭头则自动与其匹配，要想第二个箭头不同形状，可在"第二个"下拉列表框中设定。

确定引线箭头的形状

设置箭头大小

图 5-30　"符号和箭头"选项卡

图 5-31　"选择自定义箭头块"对话框

直线：中心标记采用中心线的形式。AutoCAD 将中心线的大小以一个负的值存在 DIMCEN 中。

无：既不产生中心标记，也不产生中心线。这时 DIMCEN 的值为 0。

"大小"微调框：设置中心标记和中心线的大小和粗细。

3）"弧长符号"选项组：控制弧长标注中圆弧符号的显示。其有 3 个单选项：

标注文字的前缀：将弧长符号放在标注文字的前面，如图 5-32 所示。

标注文字的上方：将弧长符号放在标注文字的上方，如图 5-32b 所示。

无：不显示弧长符号，如图 5-32c 所示。

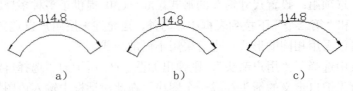

a)　　　　　　　　b)　　　　　　　　c)

图 5-32　弧长符号

4）"半径折弯标注"选项组：控制折弯（Z 字形）半径标注的显示。折弯半径标注通常在中心点位于页面外部时创建。在"折弯角度"文本框中可以输入连接半径标注的

尺寸界线和尺寸线的横向直线的角度。如图 5-33 所示。

（3）文字：如图 5-34 所示，用于设置尺寸数字的样式、位置以及对齐方式。

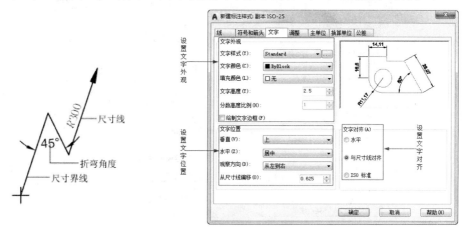

图 5-33　折弯角度　　　　　　　　　　图 5-34　"文字"选项卡

1）"文字外观"选项组：依次可以设置或者选择文字的样式、颜色、填充颜色、文字高度、分数高度比例和是否给标注文字加上边框。

2）"文字位置"选项组：用于设置文字与尺寸线间的位置关系及间距，其中各项目的含义如图 5-35 所示。

3）"文字对齐"选项组：用于确定文字的对齐方式。其中各项目的含义如图 5-36 所示。

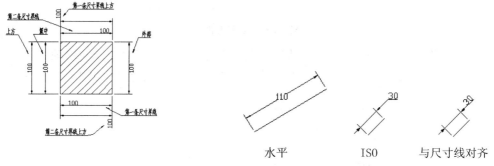

图 5-35　文字与尺寸线的位置关系　　　　　图 5-36　文字的对齐方式

当用户对以上进行修改时，右上侧的预览会显示相应的变化，用户应该特别注意观察以便确定所做定义或者修改是否合适。

（4）调整：如图 5-37 所示，用于设置尺寸数字、箭头、引线和尺寸线的位置关系。

1）"调整选项"区：依据尺寸界线之间的空间来控制文字和箭头的位置。

2）"文字位置"区：设置当文字无法放置在尺寸界线之间时文字的放置位置。其中各项目的含义如图 5-38 所示。

3）"标注特征比例"区：用于设置采用全局比例或图纸空间比例定义尺寸要素。其中，"使用全局比例"定义整体尺寸要素的缩放比例，"将标注缩放到布局"表示尺寸要

素采用图纸空间的比例。

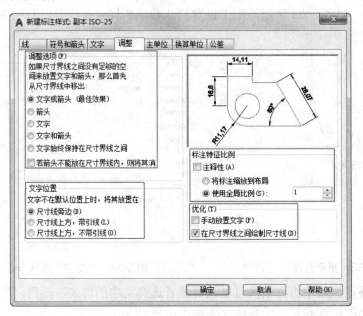

图 5-37　"调整"选项卡

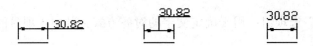

尺寸线旁边　　尺寸线上方，加引线　　尺寸线上方，不加引线

图 5-38　文字位置

4）"优化"区：用于控制是否手动放置文字和是否始终在尺寸界线间绘制尺寸线。

（5）主单位：如图 5-39 所示，用于设置尺寸数字的显示精度和比例。

图 5-39　"主单位"选项卡

（6）换算单位：如图 5-40 所示，用于设置控制是否显示换算单位及对换算单位进行设置。

图 5-40 "换算单位" 选项卡

（7）公差：如图 5-41 所示，用于控制尺寸公差的格式及对公差值进行设置。

"公差格式" 区用于控制公差的格式。其中，"方式" 用于设置公差的标注方式，共有 5 种方式，如图 5-42 所示；"上偏差、下偏差" 用于设置公差数值；"高度比例" 用于设置公差数字与尺寸数字之间的比例。其他选项的含义比较明确，这里不再解释。

图 5-41 "公差" 选项卡

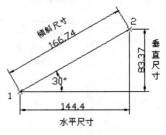

无公差　　　对称　　　极限偏差　　极限尺寸　　公称尺寸

图 5-42　公差标注的方式

5.4.2　标注长度尺寸

1. 线性标注

◆　执行方式

命令行：DIMLINEAR。

菜单："标注"→"线性"。

工具栏："标注"→"线性"按钮┣┫。

功能区：单击"默认"选项卡"注释"面板中的"线性"按钮┣┫或单击"注释"选项卡"标注"面板中的"线性"按钮┣┫。

◆　操作格式

命令：DIMLINEAR✓

指定第一个尺寸界线原点或〈选择对象〉：

　_int 于（如图 5-43 所示，捕捉直线端点"1"，作为第一条尺寸界线的起点）

指定第二条延伸线原点：

　_int 于（如图 5-43 所示，捕捉直线端点"2"，作为第二条尺寸界线的起点）

指定尺寸线位置或[多行文字(M)/文字(T)/角度(A)/水平(H)/垂直(V)/旋转(R)]:R✓（输入选项"R"，标注倾斜尺寸）

指定尺寸线的角度〈0〉：30✓（给出倾斜角度）

指定尺寸线位置或[多行文字(M)/文字(T)/角度(A)/水平(H)/垂直(V)/旋转(R)]：（指定尺寸线位置，则以系统自动测量值标注）

标注文字 =166.74（显示标注的尺寸数字）

◆　选项说明

① 选择对象：按 Enter 键，选择该项，此时光标变为拾取框，系统要求拾取一条直线或圆弧对象，并自动取其两端点作为尺寸界线的两个起点。

② 多行文字（M）：将弹出多行文字编辑器，允许用户输入复杂的标注文字。

③ 文字（T）：系统在命令行显示尺寸的自动测量值，用户可以进行修改。

④ 角度（A）：指定尺寸文字的倾斜角度，使尺寸文字倾斜标注。

图 5-43　线性标注

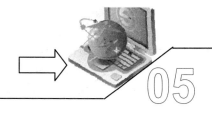
⑤ 水平（H）、垂直（V）：系统将关闭自动判断，并限定只标注水平或者垂直尺寸。

⑥ 旋转（R）：系统将关闭自动判断，尺寸线按用户给定的倾斜角度标注斜向尺寸。

2．对齐标注

◆ 执行方式

命令行：DIMALIGNED。

菜单："标注"→"对齐"。

工具栏："标注"→"对齐"按钮 。

功能区：单击"默认"选项卡"注释"面板中的"对齐"按钮 或单击"注释"选项卡"标注"面板中的"对齐"按钮 。

◆ 操作格式

命令：DIMALIGNED✓

指定第一个尺寸界线原点或〈选择对象〉：

　_int 于（如图 5-43 所示，捕捉直线端点"1"）

指定第二条延伸线原点：

　_int 于（如图 5-43 所示，捕捉直线端点"2"）

指定尺寸线位置或[多行文字(M)/文字(T)/角度(A)]：（指定尺寸线位置，系统自动标出尺寸，且尺寸线与"1-2"线平行）

标注文字 =166.74

◆ 选项说明

其选项与线性标注命令的选项意义相同。

5.4.3 实例——标注螺栓尺寸

标注如图 5-44 所示的螺栓尺寸。

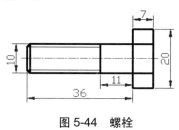

图 5-44 螺栓

光盘\动画演示\第 5 章\标注螺栓尺寸.avi

操作步骤

01 打开随书光盘中的文件：\原始文件\第 5 章\螺栓.DWG。

02 单击"默认"选项卡"注释"面板中的"标注样式"按钮 ，弹出"标注样

式管理器"对话框,如图5-45所示。由于系统的标注样式有些不符合要求,因此需要进行角度、直径、半径标注样式的设置。单击"新建"按钮,弹出"创建新标注样式"对话框,如图5-46所示。在"用于"下拉列表框中选择"线性标注"选项,然后单击"继续"按钮,将弹出"新建标注样式"对话框。选择"文字"选项卡,设置文字高度为5,其他选项采用默认。设置完成后,单击"确定"按钮,返回"标注样式管理器"对话框,单击"关闭"按钮,关闭对话框。

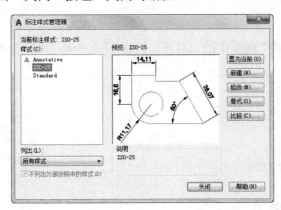

图 5-45 "标注样式管理器"对话框   图 5-46 "创建新标注样式"对话框

03 单击"默认"选项卡"注释"面板中的"线性"按钮 ,标注主视图高度,命令行提示与操作如下:

> 命令:DIMLINEAR✓
>
> 指定第一个尺寸界线原点或〈选择对象〉:
>
> _endp 于(捕捉标注为"11"的边的一个端点,作为第一条尺寸界线的起点)
>
> 指定第二条尺寸界线原点:
>
> _endp 于(捕捉标注为"11"的边的另一个端点,作为第二条尺寸界线起点)
>
> 指定尺寸线位置或[多行文字(M)/文字(T)/角度(A)/水平(H)/垂直(V)/旋转(R)]:T✓(按 Enter 键后,系统在命令行显示尺寸的自动测量值,可以对尺寸值进行修改)
>
> 输入标注文字<11>:✓(按 Enter 键,采用尺寸的自动测量值"11")
>
> 指定尺寸线位置或[多行文字(M)/文字(T)/角度(A)/水平(H)/垂直(V)/旋转(R)]:(指定尺寸线的位置。拖动鼠标,将出现动态的尺寸标注,在合适的位置单击,确定尺寸线的位置)
>
> 标注文字=11

04 单击"默认"选项卡"注释"面板中的"线性"按钮 ,标注其他的水平方向尺寸。

05 单击"默认"选项卡"注释"面板中的"线性"按钮 ,标注竖直方向尺寸,方法与上面相同。

5.4.4 标注角度尺寸

1. 执行方式

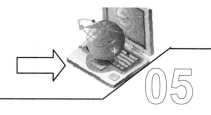

命令行：DIMANGULAR。

菜单："标注"→"角度"。

工具栏："标注"→"角度"按钮△。

功能区：单击"默认"选项卡"注释"面板中的"角度"按钮△或单击"注释"选项卡"标注"面板中的"角度"按钮△。

2．操作格式

命令：DIMANGULAR✓

选择圆弧、圆、直线或〈指定顶点〉：（选择构成角的一条边）

选择第二条直线：（选择角的第二条边）

指定标注弧线位置或［多行文字(M)/文字(T)/角度(A)/象限点(Q)］：（确定尺寸弧的标注位置完成标注，如图5-43所示）

标注文字 =30（显示标注角度的大小）

3．选项说明

该命令不但可以标注两直线间的夹角，还可以标注圆弧的圆心角及三点确定的角。其他选项与线性标注命令中的选项意义相同。

5.4.5　实例——标注曲柄尺寸

标注如图5-47所示的曲柄尺寸。

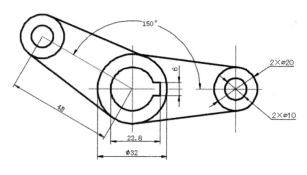

图5-47　曲柄

光盘\动画演示\第5章\曲柄尺寸.avi

操作步骤

01 打开随书光盘中的文件：\原始文件\第4章\曲柄.DWG。

02 设置绘图环境。单击"默认"选项卡"图层"面板中的"图层特性"按钮，创建一个新图层"BZ"，并将其设置为当前图层，如图5-48所示。

单击"默认"选项卡"注释"面板中的"标注样式"按钮，弹出"标注样式管理

器"对话框,根据图 5-47 中的标注样式,分别进行线性、角度、直径标注样式的设置。单击"新建"按钮,在弹出的"创建新标注样式"对话框中的"新样式名"中输入"机械制图",单击"继续"按钮,弹出"新建标注样式"对话框,分别按图 5-49～图 5-51 所示进行设置,设置完成后,单击"置为当前"按钮,将"机械制图"标注样式设置为当前标注样式。

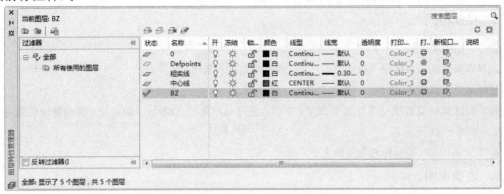

图 5-48   图层特性管理器

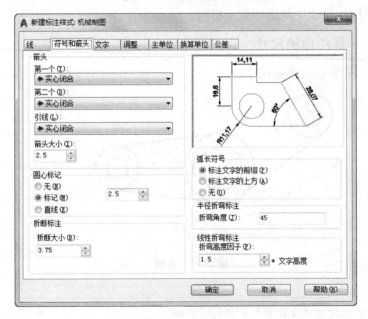

图 5-49   设置"符号和箭头"选项卡

03 标注曲柄中的线性尺寸及对齐尺寸。单击"默认"选项卡"注释"面板中的"线性"按钮┠,命令行提示与操作如下:

命令:DIMLINEAR✓(标注图中的线性尺寸 22.8)

指定第一个尺寸界线原点或〈选择对象〉:

_int 于(捕捉中间 Φ20 圆与水平中心线的交点,作为第一条尺寸界线的起点)

指定第二条尺寸界线原点:

_int 于（捕捉键槽右边与水平中心线的交点，作为第二条尺寸界线的起点）

指定尺寸线位置或[多行文字(M)/文字(T)/角度(A)/水平(H)/垂直(V)/旋转(R)]：（指定尺寸线位置。拖动鼠标，将出现动态的尺寸标注，在适当的位置处按下鼠标左键，确定尺寸线的位置）

标注文字 =22.8

图 5-50　设置"文字"选项卡

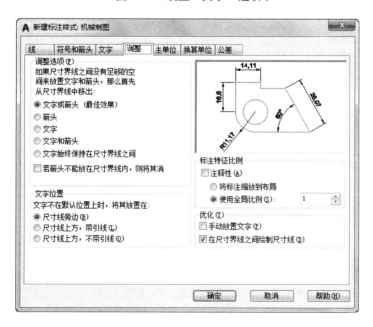

图 5-51　设置"调整"选项卡

按 Enter 键继续进行线性标注，标注图中的尺寸 φ32 和 6。

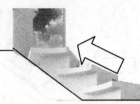

单击"默认"选项卡"注释"面板中的"对齐"按钮，命令行提示与操作如下：

命令：DIMALIGNED✓（标注图中的对齐尺寸48）

指定第一个尺寸界线原点或〈选择对象〉：

_int 于（捕捉倾斜部分中心线的交点，作为第二条尺寸界线的起点）

指定第二条尺寸界线原点：

_int 于（捕捉中间中心线的交点，作为第二条尺寸界线的起点）

指定尺寸线位置或[多行文字(M)/文字(T)/角度(A)]：（指定尺寸线位置）

标注文字 =48

04 标注曲柄中的直径尺寸及角度尺寸。在"标注样式管理器"对话框中单击"新建"按钮，弹出"创建新标注样式"对话框，在"用于"下拉列表中选择"直径标注"，单击"继续"按钮，弹出"新建标注样式"对话框，按图 5-52、图 5-53 所示进行设置，其他选项卡的设置保持不变。方法同前，设置"角度"标注样式，如图 5-54 所示。

图 5-52　"直径"标注样式的"文字"选项卡

单击"默认"选项卡"注释"面板中的"直径"按钮，命令行提示与操作如下：

命令：DIMDIAMETER✓（标注图中的直径尺寸"2×φ10"）

选择圆弧或圆：（选择右边φ10 小圆）

标注文字 =10

指定尺寸线位置或 [多行文字(M)/文字(T)/角度(A)]：M✓　（按 Enter 键后弹出"多行文字"编辑器，其中"<>"表示测量值，即φ10，在前面输入 2×，即为"2×<>"）

指定尺寸线位置或 [多行文字(M)/文字(T)/角度(A)]：（指定尺寸线位置）

按 Enter 键继续进行直径标注。标注图中的直径尺寸"2×φ20"和φ20。

单击"默认"选项卡"注释"面板中的"角度"按钮，命令行提示与操作如下：

命令：DIMANGULAR↙　（标注图中的角度尺寸为150°）

选择圆弧、圆、直线或〈指定顶点〉：（选择标注为150°角的一条边）

选择第二条直线：（选择标注为150°角的另一条边）

指定标注弧线位置或［多行文字(M)/文字(T)/角度(A)/象限点(Q)］：（指定尺寸线位置）

标注文字 =150

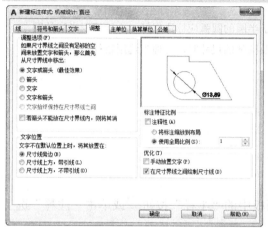

图5-53　"直径"标注样式的"调整"选项卡　　图5-54　"角度"标注样式的"文字"选项卡

结果如图5-47所示。

05 保存图形。单击"快速访问"工具栏中的"保存"按钮💾，在弹出的"图形另存为"对话框中输入文件名保存即可。

5.4.6　标注直径、半径和圆心

1．直径标注

◆　执行方式

命令行：DIMDIAMETER。

菜单："标注"→"直径"。

工具栏："标注"→"直径"按钮◯。

功能区：单击"默认"选项卡"注释"面板中的"直径"按钮◯或单击"注释"选项卡"标注"面板中的"直径"按钮◯。

◆　操作格式

命令：DIMDIAMETER↙

选择圆弧或圆：（选择圆或圆弧，如图5-55所示，选择左边小圆）

标注文字 =20（显示标注尺寸）

指定标注弧线位置或［多行文字(M)/文字(T)/角度(A)/象限点(Q)］：T↙（输入选项"T"）

输入标注文字〈20〉：2×<>↙（"<>"为测量值，"2×"为附加前缀）

指定标注弧线位置或［多行文字(M)/文字(T)/角度(A)］：（指定尺寸线的标注位置，完成标注）

◆ 选项说明

其选项与线性标注命令中的选项意义相同。当选择"M"或"T"选项在多行文字编辑器或命令行中修改尺寸标注内容时，用"<>"表示保留系统的自动测量值。若取消"<>"，则用户可以完全改变尺寸文字的内容。

提 示

我国机械制图国家标准规定，圆及大于半圆的圆弧应标注直径，小于等于半圆的圆弧标注半径。因此，在工程图样中标注圆及圆弧的尺寸时，应适当选用直径和半径标注命令。

2．半径标注

◆ 执行方式

命令行：DIMRADIUS。

菜单："标注"→"半径"。

工具栏："标注"→"半径"按钮◎。

功能区：单击"默认"选项卡"注释"面板中的"半径"按钮◎或单击"注释"选项卡"标注"面板中的"半径"按钮◎。

◆ 操作格式

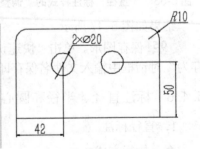

命令：DIMRADIUS↙

选择圆弧或圆：(选择圆弧或圆，如图 5-54 所示，选择圆弧)

标注文字 =10（显示标注数值）

指定尺寸线位置或［多行文字(M)/文字(T)/角度(A)］：(指定尺寸线的标注位置完成标注。尺寸线总是指向或通过圆心)

3．圆心标注

◆ 执行方式

命令行：DIMCENTER。

菜单："标注"→"圆心标记"。

工具栏："标注"→"圆心标记"按钮⊕。

图 5-55 线性、半径、直径、圆心标记

◆ 操作格式

命令：DIMCENTER↙

选择圆弧或圆：(选择要标注圆心的圆或圆弧，如图 5-55 所示)

提 示

对于大圆，可用该命令标记圆心位置；对于小圆，可用该命令代替中心线。

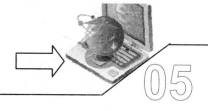

5.4.7 连续标注

连续标注又叫尺寸链标注，用于产生一系列连续的尺寸标注，后一个尺寸标注均把前一个标注的第二条尺寸界线作为其第一条尺寸界线。其适用于长度型尺寸标注、角度型标注和坐标标注等。在使用连续标注方式之前，应该先标注出一个相关的尺寸。

1. 执行方式

命令行：DIMCONTINUE。

菜单："标注"→"连续"。

工具栏："标注"→"连续标注"按钮 。

功能区：单击"注释"选项卡"标注"面板中的"连续"按钮 。

2. 操作格式

命令：DIMCONTINUE✓

选择连续标注：

指定第二个尺寸界线原点或 [放弃(U)/选择(S)] <选择>：

在此提示下的各选项与基线标注中完全相同，这里不再赘述。

提 示

> AutoCAD 允许用户利用基线标注方式和连续标注方式进行角度标注，如图 5-56 所示。

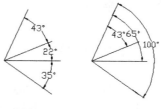

连续型　　　　　　　基线型

图 5-56　连续型和基线型角度标注

5.4.8 实例——标注挂轮架尺寸

标注如图 5-57 所示的挂轮架尺寸。

光盘\动画演示\第 5 章\标注挂轮架尺寸.avi

操作步骤

01 打开随书光盘中的文件：\原始文件\第 5 章\挂轮架.DWG。

02 创建尺寸标注图层，设置尺寸标注样式。单击"默认"选项卡"图层"面板中的"图层特性"按钮，创建一个新图层"BZ"，并将其设置为当前图层。单击"默

认"选项卡"注释"面板下拉菜单中的"标注样式"按钮，分别设置"机械制图"标注样式，并在此基础上设置"直径"标注样式、"半径"标注样式及"角度"标注样式，其中"半径"标注样式与"直径"标注样式设置一样。

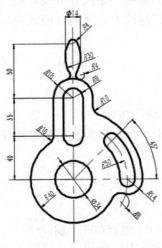

图 5-57　标注挂轮架尺寸

03 标注挂轮架中的半径尺寸、连续尺寸及线性尺寸。单击"默认"选项卡"注释"面板中的"半径"按钮◯，命令行提示与操作如下：

> 命令：DIMRADIUS✓（标注图中的半径尺寸 R8）
>
> 选择圆弧或圆：（选择挂轮架下部的 R8 圆弧）
>
> 标注文字 =8
>
> 指定尺寸线位置或［多行文字(M)/文字(T)/角度(A)]:T✓
>
> 输入标注文字<8>：R8✓
>
> 指定尺寸线位置或［多行文字(M)/文字(T)/角度(A)]:（指定尺寸线位置）

按按 Enter 键键继续进行半径标注，标注图中的半径尺寸。

单击"默认"选项卡"注释"面板中的"线性"按钮，命令行提示与操作如下：

> 命令：DIMLINEAR✓　（标注图中的线性尺寸 φ14）
>
> 指定第一个尺寸界线原点或〈选择对象〉：
>
> _qua 于（捕捉左边 R30 圆弧的象限点）
>
> 指定第二条尺寸界线原点：
>
> _qua 于（捕捉右边 R30 圆弧的象限点）
>
> 指定尺寸线位置或［多行文字(M)/文字(T)/角度(A)/水平(H)/垂直(V)/旋转(R)]:T✓
>
> 输入标注文字 <14>: %%c14✓
>
> 指定尺寸线位置或［多行文字(M)/文字(T)/角度(A)/水平(H)/垂直(V)/旋转(R)]:（指定尺寸线位置）
>
> 标注文字 =14

方法同前，分别标注图中的线性尺寸。

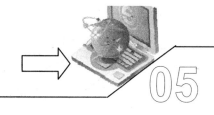
单击"注释"选项卡"标注"面板中的"连续"按钮ⅢⅠ，命令行提示与操作如下：

命令:DIMCONTINUE✓　　　（标注图中的连续尺寸）

指定第二条延伸线原点或［放弃(U)/选择(S)］〈选择〉:（按 Enter 键，选择作为基准的尺寸标注）

选择连续标注:（选择线性尺寸"40"作为基准标注）

指定第二条延伸线原点或［放弃(U)/选择(S)］〈选择〉:

_endp 于（捕捉上边的水平中心线端点，标注尺寸 35）

标注文字 =35

指定第二条延伸线原点或［放弃(U)/选择(S)］〈选择〉:

_endp 于（捕捉最上边的 R4 圆弧的端点，标注尺寸 50）

标注文字 =50

指定第二条延伸线原点或［放弃(U)/选择(S)］〈选择〉:✓

选择连续标注:✓（按 Enter 键结束命令）

04 标注直径尺寸及角度尺寸。单击"默认"选项卡"注释"面板中的"直径"按钮$\bigcirc$，命令行提示与操作如下：

命令:DIMDIAMETER✓（标注图中的直径尺寸φ34）

选择圆弧或圆:（选择中间φ34 圆）

标注文字 =34

指定标注弧线位置或［多行文字(M)/文字(T)/角度(A)/象限点(Q)］:（指定尺寸线位置）

单击"默认"选项卡"注释'面板中的"角度"按钮$\triangle$，命令行提示与操作如下：

命令: DIMANGULAR✓（标注图中的角度尺寸 45°）

选择圆弧、圆、直线或〈指定顶点〉:（选择标注为 45°角的一条边）

选择第二条直线:（选择标注为 45°角的另一条边）

指定标注弧线位置或［多行文字(M)/文字(T)/角度(A)/象限点(Q)］:（指定尺寸线位置）

标注文字 =45

结果如图 5-57 所示。

5.4.9　引线标注

引线标注有三个命令，即"LEADER（一般引线标注）""QLEADER（快速引线标注）"和"MLEADER（多重引线标注）"，分别用于不同的引线标注。

1. 一般引线标注

◆　执行方式

命令行：LEADER。

◆　操作格式

命令：LEADER✓

指定引线起点:（指定引线的起点）

指定下一点:（指定引线的第二点）

指定下一点或［注释(A)/格式(F)/放弃(U)］〈注释〉:（继续指定引线的第三点，或按 Enter 键输

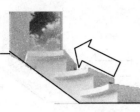
入注释文字）

输入注释文字的第一行或〈选项〉：（输入标注的内容，按 Enter 键）

输入注释文字的下一行：（继续键入标注的内容，或按 Enter 键完成标注）

◆ 选项说明

（1）选项：在提示"输入注释文字的第一行或〈选项〉："下按 Enter 键，则出现后续提示：

输入注释选项 ［公差(T)/副本(C)/块(B)/无(N)/多行文字(M)]〈多行文字〉：

将允许用户进一步选择一些选项，如果选择了"多行文字（M）"选项，则打开多行文字编辑器，可以输入和编辑注释。

（2）格式（F）：用于修改标注格式。选择该选项，出现后续提示：

输入引线格式选项 ［样条曲线(S)/直线(ST)/箭头(A)/无(N)]〈退出〉：

用户可以选择引线的样式，如设置引线为样条曲线或直线，绘制起点带箭头或不带箭头的引线，如图 5-58 所示。

2. 快速引线标注

◆ 执行方式

命令行：QLEADER。

◆ 操作格式

命令：QLEADER✓

指定第一个引线点或 ［设置(S)]〈设置〉：（给定引线起点，或按 Enter 键打开如图 5-59 所示的"引线设置"对话框）

指定下一点：（继续给定引线上的点，或按 Enter 键结束）

指定文字宽度〈0〉：

输入注释文字的第一行〈多行文字(M)〉：（输入注释文字，或按 Enter 键打开多行文字编辑器，输入内容）

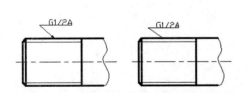

带箭头的引线标注　　不带箭头的引线标注

图 5-58　引线标注

图 5-59　"引线设置"对话框

"引线设置"对话框共有 3 个选项卡，分别用于设置注释类型、引线和箭头样式、角度限制、引线顶点数目限制、注释文字的格式等。

3．多重引线样式

◆ 执行方式

命令行：MLEADERSTYLE。

菜单：格式→多重引线样式。

工具栏：多重引线→多重引线样式 。

功能区：单击"注释"选项卡"引线"面板中的启动按钮 。

◆ 操作格式

执行 MLEADERSTYLE 命令，系统弹出"多重引线样式管理器"对话框，如图 5-60 所示。单击"新建"按钮，打开如图 5-61 所示的"创建新多重引线样式"对话框，单击"继续"按钮，打开"修改多重引线样式"对话框，如图 5-62 所示。然后对其各选项卡进行设置。其设置与"尺寸样式"类似，这里不再赘述。

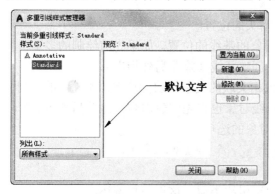

图 5-60 "多重引线样式管理器"对话框　　**图 5-61** "创建新多重引线样式"对话框

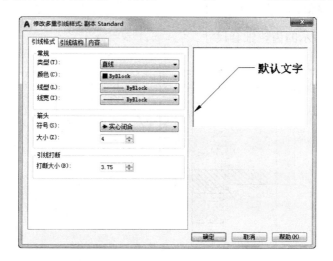

图 5-62 "修改多重引线样式"对话框

4. 多重引线标注

多重引线可创建为箭头优先、引线基线优先或内容优先。

◆ 执行方式

命令行：MLEADER。

菜单栏："标注"→"多重引线"。

工具栏："多重引线"→"多重引线"按钮 🖉 。

功能区：单击"默认"选项卡"注释"面板中的"引线"按钮 🖉 或单击"注释"选项卡"引线"面板中的"多重引线"按钮 🖉 。

◆ 操作格式

命令行提示如下：

命令：MLEADER↙

指定引线基线的位置或 [引线基线优先（L）/内容优先（C）/选项（O）] 〈选项〉：

◆ 选项说明

（1）引线箭头位置：指定多重引线对象箭头的位置。

（2）引线基线优先（L）：指定多重引线对象的基线的位置。如果先前绘制的多重引线对象是基线优先，则后续的多重引线也将先创建基线（除非另外指定）。

（3）内容优先（C）：指定与多重引线对象相关联的文字或块的位置。如果先前绘制的多重引线对象是内容优先，则后续的多重引线对象也将先创建内容（除非另外指定）。

（4）选项（O）：指定用于放置多重引线对象的选项。

输入选项 [引线类型（L）/引线基线（A）/内容类型（C）/最大节点数（M）/第一个角度（F）/第二个角度（S）/退出选项（X）]：

这些选项功能与前面讲述的一般引线和快速引线类似，这里不再赘述。

5.4.10 实例——标注齿轮轴套尺寸

标注如图 5-63 所示的齿轮轴套尺寸。

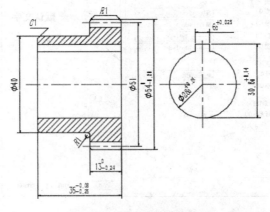

图 5-63 标注齿轮轴套尺寸

光盘\动画演示\第 5 章\标注齿轮轴套尺寸.avi

操作步骤

01 打开随书光盘中的文件：\原始文件\第 5 章\齿轮轴套.DWG。

02 单击"默认"选项卡"注释"面板中的"文字样式"按钮 ，设置文字样式。

03 单击"默认"选项卡"注释"面板中的"标注样式"按钮 ，设置标注样式。

04 单击"默认"选项卡"注释"面板中的"线性"按钮 ，标注齿轮主视图中的线性尺寸 φ40、φ51、φ54。

05 方法同前，标注齿轮轴套主视图中的线性尺寸 13；然后利用"基线标注"命令，标注基线尺寸 35，结果如图 5-64 所示。

06 标注齿轮轴套主视图中的半径尺寸。单击"默认"选项卡"注释"面板中的"半径"按钮 ，标注齿轮轴套主视图中的半径 R1，结果如图 5-65 所示。

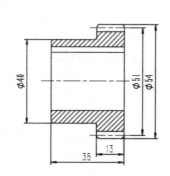

图 5-64　标注线性及基线尺寸

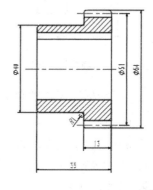

图 5-65　标注半径尺寸"R1"

07 用引线标注齿轮轴套主视图上部的圆角半径，命令行提示与操作如下：

命令:LEADER↙（引线标注）

指定引线起点:_nea 到（捕捉齿轮轴套主视图上部圆角上一点）

指定下一点:（拖动鼠标，在适当位置处单击）

指定下一点或 [注释(A)/格式(F)/放弃(U)]〈注释〉:〈正交 开〉（打开正交功能，向右拖动鼠标，在适当位置处单击）

指定下一点或 [注释(A)/格式(F)/放弃(U)]〈注释〉:↙

输入注释文字的第一行或〈选项〉:R1↙

输入注释文字的下一行:↙（结果如图 5-66 所示）

命令:↙（继续引线标注）

指定引线起点:_nea 到（捕捉齿轮轴套主视图上部右端圆角上一点）

指定下一点:（利用对象追踪功能，捕捉上一个引线标注的端点，拖动鼠标，在适当位置处单击）

指定下一点或 [注释(A)/格式(F)/放弃(U)]〈注释〉:（捕捉上一个引线标注的端点）

指定下一点或 [注释(A)/格式(F)/放弃(U)] 〈注释〉:↙

输入注释文字的第一行或〈选项〉:↙

输入注释选项 [公差(T)/副本(C)/块(B)/无(N)/多行文字(M)]〈多行文字〉: N↙（无注释引线标注）

结果如图 5-67 所示。

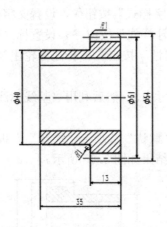

图 5-66　引线标注 "R1"

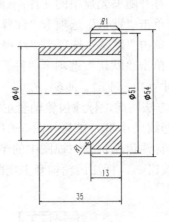

图 5-67　引线标注

08 用引线标注齿轮轴套主视图的倒角。命令行中提示与操作如下：

命令: QLEADER↙

指定第一个引线点或 [设置(S)]〈设置〉:↙（按 Enter 键，弹出如图 5-68 所示的"引线设置"对话框，如图 5-68 及图 5-69 所示，分别设置其选项卡，设置完成后，单击"确定"按钮）

指定第一个引线点或 [设置(S)]〈设置〉:（捕捉齿轮轴套主视图中上端倒角的端点）

指定下一点:（拖动鼠标，在适当位置处单击）

指定下一点:（拖动鼠标，在适当位置处单击）

指定文字宽度〈0〉:↙

输入注释文字的第一行〈多行文字(M)〉: C1↙

输入注释文字的下一行:↙

结果如图 5-70 所示。

09 标注齿轮轴套局部视图中的尺寸。单击"默认"选项卡"注释"面板中的"线性"按钮，命令行提示与操作如下：

命令: DIMLINEAR↙（标注线性尺寸6）

指定第一个尺寸界线原点或〈选择对象〉:↙（选取标注对象）

选择标注对象:（选取齿轮轴套局部视图上端水平线）

指定尺寸线位置或[多行文字(M)/文字(T)/角度(A)/水平(H)/垂直(V)/旋转(R)]:T↙

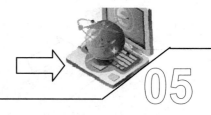

输入标注文字 〈6〉: 6\H0.7x\S+0.025^0√（其中"H0.7x"表示公差字高比例系数为 0.7，需要注意的是："x"为小写）

指定尺寸线位置或[多行文字(M)/文字(T)/角度(A)/水平(H)/垂直(V)/旋转(R)]:（拖动鼠标，在适当位置处单击，结果如图 5-71 所示）

标注文字 =6

图 5-68 "引线设置"对话框 　　　　　　 图 5-69 "附着"选项卡

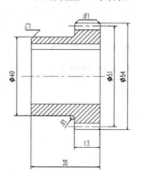

图 5-70 引线标注倒角尺寸

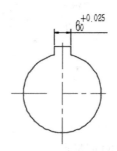

图 5-71 标注尺寸偏差

方法同前，标注线性尺寸 30.6，设置上极限偏差为+0.14，下极限偏差为 0。

方法同前，单击"默认"选项卡"注释"面板中的"直径"按钮⊘，标注直径尺寸Φ28，输入标注文字为"%%C28\H0.7x\S+0.21^0"，结果如图 5-72 所示。

⑩ 修改齿轮轴套主视图中的线性尺寸，为其添加尺寸偏差。

双击主视图中的基线标注 35，在其后输入-0.08^-0.25，然后选中-0.08^-0.25，此时"文字编辑器"选项卡"格式"面板中的"堆叠"按钮 被激活，单击该按钮添加尺寸偏差。

方法同前，添加 13 及Φ54 的尺寸偏差，结果如图 5-73 所示。

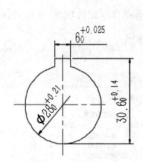

图 5-72　局部视图中的尺寸

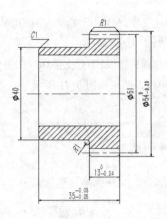

图 5-73　替代"机械图样"标注样式

5.4.11　几何公差

为方便机械设计工作，系统提供了标注几何公差的功能。几何公差的标注如图 5-74 所示，包括指引线、特征符号、公差值以及基准代号和附加符号。

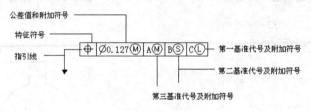

图 5-74　几何公差标注

1．执行方式

命令行：TOLERANCE。

菜单："标注"→"公差"。

工具栏："标注"→"公差"按钮⊞1。

功能区：单击"注释"选项卡"标注"面板中的"公差"按钮⊞1。

2．操作格式

命令：TOLERANCE↙

在命令行输入 TOLERANCE 命令，或者选择相应的菜单项或工具栏图标，弹出如图 5-75 所示的"几何公差"对话框，可通过此对话框对几何公差标注进行设置。

3．选项说明

（1）符号：设定或改变公差代号。单击下面的黑方块，系统弹出如图 5-76 所示的"特征符号"对话框，可以从中选取公差代号。

（2）公差 1(2)：产生第一（二）个公差的公差值及"附加符号"符号。白色文本框左侧的黑块控制是否在公差值之前加一个直径符号，第一次单击，则出现一个直径符

号，再次单击则又消失。白色文本框用于确定公差值，在其中输入一个具体数值。右侧黑块用于插入"包容条件"符号，单击则弹出如图 5-77 所示的"附加符号"对话框，可从中选取所需符号。

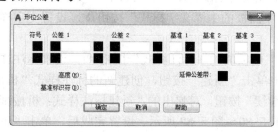

图 5-75 "几何公差"对话框

图 5-76 "特征符号"对话框

（3）基准 1(2、3)：确定第一（二、三）个基准代号及材料状态符号。在白色文本框中输入一个基准代号。单击其右侧黑块则弹出"包容条件"对话框，可从中选取适当的"包容条件"符号。

（4）"高度"文本框：确定标注复合几何公差的高度。

（5）延伸公差带：单击此黑块，在复合公差带后面加一个复合公差符号。

（6）"基准标识符"文本框：产生一个标识符，用一个字母表示。

图 5-78 所示为利用 TOLERANCE 命令标注的几何公差。

图 5-77 "附加符号"对话框

图 5-78 几何公差标注举例

5.4.12 实例——阀盖尺寸标注

标注如图 5-79 所示的阀盖尺寸。

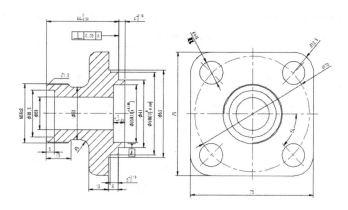

图 5-79 标注阀盖尺寸

光盘\动画演示\第 5 章\阀盖尺寸标注.avi

操作步骤

01 打开随书光盘中的文件：\原始文件\第 5 章\阀盖.DWG。

02 单击"默认"选项卡"注释"面板的中"文字样式"按钮，设置文字样式，为后面尺寸标注输入文字做准备。

03 单击"默认"选项卡"注释"面板的中"标注样式"按钮，设置标注样式。在弹出的"标注样式管理器"对话框中单击"新建"按钮，创建新的标注样式"机械制图"，用于标注图样中的尺寸。单击"继续"按钮，对弹出的"新建标注样式：机械制图"对话框中的各个选项卡进行设置，如图 5-80～图 5-82 所示。设置完成后，单击"确定"按钮。

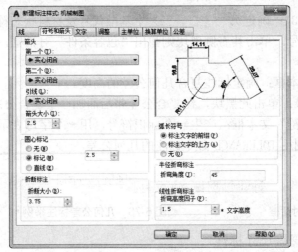

图 5-80 "符号和箭头"选项卡

图 5-81 "文字"选项卡

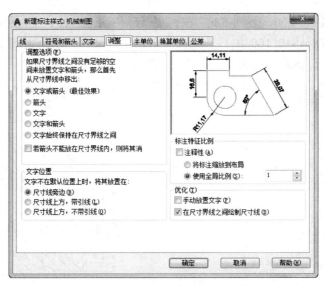

图 5-82 "调整"选项卡

选取"机械制图",单击"新建"按钮,分别设置"直径""半径"及"角度"标注样式。其中,直径及半径标注样式的"调整"选项卡,如图 5-83 所示,在"优化"选项区选取复选框"手动放置文字";角度标注样式的"文字"选项卡如图 5-84 所示,在"文字对齐"选项区选取"水平"。其他选项卡的设置均不变。

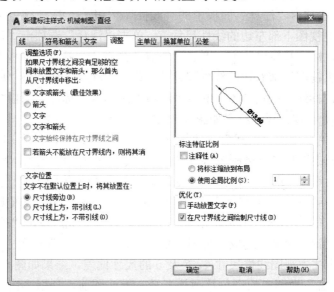

图 5-83 "直径"及"半径"标注样式的"调整"选项卡

在"标注样式管理器"对话框中选取"机械制图"标注样式,单击"置为当前"按钮,将其设置为当前标注样式。

04 标注阀盖主视图中的线性尺寸。单击"默认"选项卡"注释"面板中的"线性"按钮⊢¬,从左至右依次标注阀盖主视图中的竖直线性尺寸 M36×2、φ28.5、φ20、

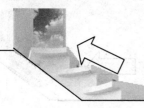

AutoCAD 2018 中文版机械设计实例教程

Φ32、Φ35、Φ41、Φ50 及 Φ53。在标注尺寸 Φ35 时，需要输入标注文字 "%%C35H11({\H0.7x;\S+0.160^0;})"；在标注尺寸 Φ50 时，需要输入标注文字 "%%C50h11({\H0.7x;\S0^-0.160;})"，结果如图 5-85 所示。

图 5-84 "角度"标注样式的"文字"选项卡   图 5-85 标注主视图竖直线性尺寸

05 单击"默认"选项卡"注释"面板中的"线性"按钮，标注阀盖主视图上部线性尺寸 44。单击"注释"选项卡"标注"面板中的"连续"按钮，标注连续尺寸 4。单击"默认"选项卡"注释"面板中的"线性"按钮，标注阀盖主视图中部的线性尺寸 7 和阀盖主视图下部左边的线性尺寸 5。单击"注释"选项卡"标注"面板中的"基线"按钮，标注基线尺寸 15。单击"默认"选项卡"注释"面板中的"线性"按钮，标注阀盖主视图下部右边的线性尺寸 5。单击"注释"选项卡"标注"面板中的"基线"按钮，标注基线尺寸 6。单击"注释"选项卡"标注"面板中的"连续"按钮，标注连续尺寸 12。标注结果如图 5-86 所示。

06 选择菜单栏中的"格式"→"标注样式"命令，弹出"标注样式管理器"对话框，在样式列表中选择"机械制图"，单击"替代"按钮，系统弹出"替代当前样式"对话框，单击"主单位"选项卡，将"线性标注"选项区中的"精度"值设置为 0.000；单击"公差"选项卡，在"公差格式"选项区中将"方式"设置为"极限偏差"，设置"上偏差"为 0，下偏差为 0.390、"高度比例"为 0.7。设置完成后单击"确定"按钮。

利用"标注更新"命令，选取主视图上部的线性尺寸 44，为该尺寸添加尺寸偏差。方法同前，标注主视图线性尺寸 4、7 及 5 的尺寸偏差，结果如图 5-87 所示。

07 标注阀盖主视图中的倒角及圆角半径。方法同前，利用"快速引线"命令，标注主视图中的倒角尺寸 C1.5。

单击"默认"选项卡"注释"面板中的"半径"按钮，标注主视图中的半径尺寸 R5。

08 标注阀盖左视图中的尺寸。单击"默认"选项卡"注释"面板中的"线性"按钮，标注阀盖左视图中的线性尺寸 75。单击"默认"选项卡"注释"面板中的"直

径"按钮⊘，标注阀盖左视图中的直径尺寸 φ70 及 4×φ14。在标注尺寸 4×φ14 时，需要输入标注文字"4×<>"。单击"默认"选项卡"注释"面板中的"半径"按钮⊘，标注左视图中的半径尺寸 R12.5。

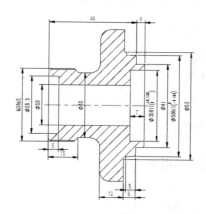

图 5-86 标注主视图水平线性尺寸

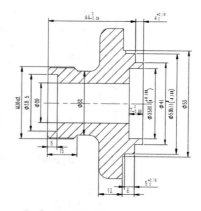

图 5-87 标注尺寸偏差

单击"默认"选项卡"注释"面板中的"角度"按钮△，标注左视图中的角度尺寸 45°。方法同前，选择菜单栏中的"格式"→"文字样式"命令，创建新文字样式"HZ"，用于书写汉字。该标注样式的"字体名"为"汉仪长仿宋"，"宽度因子"为 0.7。在命令行输入 Text，设置文字样式为"HZ"，在尺寸 4×φ14 的引线下部输入文字"通孔"，结果如图 5-88 所示。

09 标注阀盖主视图中的几何公差。

命令：QLEADER↙（利用快速引线命令，标注几何公差）

指定第一个引线点或［设置(S)]<设置>:↙（按 Enter 键，在弹出的"引线设置"对话框中，如图 5-89、图 5-90 所示设置各个选项卡，设置完成后，单击"确定"按钮）

指定第一个引线点或［设置(S)]<设置>:（捕捉阀盖主视图尺寸 44 右端尺寸界线上的最近点）

指定下一点：（向左拖动鼠标，在适当位置处单击，弹出"几何公差"对话框，如图 5-91 所示，对其进行设置，然后单击"确定"按钮）

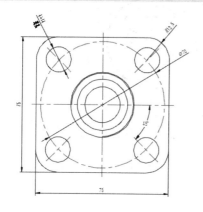

图 5-88 标注左视图中的尺寸

图 5-89 "注释"选项卡

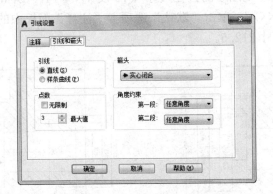

图 5-90 "引线和箭头"选项卡

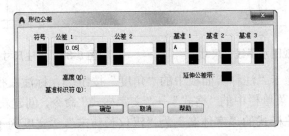

图 5-91 "几何公差"对话框

10 利用相关绘图命令绘制基准符号，结果如图 5-92 所示。

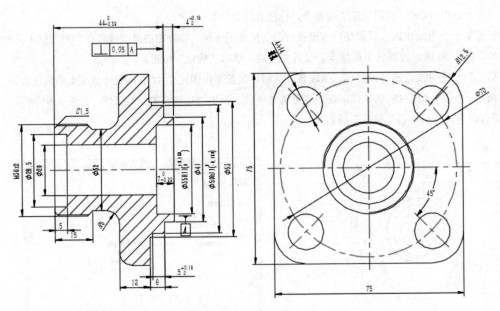

图 5-92 绘制基准符号

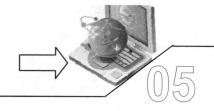

5.5 综合实例——制作机械图样模板

光盘\动画演示\第 5 章\制作机械图样模板.avi

通过前面的学习，读者已经掌握了 AutoCAD 2018 的基本绘图及编辑命令，然而在绘图过程中，需要对绘图环境（如图纸的幅面、字体和图层等）进行重复设置，费时费力。AutoCAD 2018 提供了一些机械、建筑和电子等行业的模板，模板就像标准图纸一样，已经对图纸的幅面、标题栏、字体、标注样式和图层等做好了设定，因此利用模板绘图，就无需对绘图环境进行设置，可以大大提高绘图效率。

5.5.1 设置单位与边界

1. 设置单位

命令：DDUNITS↙

执行上述命令后，系统弹出"图形单位"对话框，如图 5-93 所示。将长度精度设置为 0，其他按默认设置。

2. 设置图幅尺寸

为了便于图纸的管理，我国的国家标准对图纸幅面的大小做了统一的规定，见表5-1。

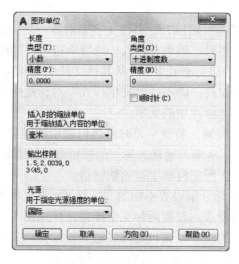

图 5-93　"图形单位"对话框

表 5-1　图幅国家标准（GB/T14689-2008）

幅面代号	A0	A1	A2	A3	A4
宽×长/(mm×mm)	841×1189	594×841	420×594	297×420	210×297

在绘制机械图样时，应根据所绘制图形的大小及复杂程度选择合适的图幅。下面以

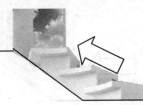
A3 图纸为例，介绍设置图幅尺寸的过程.

> 命令：LIMITS✓（设置图幅尺寸）
>
> 重新设置模型空间界限：
>
> 指定左下角点或 ［开(ON)/关(OFF)］〈0.0000,0.0000〉:✓（按 Enter 键，取默认值）
>
> 指定右上角点〈420.0000,297.0000〉: 594,420✓（输入图纸边界右上角点坐标）

5.5.2 设置字体

在国家标准 GB/T14691 中对图样中的字体做了有关规定。字体的高度（用 h 表示），即字体的号数，其公称尺寸系列为：1.8mm、2.5mm、3.5mm、5mm、7mm、10mm、14mm、20mm。如需要书写更大的字，则其字体高度应按 2 的比率递增。

机械图样中汉字应采用长仿宋体，高度 h 不应小于 3.5mm，字宽一般为 h/2；数字和字母可采用直体或斜体，斜体的字头向右倾斜，与水平线约成 75°。

1. 在 AutoCAD 中输入汉字、数字、字母及特殊字符的方法

（1）使用大字体（Bigfont）。在前面介绍过 AutoCAD 中可供使用的字体分为两类：一类是 TrueType 字体，字体文件扩展名为"TTF"，如宋体、仿宋体等，但是该字体中不包含一些特殊字符如"φ"和"±"等；另一类是形文件字体，字体文件扩展名为"SHX"，例如 Txt.shx、Romand.shx 等，但是该字体中一般不包含汉字。

AutoCAD 2018 支持一种称作大字体的特殊类型的文件字体，这些大字体文件中包含有中文、日文和韩文等字符，因此，使用这种大字体既可以输入汉字、数字和字母，又可以输入一些特殊符号。然而，由于字体是由 AutoCAD 编译而成的，文字的笔画由线条构成，因此看起来很不美观。

（2）使用多行文字编辑器（MTEXT）。多行文字编辑器的功能比较强大，如可以在输入文字的过程中改变字体、字号、颜色及输入一些特殊符号，同时还可以改变文字的对齐方式和行间距、对文字内容进行查找替换、从其他文件中导入文字等，而且使用 MTEXT 命令输入的文字样式享有优先权，即不受"文字样式"对话框中设置的文字样式限制，但是使用该方法无法编辑尺寸标注中的文字。

（3）使用软键盘。在需要输入特殊字符时还可以采用软键盘。首先将输入法切换到中文状态，然后用鼠标右键单击输入法状态条上的软键盘按钮▦，在弹出的快捷菜单中选择相应的选项即可显示包含所需特殊字符的软键盘。

（4）为汉字及数字、字母分别设置不同的文字样式。在绘制机械图样时，可以根据对汉字及数字、字母的不同要求，设置两种文字样式，分别用于汉字及数字、字母的输入，这样不仅可以获得美观的汉字效果，还可以达到输入特殊字符的目的。

2. 为汉字及数字、字母分别设置不同的文字样式

（1）设置汉字的文字样式。

1）选择菜单栏中的"格式"→"文字样式"命令，将弹出如图 5-94 所示的"文字样式"对话框。

2）单击"新建"按钮，在弹出的"新建文字样式"对话框中的"样式名"编辑框中输入"HZ"，然后单击"确定"按钮。

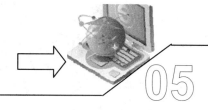

3）在"文字样式"对话框中单击"字体名"下拉列表框，从中选择"仿宋"，设置高度为5、宽度因了为0.7。

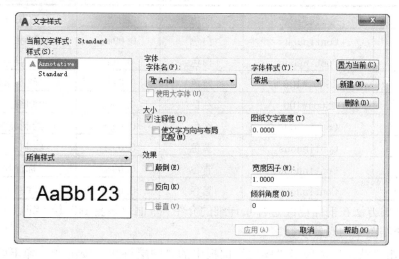

图 5-94 "文字样式"对话框

4）设置完成后，单击"应用"按钮，保存并应用该文字样式。

（2）设置数字、字母的文字样式。

1）继续单击"新建"按钮，在弹出的"新建文字样式"对话框中的"样式名"编辑框中输入"SZ"，然后单击"确定"按钮。

2）在"文字样式"对话框中单击"字体名"下拉列表框，从中选择"Romand.shx"，设置高度为5、宽度因子为0.7、倾斜角度为15。

3）设置完成后，单击"应用"按钮保存并应用该文字样式。

注意

 在使用AutoCAD绘图时，还有一些标注符号无法用以上两种字体输入，如几何公差符号"◎"，如果采用"HZ"文字样式，则将显示为"？"；如果采用"SZ"文字样式，则将显示为"◎"。为此，需要对AutoCAD默认的"Standard"文字样式进行设置，即指定其字体名为"Romand.shx"，高度为5，其他保持不变，单击"应用"按钮保存并应用，即可将其应用于这类符号。

5.5.3 设置图层

在机械图样中，不同的图线线型和线宽表示不同的含义，因此需要设置不同的图层并将其分别用来绘制图样中的各种图线或图样的不同部分（见表3-1）。

根据绘制机械图样的需要，可以设置几个图层（见表5-2），其中粗线线宽为0.3mm，细线线宽为0.15mm。

如果以上图层不能满足要求，还可以进行添加或修改。

在进行尺寸标注后，系统会自动添加一个名为DefPoints的图层，可以在该图层绘

制图形，但是该图层中的所有内容将无法输出。

表 5-2　图层设置

图层名称	线型	颜色	线宽	用途
0	Continuous	白色	0.09mm	绘制细实线
LKX	Continuous	白色	0.3mm	绘制粗实线
XX	ACAD_ISO02W100	蓝色	0.09mm	绘制虚线
DHX	ACAD_ISO04W100	红色	0.09mm	绘制细点画线
BLX	Continuous	绿色	0.09mm	绘制波浪线
PMX	Continuous	黄色	0.09mm	绘制剖面线
BZ	Continuous	青色	0.09mm	标注尺寸
WZ	Continuous	紫色	0.09mm	注写文字

设置图层的方法在前面已经进行了详细的介绍，下面以设置 DHX 层（细点画线图层）为例，简单介绍图层的设置步骤。

01 单击"默认"选项卡"图层"面板中的"图层特性"按钮，弹出如图 5-95 所示的"图层特性管理器"对话框。

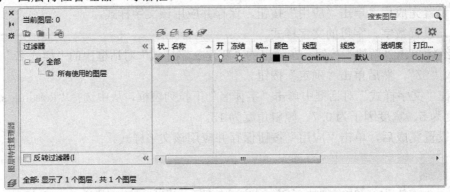

图 5-95　"图层特性管理器"对话框

02 单击该对话框中的"新建图层"按钮，在"名称"列输入新建图层的名称"DHX"。

03 单击"DHX"图层的"颜色"列，在弹出的"选择颜色"对话框中选择颜色为"红色"，单击"确定"按钮关闭该对话框。

04 单击"DHX"图层的"线型"列，在弹出的"选择线型"对话框中单击"加载"按钮，打开"加载或重载线型"对话框，从中选择线型"ACAD_ISO04W100"，再单击"确定"按钮，则该线型添加到"选择线型"对话框的"线型"列表框中，在该对话框中选择添加的线型"ACAD_ISO04W100"，单击"确定"按钮，关闭该对话框。

05 单击"DHX"图层的"线宽"列，在弹出的"线宽"对话框中选择线宽为 0.09mm，单击"确定"按钮关闭该对话框。

至此，完成了"DHX"图层的所有设置，其他图层的设置与其类似。

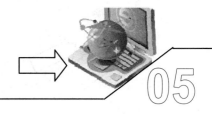

5.5.4　设置尺寸标注样式

01 设置线性、直径及半径尺寸标注样式。设置尺寸标注参数需要在如图 5-96 所示的对话框中进行，步骤如下：

❶打开如图 5-96 所示的"标注样式管理器"对话框，单击"新建"按钮，在弹出的"创建新标注样式"对话框中的"新样式名"编辑框中输入新建标注样式的名称"机械制图"，单击"继续"按钮，弹出"新建标注样式"对话框。

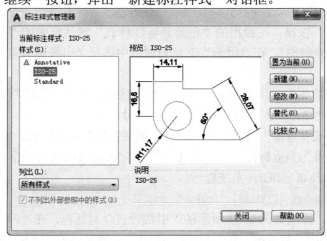

图 5-96　"标注样式管理器"对话框

❷设置"线"选项卡中的内容。在"尺寸线"选项区中，分别指定"颜色"和"线宽"为"随层"，设置"基线间距"为 7.5；在"延伸线"选项区中，分别指定"颜色"和"线宽"为"随层"，设置"超出尺寸线"为 2.5，"起点偏移量"为 0。

❸打开"符号和箭头"选项卡，在"箭头"选项区中指定所有箭头均为"实心闭合"，设置"箭头大小"为 3；在"圆心标记"选项区中，指定"类型"为"无"。

❹打开"文字"选项卡，对其进行设置。在"文字外观"选项区中，指定"文字样式"为"SZ"（在弹出的"文字样式"对话框中设置新的字体）、"文字颜色"为"随层"，设置"文字高度"为 5；在"文字位置"选项区中，指定文字的"垂直"位置为"上方"、"水平"位置为"居中"，设置文字"从尺寸线偏移"的距离为 0.6；在"文字对齐"选项区中选择文字的对齐方式为"ISO 标准"。

❺打开"调整"选项卡，对其进行设置。在"调整选项"选项区中选择"文字"，在"文字位置"选项区中选择"尺寸线旁边"，其他选项保持默认值不变。

❻对于"主单位""换算单位"及"公差"选项卡，除非有特殊需要，否则均可以保持默认值不变。需要说明的是，在"公差"选项卡中，"方式"的默认设置为"无"，因为如果在此设置了公差尺寸，则所有尺寸标注数字均将被加上相同的偏差数值。

❼单击"确定"按钮，完成"机械制图"尺寸标注样式的设置。该样式用于标注线性及直径和半径尺寸。

02 设置用于角度尺寸标注的样式。

❶单击"新建"按钮，在弹出的"创建新标注样式"对话框中的"基础样式"下拉

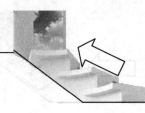
列表框中选择"机械制图",在"用于"下拉列表框中选择"角度标注"。单击"继续"按钮。

❷在"文字"选项卡中的"文字对齐"选项区中,选择文字的对齐方式为"水平";在"调整"选项卡中的"文字位置"选项区中,选择"尺寸线上方,带引线"。

❸单击"确定"按钮,完成"机械制图—角度"尺寸标注样式的设置。该样式用于标注角度尺寸。

03 设置用于引线标注的样式。

❶单击"新建"按钮,在弹出的"创建新标注样式"对话框中的"基础样式"下拉列表框中选择"机械制图",在"用于"下拉列表框中选择"引线和公差"。单击"继续"按钮。

❷在"符号与箭头"选项卡中的"箭头"选项区中,指定"引线"为"实心箭头",设置"箭头大小"为3。单击"确定"按钮关闭该对话框。

❸在"标注样式管理器"对话框中,选择"机械制图"标注样式,单击"置为当前"按钮,将该样式设置为当前标注样式。单击"关闭"按钮关闭该对话框。

❹在命令行输入 QLEADER,系统提示:

> "指定第一个引线点或 [设置(S)] <设置>:"

此时输入"S",弹出如图 5-97 所示的"引线设置"对话框,在"附着"选项卡中勾选"最后一行加下划线"复选框。单击"确定"按钮关闭该对话框。按 Esc 键退出 QLEADER命令。

❺至此,完成了"机械制图—引线"尺寸标注样式的设置。

图 5-97 "引线设置"对话框

5.5.5 绘制图框和标题栏

在机械图样中必须用粗实线绘制出图框及标题栏,装配图中还要有明细栏。标题栏位于图纸的右下角,其格式和尺寸按国家标准 GB/T 10609.1 的规定绘制,如图 5-98 所示。图框与标题栏均由一些线段组成,因此用绘制直线命令 LINE 和有关的编辑命令绘制即可,然后再在其中用创建单行文字命令 TEXT 填写文字。

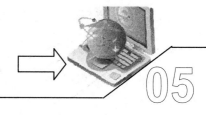

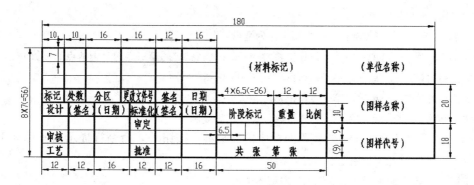

图 5-98　标题栏的格式和尺寸

操作步骤

01 单击"默认"选项卡"图层"面板中的"图层特性"按钮，弹出"图层特性管理器"对话框，将"LKX"图层置为当前图层，绘制图框。

单击"默认"选项卡"绘图"面板中的"矩形"按钮，以角点坐标(-5,5)和(@420,297)绘制矩形，结果如图 5-99 所示。

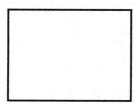

图 5-99　图框

02 绘制标题栏。

❶单击"默认"选项卡"绘图"面板中的"矩形"按钮，角点坐标为（235,5）、（@180,56）绘制标题栏的外框。

❷单击"默认"选项卡"绘图"面板中的"直线"按钮，命令行提示与操作如下：

命令：LINE✓（绘制标题栏中右边垂直线）

指定第一个点：（打开"捕捉自"功能）

_from 基点：（打开"交点"捕捉功能）

_int 于（捕捉标题栏的右下角）

〈偏移〉：@-50,0✓（输入偏移值）

指定下一点或 [放弃(U)]：〈正交 开〉_per 到（打开正交功能，捕捉垂足点）

指定下一点或 [放弃(U)]：✓

❸单击"默认"选项卡"修改"面板中的"复制"按钮，命令行提示与操作如下：

命令：COPY✓（复制刚才绘制的直线）

选择对象：（选择刚才绘制的直线）

找到 1 个

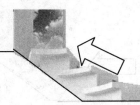

选择对象:↙（结束选择）

指定基点: _int 于（捕捉直线的下端点作为基点）

指定位移的第二个点或〈用第一点作位移〉: @-50,0↙（指定的第二点相对于基点的位置）

指定位移的第二个点或〈用第一点作位移〉: @-66,0↙

指定位移的第二个点或〈用第一点作位移〉: @-78,0↙

指定位移的第二个点或〈用第一点作位移〉:↙（结束复制）

❹单击"默认"选项卡"绘图"面板中的"直线"按钮，命令行提示与操作如下：

命令: _line↙（绘制标题栏中间的水平线）

指定第一个点: _mid 于（捕捉标题栏左边的中点）

指定下一点或 [放弃(U)]: @130,0↙

指定下一点或 [放弃(U)]:↙

命令:↙

LINE 指定第一个点: _from 基点: _mid于（捕捉标题栏左边的中点作为基点）

〈偏移〉: @0,7↙

指定下一点或 [放弃(U)]: @80,0↙

指定下一点或 [放弃(U)]:↙

❺单击"默认"选项卡"修改"面板中的"复制"按钮，命令行提示与操作如下：

命令: _copy↙（复制刚才绘制的直线）

选择对象:（选择刚才绘制的直线）

选择对象:↙

指定基点或位移，或者 [重复(M)]: _endp 于（捕捉直线的左端点作为基点）

指定位移的第二点或〈用第一点作位移〉:@0,-14↙

❻单击"默认"选项卡"绘图"面板中的"直线"按钮，命令行提示与操作如下：

命令: _line↙（绘制标题栏左下边的垂直线）

指定第一点: 247,5↙

指定下一点或 [放弃(U)]: @0,28↙

指定下一点或 [放弃(U)]:↙

❼单击"默认"选项卡"修改"面板中的"复制"按钮，命令行提示与操作如下：

命令: _copy↙（复制刚才绘制的直线）

选择对象:（选择刚才绘制的直线）

选择对象:↙

指定基点: _endp 于（捕捉该直线的下端点作为基点）

指定位移的第二点或〈用第一点作位移〉: @12,0↙

指定位移的第二点或〈用第一点作位移〉: @28,0↙

指定位移的第二点或〈用第一点作位移〉: @-2,28↙

指定位移的第二点或〈用第一点作位移〉: @8,28↙

指定位移的第二点或〈用第一点作位移〉: @24,28↙

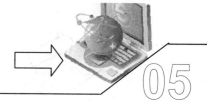
指定位移的第二点或〈用第一点作位移〉:✓

❽单击"默认"选项卡"绘图"面板中的"直线"按钮✏，绘制标题栏中剩余的5条粗实线，坐标值分别为{(415,23),(@-100,0)}、{(415,43),(@-50,0)}、{(365,14),(@-50,0)}、{(353,14),(@0,19)}、{(341,14),(@0,19)}

绘制完成的图形如图 5-100 所示。

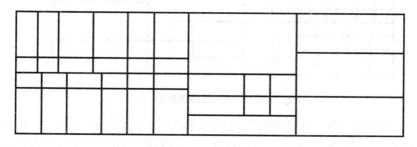

图 5-100　绘制标题栏

❾单击"默认"选项卡"图层"面板中的"图层特性"按钮，弹出"图层特性管理器"对话框，将"0"图层设置为当前图层。

❿单击"默认"选项卡"绘图"面板中的"直线"按钮✏，绘制标题栏左下边的细水平线，坐标为（235,12）和（@80,0）。

⓫单击"修改"工具栏中的"复制"按钮，命令行提示与操作如下:

命令: COPY

选择对象:（选择刚才绘制的直线）

选择对象:✓

当前设置: 复制模式 = 多个

指定基点或［位移(D)/模式(O)］〈位移〉:指定基点: _endp 于（捕捉该直线的左端点作为基点）

指定位移的第二点或［阵列(A)］〈用第一点作位移〉:@0,7✓

指定位移的第二点或［阵列(A)/退出(E)/放弃(U)］〈退出〉:@0,35✓

指定位移的第二点或［阵列(A)/退出(E)/放弃(U)］〈退出〉: @0,42✓

指定位移的第二点或［阵列(A)/退出(E)/放弃(U)］〈退出〉:✓

⓬单击"默认"选项卡"绘图"面板中的"直线"按钮✏，绘制标题栏右边的细垂直线，坐标为（321.5,14）和（@0,9）。

⓭单击"默认"选项卡"修改"面板中的"复制"按钮，命令行提示与操作如下:

命令: COPY

选择对象:（选择该直线）

选择对象:✓

当前设置: 复制模式 = 多个

指定基点或［位移(D)/模式(O)］〈位移〉: _endp 于（捕捉该直线的下端点作为基点）

指定位移的第二点或〈用第一点作位移〉: @6.5,0✓

指定位移的第二点或［阵列(A)/退出(E)/放弃(U)］〈退出〉: @13,0✓

指定位移的第二点或 ［阵列(A)/退出(E)/放弃(U)］〈退出〉:✓（绘制完成的标题栏如图 5-101 所示）

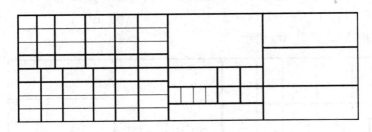

图 5-101 绘制完成的标题栏

03 单击"默认"选项卡"图层"面板中的"图层特性"按钮 ，弹出"图层特性管理器"对话框，将"WZ"图层置为当前图层，填写标题栏中的文字，命令行提示与操作如下：

命令: TEXT✓（创建单行文字命令）

前文字样式: "Standard" 文字高度: 2.5000 注释性: 否（当前的文字样式）

指定文字的起点或 ［对正(J)/样式(S)］: S✓（修改文字样式）

输入样式名或 ［?］〈Standard〉: HZ✓（指定新的 3 文字样式为"HZ"）

当前文字样式: HZ 当前文字高度: 5.0000

指定文字的起点或 ［对正(J)/样式(S)］:（指定文字的左下角位置）

指定文字的旋转角度〈0〉:✓

输入文字: 工艺✓（输入文字内容）

输入文字:✓（结束命令）

……（重复该命令，输入其他文字内容，括号中的内容不需要输入）

命令:✓（输入"更改文件号"）

当前文字样式: HZ 当前文字高度: 5.0000

指定文字的起点或 ［对正(J)/样式(S)］:J✓（指定文字的对齐方式）

输入选项 ［对齐(A)/布满(F)/居中(C)/中间(M)/右对齐(R)/左上(TL)/中上(TC)/右上(TR)/左中(ML)/正中(MC)/右中(MR)/左下(BL)/中下(BC)/右下(BR)］: F✓（指定采用 FIT（适应）方式对齐文字）

指定文字基线的第一个端点:（指定文字的起始位置）

指定文字基线的第二个端点:（指定文字的终点位置）

输入文字: 更改文件号✓

输入文字:✓

提 示

可以将绘制完成的标题栏定义成外部块，并用定义属性命令ATTDEF为其定义属性，如可以将"单位名称""图样名称"和"图样代号"等括号中的内容定义为属性。

文字、表格和尺寸标注

5.5.6 模板的保存与使用

01 选择菜单栏中的"文件"→"另存为"命令，弹出如图 5-102 所示的"图形另存为"对话框，在"文件类型"下拉列表框中选择"AutoCAD 图形样板（*.dwt）"选项，在"文件名"输入框中输入模板名称"A3 图纸－横放"，单击"保存"按钮保存该文件。

02 在弹出的如图 5-103 所示的"样板选项"对话框中输入对该模板图形的描述和说明，如"供机械绘图时用的 A3 图纸模板"等，也可以省略不输。

图 5-102 "图形另存为"对话框　　　　　图 5-103 "样板选项"对话框

这样，就建立了一个符合机械制图国家标准的 A3 图幅模板文件。

217

第6章
图形设计辅助工具

为了提高系统整体的图形设计效率并有效地管理整个系统的所有图形设计文件，AutoCAD 经过不断地探索和完善，推出了大量的图形设计辅助工具，包括图块、设计中心、工具选项板和查询工具等。

本章主要介绍图块、设计中心、工具选项板和查询工具等图形设计辅助工具。

知识点

- ❑ 图块操作

- ❑ 图块的属性

- ❑ 设计中心

- ❑ 工具选项板

- ❑ 对象查询

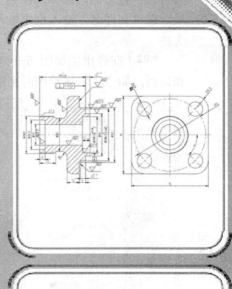

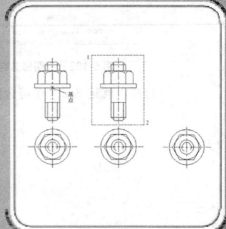

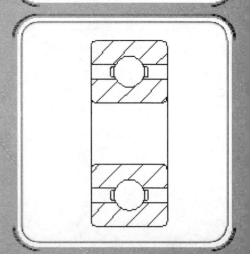

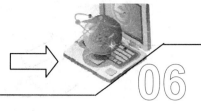

6.1 图块操作

图块也叫块，是由一组图形对象组成的集合，一组对象一旦被定义为图块，将成为一个整体，拾取图块中任意一个图形对象即可选中构成图块的所有对象。AutoCAD 把一个图块作为一个对象进行编辑、修改等操作，用户可根据绘图需要把图块插入图中任意指定的位置，而且在插入时还可以指定不同的缩放比例和旋转角度。如果需要对组成图块的单个图形对象进行修改，还可以利用"分解"命令把图块"炸开"分解成若干个对象。图块还可以重新定义，一旦被重新定义，整个图中基于该图块的对象都将随之改变。

6.1.1 定义图块

1. 执行方式

命令行：BLOCK。

菜单："绘图"→"块"→"创建"。

工具栏："绘图"→"创建块"按钮📷。

功能区：单击"默认"选项卡"块"面板中的"创建"按钮📷（或单击"插入"选项卡"块定义"面板中的"创建块"按钮📷）。

2. 操作格式

命令：BLOCK↙

执行上述命令后，系统弹出如图 6-1 所示的"块定义"对话框，利用该对话框可以定义图块并为之命名。

图 6-1 "块定义"对话框

3. 选项说明

（1）"基点"选项组：确定图块的基点，默认值是（0，0，0），也可以在下面的 X

（Y，Z）文本框中输入块的基点坐标值。如果单击"拾取点"按钮，则 AutoCAD 临时切换到作图屏幕，用光标在图形中拾取一点后，返回"块定义"对话框，把所拾取的点作为图块的基点。

（2）"对象"选项组：用于选择制作图块的对象以及对象的相关属性。

把图 6-2 a 中的正五边形定义为图块，图 6-2b 所示为选中"删除"单选按钮的结果，图 6-2c 所示为选中"保留"单选按钮的结果。

（3）"设置"选项组：设置图块的单位、是否按统一比例缩放、是否允许分解等属性。单击"超链接"按钮，将图块超链接到其他对象。

（4）"在块编辑器中打开"复选框：选中该复选框，将块设置为动态块，并在块编辑器中打开。

（5）"方式"选项组：

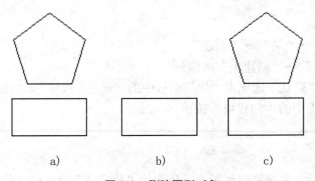

a)   b)   c)

图 6-2　删除图形对象

1）"注释性"复选框：指定块为注释性。

2）"使块方向与布局匹配"复选框：指定在图纸空间视口中的块参照的方向与布局的方向匹配。如果未选中"注释性"复选框，则该选项不可用。

3）"按统一比例缩放"复选框：指定是否阻止块参照不按统一比例缩放。

4）"允许分解"复选框：指定块参照是否可以被分解。

6.1.2　实例——创建螺栓图块

光盘\动画演示\第 6 章\创建螺栓图块.avi

操作步骤

01 打开随书光盘中的文件：\原始文件\第 6 章\螺栓操作图.DWG，如图 6-3a 所示。

02 单击"默认"选项卡"块"面板中的"创建"按钮，弹出"块定义"对话框。

03 在该对话框的"名称"下拉列表框中输入块名，如"紧固件"。

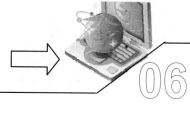
04 单击"基点"选项组内的"拾取点"按钮。

05 选择插入基点，如图 6-3a 所示。

06 单击"对象"选项组内的"选择对象"按钮。

07 选择要定义成块的对象，如图 6-3b 所示。

08 选中"删除"单选按钮，即定义块后屏幕上不保留原对象，如图 6-3c 所示。

09 单击"确定"按钮，即可将所选对象定义成块。

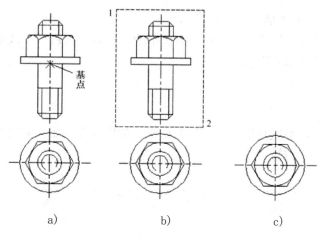

a)   b)   c)

图 6-3　螺栓

6.1.3　图块的存盘

用 BLOCK 命令定义的图块保存在其所属的图形当中，该图块只能在该图中插入，而不能插入其他图中。但是有些图块在许多图中要经常用到，这时可以用 WBLOCK 命令把图块以图形文件的形式（扩展名为.dwg）写入磁盘，这样图形文件就可以在任意图形中使用 INSERT 命令插入。

1. 执行方式

命令行：WBLOCK。

功能区：单击"插入"选项卡"块定义"面板中的"写块"按钮。

2. 操作格式

命令：WBLOCK↙

执行上述命令后，系统弹出"写块"对话框，如图 6-4 所示，利用此对话框可把图形对象保存为图形文件或把图块转换成图形文件。

6.1.4　图块的插入

在使用 AutoCAD 绘图的过程中，用户可根

图 6-4　"写块"对话框

据需要随时把已经定义好的图块或图形文件插入当前图形的任意位置，在插入的同时还可以改变图块的大小、旋转一定角度或把图块分解等。插入图块的方法有多种，下面将逐一进行介绍。

1. 执行方式

命令行：INSERT。

菜单："插入"→"块"。

工具栏："绘图"→"插入块"按钮 🗐。

功能区：单击"默认"选项卡"块"面板中的"插入"按钮 🗐（或单击"插入"选项卡"块"面板中的"插入"按钮 🗐）。

2. 操作格式

命令：INSERT✓

执行上述命令后，系统弹出"插入"对话框，如图 6-5 所示，利用此对话框可以指定要插入的图块及插入位置。

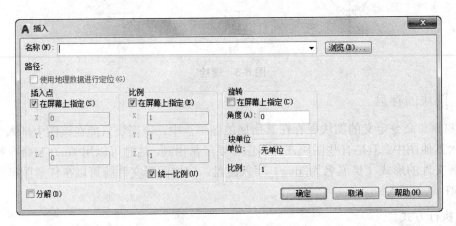

图 6-5 "插入"对话框

3. 选项说明

（1）"路径"选项组：显示图块的保存路径。

（2）"插入点"选项组：指定插入点，插入图块时该点与图块的基点重合。可以在屏幕上指定该点，也可以通过下面的文本框输入该点坐标值。

（3）"比例"选项组：确定插入图块时的缩放比例。图块被插入到当前图形中时，可以以任意比例放大或缩小。如图 6-6 所示，图 6-6a 是被插入的图块，图 6-6b 是取比例系数为 1.5 后插入该图块的结果，图 6-6c 是取比例系数为 0.5 的结果。X 轴方向和 Y 轴方向的比例系数也可以取不同值，如图 6-6d 所示，X 轴方向的比例系数为 1，Y 轴方向的比例系数为 1.5。另外，比例系数还可以是一个负数，当其为负数时表示插入图块的镜像，效果如图 6-7 所示。

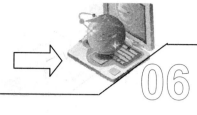

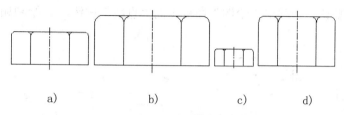

图 6-6　取不同比例系数插入图块的效果

X 比例=1，Y 比例=1　　X 比例= –1，Y 比例=1　　X 比例=1，Y 比例= –1　　X 比例= –1，Y 比例= –1

图 6-7　比例系数为负值时插入图块的效果

（4）"旋转"选项组：指定插入图块时的旋转角度。图块被插入到当前图形中的时候，可以绕基点旋转一定的角度，　角度可以是正数（表示沿逆时针方向旋转），也可以是负数（表示沿顺时针方向旋转）。如图 6-8b 是图 6-8a 所示的图块旋转 30°插入的效果，图 6-8c 是图 6-8a 所示的图块旋转–30°插入的效果。

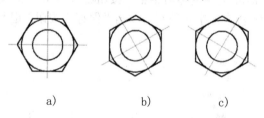

a)　　　　　　　　b)　　　　　　　　c)

图 6-8　以不同旋转角度插入图块的效果

如果选中"在屏幕上指定"复选框，系统切换到作图屏幕，在屏幕上拾取一点，AutoCAD 自动测量插入点与该点连线和 X 轴正方向之间的夹角，并把它作为块的旋转角。也可以在"角度"文本框中直接输入插入图块时的旋转角度。

（5）"分解"复选框：选中此复选框，则在插入块的同时会将图块分解，插入到图形中的组成块的对象不再是一个整体，并可对每个对象单独进行编辑操作。

6.1.5　实例——标注阀盖表面粗糙度

标注如图 6-9 所示图形中的表面粗糙度符号。

光盘\动画演示\第 6 章\标注阀盖表面粗糙度.avi

操作步骤

01 单击"默认"选项卡"绘图"面板中的"直线"按钮 ⁄ ，绘制如图 6-10 所示的图形。

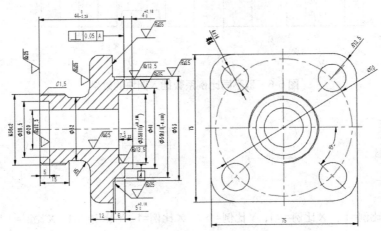

图 6-9　标注表面粗糙度符号

02 在命令行中输入"WBLOCK"命令，弹出"写块"对话框，如图 6-11 所示。单击"拾取点"按钮 ，拾取如图 6-10 所示的图形下尖点为基点，如图 6-12 所示。单击"选择对象"按钮 ，选择如图 6-10 所示的图形为对象，如图 6-13 所示。单击"文件名和路径"栏后的"显示标准文件选择对话框"按钮 ，弹出"浏览图形文件"对话框，如图 6-14 所示。输入图块名称并指定路径，单击"保存"按钮，退回到"写块"对话框，确认后退出。

图 6-10　绘制表面粗糙度符号　　　图 6-11　"写块"对话框　　　图 6-12　指定基点

03 单击"默认"选项卡"块"面板中的"插入"按钮 ，弹出"插入"对话框，如图 6-15 所示。单击"浏览"按钮，弹出"选择图形文件"对话框，如图 6-16 所示。找到刚才保存的图块，进行如图 6-15 所示的设置，指定比例全都为 1，在屏幕上指定插入点，旋转角度也在屏幕上指定。将该图块插入到图形中，用鼠标指定插入基点并拉出旋转角度。插入后的图形如图 6-17 所示。

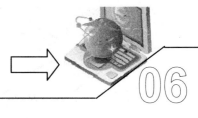

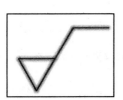

图 6-13　选择对象

图 6-14　"浏览图形文件"对话框

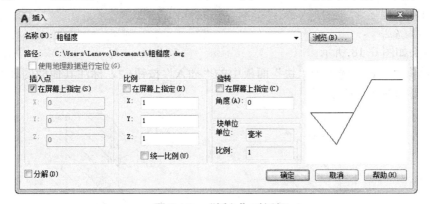

图 6-15　"插入"对话框

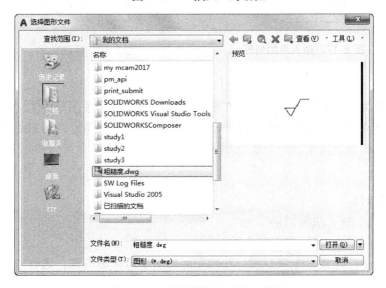

图 6-16　"选择图形文件"对话框

04 单击"默认"选项卡"注释"面板中的"多行文字"按钮**A**，标注文字，命令行提示与操作如下：

> 命令：MTEXT↙
>
> 当前文字样式："Standard"　文字高度：2.5000　注释性：否
>
> 指定第一角点：（指定文字的起点）
>
> 指定对角点或[高度（H）/对正（J）/行距（L）/旋转（R）/样式（S）/宽度（W）/栏（C）]：R↙
>
> 指定旋转角度<0>：90↙
>
> 指定对角点或[高度（H）/对正（J）/行距（L）/旋转（R）/样式（S）/宽度（W）/栏（C）]：H↙
>
> 指定高度<2.5>：↙
>
> 指定对角点或[高度（H）/对正（J）/行距（L）/旋转（R）/样式（S）/宽度（W）/栏（C）]：（指定对角点）
>
> 输入文字为 *Ra25*

绘制结果如图 6-18 所示。

05 单击"默认"选项卡"块"面板中的"插入"按钮 ，标注其他面的表面粗糙度。最终结果如图 6-9 所示。

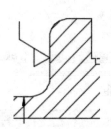

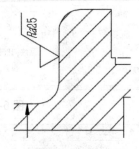

图 6-17　插入后的情形　　　　图 6-18　标注文字

6.1.6　动态块

动态块具有灵活性和智能性。用户在操作时可以轻松地更改图形中的动态块参照，可以通过自定义夹点或自定义特性来操作动态块参照中的几何图形。用户还可以根据需要在位调整块，而不用搜索另一个块以插入或重定义现有的块。

1. 执行方式

命令行：BEDIT。

菜单："工具"→"块编辑器"。

工具栏："标准"→"块编辑器"按钮 。

右键快捷菜单：选择一个块参照。在绘图区域中单击鼠标右键，选择"块编辑器"项。

功能区：单击"默认"选项卡"块"面板中的"编辑"按钮 （或单击"插入"选

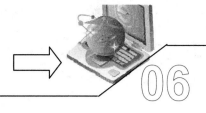

项卡"块定义"面板中的"块编辑器"按钮）。

2. 操作格式

命令：BEDIT✓

执行上述命令后，系统弹出"编辑块定义"对话框，如图 6-19 所示，在"要创建或编辑的块"文本框中输入块名或在列表框中选择已定义的块或当前图形。选择后，弹出"块编写选项板"和"块编辑器"选项卡，如图 6-20 所示。

3. 选项说明

块编写选项板：该选项板有 4 个选项卡。

（1）"参数"选项卡：提供用于向块编辑器的动态块定义中添加参数的工具。参数用于指定几何图形在块参照中的位置、距离和角度。将参数添加到动态块定义中时，该参数将定义块的一个或多个自定义特性。此选项卡也可以通过 BPARAMETER 命令打开。

图 6-19 "编辑块定义"对话框

① 点：向当前动态块定义中添加点参数，并定义块参照的自定义 X 和 Y 特性。可以将移动或拉伸动作与点参数相关联。

② 线性：向当前动态块定义中添加线性参数，并定义块参照的自定义距离特性。可以将移动、缩放、拉伸或阵列动作与线性参数相关联。

③ 极轴：向当前的动态块定义中添加极轴参数，并定义块参照的自定义距离和角度特性。可以将移动、缩放、拉伸、极轴拉伸或阵列动作与极轴参数相关联。

④ XY：向当前动态块定义中添加 XY 参数，并定义块参照的自定义水平距离和垂直距离特性。可以将移动、缩放、拉伸或阵列动作与 XY 参数相关联。

⑤ 旋转：向当前动态块定义中添加旋转参数，并定义块参照的自定义角度特性。只能将一个旋转动作与一个旋转参数相关联。

⑥ 对齐：向当前的动态块定义中添加对齐参数。因为对齐参数影响整个块，所以不需要（或不可能）将动作与对齐参数相关联。

⑦ 翻转：向当前的动态块定义中添加翻转参数，并定义块参照的自定义翻转特性。翻转参数用于翻转对象。在块编辑器中，翻转参数显示为投影线，可以围绕这条投影线

翻转对象。翻转参数将显示一个值，该值显示块参照是否已被翻转。可以将翻转动作与翻转参数相关联。

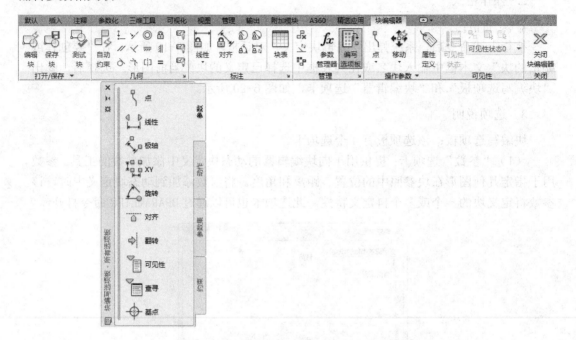

图 6-20　"块编写选项板"和"块编辑器"选项卡

⑧ 可见性 可见性：向动态块定义中添加一个可见性参数，并定义块参照的自定义可见性特性。可见性参数允许用户创建可见性状态并控制对象在块中的可见性。可见性参数总是应用于整个块，并且无需与任何动作相关联。在图形中单击夹点可以显示块参照中所有可见性状态的列表。在块编辑器中，可见性参数显示为带有关联夹点的文字。

⑨ 查寻 查寻：向动态块定义中添加一个查寻参数，并定义块参照的自定义查寻特性。查寻参数用于定义自定义特性，用户可以指定或设置该特性，以便从定义的列表或表格中计算出某个值。该参数可以与单个查寻夹点相关联，在块参照中单击该夹点，可以显示可用值的列表。在块编辑器中，查寻参数显示为文字。

⑩ 基点 ：向动态块定义中添加一个基点参数。基点参数用于定义动态块参照相对于块中几何图形的基点。点参数无法与任何动作相关联，但可以属于某个动作的选择集。在块编辑器中，基点参数显示为带有十字光标的圆。

（2）"动作"选项卡：提供用于向块编辑器的动态块定义中添加动作的工具。动作定义了在图形中操作块参照的自定义特性时动态块参照的几何图形将如何移动或变化。应将动作与参数相关联。此选项卡也可以通过 BACTIONTOOL 命令打开。

① 移动 ：在用户将移动动作与点参数、线性参数、极轴参数或 XY 参数关联时将该动作添加到动态块定义中。移动动作类似于 MOVE 命令。在动态块参照中，移动动作将使对象移动指定的距离和角度。

② 查寻 ：向动态块定义中添加一个查寻动作。将查寻动作添加到动态块定义中，

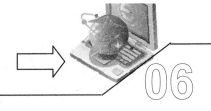
并将其与查寻参数相关联时创建一个查寻表。可以使用查寻表指定动态块的自定义特性和值。

其他"动作"与上述两项类似，此处不再赘述。

（3）"参数集"选项卡：提供用于在块编辑器向动态块定义中添加一个参数和至少一个动作的工具。将参数集添加到动态块中时，动作将自动与参数相关联。将参数集添加到动态块中后，双击黄色警示图标 （或使用 BACTIONSET 命令），然后按照命令行中的提示将动作与几何图形选择集相关联。此选项卡也可以通过 BPARAMETER 命令打开。

① 点移动 ：向动态块定义中添加一个点参数，系统自动添加与该点参数相关联的移动动作。

② 线性移动 ：向动态块定义中添加一个线性参数，系统自动添加与该线性参数的端点相关联的移动动作。

③ 线性拉伸 ：可向动态块定义中添加一个线性参数。系统会自动添加与该线性参数相关联的拉伸动作。

④ 线性阵列 ：可向动态块定义中添加一个线性参数。系统会自动添加与该线性参数相关联的阵列动作。

其他"参数集"与上述 4 项类似，此处不再赘述。

（4）"约束"选项卡：可将几何对象关联在一起，或指定固定的位置或角度。

①水平 ：使直线或点对位于与当前坐标系 X 轴平行的位置，默认选择类型为对象。

②竖直 ：使直线或点对位于与当前坐标系 Y 轴平行的位置。

③垂直 ：使选定的直线位于彼此垂直的位置。垂直约束在两个对象之间应用。

④平行 ：使选定的直线位于彼此平行的位置。平行约束在两个对象之间应用。

⑤相切 ：将两条曲线约束为保持彼此相切或其延长线保持彼此相切的状态。相切约束在两个对象之间应用。圆可以与直线相切，即使该圆与该直线不相交。

⑥平滑 ：将样条曲线约束为连续，并与其他样条曲线、直线、圆弧或多段线保持连续性。

⑦重合 ：约束两个点使其重合，或约束一个点使其位于曲线（或曲线的延长线）上。可以使对象上的约束点与某个对象重合，也可以使其与另一对象上的约束点重合。

⑧同心 ：将两个圆弧、圆或椭圆约束到同一个中心点，与将重合约束应用于曲线的中心点所产生的效果相同。

⑨共线 ：使两条或多条直线段沿同一直线方向。

⑩对称 ：使选定对象受对称约束，相对于选定直线对称。

⑪相等 ：将选定圆弧和圆的尺寸重新调整为半径相同，或将选定直线的尺寸重新调整为长度相等。

⑫固定 ：将点和曲线锁定在位。

"块编辑器"选项卡：该工具栏提供了在块编辑器中使用、创建动态块以及设置可见性状态的工具。

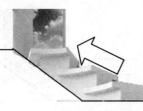

（1）"编辑块"按钮：单击该按钮，打开"编辑块定义"对话框。

（2）"保存块"按钮：保存当前块定义。

（3）"将块另存为"按钮：单击该按钮，打开"将块另存为"对话框，可以在其中用一个新名称保存当前块定义的副本。

（4）"测试块"按钮：运行 BTESTBLOCK 命令，可从块编辑器中打开一个外部窗口以测试动态块。

（5）"自动约束"按钮：运行 AUTOCONSTRAIN 命令，可根据对象相对于彼此的方向将几何约束应用于对象的选择集。

（6）"显示/隐藏"按钮：运行 CONSTRAINTBAR 命令，可显示或隐藏对象上的可用几何约束。

（7）"块表"按钮：运行 BTABLE 命令，可打开一个对话框以定义块的变量。

（8）参数管理器 fx：参数管理器处于未激活状态时执行 PARAMETERS 命令，否则将执行 PARAMETERSCLOSE 命令。

（9）编写选项板：编写选项板处于未激活状态时执行 BAUTHORPALETTE 命令，否则将执行 BAUTHORPALETTECLOSE 命令。

（10）"定义属性"按钮：单击该按钮，打开"属性定义"对话框，从中可以定义模式、属性标记、提示、值、插入点和属性的文字选项。

（11）"可见性模式"按钮：设置 BVMODE 系统变量，可以使当前可见性状态下不可见的对象变暗或隐藏。

（12）"使可见"按钮：运行 BVSHOW 命令，可以使对象在当前可见性状态或所有可见性状态下均可见。

（13）"使不可见"按钮：运行 BVHIDE 命令，可以使对象在当前可见性状态或所有可见性状态下均不可见。

（14）可见性状态：显示"可见性状态"对话框。从中可以创建、删除、重命名和设置当前可见性状态。在列表框中选择一种状态，右键单击，选择快捷菜单中的"新状态"项，打开"新建可见性状态"对话框，从中可以设置可见性状态。

（15）关闭"块编辑器"：运行 BCLOSE 命令，可关闭块编辑器，并提示用户保存或放弃对当前块定义所做的任何更改。

6.1.7　实例——利用动态块功能标注阀盖表面粗糙度

利用动态块功能标注图 6-9 所示图形中的表面粗糙度符号。

光盘\动画演示\第 6 章\动态块功能标注阀盖表面粗糙度.avi

操作步骤

01 单击"默认"选项卡"绘图"面板中的"直线"按钮，绘制如图 6-10 所示的图形。

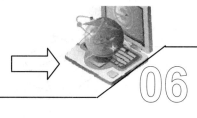

02 在命令行输入"WBLOCK"命令，弹出"写块"对话框，拾取图 6-10 所示的图形下尖点为基点，以图 6-10 所示的图形为对象，输入图块名称并指定路径，确认后退出。

03 单击"默认"选项卡"块"面板中的"插入块"按钮，弹出"插入"对话框，如图 6-15 所示。单击"浏览"按钮找到刚才保存的图块，在屏幕上指定插入点和比例，将该图块插入到图形中，结果如图 6-21 所示。

04 在命令行输入"BEDIT"命令，选择刚才保存的块，弹出"块编辑器"和"块编写选项板"，单击"块编写选项板"的"参数"选项卡中的"旋转"按钮，系统提示：

> 命令：_BParameter 旋转
> 指定基点或［名称(N)/标签(L)/链(C)/说明(D)/选项板(P)/值集(V)］：（指定表面粗糙度图块下角点为基点）
> 指定参数半径：（指定适当半径）
> 指定默认旋转角度或［基准角度(B)］<0>：（指定适当角度）
> 指定标签位置：（指定适当位置）

在"块编写选项板"的"动作"选项卡中选择"旋转"项，系统提示：

> 命令：_BActionTool 旋转
> 选择参数：（选择刚设置的旋转参数）
> 指定动作的选择集
> 选择对象：（选择表面粗糙度图块）

05 关闭"块编辑器"。

06 在当前图形中选择刚才标注的图块，系统显示图块的动态旋转标记，选中该标记，按住鼠标拖动（见图 6-22），直到图块旋转到满意的位置为止，如图 6-23 所示。

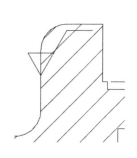 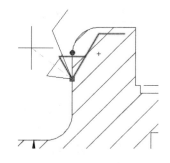 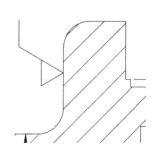

图 6-21 插入表面粗糙度符号　　图 6-22 动态旋转　　图 6-23 旋转结果

07 利用"单行文字"命令标注文字，标注时注意对文字进行旋转。

08 采用同样的方法，标注其他面的表面粗糙度。

6.2 图块的属性

图块除了包含图形对象以外，还可以具有非图形信息。例如，把一个椅子的图形定义为图块后，还可以把椅子的号码、材料、重量、价格以及说明等文本信息一并加入到图块当中。图块的这些非图形信息叫作图块的属性，它是图块的一个组成部分，与图形对象一起构成一个整体，在插入图块时，系统将图形对象连同属性一起插入图形中。

6.2.1 定义图块属性

1. 执行方式

命令行：ATTDEF。

菜单："绘图"→"块"→"定义属性"。

功能区：单击"默认"选项卡"块"面板中的"定义属性"按钮 ✎（或单击"插入"选项卡"块定义"面板中的"定义属性"按钮 ✎）。

2. 操作格式

命令：ATTDEF✓

执行上述命令后，系统弹出"属性定义"对话框，如图 6-24 所示。

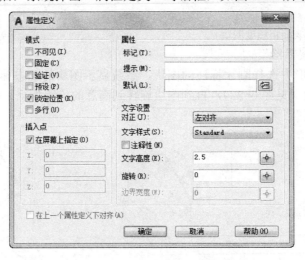

图 6-24　"属性定义"对话框

3. 选项说明

（1）"模式"选项组：确定属性的模式。

①"不可见"复选框：选中此复选框则属性为不可见显示方式，即插入图块并输入属性值后，属性值在图中并不显示出来。

②"固定"复选框：选中此复选框则属性值为常量，即属性值在属性定义时给定，在插入图块时系统不再提示输入属性值。

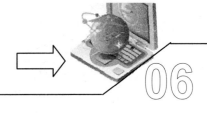

③"验证"复选框：选中此复选框，当插入图块时系统重新显示属性值，让用户验证该值是否正确。

④"预设"复选框：选中此复选框，当插入图块时系统自动把事先设置好的默认值赋予属性，而不再提示输入属性值。

⑤"锁定位置"复选框：选中此复选框，当插入图块时系统锁定块参照中属性的位置。解锁后，属性可以相对于使用夹点编辑的块的其他部分移动，并且可以调整多行属性的大小。

⑥"多行"复选框：指定属性值可以包含多行文字。

（2）"属性"选项组：用于设置属性值。在每个文本框中系统允许输入不超过 256 个字符。

①"标记"文本框：输入属性标签。属性标签可由除空格和感叹号以外的所有字符组成，系统自动把小写字母改为大写字母。

②"提示"文本框：输入属性提示。属性提示是插入图块时系统要求输入属性值的提示，如果不在此文本框内输入文本，则以属性标签作为提示。如果在"模式"选项组选中"固定"复选框，即设置属性为常量，则不需要设置属性提示。

③"默认"文本框：设置默认的属性值，可把使用次数较多的属性值作为默认值，也可不设置默认值。

（3）"插入点"选项组：确定属性文本的位置。可以在插入时由用户在图形中确定属性文本的位置，也可在 X、Y、Z 文本框中直接输入属性文本的位置坐标。

（4）"文字设置"选项组：设置属性文本的对齐方式、文本样式、字高和旋转角度。

（5）"在上一个属性定义下对齐"复选框：选中此复选框，表示把属性标签直接放在前一个属性的下面，而且该属性继承前一个属性的文本样式、字高和旋转角度等特性。

 提　示

　　在动态块中，由于属性的位置包括在动作的选择集中，因此必须将其锁定。

完成"属性定义"对话框中各项的设置后，单击"确定"按钮，即可完成一个图块属性的定义。可用此方法定义多个属性。

6.2.2　修改属性的定义

在定义图块之前，可以对属性的定义加以修改，不仅可以修改属性标签，还可以修改属性提示和属性默认值。

1. 执行方式

命令行：DDEDIT。

菜单："修改"→"对象"→"文字"→"编辑"。

2. 操作格式

命令：DDEDIT↙

选择注释对象或［放弃(U)］:

在此提示下选择要修改的属性定义，弹出"编辑属性定义"对话框，如图 6-25 所示，该对话框表示要修改的属性的标记为"文字"，提示为"数值"，无默认值，用户可对各项进行修改。

图 6-25　"编辑属性定义"对话框

6.2.3　编辑图块属性

当属性被定义到图块中甚至图块被插入到图形中之后，用户还可以对属性进行编辑。利用 ATTEDIT 命令可以通过对话框对指定图块的属性值进行修改，利用–ATTEDIT 命令不仅可以修改属性值，还可以对属性的位置、文本等其他设置进行编辑。

1. 一般属性编辑

◆　执行方式

命令行：ATTEDIT。
菜单："修改"→"对象"→"属性"→"单个"。
工具栏："修改 II"→"编辑属性"按钮 。
功能区：单击"默认"选项卡"块"面板中的"编辑属性"按钮 （或单击"插入"选项卡"块"面板中的"编辑属性"按钮 ）。

◆　操作格式

命令：ATTEDIT✓
选择块参照:

选择块参照后，光标变为拾取框。选择要修改属性的图块，系统弹出如图 6-26 所示的"编辑属性"对话框。该对话框中显示出了所选图块中包含的前 8 个属性的值，用户可对这些属性值进行修改。如果该图块中还有其他属性，可单击"上一个"和"下一个"按钮对其进行观察和修改。

2. 增强属性编辑

◆　执行方式

命令行：EATTEDIT。
菜单："修改"→"对象"→"属性"→"单个"。
工具栏："修改 II"→"编辑属性 "。

◆　操作格式

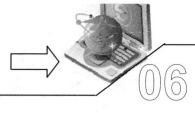

图形设计辅助工具

06

命令：EATTEDIT↙

选择块：

选择块后，系统弹出"增强属性编辑器"对话框，如图 6-27 所示。在该对话框中不仅可以编辑属性值，还可以编辑属性的文字选项和图层、线型、颜色等特性值。

图 6-26　"编辑属性"对话框　　　　图 6-27　"增强属性编辑器"对话框

还可以通过"块属性管理器"对话框来编辑属性。方法是：单击"修改 II"工具栏中的"块属性管理器"按钮，弹出"块属性管理器"对话框，如图 6-28 所示。单击"编辑"按钮，弹出"编辑属性"对话框，如图 6-29 所示。用户可以通过该对话框编辑属性。

图 6-28　"块属性管理器"对话框

图 6-29　"编辑属性"对话框

6.2.4 实例——利用属性功能标注阀盖表面粗糙度

利用属性功能标注图 6-9 所示图形中的表面粗糙度符号。

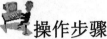

光盘\动画演示\第 6 章\属性功能标注阀盖表面粗糙度.avi

操作步骤

01 单击"默认"选项卡"绘图"面板中的"直线"按钮 ，绘制图 6-10 所示的表面粗糙度符号图形。

02 在命令行中输入"ATTDEF"命令，系统弹出"属性定义"对话框，进行如图 6-30 所示的设置，其中"模式"为"验证"，"插入点"为表面粗糙度符号水平线中点，确认后退出。

03 在命令行中输入"WBLOCK"命令，弹出"写块"对话框，如图 6-31 所示。拾取上面图形下尖点为基点，以图 6-10 所示的图形为对象，输入图块名称并指定路径，确认后退出。

04 单击"默认"选项卡"块"面板中的"插入"按钮 ，弹出"插入"对话框，如图 6-32 所示。单击"浏览"按钮找到刚才保存的图块，在命令行输入字母"R"然后回车，输入旋转的角度值然后回车，命令行提示指定插入点，这时在图 6-9 所示的图形中指定插入点弹出"编辑属性"对话框，在"编辑属性"对话框中输入表面粗糙度的数值，就完成了一个表面粗糙度的标注。命令行提示与操作如下：

命令：INSERT✓
指定插入点或 ［基点（B）/比例(S)/ 旋转(R)］：（在对话框中指定相关参数）
指定旋转角度<0>：90✓
指定插入点或 ［基点(B)/比例(S)/旋转(R)］：

图 6-30 "属性定义"对话框   图 6-31 "写块"对话框

05 插入表面粗糙度图块，并输入不同的属性值作为表面粗糙度数值，直到完成所

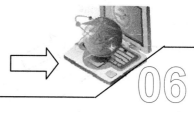

有表面粗糙度符号的标注。

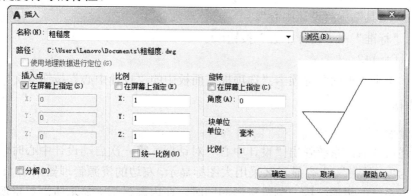

图 6-32 "插入"对话框

6.3 设计中心

使用 AutoCAD 设计中心可以很容易地组织设计内容,并把它们拖动到自己的图形中。可以使用 AutoCAD 设计中心窗口的内容显示框来观察用 AutoCAD 设计中心的资源管理器所浏览资源的细目,如图 6-33 所示。图 6-33 中左边方框为 AutoCAD 设计中心的资源管理器,右边方框为 AutoCAD 设计中心窗口的内容显示框,其中上面窗口为文件显示框,中间窗口为图形预览显示框。下面窗口为说明文本显示框。

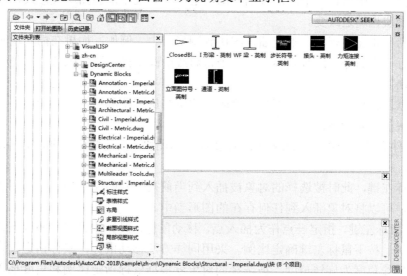

图 6-33 AutoCAD 设计中心的资源管理器和内容显示区

6.3.1 启动设计中心

1. 执行方式

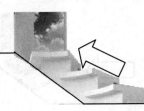

命令行：ADCENTER。

菜单栏："工具" → "设计中心"。

工具栏："标准" → "设计中心"按钮 。

快捷键：Ctrl+2。

功能区：单击"视图"选项卡"选项板"面板中的"设计中心"按钮 。

2. 操作格式

命令：ADCENTER✓

执行上述命令后，系统弹出"设计中心"对话框。第一次启动设计中心时，默认打开的选项卡为"文件夹"。内容显示区采用大图标显示，左边的资源管理器采用 tree view 显示方式显示系统的树形结构，浏览资源的同时，在内容显示区显示所浏览资源的有关细目或内容，如图 6-33 所示。

可以依靠鼠标拖动边框来改变 AutoCAD 设计中心资源管理器和内容显示区以及 AutoCAD 绘图区的大小，但内容显示区的最小尺寸应能显示两列大图标。

如果要改变 AutoCAD 设计中心的位置，可在设计中心工具条的上部用鼠标拖动它，松开鼠标后，AutoCAD 设计中心便处于当前位置。到新位置后，仍可以用鼠标改变各窗口的大小。也可以通过设计中心边框左边下方的"自动隐藏"按钮来自动隐藏设计中心。

6.3.2 插入图块

可以将图块插入到图形当中。当将一个图块插入到图形当中的时候，块定义就被复制到图形数据库当中。在一个图块被插入图形之后，如果原来的图块被修改，则插入到图形当中的图块也随之改变。

当其他命令正在执行时，不能插入图块到图形当中。例如，如果在插入块时，在提示行正在执行一个命令，此时光标变成一个带斜线的圆，提示操作无效。另外一次只能插入一个图块。

系统根据鼠标拉出线段的长度与角度确定比例与旋转角度。

插入图块的步骤如下：

1）从文件夹列表或查找结果列表选择要插入的图块，按住鼠标左键，将其拖动到打开的图形中。

松开鼠标左键，此时被选择的对象被插入到当前被打开的图形当中。利用当前设置的捕捉方式，可以将对象插入到任何存在的图形当中。

2）按下鼠标左键，指定一点作为插入点，移动鼠标，鼠标位置点与插入点之间的距离为缩放比例。按下鼠标左键确定比例。采用同样方法移动鼠标，鼠标指定位置与插入点连线与水平线角度为旋转角度。被选择的对象就根据鼠标指定比例和角度插入到图形当中。

6.3.3 图形复制

1. 在图形之间复制图块

利用 AutoCAD 设计中心可以浏览和装载需要复制的图块，然后将图块复制到剪贴板，利用剪贴板将图块粘贴到图形当中。具体方法如下：

1）在控制板选择需要复制的图块，右键单击打开快捷菜单，选择"复制"命令。

2）将图块复制到剪贴板上，然后通过"粘贴"命令粘贴到当前图形上。

2．在图形之间复制图层

利用 AutoCAD 设计中心可以从任何一个图形复制图层到其他图形。例如，如果已经绘制了一个包括设计所需的所有图层的图形，在绘制另外新的图形的时候，可以新建一个图形，并通过 AutoCAD 设计中心将已有的图层复制到新的图形当中，这样可以节省时间，并保证图形间的一致性。

（1）拖动图层到已打开的图形：确认要复制图层的目标图形文件被打开，并且是当前的图形文件；在控制板或查找结果列表框选择要复制的一个或多个图层；拖动图层到打开的图形文件；松开鼠标后被选择的图层被复制到打开的图形当中。

（2）复制或粘贴图层到打开的图形：确认要复制的图层的图形文件被打开，并且是当前的图形文件；在控制板或查找结果列表框选择要复制的一个或多个图层；右键单击打开快捷菜单，在快捷菜单中选择"复制到粘贴板"命令；如果要粘贴图层，确认粘贴的目标图形文件被打开，并为当前文件；右键单击打开快捷菜单，在快捷菜单中选择"粘贴"命令。

6.4　工具选项板

该选项板是"工具选项板"窗口中选项卡形式的区域，可提供组织、共享和放置块及填充图案的有效方法。工具选项板还可以包含由第三方开发人员提供的自定义工具。

6.4.1　打开工具选项板

1．执行方式

命令行：TOOLPALETTES。

菜单栏："工具"→"工具选项板窗口"。

工具栏："标准"→"工具选项板"按钮。

快捷键：Crtl+3。

功能区：单击"视图"选项卡"选项板"面板中的"工具选项板"按钮。

2．操作格式

命令：TOOLPALETTES↙

系统自动打开工具选项板窗口。

3．选项说明

在工具选项板中，系统设置了一些常用图形选项卡，这些常用图形可以方便用户绘

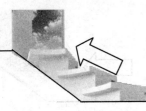
图。

6.4.2 新建工具选项板

用户可以建立新的工具选项板，这样有利于个性化作图，也能够满足特殊作图的需要。

1. 执行方式

命令行：CUSTOMIZE。

菜单栏："工具"→"自定义"→"工具选项板"。

快捷菜单：在任意工具栏上右键单击，然后选择"自定义"。

工具选项板："特性"按钮 → "自定义（或新建选项板）"。

功能区：单击"管理"选项卡"自定义设置"面板中的"工具选项板"按钮 。

2. 操作格式

命令：CUSTOMIZE✓

执行上述命令后，系统弹出"自定义"对话框，如图 6-34 所示。

右键单击，打开快捷菜单，如图 6-35 所示，选择"新建选项板"项，在对话框可以为新建的工具选项板命名。确定后，工具选项板中就增加了一个新的选项卡，如图 6-36 所示。

图 6-34　"自定义"对话框

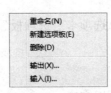

图 6-35　快捷菜单

图 6-36　新增选项卡

6.4.3 向工具选项板添加内容

1) 将图形、块和图案填充从设计中心拖动到工具选项板上。

例如，在 Designcenter 文件夹上右键单击，系统打开快捷菜单，从中选择"创建工具选项板"命令，如图 6-37a 所示。设计中心中储存的图元就出现在工具选项板中新建的 Designcenter 选项卡上，如图 6-37b 所示，这样就可以将设计中心与工具选项板结合起来，建立一个快捷方便的工具选项板。将工具选项板中的图形拖动到另一个图形中时，图形将作为块插入。

2）使用"剪切""复制"和"粘贴"命令将一个工具选项板中的工具移动或复制到另一个工具选项板中。

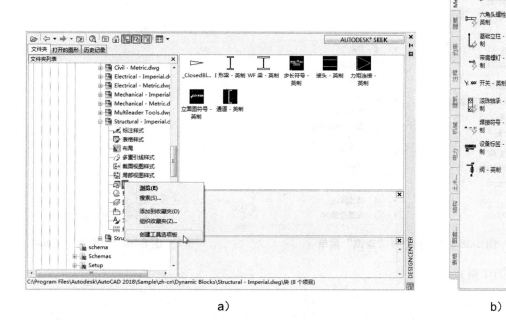

a)   b)

图 6-37　将储存图元创建成"设计中心"工具选项板

6.5　对象查询

对象查询的菜单命令集中在"工具"→"查询"菜单中，如图 6-38 所示。其工具栏命令则主要集中在"查询"工具栏中，如图 6-39 所示。

6.5.1　查询距离

1. 执行方式

命令行：DIST。

菜单："工具"→"查询"→"距离"。

工具栏："查询"→"距离"。

功能区：单击"默认"选项卡"实用工具"面板"测量"下拉菜单中的"距离"按

钮  。

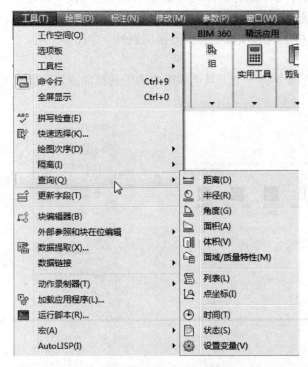

图 6-38　"工具"→"查询"菜单　　　　　　　　　图 6-39　"查询"工具栏

2. 操作格式

命令：DIST↙
指定第一点：（指定第一点）
指定第二个点或［多个点(M)］：（指定第二点）
距离 = 5.2699，XY 平面中的倾角 = 0，与 XY 平面的夹角 = 0
X 增量 = 5.2699，　Y 增量 = 0.0000，Z 增量 = 0.0000

"面积"和"面域/质量特性"的查询与"距离"查询类似，这里不再赘述。

6.5.2　查询对象状态

1. 执行方式

命令行：STATUS。
菜单："工具"→"查询"→"状态"。

2. 操作格式

命令：STATUS↙

选择对象后，系统自动切换到文本显示窗口，显示所选择对象的状态，包括对象的各种参数状态以及对象所在磁盘的使用状态，如图 6-40 所示。

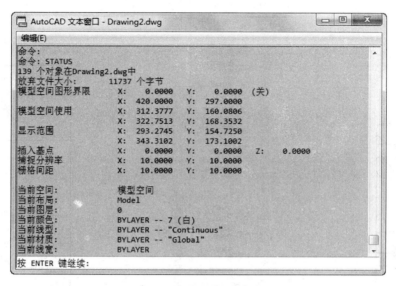

图 6-40　文本显示窗口

在"查询"子菜单中，列表显示、点坐标、时间、设置变量等查询工具与查询对象状态的执行方法相似，故不再赘述。

6.6　综合实例——滚珠轴承

利用工具选项板进行快速绘制如图 6-41 所示的滚珠轴承。

　光盘\动画演示\第 6 章\创建滚珠轴承图块.avi

操作步骤

01 选择菜单栏中的"工具"→"选项板"→"工具选项板"命令，弹出工具选项板，选择其中的"机械"选项卡，如图 6-42 所示。

02 选择其中的"滚珠轴承-公制"选项，按住鼠标左键，拖动到绘图区，单击"默认"选项卡"修改"面板中的"缩放"按钮，进行缩放，如图 6-43 所示。

03 单击"默认"选项卡"绘图"面板中的"图案填充"按钮，对相应区域进行填充，结果如图 6-41 所示。

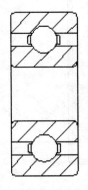

图 6-41 滚珠轴承

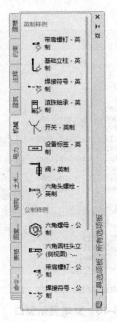

图 6-42 工具选项板

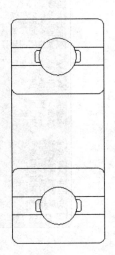

图 6-43 缩放滚珠轴承

第 7 章
机械图形二维表达方式

在机械工程图中，通常是用二维图形表达三维实体的结构和形状信息。显而易见，单个二维图形一般很难完整表达三维形体信息，为此，工程上常采用各种表达方法，以达到利用二维平面图形完整表达三维形体信息的目的。

本章将系统介绍各种机械图形的二维形体表达方法，帮助读者掌握各种形体表达方法和技巧，使其能够灵活应用各种形体表达方法正确、快速表达机械零部件的结构形状。

知识点

□ 多视图

□ 剖视图与断面图

□ 轴测图

□ 局部放大图

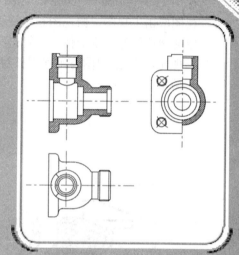

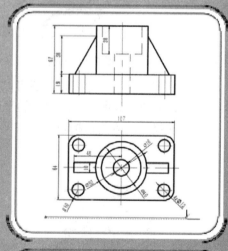

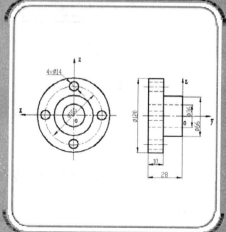

7.1 多视图

机械工程图中，通常采用正投影法将三维实体投影到第一分角空间的投影面，形成视图（GB/T4458.1—2002），如图 7-1 所示。一般情况下，能够完整表达三维形状的平面视图应由主视图、俯视图和左视图（或右视图）三个视图组成。有些情况下，两个视图也能表达清楚三维形体。不管是采用三视图还是二视图，视图应布局匀称美观且符合投影规律，即"主视图与俯视图长对正，俯视图与左视图宽相等，主视图与左视图高平齐"，如图 7-2 所示。

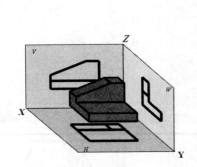

图 7-1 视图

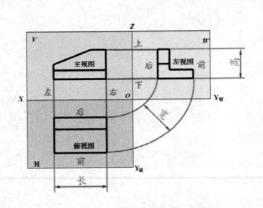

图 7-2 三视图位置和尺寸关系

有时为了表达需要，还可以将三维形体投影到空间方位的 6 个投影面上，形成六视图，如图 7-3 所示。六视图的平面展开位置配置和对应的尺寸关系（见图 7-4），和三视图的尺寸对应关系相同。

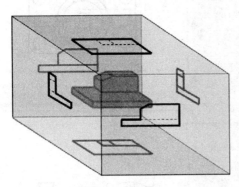

图 7-3 六视图

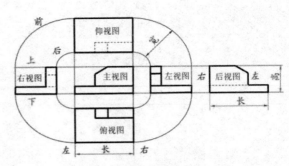

图 7-4 六视图位置和尺寸关系

不管采用多少个视图表达三维形体，原则是必须完整地表达三维形体的形状和结构信息。一般情况下，主视图作为主要反映三维形体形状和结构的视图，在工程图中必不可少。

下面通过几个实例讲述多视图形体表达方法。

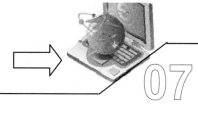
7.1.1　辅助线法绘制多视图

辅助线法绘制多视图是一种在二维空间中描述三维形体结构和形状较为简单的方法，其特点是非常直观，是绘制多视图的方法中最基础的一种方法。一般多视图都可以使用辅助线法进行绘制，可以构造标准的"长对正，宽相等，高平齐"的多视图。辅助线可以使用构造线绘制，也可使用直线绘制。

7.1.2　实例——支座 1

以图 7-5 所示的支座的绘制过程为例介绍辅助线法绘制多视图的方法。

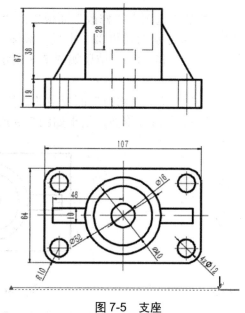

图 7-5　支座

光盘\动画演示\第 7 章\支座 1.avi

操作步骤

01 设置图层。单击"默认"选项卡"图层"面板中的"图层特性"按钮，新建 3 个图层：第一图层命名为"轮廓线"，线宽为 0.3mm，其余属性默认；第二图层命名为"中心线"，设置颜色为红色、线型为 CENTER，其余属性默认；第三图层命名为"虚线"，设置颜色为蓝色、线型为 DASHED，其余属性默认。

02 绘制中心线。将"中心线"图层设置为当前图层，单击"默认"选项卡"绘图"面板中的"直线"按钮，绘制水平和竖直中心线，结果如图 7-6 所示。

03 绘制圆。将"轮廓线"图层设置为当前图层，单击"默认"选项卡"绘图"面板中的"圆"按钮，以两条中心线的交点为圆心，绘制半径分别为 26、20 和 8 的圆，结果如图 7-7 所示。

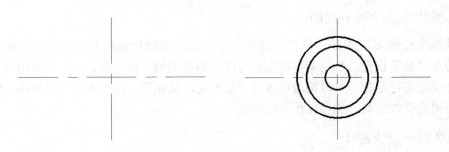

图 7-6 绘制中心线　　　　　　　　　　　图 7-7 绘制同心圆

04 偏移中心线。单击"默认"选项卡"修改"面板中的"偏移"按钮，将水平中心线分别向两侧偏移，偏移距离分别为 5 和 32，重复"偏移"命令，将竖直中心线分别向两侧偏移，偏移距离分别为 48 和 53.5，结果如图 7-8 所示。然后将偏移的中心线转换为"轮廓线"图层。

05 修剪图形。单击"默认"选项卡"修改"面板中的"修剪"按钮，将偏移的中心线转换为"轮廓线"图层，对其进行修剪，结果如图 7-9 所示。

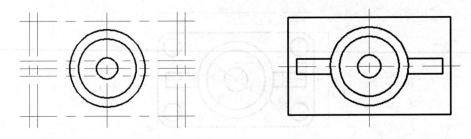

图 7-8 偏移中心线　　　　　　　　　　　图 7-9 修剪图形

06 圆角处理。单击"默认"选项卡"修改"面板中的"圆角"按钮，将图形进行圆角处理，设置圆角半径为 10，结果如图 7-10 所示。

07 绘制圆。单击"默认"选项卡"绘图"面板中的"圆"按钮，以上一步绘制的圆角圆心为圆心，绘制半径为 6 的圆。将"中心线"图层设置为当前图层，单击"默认"选项卡"绘图"面板中的"直线"按钮，以圆心为交点，绘制一条竖直中心线和一条水平中心线，结果如图 7-11 所示。

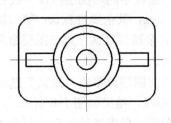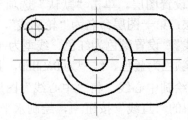

图 7-10 圆角处理　　　　　　　　　　　图 7-11 绘制圆

08 复制图形。单击"默认"选项卡"修改"面板中的"复制"按钮，以圆心

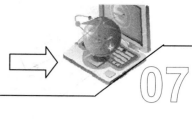

为基点，将上步绘制的圆和中心线复制到其他 3 个圆角圆心处，结果如图 7-12 所示。

09 绘制辅助中心线。单击"默认"选项卡"绘图"面板中的"直线"按钮 ∕，绘制辅助直线，结果如图 7-13 所示。

10 绘制辅助线。将"轮廓线"图层设置为当前图层，单击"默认"选项卡"绘图"面板中的"直线"按钮 ∕，绘制辅助直线，结果如图 7-14 所示。

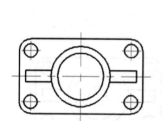

图 7-12　复制图形　　　　　　图 7-13　绘制辅助中心线　　　　　图 7-14　绘制辅助直线

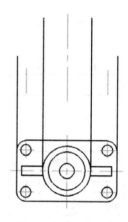

11 绘制直线。单击"默认"选项卡"绘图"面板中的"直线"按钮 ∕，绘制水平直线，结果如图 7-15 所示。

12 偏移直线。单击"默认"选项卡"修改"面板中的"偏移"按钮 ⊜，将上步绘制的直线依次向上偏移 19 和 48，结果如图 7-16 所示。

13 修剪图形。单击"默认"选项卡"修改"面板中的"修剪"按钮 ∕－，将图形进行修剪，结果如图 7-17 所示。

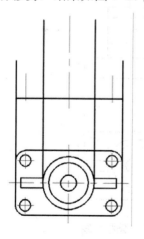
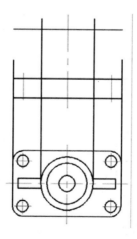
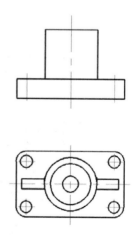

图 7-15　绘制水平直线　　　　　图 7-16　偏移直线　　　　　图 7-17　修剪图形

14 绘制辅助线。将"虚线"图层设置为当前图层，单击"默认"选项卡"绘图"面板中的"直线"按钮 ∕，绘制辅助线，结果如图 7-18 所示。

15 偏移直线。单击"默认"选项卡"修改"面板中的"偏移"按钮 ，将最上端水平直线向下偏移 28，将偏移的直线转换为"虚线"层，结果如图 7-19 所示。

16 修剪图形。单击"默认"选项卡"修改"面板中的"修剪"按钮 ，将图形进行修剪，结果如图 7-20 所示。

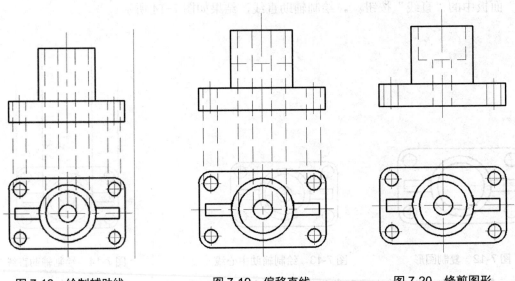

图 7-18　绘制辅助线　　　　图 7-19　偏移直线　　　　图 7-20　修剪图形

17 绘制辅助线。将"轮廓线"图层设置为当前图层，单击"默认"选项卡"绘图"中的"直线"按钮 ，绘制辅助直线，结果如图 7-21 所示。

18 偏移直线。单击"默认"选项卡"修改"面板中的"偏移"按钮 ，将最上端水平直线向下偏移 10，结果如图 7-22 所示。

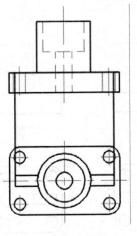
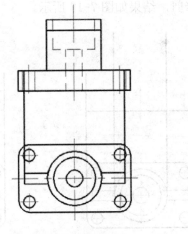

图 7-21　绘制辅助直线　　　　　　图 7-22　偏移直线

19 绘制直线。单击"默认"选项卡"绘图"面板中的"直线"按钮 ，绘制两条斜线，结果如图 7-23 所示。

20 删除辅助线。单击"默认"选项卡"修改"面板中的"删除"按钮 ，将辅

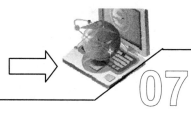

助线删除，结果如图 7-24 所示。

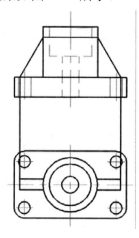
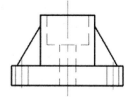
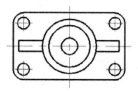

图 7-23　绘制两条斜线　　　　　　图 7-24　删除辅助线

7.1.3　坐标定位法绘制多视图

坐标定位法即通过给定视图中各点的准确坐标值来绘制多视图的方法。该方法是通过具体的坐标值来保证视图之间的相对位置关系。在绘制一些大而复杂的零件图时，为了将视图布置得匀称美观又符合投影规律，经常需要应用该方法绘制出作图基准线，确定各个视图的位置，然后再综合运用其他方法绘制完成图形。

7.1.4　实例——支座 2

以图 7-25 所示的支座的绘制过程为例介绍坐标定位法绘制多视图的方法。

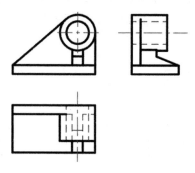

图 7-25　支座

光盘\动画演示\第 7 章\支座 2.avi

操作步骤

01 设置图层。单击"默认"选项卡"图层"面板中的"图层特性"按钮，新

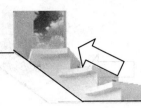

建 4 个图层：第一图层命名为"轮廓线"，线宽为 0.3mm，其余属性默认；第二图层命名为"中心线"，设置颜色为红色、线型为 CENTER，其余属性默认；第三图层命名为"虚线"，设置颜色为蓝色、线型为 DASHED，其余属性默认；第四图层命名为"细实线"，其余属性默认。

02 设置绘图环境。

在命令行输入 LIMITS，设置图纸幅面为 420×297。

03 绘制支座主视图。

❶将"轮廓线"图层设置为当前图层。单击状态栏中的"线宽"按钮 ，显示线宽。

❷单击"默认"选项卡"绘图"面板中的"矩形"按钮 ，点取绘图窗口中任意一点，确定矩形的左下角点，输入（@140，15）为矩形右上角点，绘制支座底板。单击"默认"选项卡"绘图"面板中的"直线"按钮 ，打开对象捕捉功能，捕捉矩形右上角点，在该点与点（@0，55）之间绘制直线。

❸单击"默认"选项卡"绘图"面板中的"圆"按钮 ，绘制圆，命令行提示与操作如下：

> 命令: circle↙
>
> 指定圆的圆心或 [三点3P)/两点(2P)/切点、切点、半径(T)]: _from 基点：（捕捉直线端点）
>
> ⟨偏移⟩: @-30,0↙
>
> 指定圆的半径或 [直径(D)]:（捕捉直线端点，绘制半径为 30 的圆）

按 Enter 键，捕捉半径为 30 的圆的圆心，绘制直径为 38 的同心圆。

❹单击"默认"选项卡"绘图"面板中的"直线"按钮 ，捕捉矩形左上角点，在该点与半径为 30 的圆切点之间绘制直线。单击"默认"选项卡"修改"面板中的"偏移"按钮 ，选取右边竖直线，将其分别向左偏移 21 和 39，结果如图 7-26 所示。

❺单击"默认"选项卡"修改"面板中的"修剪"按钮 ，对偏移的直线进行修剪，结果如图 7-27 所示。

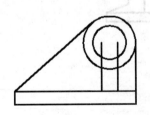
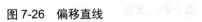
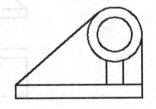

图 7-26　偏移直线　　　　　　　　　　　　　图 7-27　修剪直线

❻单击"默认"选项卡"绘图"面板中的"直线"按钮 ，绘制直线，命令行提示与操作如下：

> 命令: line↙
>
> 指定第一个点:_from 基点：（如图 7-28 所示，捕捉直线 1 的下端点）
>
> ⟨偏移⟩: @0,15↙
>
> 指定下一点或 [放弃(U)]:（如图 7-28 所示，捕捉垂足点 2）

指定下一点或 [放弃(U)]：✓

结果如图 7-28 所示。

04 绘制支座主视图中心线。将"中心线"图层设置为当前图层，单击"默认"选项卡"绘图"面板中的"直线"按钮 ✓，绘制直线，命令行提示与操作如下：

命令：line✓

指定第一个点：_from 基点：（捕捉半径为 30 的圆心）

〈偏移〉：@35,0✓

指定下一点或 [放弃(U)]:@-70,0✓（绘制水平中心线）

指定下一点或 [闭合(C)/放弃(U)]:✓

采用相同方法绘制竖直中心线，完成支座主视图的绘制，结果如图 7-29 所示。

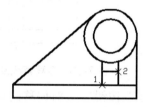
图 7-28　绘制直线

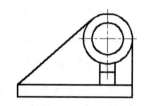
图 7-29　轴承座主视图

05 绘制支座俯视图底板外轮廓线。将"轮廓线"图层设置为当前图层，单击"默认"选项卡"绘图"面板中的"直线"按钮 ✓，绘制直线，命令行提示与操作如下：

命令：line✓

指定第一个点：〈正交 开〉〈对象捕捉追踪 开〉（打开正交及对象追踪功能，捕捉主视图矩形左下角点，利用对象追踪确定俯视图上的点 1，如图 7-30 所示）

指定下一点或 [放弃(U)]：（向右拖动鼠标，利用对象捕捉功能捕捉主视图矩形右下角点，确定俯视图上的点 2，如图 7-31 所示）

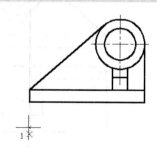
图 7-30　利用对象追踪确定点 1

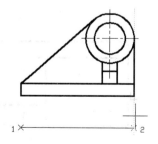
图 7-31　确定点 2

指定下一点或[闭合(C)/放弃(U)]:@0,-80✓

指定下一点或[闭合(C)/放弃(U)]:（方法同前，利用对象追踪捕捉点 1，确定点 3，如图 7-32 所示）

指定下一点或[闭合(C)/放弃(U)]:C✓

06 绘制俯视图其余外轮廓线。

❶单击"默认"选项卡"修改"面板中的"偏移"按钮，选取俯视图上边线，分别将其向下偏移 15 和 60；选取俯视图右边线，分别将其向左偏移 21、39 和 60。

❷将"0"图层设置为当前层，单击"默认"选项卡"绘图"面板中的"构造线"按钮，捕捉主视图左端直线与直径为 38 的圆的切点，绘制竖直辅助线，结果如图 7-33 所示。

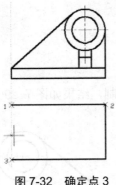

图 7-32　确定点 3

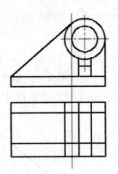

图 7-33　偏移直线及绘制辅助线

❸单击"默认"选项卡"绘图"面板中的"修剪"按钮，对偏移的直线进行修剪。单击"默认"选项卡"修改"面板中的"删除"按钮，删除辅助线及多余的线，结果如图 7-34 所示。

07 绘制俯视图内轮廓线。

❶将"虚线"图层设置为当前图层。单击"默认"选项卡"绘图"面板中的"构造线"按钮，分别捕捉主视图直径为 38 圆的左象限点及右象限点，绘制竖直辅助线。单击"默认"选项卡"绘图"面板中的"直线"按钮，捕捉俯视图直线端点 1，在该点与垂足点 2 之间绘制直线。方法同前，绘制另两条虚线，结果如图 7-35 所示。

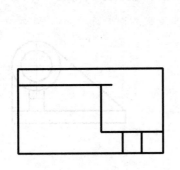

图 7-34　俯视图外轮廓线

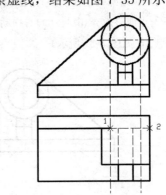

图 7-35　绘制虚线

❷单击"默认"选项卡"修改"面板中的"修剪"按钮，对虚线进行修剪，如图 7-36 所示。

❸单击"默认"选项卡"修改"面板中的"打断于点"按钮，将水平虚线在 1 点及 2 点处打断，如图 7-36 所示。单击"默认"选项卡"修改"面板中的"移动"按钮，选取虚线 12，将其向下移动 27。

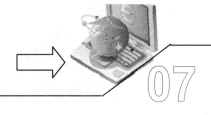

❹将"中心线"图层设置为当前图层，方法同前，利用对象追踪功能绘制俯视图中心线，完成支座俯视图的绘制，结果如图 7-37 所示。

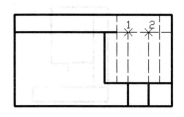

图 7-36　修剪虚线

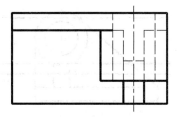

图 7-37　支座俯视图

08　绘制支座左视图外轮廓线。

❶将"轮廓线"图层设置为当前图层。单击"默认"选项卡"绘图"面板中的"矩形"按钮□，利用对象追踪功能，捕捉主视图矩形右下角点，向右拖动鼠标，确定矩形的左下角点，输入（@80,15）为矩形右上角点，绘制支座底板。

❷单击"默认"选项卡"绘图"面板中的"直线"按钮╱，从点 1（矩形左上角点）到点 2（利用对象追踪功能，捕捉主视图半径为 30 的圆上象限点，确定点 2，如图 7-38 所示），再到（@60,0）和点 3（利用对象追踪功能，捕捉主视图半径为 30 的圆下象限点，确定点 3），最后到点 4（捕捉垂足点）绘制直线，结果如图 7-39 所示。

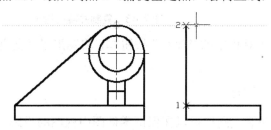

图 7-38　利用对象追踪确定点 2

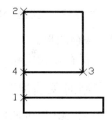

图 7-39　绘制直线

❸单击"默认"选项卡"修改"面板中的"偏移"按钮▣，选取左视图左边线，分别将其向右偏移 15 和 42。单击"默认"选项卡"绘图"面板中的"构造线"按钮╱，分别捕捉主视图半径为 30 的圆左端切点 1、直线端点 2 及直线端点 3，分别绘制水平辅助线，结果如图 7-40 所示。

❹单击"默认"选项卡"修改"面板中的"修剪"按钮╱，对直线进行修剪；单击"修改"面板中的"删除"按钮✐，删除辅助线及多余的线，结果如图 7-41 所示。

❺单击"默认"选项卡"绘图"面板中的"直线"按钮╱，关闭正交功能，捕捉直线端点和矩形右上角点，绘制直线，完成左视图外轮廓的绘制，结果如图 7-42 所示。

09　完成左视图的绘制。

❶单击"默认"选项卡"修改"面板中的"复制"按钮⚏，选取俯视图中的虚线、粗实线及中心线，将其复制到俯视图右边。单击"默认"选项卡"修改"面板中的"旋转"按钮↻，选取复制的对象，将其旋转 90°，结果如图 7-43 所示。

❷单击"默认"选项卡"修改"面板中的"移动"按钮✛，选取旋转图形，以中心

线与右边线的交点为基点，将其移动到左视图上端右边线的中点处。单击"默认"选项
卡"修改"面板中的"删除"按钮✐，删除多余的线，结果如图 7-25 所示。

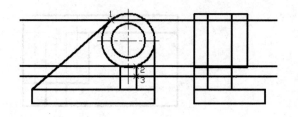 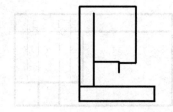

图 7-40　绘制辅助线　　　　　　　　　　　　图 7-41　修剪及删除辅助线

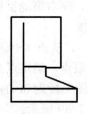 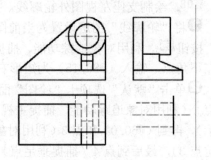

图 7-42　左视图外轮廓线　　　　　　　　　　图 7-43　复制并旋转图形

10 保存图形。单击"快速访问"工具栏中的"保存"按钮🖫，将图形以"支座 2"
为文件名，保存在指定路径中。

7.1.5　利用对象捕捉跟踪功能绘制多视图

利用 AutoCAD 提供的对象捕捉跟踪功能，同样可以在保证零件图中视图的投影关系
的前提下绘制零件图。

7.1.6　实例——轴承座

实际上在前面的叙述中已经或多或少地利用了对象捕捉功能来绘制多视图，下面利
用图 7-44 所示的轴承座的绘制实例来帮助读者进一步加深理解。

　　　　　光盘\动画演示\第 7 章\轴承座.avi

🕴操作步骤

01 设置图层。单击"默认"选项卡"图层"面板中的"图层特性"按钮🖺，弹出
"图层特性管理器"对话框，新建以下三个图层：第一图层命名为"轮廓线"，线宽为
0.3mm，其余属性保持系统默认设置；第二图层命名为"中心线"，设置颜色为红色、线
型为 CENTER，其余属性保持系统默认设置；第三图层命名为"虚线"，设置颜色为蓝色、

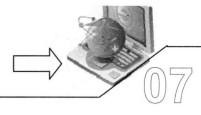

线型为 DASHED，其余属性保持系统默认设置。

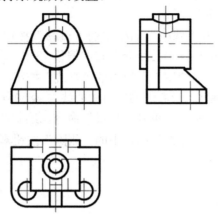

图 7-44　轴承座

02 绘制主视图。

❶将"轮廓线"图层设置为当前图层。单击"默认"选项卡"绘图"面板中的"直线"按钮✐，以任意点为起点绘制端点为（@0,-14）、（@90,0）和（@0,14）的封闭直线。

❷将"中心线"图层设置为当前图层。单击"默认"选项卡"绘图"面板中的"直线"按钮✐，绘制主视图竖直中心线，如图 7-45 所示。

❸将"轮廓线"图层设置为当前图层。单击"默认"选项卡"绘图"面板中的"圆"按钮⊙，绘制圆，命令行提示与操作如下：

命令:_circle
指定圆的圆心或 [三点(3P)/两点(2P)/切点、切点、半径(T)]: from✓
基点:（打开"捕捉自"功能，捕捉竖直中心线与底板底边的交点作为基点）
〈偏移〉: @0,60✓
指定圆的半径或 [直径(D)]: D✓
指定圆的直径: 50✓

❹单击"默认"选项卡"绘图"面板中的"圆"按钮⊙，捕捉 φ50 圆的圆心，绘制 φ26 圆，结果如图 7-46 所示。

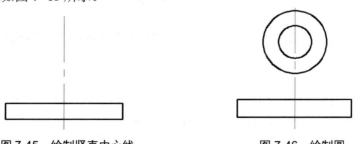

图 7-45　绘制竖直中心线　　　　　图 7-46　绘制圆

❺将"中心线"图层设置为当前图层。单击"默认"选项卡"绘图"面板中的"直线"按钮✐，绘制 φ50 圆的水平中心线。

❻将"轮廓线"图层设置为当前图层。单击"默认"选项卡"绘图"面板中的"直

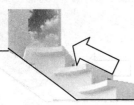

线"按钮 ╱，捕捉底板左上角点和 φ50 圆的切点，绘制直线。重复"直线"命令，绘制另一边的切线，结果如图 7-47 所示。

❼单击"默认"选项卡"修改"面板中的"偏移"按钮 ⊑，将底板底边向上偏移 90。重复"偏移"命令，将竖直中心线分别向右偏移 13 和 7。

❽单击"默认"选项卡"绘图"面板中的"直线"按钮 ╱，捕捉最右侧的竖直中心线与上端水平线的交点为起点、最右侧的竖直中心线与 φ50 圆的交点为终点，绘制直线。将"虚线"图层设置为当前图层，重复"直线"命令，绘制凸台 φ14 孔的左边。

❾单击"默认"选项卡"修改"面板中的"删除"按钮 ✐，删除多余的中心线，结果如图 7-48 所示。

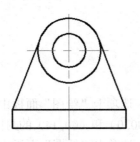

图 7-47　绘制切线

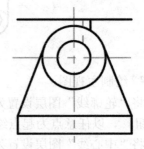

图 7-48　删除多余的中心线

❿单击"默认"选项卡"修改"面板中"镜像"按钮 ⚎，将绘制的凸台轮廓线沿竖直中心线进行镜像。

⓫单击"默认"选项卡"修改"面板中的"修剪"按钮 ╱┈，修剪多余的直线，结果如图 7-49 所示。

⓬单击"默认"选项卡"修改"面板中的"偏移"按钮 ⊑，将竖直中心线分别向右偏移 29 和 38。

⓭将"虚线"图层设置为当前图层。单击"默认"选项卡"绘图"面板中的"直线"按钮 ╱，捕捉最右侧竖直中心线与底板上边的交点为起点、最右侧竖直中心线与底板下边的交点为终点，绘制直线。

⓮单击"默认"选项卡"修改"面板中的"删除"按钮 ✐，删除偏移距离为 38 的直线。

⓯单击"默认"选项卡"修改"面板中的"拉长"按钮 ╱，调整底板右边孔的中心线，命令行提示与操作如下：

命令：LENGTHEN
选择要测量的对象或 [增量(DE)/百分数(P)/总计(T)/动态(DY)]：DY✓
选择要修改的对象或 [放弃(U)]：（选择偏移的中心线）
指定新端点：（调整中心线到适当位置）
选择要修改的对象或 [放弃(U)]：✓

结果如图 7-50 所示。

⓰单击"默认"选项卡"修改"面板中的"镜像"按钮 ⚎，将绘制的孔轮廓线沿调

整后的中心线进行镜像。

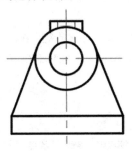

图 7-49 修剪直线

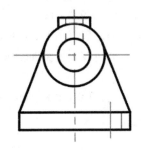

图 7-50 调整中心线长度

⓱单击"默认"选项卡"修改"面板中的"镜像"按钮 ⚎，将右边的孔和中心线沿竖直中心线进行镜像处理，结果如图 7-51 所示。

⓲单击"默认"选项卡"修改"面板中的"偏移"按钮 ⚏，将竖直中心线向左、右各偏移 6。重复"偏移"命令，将底板上边向上偏移 20。

⓳将"轮廓线"图层设置为当前图层。单击"默认"选项卡"绘图"面板中的"直线"按钮 ✏，捕捉偏移中心线与底板上边的交点为起点、偏移中心线与 φ50 圆的交点为终点，绘制直线。重复"直线"命令，绘制肋板另一边。

⓴单击"默认"选项卡"修改"面板中的"修剪"按钮 ✂，修剪多余直线，完成肋板的绘制，结果如图 7-52 所示。

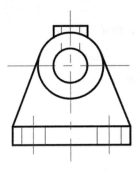

图 7-51 镜像处理

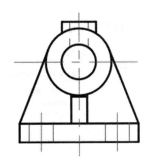

图 7-52 绘制肋板

03 设置对象捕捉追踪功能。在状态栏中的"对象捕捉"按钮 🔲上单击右键，打开如图 7-53 所示的快捷菜单。选择"对象捕捉设置"命令，系统弹出"草图设置"对话框，在"对象捕捉"选项卡中勾选"启用对象捕捉"和"启用对象捕捉追踪"复选框，单击"全部选择"按钮，选中所有的对象捕捉模式，如图 7-54 所示。打开"极轴追踪"选项卡，在该选项卡中勾选"启用极轴追踪"复选框，设置"增量角"为 90，其余属性保持系统默认设置，如图 7-55 所示。

04 绘制俯视图。

❶单击"默认"选项卡"绘图"面板中的"直线"按钮 ✏，绘制俯视图中底板轮廓线，如图 7-56 所示。命令行提示与操作如下：

```
命令：_line
```

指定第一个点：（利用对象捕捉追踪功能，捕捉主视图中底板左下角点，向下移动光标，在适当位置处单击，确定底板左上角点）

指定下一点或［放弃(U)］：（继续向右移动光标，到主视图中底板右下角点处，在该点出现小叉，向下移动光标，当小叉出现在两条闪动虚线的交点处时单击，即可绘制一条与主视图底板长对正的直线，如图 7-56 所示）

指定下一点或［放弃(U)］：@0,-60✓

图 7-53 快捷菜单

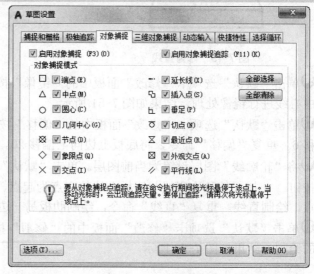

图 7-54 "对象捕捉"选项卡

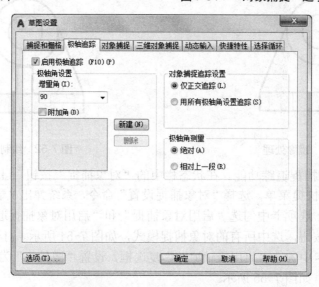

图 7-55 "极轴追踪"选项卡

指定下一点或［闭合(C)/放弃(U)］：（方法同前，向右移动光标，指定底板左下角）

指定下一点或［闭合(C)放弃(U)］：C✓

❷将"中心线"图层设置为当前图层，单击"默认"选项卡"绘图"面板中的"直

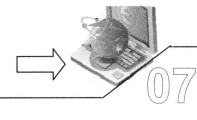

线"按钮 ✎，仿照步骤❶的操作，绘制俯视图的竖直中心线。

❸单击"默认"选项卡"修改"面板中的"偏移"按钮 ⊜，将底板上边分别向下偏移 12 和 44。重复"偏移"命令，将底板上边向上偏移 7。

❹将"轮廓线"图层设置为当前图层，单击"默认"选项卡"绘图"面板中的"直线"按钮 ✎，利用对象捕捉追踪功能，绘制俯视图中圆柱的轮廓线。将"虚线"图层设置为当前图层，绘制俯视图中的圆柱孔，结果如图 7-57 所示。

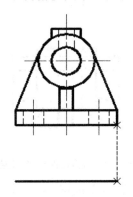

图 7-56 利用对象追踪功能绘制底板

图 7-57 绘制俯视图中的圆柱孔

❺单击"默认"选项卡"修改"面板中的"修剪"按钮 ╱，修剪多余的直线，结果如图 7-58 所示。

❻单击"默认"选项卡"修改"面板中的"圆角"按钮 ◻，将进行圆角处理，命令行提示与操作如下：

```
命令：_FILLET
当前设置：模式 = 修剪，半径 = 4.0000
选择第一个对象或［放弃(U)/多段线(P)/半径(R)/修剪(T)/多个(M)］：R↙
指定圆角半径 <4.0000>：16↙
选择第一个对象或［放弃(U)/多段线(P)/半径(R)/修剪(T)/多个(M)］：（选择底板左边）
选择第二个对象，或按住 Shift 键选择要应用角点的对象：（选择底板下边）
```

采用同样的方法绘制右边圆角，设置圆角半径为 16，结果如图 7-59 所示。

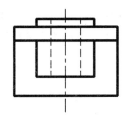

图 7-58 修剪圆柱孔

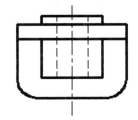

图 7-59 圆角处理

❼将"轮廓线"图层设置为当前图层，单击"默认"选项卡"绘图"面板中的"圆"按钮 ◯，分别以上一步绘制的圆角圆心为圆心，绘制半径为 9 的圆。

❽单击"默认"选项卡"绘图"面板中的"构造线"按钮 ╱，在主视图切点处绘制

竖直构造线。

❾单击"默认"选项卡"修改"面板中的"修剪"按钮 ￪，修剪支承板在辅助线中间的部分，结果如图 7-60 所示。

❿将"虚线"图层设置为当前图层。单击"默认"选项卡"绘图"面板中的"直线"按钮 ╱，绘制支承板中的虚线。重复"直线"命令，利用对象捕捉追踪功能绘制俯视图中加强肋的虚线。将"轮廓线"图层设置为当前图层，绘制俯视图中加强肋的粗实线，结果如图 7-61 所示。

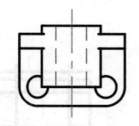

图 7-60　修剪支承板

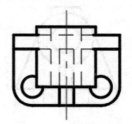

图 7-61　绘制俯视图中的加强肋

⓫单击"默认"选项卡"修改"面板中的"打断于点"按钮 □，将支承板前边虚线在加强肋左边与支承板前边的交点处打断。采用同样方法，将支承板前边虚线在右边与支承板前边的交点处打断。

⓬单击"默认"选项卡"修改"面板中的"移动"按钮 ✛，将中间打断的虚线向下移动 26。

⓭单击"默认"选项卡"绘图"面板中的"圆"按钮 ⊙，绘制 φ26 圆，命令行提示与操作如下：

命令：CI ✓
指定圆的圆心或 [三点(3P)/两点(2P)/切点、切点、半径(T)]：from✓
基点：（打开"捕捉自"功能，捕捉俯视图上边与中心线的交点）
<偏移>：@0,-26✓
指定圆的半径或 [直径(D)] <9.0000>：D✓
指定圆的直径 <18.0000>：26✓

重复"圆"命令，捕捉 φ26 圆的圆心，绘制 φ14 圆。

⓮将"中心线"图层设置为当前图层。利用对象捕捉追踪功能绘制俯视图中圆的中心线，结果如图 7-62 所示。

05 绘制左视图。

❶将"轮廓线"图层设置为当前图层。单击"默认"选项卡"修改"面板中的"复制"按钮 ⁀，将俯视图复制到适当位置。

❷单击"默认"选项卡"修改"面板中的"旋转"按钮 ⟳，将复制的俯视图旋转 90°，结果如图 7-63 所示。

❸单击"默认"选项卡"绘图"面板中的"直线"按钮 ╱，利用对象捕捉追踪功能，如图 7-64 所示，先将光标移动到主视图中点 1 处，然后移动到复制并旋转的俯视图点 2

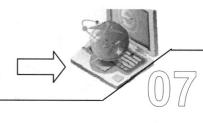

处，向上移动光标到两条闪动的虚线交点 3 处，单击即可确定左视图中底板的位置。采用同样的方法绘制完成底板的其他图线。

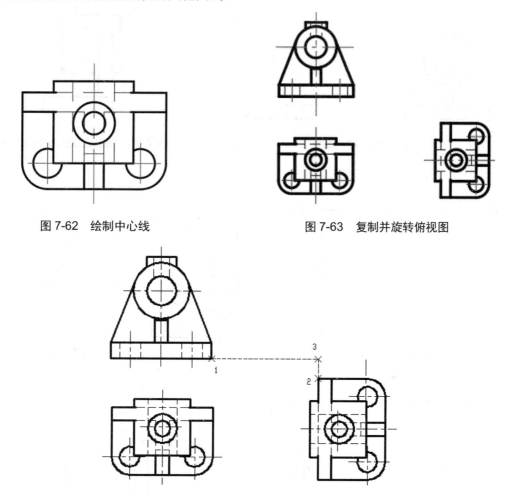

图 7-62　绘制中心线　　　　　　　　图 7-63　复制并旋转俯视图

图 7-64　利用对象捕捉追踪功能绘制左视图

❹单击"默认"选项卡"修改"面板中的"移动"按钮✛，将 φ50 圆柱孔及 φ26 圆柱的内外轮廓线和中心线，如图 7-65 所示，捕捉圆柱孔左边与中心线的交点 1 作为基点，首先向上移动光标，利用对象捕捉追踪功能，将光标移动到主视图水平中心线的右端点 2 处，向右移动光标，在交点处单击即可。

❺单击"默认"选项卡"绘图"面板中的"直线"按钮╱，利用对象捕捉和对象捕捉追踪功能绘制左视图中的支承板，如图 7-66 所示。

❻单击"默认"选项卡"绘图"面板中的"构造线"按钮✗，绘制三条构造线，如图 7-67 所示；然后单击"默认"选项卡"修改"面板中的"修剪"按钮⊁，修剪掉多余的直线；最后单击"默认"选项卡"绘图"面板中的"直线"按钮╱，绘制直线，生成加强肋板，如图 7-68 所示。

❼单击"默认"选项卡"绘图"面板中的"构造线"按钮✗，绘制辅助线，如图

7-69 所示。单击"默认"选项卡"修改"面板中的"修剪"按钮 ⁄⁻，修剪 φ50 圆柱孔的上边，然后补全 φ50 圆柱孔的上边，结果如图 7-70 所示。

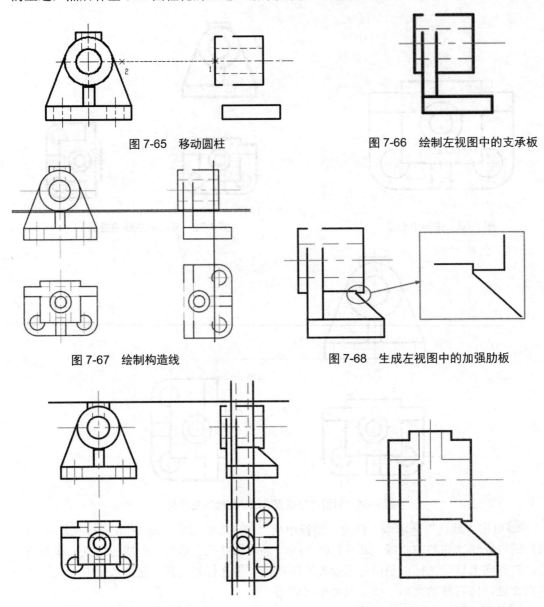

图 7-65 移动圆柱

图 7-66 绘制左视图中的支承板

图 7-67 绘制构造线

图 7-68 生成左视图中的加强肋板

图 7-69 绘制辅助线

图 7-70 补全 φ50 圆柱孔的上边

❽单击"默认"选项卡"修改"面板中的"复制"按钮 ⅗，利用对象捕捉追踪功能，复制主视图中底板上的圆柱孔到左视图中。

❾将"轮廓线"图层设置为当前图层，单击"默认"选项卡"绘图"面板中的"圆弧"按钮 ⁄，绘制左视图中的相贯线，命令行提示与操作如下：

命令：_ARC

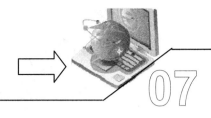

指定圆弧的起点或［圆心(C)］:（捕捉凸台 φ26 圆柱左边与 φ50 圆柱孔上边的交点）

指定圆弧的第二个点或［圆心(C)/端点(E)］: E↙

指定圆弧的端点:（捕捉凸台 φ26 圆柱右边与 φ50 圆柱孔上边的交点）

指定圆弧的中心点(按住 Ctrl 键以切换方向)或［角度(A)/方向(D)/半径(R)］: R↙

指定圆弧的半径(按住 Ctrl 键以切换方向): 25↙

将"虚线"层设置为当前层。重复"圆弧"命令，绘制凸台 φ14 与 φ26 圆柱的相贯线。如图 7-71 所示。

🔟单击"默认"选项卡"修改"面板中的"删除"按钮 ✍，删除复制的俯视图。

至此，轴承座三视图绘制完毕。如果三个视图的位置不理想，可以利用"移动"命令对其进行移动，但仍要保证它们之间的投影关系。结果如图 7-72 所示。

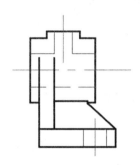

图 7-71　绘制相贯线

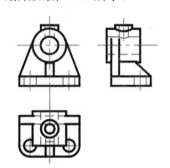

图 7-72　轴承座三视图

06 保存图形。单击"标准"工具栏中的"保存"按钮 💾，将图形以"轴承座"为文件名，保存在指定路径中。

👉补充

除了上面讲述的多视图表达方法外，针对特殊的机械结构还有两种特殊的视图表达方法：

1. 斜视图

由于物体上有倾斜部分，所以其视图不能反映真形，表达得不够清楚（如图 7-73a 所示的压紧杆），给画图及读图带来不便。为了清楚地表达物体上的倾斜结构，需增设一个新投影面，此投影面平行于倾斜结构并垂直于任一基本投影面。将倾斜结构向新的投影面投射，可得到反映其真形的视图，即为斜视图，如图 7-73b 所示。

斜视图只是为表达物体倾斜结构的局部形状，因此画出倾斜结构的真形后，就可以用波浪线将其与物体的其他部分断开，成为一个局部的斜视图，如图 7-74a 所示。

绘制斜视图时应注意以下几点：

1）必须在斜视图的上方标出视图的名称"×"，在相应视图的附近用箭头指明投射方向，并注上同样字母(字母一律水平书写)。

2）同局部视图一样，斜视图的断裂边界以波浪线表示，当所表示的局部结构是完整的，且外形轮廓封闭时，波浪线可省略不画。

3）斜视图一般按投影关系配置，必要时也可配置在其他适当的位置。必要时，允许将视图旋转配置，如图 7-74b 所示。表示该视图名称的字母应靠近旋转符号的箭头端，也允许将旋转角度标注在字母之后。

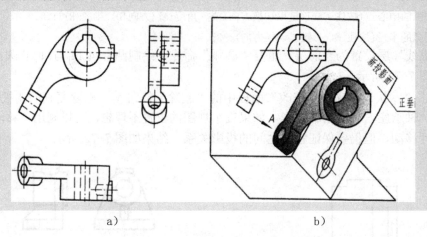

图 7-73　压紧杆的基本视图及其倾斜结构的斜视图

2. 局部视图

当采用一定数量的基本视图后，机件上仍有部分结构形状尚未表达清楚，而又没有必要画出完整的基本视图时可采用局部视图，如图 7-75 所示。

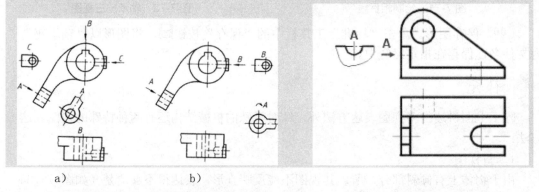

图 7-74　用主视图和斜视图、局部视图清晰表达的压紧杆　　　图 7-75　局部视图

绘制局部视图时应注意以下几点：

1）为了看图方便，局部视图应尽量配置在箭头所指的方向并与原有视图保持投影关系，但也允许配置在其他适当地方。

2）绘制局部视图时，一般应在局部视图的上方标出视图的名称"×"，在相应视图的附近用箭头指明投射方向，并标注上同样的字母。当局部视图按投影关系配置、中间又没有其他图形隔开时，可省略标注。

3）局部视图的断裂边界应以波浪线表示，波浪线相当于物体的断裂线。

7.2 剖视图与断面图

当机件的内部形状较复杂时，视图上将出现许多虚线，不便于画图、看图和标注尺寸，如图 7-76 所示。

在图样中通常采用剖视图的方法来表达机件的内部结构。假想用剖切面剖开机件，将处在观察者和剖切面之间的部分移去，而将其余部分向投影面投射所得的图形称为剖视图，如图 7-77 所示。剖视图可简称剖视。

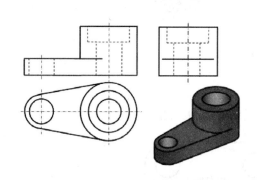

图 7-76　机件三视图

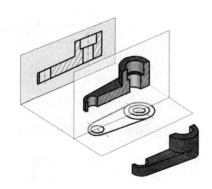

图 7-77　剖视图示意图

画剖视图时，一般先画出机件外形轮廓，再将假想剖切后看得见的内部结构及剖切面后面的可见轮廓一并用粗实线画出。剖切到的断面(机件与剖切面接触的部分)称为剖面，在剖切面上要画出剖面符号，如图 7-78 所示。剖视图画出后，已表达清楚的结构在其他视图上的虚线可以省略。

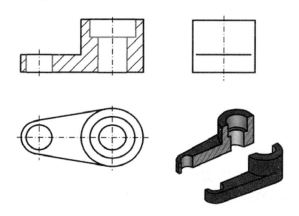

图 7-78　剖视图

7.2.1 全剖视图

用剖切面完全剖开物体所得的剖视图称为全剖视图，如图 7-79 所示。全剖视图主要应用于物体的外形比较简单或已表达清楚，而内形需要表达的场合。

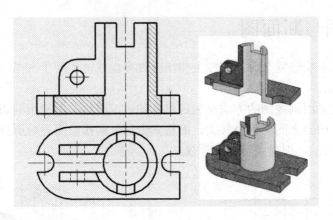

图 7-79   全剖视图

7.2.2   实例——阀盖

以绘制如图 7-80 所示的阀盖为例介绍全剖视图的绘制方法。

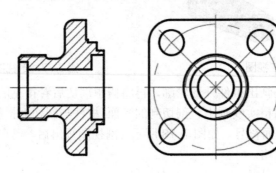

图 7-80   阀盖

光盘\动画演示\第 7 章\阀盖.avi

操作步骤

01 设置图层。

单击"默认"选项卡"图层"面板中的"图层特性"按钮 ，新建 3 个图层：第一图层命名为"轮廓线"，线宽为 0.3mm，其余属性默认；第二图层命名为"中心线"，设置颜色为红色、线型为 CENTER，其余属性默认；第三图层命名为"细实线"，设置颜色为蓝色，其余属性默认。

02 设置绘图环境。在命令行输入"LIMITS"命令，设置图纸幅面为 297×210。

03 绘制阀盖左视图中心线及圆。

❶将"中心线"图层设置为当前图层。单击状态栏中的"线宽"按钮 ，打开线宽显示功能；单击"对象捕捉"按钮 ，打开对象捕捉功能。

❷单击"默认"选项卡"绘图"面板中的"直线"按钮╱，绘制直线，命令行提示与操作如下：

> 命令：line↙
> 指定第一个点：（在绘图窗口中任意指定一点）
> 指定下一点或 [放弃(U)]：@80, 0↙
> 指定下一点或 [放弃(U)]：↙
> 命令：↙
> 指定第一个点：_from 基点：（捕捉中心线的中点）
> <偏移>：@0, 40↙
> 指定下一点或 [放弃(U)]：@0, -80↙
> 指定下一点或 [闭合(C)/放弃(u)]：↙

❸单击"默认"选项卡"绘图"面板中的"圆"按钮⊙，捕捉中心线的交点，绘制直径为 70 的圆；单击"默认"选项卡"绘图"面板中的"直线"按钮╱，从中心线的交点到@45<45 绘制直线，结果如图 7-81 所示。

04 绘制阀盖左视图外轮廓线。

❶将"轮廓线"图层设置为当前图层，单击"默认"选项卡"绘图"面板中的"多边形"按钮⬠，绘制多边形，命令行提示与操作如下：

> 命令：POLYGON ↙
> 输入侧面数 <4>：↙
> 指定正多边形的中心点或 [边(E)]：（捕捉中心线的交点）
> 输入选项 [内接于圆(I)/外切于圆(C)] <I>：C↙
> 指定圆的半径：37.5↙

❷单击"默认"选项卡"修改"面板中的"圆角"按钮⌓，对正方形进行圆角操作，设置圆角半径为12.5。单击"默认"选项卡"绘图"面板中的"圆"按钮⊙，捕捉中心线的交点，分别绘制直径为36、28.5 及 20 的圆；捕捉中心线圆与倾斜中心线的交点，绘制直径为 14 的圆。单击"默认"选项卡"修改"面板中的"环形阵列"按钮⬚，进行阵列操作，命令行提示与操作如下：

> 命令：ARRAYPOLAR
> 选择对象：（选取直径为 14 的圆及倾斜中心线）
> 类型 = 极轴   关联 = 是
> 指定阵列的中心点或 [基点(B)/旋转轴(A)]：（捕捉直径为 36、圆心为阵列中心）
> 选择夹点以编辑阵列或 [关联(AS)/基点(B)/项目(I)/项目间角度(A)/填充角度(F)/行(ROW)/层(L)/旋转项目(ROT)/退出(X)] <退出>：I↙
> 输入阵列中的项目数或 [表达式(E)] <6>：4↙
> 选择夹点以编辑阵列或 [关联(AS)/基点(B)/项目(I)/项目间角度(A)/填充角度(F)/行(ROW)/层(L)/旋转项目(ROT)/退出(X)] <退出>：F↙
> 指定填充角度(+=逆时针、-=顺时针)或 [表达式(EX)] <360>：360↙

选择夹点以编辑阵列或〔关联(AS)/基点(B)/项目(I)/项目间角度(A)/填充角度(F)/行(ROW)/层(L)/旋转项目(ROT)/退出(X)〕〈退出〉:✓

然后对中心线的长度进行适当调整，结果如图 7-82 所示。

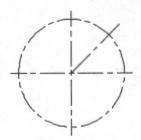

图 7-81　绘制中心线

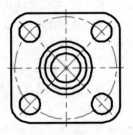

图 7-82　绘制外轮廓线

05 绘制螺纹小径。将"细实线"图层设置为当前图层。单击"默认"选项卡"绘图"面板中的"圆"按钮⊙，捕捉直径为 36 的圆的圆心，绘制直径为 34 的圆。单击"默认"选项卡"修改"面板中的"修剪"按钮 ⁄⋯，对细实线的螺纹小径进行修剪，结果如图 7-83 所示。

06 绘制阀盖主视图外轮廓线。

❶将"轮廓线"图层设置为当前图层。单击状态栏中的"正交"按钮 ⌐，打开正交功能。

❷单击"默认"选项卡"绘图"面板中的"直线"按钮 ⁄，绘制直线，命令行提示与操作如下：

命令：line✓

指定第一个点:<对象捕捉追踪　开>

❸单击状态栏中的"对象追踪"按钮，打开对象追踪功能。捕捉左视图水平中心线的端点，如图 7-84 所示，向左拖动鼠标，此时出现一条虚线，在适当位置处单击确定一点。

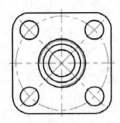

图 7-83　阀盖左视图

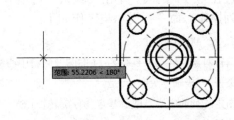

范围: 55.2206 < 180°

图 7-84　对象追踪确定起始点

❹从该点→@0,18→@15,0→@0,-2→@11,0→@0,21.5→@12,0→@0,-11→@1,0→@0,-1.5→@5,0→@0,-4.5→@4,0，将鼠标移动到中心线端点，此时出现一条虚线，如图 7-85 所示。

❺向左拖动鼠标到两条虚线的交点处单击，绘制出阀盖主视图外轮廓线，结果如图 7-86 所示。

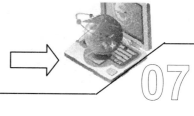

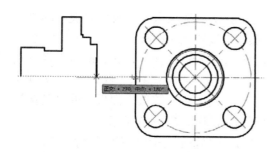

图 7-85　利用"对象追踪"确定终点

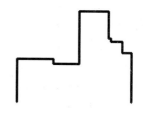

图 7-86　阀盖主视图外轮廓线

07 绘制阀盖主视图中心线。将"中心线"图层设置为当前图层，单击"默认"选项卡"绘图"面板中的"直线"按钮✏，绘制直线，命令行提示与操作如下：

> 命令：line↙
>
> 指定第一个点：_from 基点：（捕捉阀盖主视图左端点）
>
> 〈偏移〉：@-5,0↙
>
> 指定下一点或［放弃(U)］：_from 基点：（捕捉阀盖主视图右端点）
>
> 〈偏移〉：@5,0↙

08 绘制阀盖主视图内轮廓线。

❶将"轮廓线"图层设置为当前图层，单击"默认"选项卡"绘图"面板中的"直线"按钮✏，绘制直线，命令行提示与操作如下：

> 命令：line↙
>
> 指定第一点：（捕捉左视图直径为 28.5 的圆的上象限点，如图 7-87 所示，向左拖动鼠标，此时出现一条虚线，捕捉主视图左边线上的最近点单击）

❷从该点→@5,0→捕捉与中心线的垂足，绘制直线。

❸方法同前，利用对象追踪功能，捕捉左视图直径为 20 的圆的上象限点，向左拖动鼠标，此时出现一条虚线，捕捉刚刚绘制的直线上的最近点单击，从该点→@36,0 绘制直线。单击"默认"选项卡"绘图"面板中的"直线"按钮✏，捕捉直线端点→@0,8，再捕捉与阀盖右边线的垂足，绘制阀盖主视图内轮廓线，结果如图 7-88 所示。

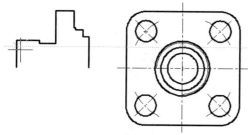

图 7-87　对象追踪确定起始点

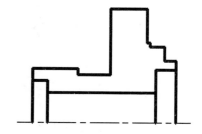

图 7-88　阀盖主视图内轮廓线

09 绘制主视图 M36 螺纹小径。单击"默认"选项卡"修改"面板中的"偏移"按钮✐，选取阀盖主视图左端 M36 轴段上边线，将其向下偏移 1。选取偏移后的直线，将其所在图层修改为"细实线"图层。

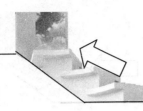

10 对主视图进行圆角及倒角操作。单击"默认"选项卡"修改"面板中的"倒角"按钮 ⌐，对主视图 M36 轴段左端进行倒角操作，设置倒角距离为 1.5。单击"默认"选项卡"修改"面板中的"圆角"按钮 ⌐，对主视图进行圆角操作，设置圆角半径分别为 2 及 5。方法同前，单击"默认"选项卡"修改"面板中的"修剪"按钮 -/--，对 M36 螺纹小径的细实线左端进行修剪，然后单击"默认"选项卡"修改"面板中的"延伸"按钮 --/，对 M36 螺纹小径的细实线右端进行延伸，结果如图 7-89 所示。

11 绘制完成阀盖主视图。单击"默认"选项卡"修改"面板中的"镜像"按钮 ⚎，用窗口选择方式选取主视图的轮廓线，以主视图的中心线为镜像轴线，进行镜像操作。将"细实线"图层设置为当前图层。单击"默认"选项卡"绘图"面板中的"图案填充"按钮 ▧，选取填充区域，如图 7-90 所示，绘制剖面线。

主视图的绘制结果如图 7-91 所示。阀盖的绘制结果如图 7-80 所示。

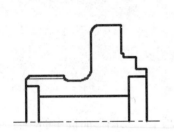

图 7-89　圆角及倒角后的主视图

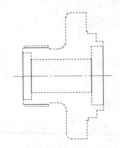

图 7-90　选取填充区域

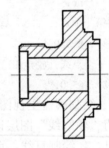

图 7-91　阀盖主视图

12 保存图形。单击"快速访问"工具栏中的"保存"按钮 💾，将图形以"阀盖"为文件名，保存在指定路径中。

☞ 补充

1. 剖视图绘制注意事项

1）剖切面的选择。有利于清楚地表达机件内部形状的真实情况。使剖切面平行剖视图所在投影面并尽量通过较多的内部结构的对称面或轴线，如图 7-92 所示。

完整实体

剖切面

图 7-92　剖切面的选择

2）假想剖切。剖切是一种假想，其他视图仍应完整画出，如图 7-93 所示。

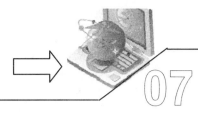

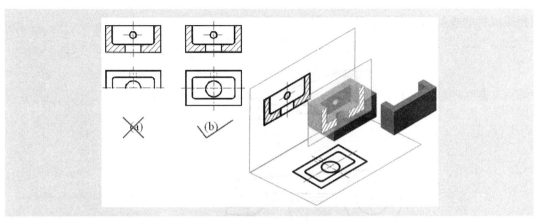

图 7-93 正确的剖切面

3）虚线处理。在剖视图中一般不画虚线，对未表达清楚的结构，少量虚线可省略视图，在不影响剖视图清晰的情况下用虚线表示；其他视图中，凡已表达清楚的内部结构，其虚线均可省略，如图 7-94 所示。

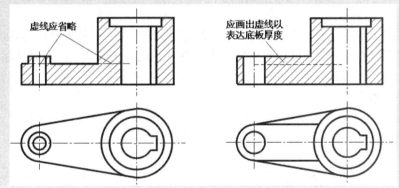

图 7-94 虚线处理

4）剖视图中不要漏线。剖切平面后的可见轮廓线应全部画出，如图 7-95 所示。

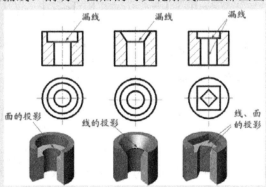

图 7-95 漏线处理

5）剖面线。同一物体，剖面线画法应一致。在按纵向剖切时，肋板上不绘制剖面线，

用粗实线将肋板与邻接部分分开，如图 7-96 所示。

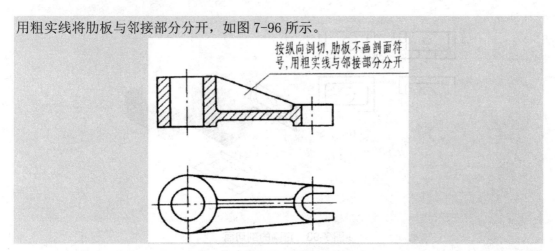

图 7-96　剖视图中肋的规定画法

2．两种特殊的剖切面

1）斜剖。用不平行于某一基本投影面的平面剖切机件的方法，习惯上称为斜剖，如图 7-97 所示。

斜剖主要用于表达机件上具有倾斜结构的内部形状。采用斜剖画剖视图时，应尽量使剖视图按投影关系配置。必要时也可将它配置在其他适当的位置。在不致引起误解时，允许将图形旋转。采用斜剖画出的剖视图都必须进行标注，虽然剖切平面是倾斜的，但标注的字母必须水平。

2）圆柱面剖切。可以用圆柱面作为剖切平面。采用圆柱面作为剖切平面时，剖视图应按展开绘制，并在图名后加注"展开"两字，如图 7-98 所示。

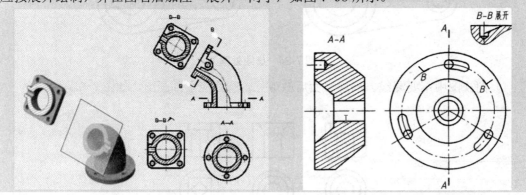

图 7-97　斜剖　　　　　　　　　　　图 7-98　用圆柱面剖切

7.2.3　半剖视图

当物体具有对称平面时，以对称中心线为界，一半画成视图，另一半画成剖视图，这种剖视图称为半剖视图。

为清楚表达支架的内、外形状，可将主视图和俯视图均画成半剖视图。在半剖视图中，物体的内形已在半个剖视图中表达清楚，故在表达外形的半个视图中虚线省略不画，

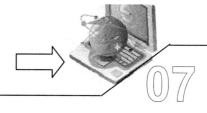

如图 7-99 所示。

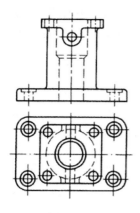

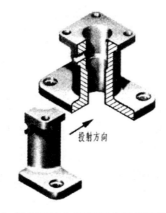

a）支架的两视图　　　　　b）剖切后将主视图画成半剖视图　　　　c）剖切后将俯视图画成半剖视图

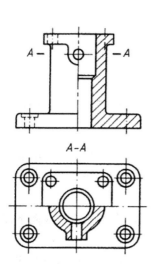

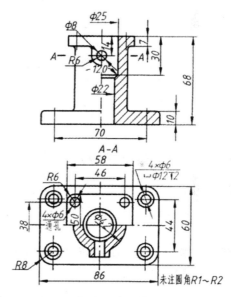

d）主、俯视图都画成半剖视图后的支架图　　　　　e）标注尺寸后的支架图

图 7-99　半剖视图的画法示例

7.2.4　实例——阀体

以如图 7-100 所示的阀体绘制过程为例介绍半剖视图的绘制方法。

光盘\动画演示\第 7 章\阀体.avi

操作步骤

01 设置图层。

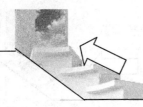

单击"默认"选项卡"图层"面板中的"图层特性"按钮，新建3个图层：第一图层命名为"粗实线"，线宽为 0.3mm，其余属性默认；第二图层命名为"中心线"，设置颜色为红色、线型为 CENTER，其余属性默认；第三图层命名为"细实线"，设置颜色为蓝色，其余属性默认。

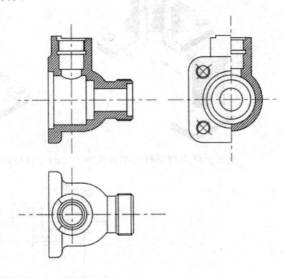

图 7-100   阀体

02 绘制中心线和辅助线。

❶将"中心线"图层设置为当前图层。单击"默认"选项卡"绘图"面板中的"直线"按钮，绘制两条相互垂直的中心线，竖直中心线和水平中心线长度分别大约为 500 和 700。

❷单击"默认"选项卡"修改"面板中的"偏移"按钮，将水平中心线向下偏移 200，将竖直中心线向右偏移 400。

❸单击"默认"选项卡"绘图"面板中的"直线"按钮，指定偏移后中心线右下交点为起点，下一点坐标为（@300<135）。

❹单击"默认"选项卡"修改"面板中的"移动"按钮，将绘制的斜线向右下方移动到适当位置，使其仍然经过右下方的中心线交点，结果如图 7-101 所示。

03 绘制主视图。

❶单击"默认"选项卡"修改"面板中的"偏移"按钮，将上面的中心线向下偏移 75，将左侧的中心线向左偏移 42。

❷选择偏移形成的两条中心线，如图 7-102 所示；然后在"默认"选项卡"图层"面板"图层"下拉列表中选择"粗实线"图层，如图 7-103 所示；将这两条中心线转换成粗实线，同时将"粗实线"图层设置为当前图层，如图 7-104 所示。

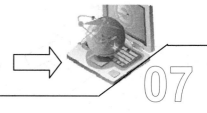

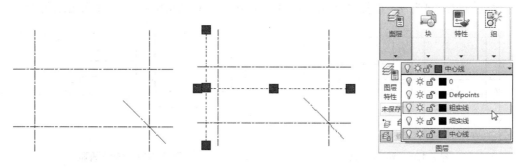

图 7-101　中心线和辅助线　　　　图 7-102　选择中心线　　　　图 7-103　"图层"下拉列表

❸单击"默认"选项卡"修改"面板中的"修剪"按钮 ⊁，将转换的两条粗实线修剪成如图 7-105 所示的形式。

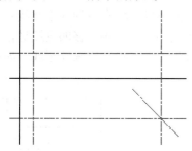

图 7-104　转换图层

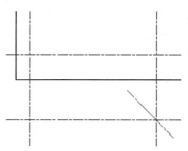

图 7-105　修剪直线

❹单击"默认"选项卡"修改"面板中的"偏移"按钮 ⚏，分别将刚修剪的竖直直线向右偏移 10、24、58、68、82、124、140、150，将水平直线向上偏移 20、25、32、39、40.5、43、46.5、55，结果如图 7-106 所示。单击"默认"选项卡"修改"面板中的"修剪"按钮 ⊁，将偏移直线后的图形修剪成如图 7-107 所示的形状。

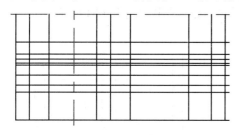

图 7-106　偏移直线

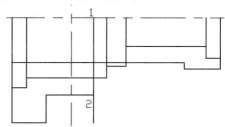

图 7-107　修剪直线

❺单击"默认"选项卡"绘图"面板中的"圆弧"按钮 ⌒，以图 7-107 中点 1 为圆心、点 2 为起点绘制圆弧，以适当位置为圆弧终点，结果如图 7-108 所示。

❻单击"默认"选项卡"修改"面板中的"删除"按钮 ✎，删除直线 12。单击"默认"选项卡"修改"面板中的"修剪"按钮 ⊁，修剪圆弧及与之相交的直线，结果如图 7-109 所示。

❼单击"默认"选项卡"修改"面板中的"倒角"按钮 ◺，对右下方的直角进行倒

角，设置倒角距离为 4。重复"倒角"命令，对其左侧的直角倒角，设置倒角距离为 4。

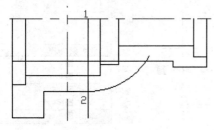

图 7-108　绘制圆弧

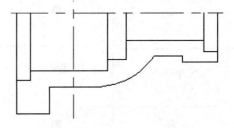

图 7-109　修剪圆弧

❽单击"默认"选项卡"修改"面板中的"圆角"按钮◻，对下端的直角进行圆角处理，设置圆角半径为 10。重复"圆角"命令，对修剪的圆弧直线相交处进行圆角处理，设置半径为 3，结果如图 7-110 所示。

❾单击"默认"选项卡"修改"面板中的"偏移"按钮⬳，将右下端水平直线向上偏移 2。单击"默认"选项卡"修改"面板中的"延伸"按钮⟋，将偏移的直线进行延伸处理。然后将延伸后直线所在的图层转换到"细实线"图层，绘制出螺纹牙底，如图 7-111 所示。

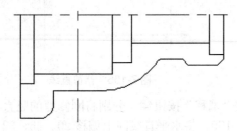

图 7-110　倒角及圆角

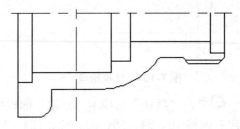

图 7-111　绘制螺纹牙底

❿单击"默认"选项卡"修改"面板中的"镜像"按钮⚐，选择如图 7-112 所示的虚线部分作为镜像对象，以水平中心线为镜像轴进行镜像，结果如图 7-113 所示。

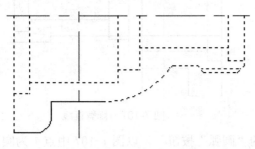

图 7-112　选择镜像对象

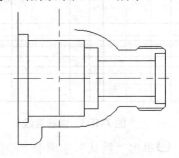

图 7-113　镜像结果

⓫单击"默认"选项卡"修改"面板中的"偏移"按钮⬳，将竖直中心线分别向左、右各偏移 18、22、26 和 36；将水平中心线向上偏移 54、80、86、104、108 和 112，并将偏移的中心线放置到"粗实线"图层，结果如图 7-114 所示。单击"默认"选项卡"修改"面板中的"修剪"按钮⟋，对偏移的图线进行修剪，结果如图 7-115 所示。

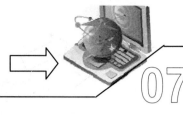

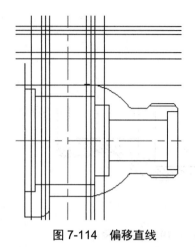

图 7-114　偏移直线

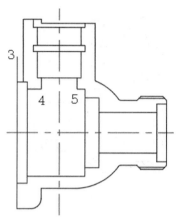

图 7-115　修剪直线

⑫单击"默认"选项卡"绘图"面板中的"圆弧"按钮，选择图 7-115 所示的点 3 为圆弧起点，适当一点为第二点，点 3 右侧竖直线上适当一点为终点绘制圆弧。单击"默认"选项卡"修改"面板中的"修剪"按钮，以圆弧为界，将点 3 右侧直线下部剪掉。重复"圆弧"命令，绘制起点和终点分别为点 4 和点 5、第二点为竖直中心线上适当一点的圆弧，结果如图 7-116 所示。

⑬将图 7-116 中 6、7 两条直线各向外偏移 1，然后将偏移后直线所在的图层转换到"细实线"图层，完成螺纹牙底的绘制，结果如图 7-117 所示。

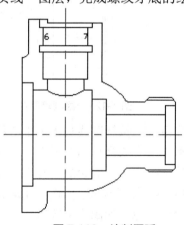

图 7-116　绘制圆弧

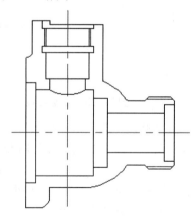

图 7-117　绘制螺纹牙底

⑭将"细实线"图层设置为当前图层。单击"默认"选项卡"绘图"面板中的"图案填充"按钮，打开"图案填充创建"选项卡，选择填充区域进行填充，结果如图 7-118 所示。

04 绘制俯视图。

❶单击"默认"选项卡"修改"面板中的"复制"按钮，将图 7-119 主视图中虚线显示的对象进行竖直复制，结果如图 7-120 所示。

❷将"粗实线"图层设置为当前图层。单击"默认"选项卡"绘图"面板中的"直线"按钮，捕捉主视图上相关点，向下绘制竖直辅助线，如图 7-121 所示。

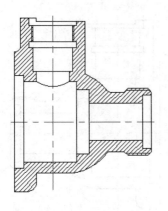

图 7-118　图案填充

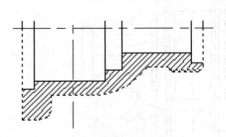

图 7-119　选择对象

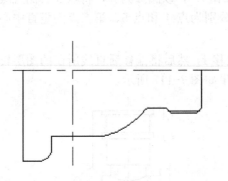

图 7-120　复制结果

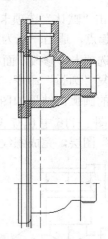

图 7-121　绘制辅助线

❸单击"默认"选项卡"绘图"面板中的"圆"按钮⊘，按辅助线与水平中心线交点指定的位置点，以中心线交点为圆心，以辅助线和水平中心线交点为圆弧上一点绘制 4 个同心圆。利用"直线"命令，以左侧第 4 条辅助线与第 2 大圆的交点为起点绘制直线。单击状态栏直线"动态输入"按钮┡，在适当位置指定终点，绘制与水平方向成 232°角的直线，重复"直线"命令，绘制俯视图右侧倒角处的直线，如图 7-122 所示。

❹单击"默认"选项卡"修改"面板中的"修剪"按钮✂，以最外面圆为界修剪刚绘制的斜线，以水平中心线为界修剪最右侧辅助线，以最外面的圆和下边第二条水平线为界修剪右侧第二条辅助线。

❺单击"默认"选项卡"修改"面板中的"删除"按钮✎，删除其余辅助线，结果如图 7-123 所示。

❻单击"默认"选项卡"修改"面板中的"圆角"按钮⬜，对俯视图同心圆正下方的直角进行圆角处理，设置半径为 10。

❼单击"默认"选项卡"修改"面板中的"打断"按钮🗒，将刚修剪的最右侧辅助线打断，结果如图 7-124 所示。

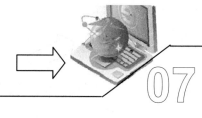

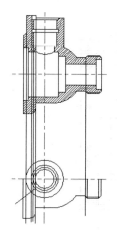

图 7-122　绘制轮廓线

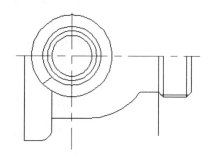

图 7-123　修剪与删除辅助线

❽单击"默认"选项卡"修改"面板中的"延伸"按钮，以刚进行圆角的圆弧为界，将圆角形成的断开直线延伸。

❾单击"默认"选项卡"修改"面板中的"复制"按钮，将刚打断的辅助线向左以适当距离平行复制，结果如图 7-125 所示。

❿单击"默认"选项卡"修改"面板中的"镜像"按钮，以水平中心线为镜像轴，将水平中心线以下的所有对象进行镜像，结果如图 7-126 所示。

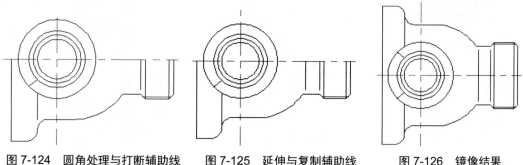

图 7-124　圆角处理与打断辅助线　　图 7-125　延伸与复制辅助线　　图 7-126　镜像结果

05 绘制左视图。

❶单击"默认"选项卡"绘图"面板中的"直线"按钮，捕捉主视图与左视图上相关点，绘制如图 7-127 所示的水平与竖直辅助线。

❷单击"默认"选项卡"绘图"面板中的"圆"按钮，以水平辅助线与左视图中心线指定的交点为圆弧上的一点，以中心线交点为圆心绘制 5 个同心圆，结果如图 7-128 所示。进一步修剪辅助线，结果如图 7-129 所示。

❸绘制孔板。单击"默认"选项卡"修改"面板中的"圆角"按钮，对图 7-129 所示的图形左下角直角进行圆角，设置半径为 25。

❹将"中心线"图层设置为当前图层。单击"默认"选项卡"绘图"面板中的"圆"按钮，以中心线交点为圆心,绘制半径为 70 的中心线圆。

❺单击"默认"选项卡"绘图"面板中的"直线"按钮，以中心线交点为起点，

向左下方绘制 45° 斜线。

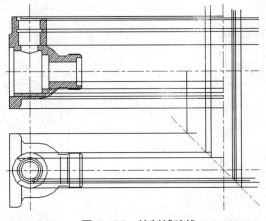

图 7-127　绘制辅助线

❻将"粗实线"图层设置为当前图层。单击"默认"选项卡"绘图"面板中的"圆"按钮⊘，以中心线圆与斜中心线交点为圆心，绘制半径为 10 的圆。

❼将"细实线"图层设置为当前图层。单击"默认"选项卡"绘图"面板中的"圆"按钮⊘，以中心线圆与斜中心线交点为圆心，绘制半径为 12 的圆，如图 7-130 所示。

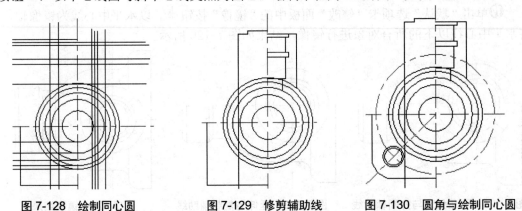

图 7-128　绘制同心圆　　　图 7-129　修剪辅助线　　　图 7-130　圆角与绘制同心圆

❽单击"默认"选项卡"修改"面板中的"打断"按钮▯，修剪同心圆的外圆、中心线圆与斜中心线。

❾单击"默认"选项卡"修改"面板中的"镜像"按钮▵，以水平中心线为镜像轴，将绘制的孔板进行镜像处理，结果如图 7-131 所示。

❿修剪图线。单击"默认"选项卡"修改"面板中的"修剪"按钮✄，选择相应边界，修剪左侧辅助线与 5 个同心圆中的最外边的两个同心圆，结果如图 7-132 所示。

⓫图案填充。单击"默认"选项卡"绘图"面板中的"图案填充"按钮▨，对左视图进行图案填充，结果如图 7-133 所示。

⓬单击"默认"选项卡"修改"面板中的"打断"按钮▯，修剪过长的中心线，再将左视图整体向左水平移动到适当位置，最终绘制的阀体三视图如图 7-134 所示。

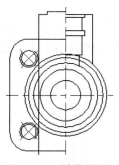

图 7-131　镜像结果

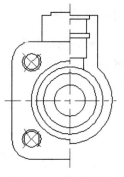

图 7-132　修剪图线

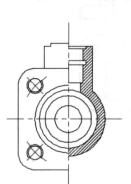

图 7-133　图案填充

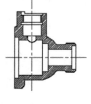

图 7-134　阀体三视图

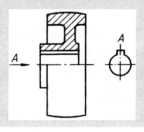

👉补充

1）半剖视图的标注同全剖视图。半剖视图的标注内容、方法以及标注的省略条件均和全剖视图的相同。

2）半剖视图中，半个外形视图和半个剖视图的分界线必须为点画线，不能画成粗实线。

3）在半剖视图中没有表达清楚的内形，在表达外形的半个视图中，虚线不能省略。顶板上的圆柱孔、底板上的具有沉孔的圆柱孔都应用虚线画出。

4）当物体的形状接近对称，且不对称部分已经有别的图形表达清楚时，也可以绘制成半剖视图，如图 7-135 所示。

图 7-135　带轮

7.2.5 局部剖视图

用剖切面局部地剖开机件所得的剖视图称为局部剖视图。如图 7-136 所示的机件，采用全剖视不合适，采用半剖视又不具备条件，因此只能用剖切平面分别将机件局部剖开，画成局部剖视图。

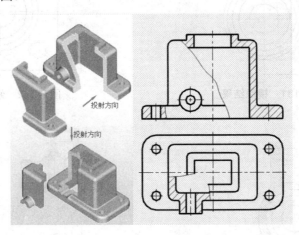

图 7-136　局部剖

7.2.6 实例——底座

以绘制如图 7-137 所示的底座为例介绍局部剖视图的绘制方法。

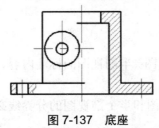

图 7-137　底座

光盘\动画演示\第 7 章\底座.avi

操作步骤

01 设置图层。单击"默认"选项卡"图层"面板中的"图层特性"按钮，新建 3 个图层：第一图层命名为"轮廓线"，线宽为 0.3mm，其余属性默认；第二图层命名为"细实线"，设置颜色为灰色，其余属性默认；第三图层命名为"中心线"，设置颜色为红色、线型为 CENTER，其余属性默认。

02 绘制辅助直线。将"中心线"图层设置为当前图层。单击"默认"选项卡"绘图"面板中的"直线"按钮，绘制一条竖直中心线。将"轮廓线"图层设置为当前图层，重复"直线"命令，绘制一条水平直线，结果如图 7-138 所示。

03 偏移处理。单击"默认"选项卡"修改"面板中的"偏移"按钮 ⊆，将水平直线分别向上偏移 10、40、62 和 72。重复"偏移"命令，将竖直中心线分别向两侧各偏移 17、34、52 和 62。再将竖直中心线向右偏移 24。选取偏移后的相应直线，将其所在的图层修改为相应图层，结果如图 7-139 所示。

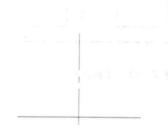

图 7-138 绘制直线

图 7-139 偏移处理

04 绘制样条曲线。将"细实线"图层设置为当前图层，单击"默认"选项卡"绘图"面板中的"样条曲线拟合"按钮 ∿，绘制中部的剖切线，结果如图 7-140 所示。

05 修剪处理。单击"默认"选项卡"修改"面板中的"修剪"按钮 ⁺∕，修剪相关图线，结果如图 7-141 所示。

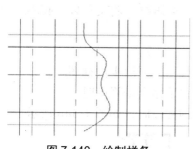

图 7-140 绘制样条

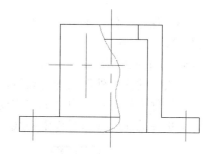

图 7-141 修剪处理

06 偏移处理。单击"默认"选项卡"修改"面板中的"偏移"按钮 ⊆，将直线 1 分别向两侧偏移 5，修剪后将其所在的图层修改为"轮廓线"图层，结果如图 7-142 所示。

07 绘制样条曲线。单击"默认"选项卡"绘图"面板中的"样条曲线拟合"按钮 ∿，绘制左下角的剖切线并对剖切线进行修剪，然后打开"线宽"显示功能，将相应的直线改为粗线，结果如图 7-143 所示。

08 绘制圆。将"轮廓线"图层设置为当前图层。单击"默认"选项卡"绘图"面板中的"圆"按钮 ⊙，以中心线交点为圆心，分别绘制半径为 15 和 5 的同心圆，结果如图 7-144 所示。

09 绘制剖面线。将"细实线"图层设置为当前图层。单击"默认"选项卡"绘图"面板中的"图案填充"按钮 ▧，弹出"图案填充创建"选项卡，在"特性"面板"图案"下拉列表中选择"用户定义"选项，设置填充"角度"为 45°，"间距"设置为 3；然后选择相应的填充区域进行填充，结果如图 7-137 所示。

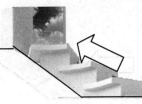

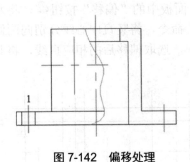

图 7-142　偏移处理

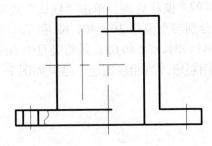

图 7-143　绘制样条

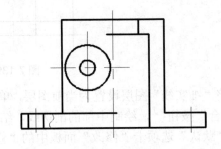

图 7-144　绘制圆

10 保存文件。单击"标准"工具栏中的"保存"按钮 🖫，将文件以"底座.dwg"为文件名进行保存。

剖视图的应用场合：

1）机件的内、外形状均需表达，但因不对称不能或不宜采用半剖视图时。

2）机件上只有局部内部形状需要表达，不必或不宜采用全剖视图时。

3）机件的轮廓线与对称中心线重合，不能采用半剖视图时，如图 7-145 所示。

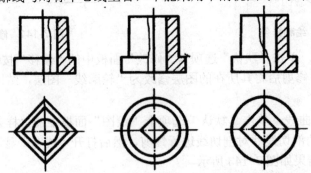

图 7-145　轮廓线与对称中心线重合的半剖视图的画法

剖视图注意事项

1）如图 7-146 所示，在局部剖视图中，视图与剖视图的分界线为波浪线，它可视为机件断裂痕迹的投影。波浪线不应与图样上其他图线重合，不应超出视图的轮廓线，遇到孔、槽时波浪线应断开，也不应是轮廓线的延长线。

2）当被剖切物体是回转体时，允许将回转体的中心线作为局部剖视图与视图的分界

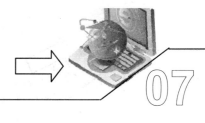
线，如图 7-147 所示。

3）在同一个视图上局部剖视不宜使用过多，以免图形过于零碎。

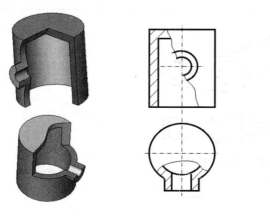

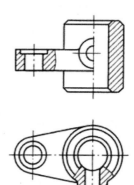

图 7-146　局部剖视图　　　　图 7-147　回转体剖视图

7.2.7　旋转剖视图

习惯上将用两个相交的剖切平面（交线垂直于某一基本投影面）剖开机件的方法称为旋转剖，如图 7-148 所示。

旋转剖适用于具有回转轴，且孔、槽等内部结构又不在同一个平面上的机件。

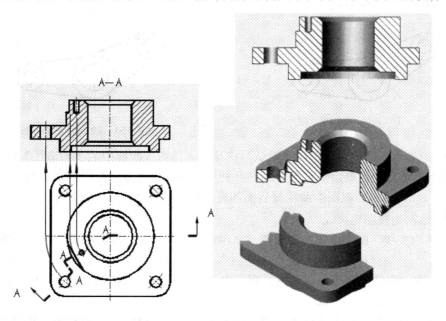

图 7-148　旋转剖视图

7.2.8　实例——曲柄

以绘制如图 7-149 所示的曲柄的为例介绍旋转剖视图的绘制方法。

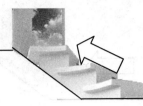

光盘\动画演示\第 7 章\曲柄.avi

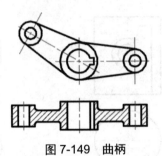

图 7-149　曲柄

操作步骤

01 设置图层。打开随书光盘中的文件：\原始文件\第 4 章\曲柄.DWG，如图 7-150 所示。单击"默认"选项卡"图层"面板中的"图层特性"按钮🗂，弹出"图层特性管理器"对话框，新建 1 个图层，将其命名为"细实线"，颜色设置为蓝色，其余属性默认。

02 绘制竖直辅助线。将"细实线"图层设置为当前图层。单击"默认"选项卡"绘图"面板中的"构造线"按钮✔，分别捕捉曲柄各个象限点及圆心，绘制 6 条竖直辅助线，如图 7-151 所示。

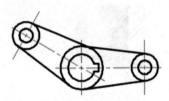

图 7-150　曲柄

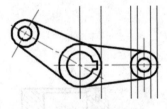

图 7-151　绘制竖直辅助线

03 绘制水平辅助线。单击"默认"选项卡"绘图"面板中的"构造线"按钮✔，在主视图下方适当位置处绘制水平直线，并利用"偏移"命令将绘制的水平辅助线向下偏移 12、7、3，确定俯视图中曲柄最后面的轮廓线，结果如图 7-152 所示。

04 绘制俯视图轮廓线。

❶将"粗实线"图层设置为当前图层。单击"默认"选项卡"绘图"面板中的"直线"按钮✔，分别捕捉辅助线的交点，绘制点 1→点 2→点 3→点 4→点 5→点 6→点 7 的直线。重复"直线"命令，再分别捕捉辅助线的其他交点，绘制点 8→点 9 及点 10→点 11 的直线，结果如图 7-153 所示。

❷单击"默认"选项卡"修改"面板中的"圆角"按钮⬜，对绘制的直线进行圆角操作，设置圆角半径为 2，结果如图 7-154 所示。

❸单击"默认"选项卡"修改"面板中的"镜像"按钮⬛，将绘制的粗实线以最下端水平辅助线作为镜像轴进行镜像操作，结果如图 7-155 所示。

❹单击"默认"选项卡"修改"面板中的"删除"按钮✐，删除所有的辅助线。

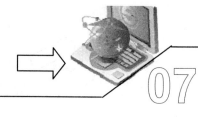

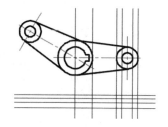

图 7-152 绘制水平辅助线

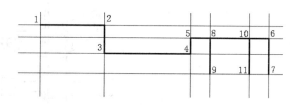

图 7-153 绘制直线

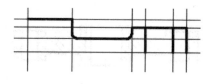

图 7-154 倒圆角操作

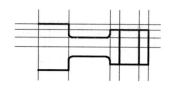

图 7-155 镜像操作

05 绘制俯视图中心线。将"中心线"图层设置为当前图层。单击"默认"选项卡"绘图"面板中的"直线"按钮✐，绘制中心线，命令行提示与操作如下：

命令：line↙
指定第一个点：
…_from 基点：（如图 7-153 所示，捕捉端点 1）
〈偏移〉：@0,3↙
指定下一点或 [放弃(U)]：@0,-30↙
指定下一点或 [放弃(U)]：↙

方法相同，绘制右端中心线，结果如图 7-156 所示。

06 绘制俯视图。

❶单击"默认"选项卡"修改"面板中的"镜像"按钮▲，选取竖直中心线右端的所有图形，以竖直中心线为镜像轴，进行镜像操作，结果如图 7-157 所示。

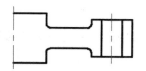

图 7-156 绘制中心线

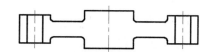

图 7-157 镜像操作

❷将"粗实线"图层设置为当前图层。单击"默认"选项卡"绘图"面板中的"构造线"按钮✐，捕捉曲柄主视图中间直径为 20 圆的象限点及键槽端点，绘制 3 条粗竖直线，如图 7-158 所示。

❸单击"默认"选项卡"修改"面板中的"修剪"按钮┴，对刚绘制的 3 条粗实线进行修剪，结果如图 7-159 所示。

❹将"细实线"图层设置为当前图层。单击"默认"选项卡"绘图"面板中的"图案填充"按钮▨，弹出"图案填充创建"选项卡，选择"ANSI31"图案，选择俯视图中

的填充区域填充剖面线，结果如图 7-160 所示。

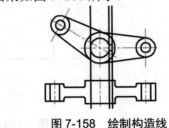

图 7-158 绘制构造线

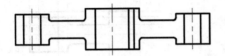

图 7-159 修剪构造线

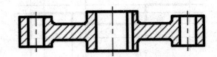

图 7-160 填充图案

☞ 补充

1）应先假想按剖切位置剖开机件，然后将其中被倾斜剖切平面剖开的结构及其有关部分旋转到与选定的基本投影面平行后再进行投射。这里强调的是先剖开，后旋转，再投射，如图 7-161 所示。

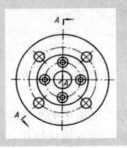

图 7-161 剖切位置

2）在剖切平面后的其他结构一般仍按原来位置投射，如图 7-162 所示主视图上的小孔在俯视图上的位置。

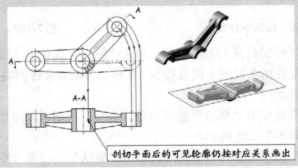

图 7-162 主视图上的小孔在俯视图上的位置

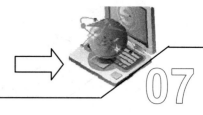

07

3）当剖切后产生不完整要素时，应将此部分按不剖绘制，如图7-163所示。

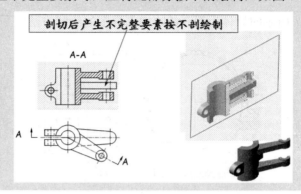

图7-163　剖切后产生不完整要素按不剖绘制

4）采用旋转剖时必须按规定进行标注。如图7-164和图7-165所示。

图7-164　连杆的旋转剖　　**图7-165　旋转剖的展开画法**

7.2.9　阶梯剖视图

用几个平行的剖切平面剖开机件的方法习惯上称为阶梯剖，如图7-166所示。
当机件内、外形状处于几个互相平行的对称平面时，应采用阶梯剖。

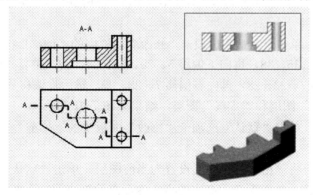

图7-166　阶梯剖

7.2.10 实例——架体

以绘制图 7-167 所示的架体为例介绍阶梯剖视图的绘制方法。

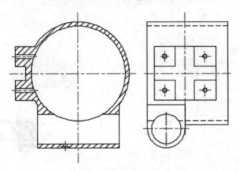

图 7-167 架体

光盘\动画演示\第 7 章\架体.avi

操作步骤

01 设置图层。单击"默认"选项卡"图层"面板中的"图层特性"按钮，弹出"图层特性管理器"对话框，新建 4 个图层：

❶第一图层命名为"细点画线"，设置颜色为红色、线型为 CENTER，其余属性保持系统默认设置。

❷第二图层命名为"粗实线"，线宽为 0.3mm，其余属性保持系统默认设置。

❸第三图层命名为"虚线"，设置颜色为蓝色、线型为 DASHED，其余属性保持系统默认设置。

❹第四图层命名为"细实线"，属性保持系统默认设置。

02 绘制中心线。将"细点画线"图层设置为当前图层。单击"默认"选项卡"绘图"面板中的"直线"按钮，绘制两组正交的中心线，坐标为{(100,100),(100,10)}、{(70,55),(134,55)}、{(69,14),(103,14)}和{(86,26.5),(86,1.5)}，结果如图 7-168 所示。

03 偏移直线。单击"默认"选项卡"修改"面板中的"偏移"按钮，将直线 1 分别向上偏移 5、20、35、38，再向下偏移 5、20、23、35、38。重复"偏移"命令，将直线 2 分别向左偏移 7、23、28，再向右偏移 7、23、32。然后将偏移后直线所在的图层分别修改为"粗实线"图层和"虚线"图层，结果如图 7-169 所示。

04 修剪直线。单击"默认"选项卡"修改"面板中的"修剪"按钮，修剪图形。

05 绘制直线。将"粗实线"图层设置为当前图层。单击"默认"选项卡"绘图"面板中的"直线"按钮，以图 7-169 中的点 1 为起点绘制直线，结果如图 7-170 所示。

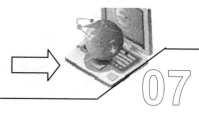

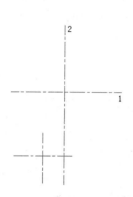

图 7-168　绘制中心线

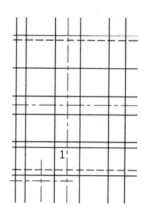

图 7-169　偏移处理

06 绘制圆并修剪。

❶单击"默认"选项卡"绘图"面板中的"圆"按钮⊙，以左下角中心线交点为圆心，分别绘制半径为 11 和 14 的同心圆。

❷单击"默认"选项卡"修改"面板中的"修剪"按钮，修剪图形，结果如图 7-171 所示。

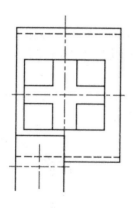

图 7-170　修剪处理

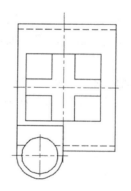

图 7-171　绘制圆并修剪

07 绘制孔系。

❶单击"默认"选项卡"修改"面板中的"偏移"按钮，将中心线 1 分别向上、下偏移 12.5，将中心线 2 分别向左、右偏移 15。

❷单击"默认"选项卡"绘图"面板中的"圆"按钮⊙，分别以偏移后的中心线交点为圆心，绘制直径为 3 的圆。

❸单击"默认"选项卡"修改"面板中的"打断"按钮，调整中心线的长度，结果如图 7-172 所示。

08 绘制剖视图中心线。将"细点画线"图层设置为当前图层。单击"默认"选项卡"绘图"面板中的"直线"按钮，以主视图中心线的端点为特征点，绘制剖视图中心线。

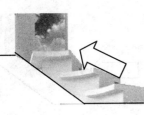
09 绘制构造线。将"粗实线"图层设置为当前图层。单击"默认"选项卡"绘图"面板中的"射线"按钮 ╱ ，以主视图的特征点为起点绘制构造线，结果如图 7-173 所示。

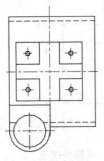

图 7-172　绘制中心线

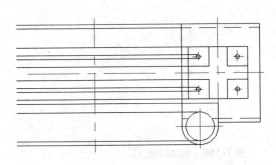

图 7-173　绘制构造线

10 绘制剖视图轮廓线。单击"默认"选项卡"绘图"面板中的"圆"按钮 ⊘ ，以中心线的交点为圆心，分别以上侧构造线与中心线的交点为圆上的一点绘制圆。单击"默认"选项卡"修改"面板中的"偏移"按钮 ⊕ ，将竖直中心线向左分别偏移 30.25、39.25 和 47.25，再向右偏移 30.25，并将其所在图层改为"粗实线"，结果如图 7-174 所示。

11 修剪处理。单击"默认"选项卡"修改"面板中的"修剪"按钮 ⊱/ ，将剖视图中的构造线进行修剪，将"细点画线"图层设置为当前图层。绘制中心线，结果如图 7-175 所示。

12 细化图形。单击"默认"选项卡"绘图"面板中的"直线"按钮 ╱ 和"修改"面板中的"偏移"按钮 ⊕ ，补全图形，结果如图 7-176 所示。

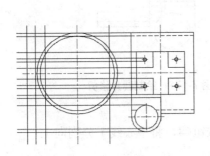

图 7-174　绘制轮廓线

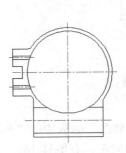

图 7-175　修剪处理

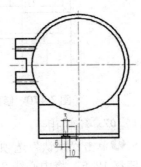

图 7-176　补全图形

13 绘制剖面线。将"细实线"图层设置为当前图层，单击"默认"选项卡"绘图"面板中的"填充图案"按钮 ▨ ，绘制剖视图中的剖面线，结果如图 7-167 所示。

14 保存图形。单击"快速访问"工具栏中的"保存"按钮 💾 ，将图形以"架体"为文件名，保存在指定路径中。

 补充

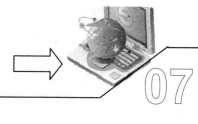
画金属材料的剖面符号时，应遵守下列规定：

1）同一机件的零件图中，剖视图、断面图的剖面符号应画成间隔相等、方向相同且与水平方向成 45°（向左、向右倾斜均可）的细实线，如图 7-177 所示。

2）当图形的主要轮廓线与水平方向成 45° 时，该图形的剖面线应画成与水平方向成 30° 或 60° 的平行线，其倾斜方向仍与其他图形的剖面线一致，如图 7-178 所示。

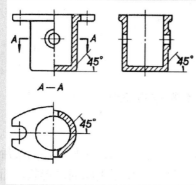

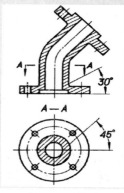

图 7-177　金属材料的剖面线画法 1　　　　　图 7-178　金属材料的剖面线画法 2

读剖视图的方法：

在掌握了机件的各种表达方法后，还要进一步根据机件已有的视图、剖视、断面等表达方法，分析了解剖切关系及表达意图，从而想象出机件的内部形状和结构，即读剖视图。

要想很快地读懂剖视图，首先应具有读组合体视图的能力，其次应熟悉各种视图、剖视、断面及其表达方法的规则、标注与规定。读图时以形体分析法为主，线面分析法为辅，并根据机件的结构特点，从分析机件的表达方法入手，由表及里逐步分析和了解机件的内外形状和结构，从而想象出机件的实际形状和结构。

1）各剖切平面剖切后所得的剖视图是一个图形，在剖切平面转折处转折平面的投影不应画出，如图 7-179 所示。

2）剖切平面的转折处不应与视图中的轮廓线重合，如图 7-180 所示。

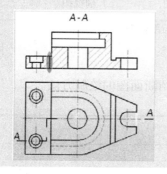

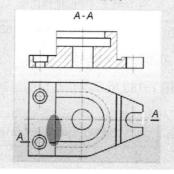

图 7-179　转折平面投影不画出　　　　　图 7-180　转折处不与轮廓线重合

3）在剖视图中不应出现不完整的要素。只有当两个要素在图形上具有公共对称中心线或轴线时，可以各画一半，此时应以对称中心线或轴线为界，如图 7-181 所示。

4）采用阶梯剖时，必须按规定进行标注。

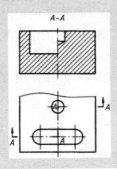

图 7-181　允许出现不完整要素的阶梯剖

7.2.11　断面图

断面图是指假想用剖切面将机件的某处切断，仅画出该剖切面与机件的接触部分的图形。剖视图与断面图的区别在于：断面图是面的投影，仅画出断面的形状，而剖视图是体的投影，要将剖切面以后的结构全部投影画出，如图 7-182 所示。

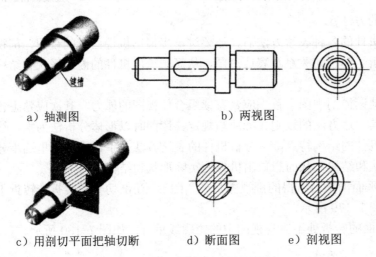

a）轴测图　　　　　　　　　b）两视图

c）用剖切平面把轴切断　　　d）断面图　　　e）剖视图

图 7-182　轴的断面图与剖视图

7.2.12　实例——传动轴

以如图 7-183 所示的传动轴的绘制过程为例介绍断面图的绘制方法。

光盘\动画演示\第 7 章\传动轴.avi

操作步骤

01 配置绘图环境。设置图层。单击"默认"选项卡"绘图"面板中的"图层特

性"按钮 ，弹出"图层特性管理器"对话框，新建三个图层：第一图层命名为"中心线"，设置颜色为红色、线型为 CENTER，其余属性保持系统默认设置；第二图层命名为"轮廓线"，线宽为 0.3mm，其余属性保持系统默认设置；第三图层命名为"剖面线"，设置颜色为蓝色，其余属性保持系统默认设置。

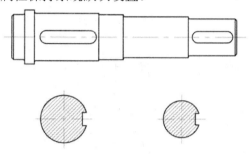

图 7-183　传动轴

02 绘制中心线。将"中心线"图层设置为当前图层，单击"默认"选项卡"绘图"面板中的"直线"按钮 ，绘制中心线，坐标为{（60,200），（360,200）}，如图 7-184 所示。

图 7-184　绘制中心线

03 绘制传动轴主视图。

❶ 将"轮廓线"图层设置为当前图层。

❷ 绘制边界线。单击"默认"选项卡"绘图"面板中的"直线"按钮 ，绘制直线 1，坐标为{（70,200），（70,240）}。

❸ 缩放和平移视图。利用"缩放"和"平移"命令将视图调整到易于观察的程度。

❹ 偏移边界线。单击"默认"选项卡"修改"面板中的"偏移"按钮 ，以直线 1 为起点，以前一次偏移线为基准依次向右绘制直线 2 至直线 7，偏移量依次为 16、12、80、30、80 和 60，如图 7-185 所示。

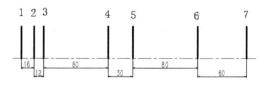

图 7-185　偏移边界线

❺ 偏移中心线。单击"默认"选项卡"修改"面板中的"偏移"按钮 ，将中心线向上分别偏移 22.5、25、27.5、29 和 33，如图 7-186 所示。

❻ 更改图形对象的图层属性。选中 5 条偏移的中心线，将其从"中心线"图层改为"轮廓线"图层，如图 7-187 所示。

❼ 修剪纵向直线。单击"默认"选项卡"修改"面板中的"修剪"按钮 ，以 5

条横向直线作为剪切边，对 7 条纵向直线进行修剪，结果如图 7-188 所示。

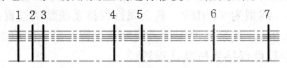

图 7-186　偏移中心线

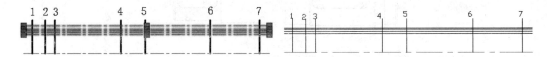

图 7-187　更改图层属性

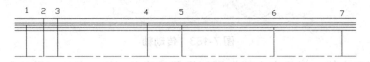

图 7-188　修剪纵向直线

❽修剪横向直线。单击"默认"选项卡"修改"面板中的"修剪"按钮 ✂ ，以 7 条纵向直线作为剪切边，对 5 条横向直线进行修剪，结果如图 7-189 所示。

❾端面倒角。单击"默认"选项卡"修改"面板中的"倒角"按钮 ◢ ，采用修剪、角度、距离模式，设置倒角长度为 2，对左、右端面的两条直线进行倒角处理，结果如图 7-190 所示。

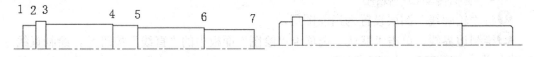

图 7-189　修剪横向直线　　　　　　　　　　图 7-190　端面倒直角

❿台阶面圆角处理。单击"默认"选项卡"修改"面板中的"圆角"按钮 ◢ ，采用不修剪、半径模式，台阶面进行圆角操作，命令行提示与操作如下：

命令：FILLET✔

当前设置：模式 = 修剪，半径 = 0.0000

选择第一个对象或 [多段线（P）/半径（R）/修剪（T）/多个（U）]：T ✔

输入修剪模式选项 [修剪（T）/不修剪（N）] 〈修剪〉：N ✔

选择第一个对象或 [放弃(U)/多段线(P)/半径(R)/修剪(T)/多个(M)]：R ✔

指定圆角半径 〈0.0000〉：2 ✔

选择第一个对象或 [放弃(U)/多段线(P)/半径(R)/修剪(T)/多个(M)]：

选择第二个对象，或按住 Shift 键选择要应用角点的对象：【依次选择传动轴中的 5 个台阶面进行圆角操作（其中从右边数第三个台阶面圆角半径为 1）】

圆角处理后的结果如图 7-191 所示。

⓫修剪圆角边。由于采用了不修剪模式下的圆角操作，故在每处圆角边都存在多余的边。单击"默认"选项卡"修改"面板中的"修剪"按钮 ✂ ，将其删除，修剪前后的

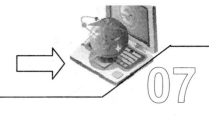
对比如图 7-192 所示。

图 7-191　台阶面圆角处理

修剪前　　　　　　　　　　修剪后

图 7-192　修剪圆角边

⓬绘制键槽轮廓线。单击"默认"选项卡"修改"面板中的"偏移"按钮，按照如图 7-193 所示偏移中心线和垂直线，完成键槽轮廓线的绘制。

⓭更改偏移中心线的图层属性。将偏移后的两条中心线从"中心线"图层改为"轮廓线"图层。

⓮键槽圆角处理。单击"默认"选项卡"修改"面板中的"圆角"按钮，采用修剪、半径模式，设置左侧键槽圆角半径为8、右侧键槽圆角半径为7，对键槽进行圆角处理，并修剪掉多余图线，结果如图 7-194 所示。

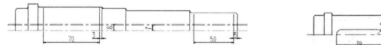
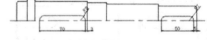

图 7-193　绘制键槽轮廓线　　　　　　图 7-194　倒圆角后的键槽

⓯镜像成形。单击"默认"选项卡"修改"面板中的"镜像"按钮，使用镜像操作完成传动轴下半部分的绘制，结果如图 7-195 所示。

⓰补全端面线。单击"默认"选项卡"默认"面板中的"直线"按钮，利用"对象捕捉"功能，补全左右的端面线。至此，传动轴的主视图绘制完毕，如图 7-196 所示。

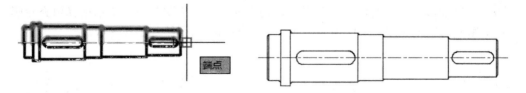

图 7-195　使用镜像绘制传动轴的下半部分　　　图 7-196　传动轴主视图

04　绘制键槽断面图。

❶切换图层。将"中心线"图层设置为当前图层。

❷绘制断面图中心线。单击"默认"选项卡"修改"面板中的"直线"按钮，绘

制两组十字交叉直线，分别为直线{(100, 100), (170, 100)}、直线{(135, 65), (135, 135)}、直线{ (250, 100)， (310, 100) }、直线{ (280, 70)， (280, 130) }，如图 7-197 所示。

❸绘制断面圆。将"轮廓线"图层设置为当前图层。单击"默认"选项卡"绘图"面板中的"圆"按钮⊙，绘制两个圆，一个为圆心（135, 100）和半径为 29，另一个为圆心（280, 100）和半径为 22.5，结果如图 7-198 所示。

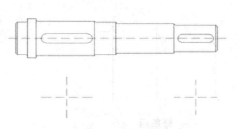

图 7-197　绘制断面图中心线

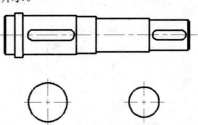

图 7-198　绘制断面圆

❹绘制键槽轮廓线。单击"默认"选项卡"修改"面板中的"直线"按钮✐，在左、右两个圆的右侧分别绘制 1 条竖直的切线，然后单击"默认"选项卡"修改"面板中的"偏移"按钮⬚，将左侧圆水平中心线分别向上、下偏移 8，将竖直直线水平向左偏移 6；将右侧圆水平中心线分别向上、下偏移 7，将竖直直线水平向左偏移 5.5，结果如图 7-199 所示。注意，中心线的偏移线同样需要更改其图层属性。

❺绘制键槽。单击"默认"选项卡"修改"面板中的"修剪"按钮✂，剪切刚偏移的直线，然后单击"默认"选项卡"修改"面板中的"删除"按钮✐，删除掉绘制的直线，形成键槽，如图 7-200 所示。

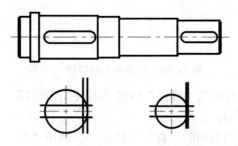

图 7-199　绘制键槽轮廓线

图 7-200　剪切形成键槽

❻绘制剖面线。将"剖面线"图层设置为当前图层，按图 7-201 所示选择填充轮廓进行图案填充，结果如图 7-202 所示。至此，键槽的断面图绘制工作完成。

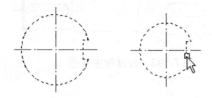

图 7-201　选择填充轮廓线

图 7-202　绘制剖面线

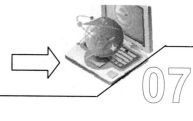

最终结果如图 7-183 所示。

补充

　　根据断面图的配置位置，断面图可分为移出断面图和重合断面图两种。配置在视图之外的断面图称为移出断面图，如图 7-203 所示。画在视图内的断面图，称为重合断面图。

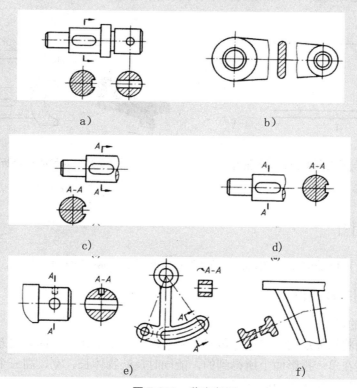

图 7-203　移出断面

　　1. 移出断面图

　　移出断面图的轮廓线必须用粗实线绘制，如图 7-203a 所示。

　　1）一般情况下，画出断面的真实形状，如图 7-203c、d 所示。

　　2）断面图形对称时，也可以绘制在视图中断处，如图 7-203b 所示。

　　3）特殊情况下，被剖切结构按剖视绘制。

　　当剖切面通过回转面形成的孔、凹坑的轴线时，这些结构按剖视绘制，如图 7-203e 所示。当剖切面剖切非回转面形成的结构，出现完全分开的两个断面时，这些结构按剖视绘制，如图 7-203f 所示。

　　4）由两个或多个相交的剖切平面剖切物体得出的移出断面图，中间一般应断开绘制，如图 7-203g 所示。

　　2. 重合断面图

　　为与视图中的轮廓线相区分，重合断面图的轮廓线必须用细实线绘制。

当视图中的轮廓线与重合断面图的图形重叠时，视图中的轮廓线仍应连续画出，不可间断，如图 7-204 所示。

重合断面图必须配置在视图内的剖切位置处。

因为重合断面图就配置在视图内的剖切位置处，故其标注一律可省略字母。

对称的重合断面图可不必标注，如图 7-205 所示。

不对称的重合断面图，只要画出剖切符号与箭头即可，如图 7-204 所示。有时也可不标注。

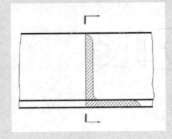

图 7-204 轮廓线与重合断面图的图形重叠

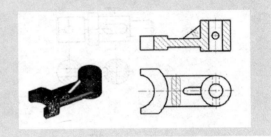

图 7-205 对称的重合断面图

7.3 轴测图

轴测图是一种特殊的平面图形，它能够在二维平面反映三维图形信息。

7.3.1 轴测图基本知识

1．轴测图的形成

轴测图是指将物体连同其参考直角坐标系，沿不平行于任一坐标面的方向，用平行投影法将其投射在单一投影面上所得到的，能同时反映物体长、宽、高三个方向尺度的富有立体感的图形，如图 7-206 所示。

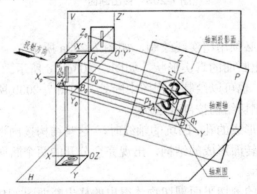

图 7-206 轴测图概念

由于轴测图是用平行投影法得到的，因此其具有以下特性：

1）平行性。物体上相互平行的直线，它们的轴测投影仍相互平行；物体上平行于坐

标轴的线段，在轴测图上仍平行于相应的轴测轴。

2）定比性。物体上平行于坐标轴的线段，其轴测投影与原线段长度之比，等于相应的轴向伸缩系数。

2．轴向伸缩系数和轴间角

由于物体上 3 个直角坐标轴对轴测投影面倾斜角度不同，所以在轴测图上各条轴线的投影长度也不同。直角坐标轴的轴测投影（简称轴测轴）的单位长度与相应直角坐标轴上的单位长度的比值，称为轴向伸缩系数，分别用 p1、q1、r1 表示，简化伸缩系数分别用 p、q、r 表示。两根轴测轴之间的夹角称为轴间角。

3．轴测图的分类

轴测图根据投影方向与轴测投影面是否垂直，分为正轴测图和斜轴测图两大类，每类按轴向伸缩系数不同，又分为 3 类：

（1）正（或斜）等轴测图：简称正（或斜）等测，$p1=q1=r1$；

（2）正（或斜）二等轴测图：简称正（或斜）二测，$p1=q1\neq r1$ 或 $q1=r1\neq p1$ 或 $p1=r1\neq q1$；

（3）正（或斜）三轴测图：简称正（或斜）三测，$p1\neq q1\neq r1$；

国家标准 GB/T 14692-1993 中规定，轴测图一般采用正等测、正二测和斜二测，必要时允许采用其他轴测图。

7.3.2　轴测图的一般绘制方法

前面介绍了利用 AutoCAD 绘制二维平面图形的方法，轴测图也属于二维平面图形，因此，绘制方法与前面介绍的二维图形绘制方法基本相同，利用简单的绘图命令，如绘制直线命令 LINE、绘制椭圆命令 ELLIPSE、绘制圆命令 CIRCLE 等，并结合编辑命令，如修剪命令 TRIM 等，就可以绘制完成。下面简单介绍利用 AutoCAD 绘制轴测图的一般步骤。

1）设置绘图环境。在绘制轴测图之前，需要根据轴测图的大小及复杂程度，设置图形界限及图层。

2）建立直角坐标系，绘制轴测轴。

3）根据轴向伸缩系数，确定物体在轴测图上各点的坐标，然后连线画出。轴测图中一般只用粗实线画出物体可见轮廓线，必要时才用虚线画出不可见轮廓线。

4）保存图形。

7.3.3　实例——轴承座的正等测

根据如图 7-207 所示的轴承座视图，绘制该轴承座的正等测。

光盘\动画演示\第 7 章\轴承座的正等侧.avi

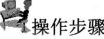操作步骤

01 设置绘图环境。

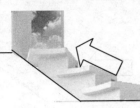
❶用 LIMITS 命令设置图幅：420×297。

❷设置图层。单击"默认"选项卡"图层"面板中的"图层特性"按钮，弹出"图层特性管理器"对话框，新建 2 个图层：第一图层命名为"粗实线"，用于绘制可见轮廓线，设置线宽为 0.3mm，线型为 CONTINUS，颜色为白色；第二图层命名为"细实线"，用于绘制轴测轴，设置线宽为 0.09mm，线型为 CONTINUS，颜色为白色。

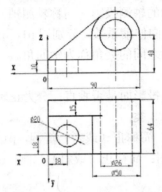

图 7-207　轴承座视图及直角坐标系

02 建立直角坐标系，绘制轴测轴。建立直角坐标系，如图 7-207 所示，将"细实线"图层设置为当前图层

❶单击"默认"选项卡"绘图"面板中的"构造线"按钮，绘制轴测轴，命令行提示与操作如下：

> 命令：XLINE
> 指定点或 [水平(H)/垂直(V)/角度(A)/二等分(B)/偏移(O)]：V↙
> 指定通过点：(在适当位置处单击，绘制 Z 轴)
> 指定通过点：↙
> 命令：SNAP↙（光标捕捉命令）
> 指定捕捉间距或 [开(ON)/关(OFF)/纵横向间距(A)/样式(S)/类型(T)] <10.0000>：S↙（改变栅格捕捉样式）
> 输入捕捉栅格类型 [标准(S)/等轴测(I)] <S>：I↙（将栅格捕捉样式改为正等轴测模式，此时光标样式改变为正等测样式，如图 7-208a 所示。使用快捷键 Ctrl+E 可以在正等测的三种模式间切换，如图 7-208 所示。打开正交功能，则光标只能沿着光标两条直线的方向进行）
> 指定垂直间距 <10.0000>：1↙（将栅格间距设置为1）

　　a）XOY 平面光标　　　　b）XOZ 平面光标　　　c）YOZ 平面光标

图 7-208　正等测光标样式

❷单击"默认"选项卡"绘图"面板中的"构造线"按钮，绘制构造线命令行提

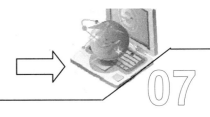

示与操作如下：

> 命令：XLINE（绘制 X 轴）
>
> 指定点或［水平(H)/垂直(V)/角度(A)/二等分(B)/偏移(O)］：〈正交 开〉（打开正交功能，在适当位置处单击，绘制 X 轴）
>
> 指定通过点：（在 X 轴上单击任意一点）
>
> 指定通过点：↙
>
> 命令：↙（绘制 Y 轴）
>
> 指定点或［水平(H)/垂直(V)/角度(A)/二等分(B)/偏移(O)］：（捕捉 X 轴与 Z 轴的交点，绘制 Y 轴）
>
> 指定通过点：（在 Y 轴上单击任意一点）
>
> 指定通过点：↙

03 绘制底板。

❶将"粗实线"图层设置为当前图层，单击"默认"选项卡"绘图"面板中的"直线"按钮 ╱，绘制底板底面，命令行提示与操作如下：

> 命令：LINE
>
> 指定第一个点：（捕捉轴测轴的交点）
>
> 指定下一点或［放弃(U)］：@64<-30↙
>
> 指定下一点或［放弃(U)］：@90<30↙
>
> 指定下一点或［闭合(C)/放弃(U)］：@64<150↙
>
> 指定下一点或［闭合(C)/放弃(U)］：C↙

❷单击"默认"选项卡"修改"面板中的"偏移"按钮 ⌐，命令行提示与操作如下：

> 命令：OFFSET（偏移绘制四边形的前面两条边，作为绘制底板圆孔的辅助线）
>
> 当前设置：删除源=否 图层=源 OFFSETGAPTYPE=0
>
> 指定偏移距离或［通过(T)/删除(E)/图层(L)］〈通过〉：18↙
>
> 选择要偏移的对象，或［退出(E)/放弃(U)］〈退出〉：（选择四边形的右边）
>
> 指定要偏移的那一侧上的点，或［退出(E)/多个(M)/放弃(U)］〈退出〉：（向四边形内部偏移）
>
> 选择要偏移的对象，或［退出(E)/放弃(U)］〈退出〉：（选择四边形的左边）
>
> 指定要偏移的那一侧上的点，或［退出(E)/多个(M)/放弃(U)］〈退出〉：（向四边形内部偏移）
>
> 选择要偏移的对象，或［退出(E)/放弃(U)］〈退出〉：↙

❸单击"默认"选项卡"绘图"面板中的"椭圆"按钮 ◯，绘制椭圆，命令行提示与操作如下：

> 命令：ELLIPSE（用绘制椭圆命令，绘制底板上的圆孔）
>
> 指定椭圆轴的端点或［圆弧(A)/中心点(C)/等轴测圆(I)］：I↙（绘制正等轴测圆）
>
> 指定等轴测圆的圆心：（捕捉偏移的两条边的交点）
>
> 指定等轴测圆的半径或［直径(D)］：D↙
>
> 指定等轴测圆的直径：（用快捷键 Ctrl+E，切换正等测模式，将光标切换为"XOY 平面"）（用快捷键 Ctrl+E，切换正等测模式，将光标切换为"XOY 平面"） 20↙

❹单击"默认"选项卡"修改"面板中的"复制"按钮 ✸，复制图形，命令行提示

与操作如下：

> 命令：COPY（复制绘制的四边形及椭圆，生成底板顶面）
>
> 选择对象：（用窗选方式，选择绘制的四边形及椭圆）
>
> 找到 5 个
>
> 选择对象：↙
>
> 指定基点或位移，或者 ［重复(M)］：（捕捉绘制的四边形的左后顶点）
>
> 指定位移的第二个点或 〈用第一点作位移〉：〈正交 关〉@0, 10↙（关闭正交功能，输入复制距离）

❺单击"默认"选项卡"绘图"面板中的"直线"按钮 ，捕捉底板底面的一个顶点和底板顶面的对应顶点，绘制底板棱线。

❻单击"默认"选项卡"修改"面板中的"删除"按钮 ，删除底板底面四边形后面的两条线及偏移辅助线。

❼单击"默认"选项卡"修改"面板中的"修剪"按钮 ，剪去底面椭圆多余的部分，结果如图 7-209 所示。

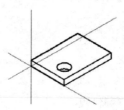

图 7-209　底板主要轮廓线

04 绘制轴承。

❶将"细实线"图层设置为当前图层。单击"默认"选项卡"绘图"面板中的"直线"按钮 ，绘制辅助线，命令行提示与操作如下：

> 命令:LINE（绘制辅助线，定出轴承前端面圆心位置，如图 7-210 所示的 4 点）
>
> 指定第一个点：（捕捉底板底面左后顶点，如图 7-210 所示的 1 点）
>
> 指定下一点或 ［放弃(U)］：@65<30 ↙（捕捉底板底面左后顶点，如图 7-210 所示的 2 点）
>
> 指定下一点或 ［放弃(U)］：@64<-30↙（输入下一点坐标，如图 7-210 所示的 3 点）
>
> 指定下一点或 ［闭合(C)/放弃(U)］：@0,40↙（输入下一点坐标，如图 7-210 所示的 4 点）
>
> 指定下一点或 ［闭合(C)/放弃(U)］：↙

❷将"粗实线"图层设置为当前图层，单击"默认"选项卡"绘图"面板中的"椭圆"按钮 ，绘制椭圆，命令行提示与操作如下：

> 命令：ELLIPSE（绘制轴承前端面φ50 圆）
>
> 指定椭圆轴的端点或 ［圆弧(A)/中心点(C)/等轴测圆(I)］：I↙
>
> 指定等轴测圆的圆心：（捕捉 4 点）
>
> 指定等轴测圆的半径或 ［直径(D)］：〈等轴测平面右〉D↙
>
> 指定等轴测圆的直径：（用快捷键 Ctrl+E，切换正等测模式，将光标切换为"XOZ 平面"） 50
>
> ↙命令：↙（绘制轴承前端面φ26 圆）
>
> 指定椭圆轴的端点或 ［圆弧(A)/中心点(C)/等轴测圆(I)］：I↙

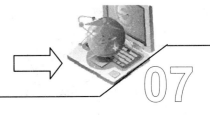

指定等轴测圆的圆心：（捕捉 4 点）

指定等轴测圆的半径或［直径(D)］：D✓

指定等轴测圆的直径：26✓

❸单击"默认"选项卡"修改"面板中的"复制"按钮，复制绘制的 φ50 正等测圆，命令行提示与操作如下：

命令：COPY✓

选择对象：（选择 φ50 正等测圆）找到 1 个

选择对象：

当前设置：复制模式 = 多个

指定基点或［位移(D)/模式(O)］〈位移〉：（捕捉椭圆圆心）

指定第二个点或［阵列(A)］〈使用第一个点作为位移〉：@49<150✓

指定第二个点或［阵列(A)/退出(E)/放弃(U)］〈退出〉：@64<150✓

指定第二个点或［阵列(A)/退出(E)/放弃(U)］〈退出〉：✓

❹单击"默认"选项卡"绘图"面板中的"直线"按钮，绘制前后两个 φ50 正等测圆的切线，命令行提示与操作如下：

命令：LINE

指定第一个点：_tan 到（捕捉最后面 φ50 正等测圆的切点）

指定下一点或［放弃(U)］：_tan 到（绘制最前面 φ50 正等测圆的切点）

命令：✓（绘制轴承前端面）

_line 指定第一点：_int 于（捕捉底板顶面右前端点）

指定下一点或［放弃(U)］：_tan 到（捕捉前面 φ50 正等测圆的右侧切点）

❺单击"默认"选项卡"修改"面板中的"复制"按钮，复制刚刚绘制的右边切线，命令行提示与操作如下：

命令：COPY

选择对象：（选择绘制的右边切线）找到 1 个

选择对象：✓

当前设置：复制模式 = 多个

指定基点或［位移(D)/模式(O)］〈位移〉：（捕捉切线的端点）

指定第二个点或［阵列(A)］〈使用第一个点作为位移〉：@50<-150✓

指定第二个点或［阵列(A)/退出(E)/放弃(U)］〈退出〉：

❻单击"默认"选项卡"修改"面板中的"修剪"按钮，剪去轴承前端面多余的线段。然后删除辅助线，完成轴承的绘制，结果如图 7-211 所示。

05 绘制支承板。

❶单击"默认"选项卡"绘图"面板中的"直线"按钮，以底板顶面左后顶点为起点，捕捉 φ50 正等测圆的切点，绘制支承板。

❷单击"默认"选项卡"修改"面板中的"复制"按钮，复制刚刚绘制的切线，以切线的端点为基点，指定位移的第二点为（@15<-30）。重复"复制"命令，复制轴承

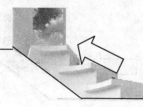
前端面左边的切线，捕捉切线的端点为基点，指定位移的第二点为（@49<150）。

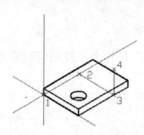

图 7-210　绘制辅助线

图 7-211　绘制轴承

❸单击"默认"选项卡"绘图"面板中的"直线"按钮✐，绘制剩余的直线，完成支承板的绘制结果如图 7-212 所示。

❹关闭"细实线"图层。单击"默认"选项卡"修改"面板中的"修剪"按钮⧸，剪去轴承上多余的线段。

❺单击"默认"选项卡"修改"面板中的"删除"按钮✐，删除底板后面不可见的轮廓线，结果如图 7-213 所示。

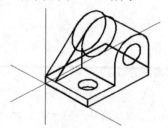

图 7-212　绘制支承板

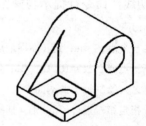

图 7-213　轴承座正等测图

06 保存图形。单击"快速访问"工具栏中的"保存"按钮🖫，保存文件为"轴承座轴测图.dwg"。

7.3.4　实例——端盖的斜二测

根据如图 7-214 所示的端盖视图，绘制该端盖的斜二测视图。

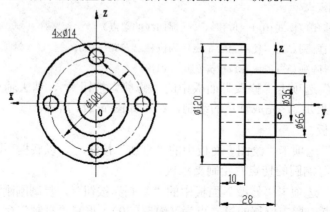

图 7-214　端盖视图及直角坐标系

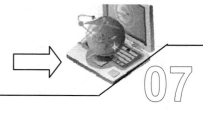

光盘\动画演示\第 7 章\端盖的斜二测.avi

操作步骤

01 设置绘图环境。

❶在命令行中输入 "LIMITS" 命令，设置图幅：420×297。

❷设置图层。单击 "默认" 选项卡 "图层" 面板中的 "图层特性" 按钮，弹出 "图层特性管理器" 对话框，新建两个图层：第一图层命名为 "粗实线"，用于绘制可见轮廓线，设置线宽为 0.3mm，线型为 CONTINUS，颜色为白色；第二图层命名为 "细实线"，用于绘制轴测轴，设置线宽为 0.09mm，线型为 CONTINUS，颜色为白色。

02 建立直角坐标系，绘制轴测轴。

将 "细实线" 图层设置为当前图层，单击 "默认" 选项卡 "绘图" 面板中的 "构造线" 按钮，绘制辅助线，命令行提示与操作如下：

> 命令：XLINE（绘制轴测轴）
>
> 指定点或 [水平(H)/垂直(V)/角度(A)/二等分(B)/偏移(O)]：V✓
>
> 指定通过点：（在适当位置处单击，绘制 Z 轴）
>
> 指定通过点：✓
>
> 命令：✓（绘制 X 轴）
>
> 指定点或 [水平(H)/垂直(V)/角度(A)/二等分(B)/偏移(O)]：H✓
>
> 指定通过点：（在适当位置处单击，绘制 X 轴）
>
> 指定通过点：✓
>
> 命令：✓（绘制 Y 轴）
>
> 指定点或 [水平(H)/垂直(V)/角度(A)/二等分(B)/偏移(O)]：（捕捉 X 轴与 Z 轴的交点，绘制 Y 轴）
>
> 指定通过点：@100<-45✓
>
> 指定通过点：✓

03 绘制圆柱筒。

❶将 "粗实线" 图层设置为当前图层。单击 "默认" 选项卡 "绘图" 面板中的 "圆" 按钮，以轴测轴交点为圆心，绘制直径为 66 和 36 的圆。

❷单击 "默认" 选项卡 "修改" 面板中的 "复制" 按钮，复制圆，命令行提示与操作如下：

> 命令：COPY（复制 Φ66 圆）
>
> 选择对象：（选择 Φ66 圆）
>
> 找到 1 个
>
> 选择对象：✓
>
> 当前设置：复制模式 = 多个

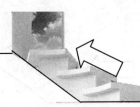

指定基点或[位移(D)/模式(O)]〈位移〉:指定直角坐标系的原心为基点↙

指定第二个点或 [阵列(A)]〈使用第一点作为位移〉: @18<135↙

命令: ↙（复制φ36圆）

选择对象:（选择φ36圆）

找到 1 个

选择对象: ↙

当前设置: 复制模式 = 多个

指定基点或[位移(D)/模式(O)]〈位移〉:指定直角坐标系的原心为基点↙

指定位移的第二点或[阵列(A)]〈使用第一点作位移〉: @28<135↙

❸单击"默认"选项卡"修改"面板中的"修剪"按钮 ，修剪复制的φ36圆。

❹单击"默认"选项卡"绘图"面板中的"直线"按钮 ，分别捕捉前面φ66 圆的右侧切点和后面φ66圆的右侧切点，绘制圆柱筒切线。方法同上，绘制左侧切线

❺单击"默认"选项卡"修改"面板中的"修剪"按钮 ，剪去复制的φ66圆在切线之间的部分，结果如图 7-215 所示。

04 绘制底座。

❶单击"默认"选项卡"绘图"面板中的"圆"按钮 ，以复制的φ66 圆的圆心为圆心，绘制直径为 120 的圆。

❷将"细实线"图层设置为当前图层，单击"默认"选项卡"绘图"面板中的"构造线"按钮 ，绘制辅助线，命令行提示与操作如下：

命令: XLINE（绘制辅助线）

指定点或 [水平(H)/垂直(V)/角度(A)/二等分(B)/偏移(O)]: V↙

指定通过点:（捕捉φ120圆的圆心）

指定通过点: ↙

❸单击"默认"选项卡"绘图"面板中的"圆"按钮 ，以复制的φ66 圆的圆心为圆心，绘制直径为 100 的圆。

❹将"粗实线"图层设置为当前图层，以φ100圆与辅助线的交点为圆心，绘制直径为 14 的圆，结果如图 7-216 所示。

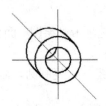

图 7-215 圆柱筒的斜二测

图 7-216 绘制圆

❺单击"默认"选项卡"修改"面板中的"环形阵列"按钮 ，进行阵列操作，命令行中提示与操作如下：

命令: ARRAYPOLAR

选择对象:（选取φ14 的圆）

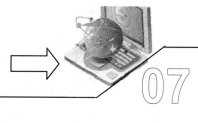
选择对象：✓

类型 = 极轴　关联 = 是

指定阵列的中心点或［基点(B)/旋转轴(A)］:(选取φ100 圆的圆心为中心点)

选择夹点以编辑阵列或［关联(AS)/基点(B)/项目(I)/项目间角度(A)/填充角度(F)/行(ROW)/层(L)/旋转项目(ROT)/退出(X)］〈退出〉:I✓

输入阵列中的项目数或［表达式(E)］〈6〉: 4✓

选择夹点以编辑阵列或［关联(AS)/基点(B)/项目(I)/项目间角度(A)/填充角度(F)/行(ROW)/层(L)/旋转项目(ROT)/退出(X)］〈退出〉:F✓

指定填充角度(+=逆时针、-=顺时针)或［表达式(EX)］〈360〉:360✓

选择夹点以编辑阵列或［关联(AS)/基点(B)/项目(I)/项目间角度(A)/填充角度(F)/行(ROW)/层(L)/旋转项目(ROT)/退出(X)］〈退出〉:✓

❻单击"默认"选项卡"修改"面板中的"复制"按钮，复制φ120 圆及 4 个φ14 圆，以φ120 圆的圆心为基点，指定位移的第二点为（@10<135）。

❼单击"默认"选项卡"绘图"面板中的"直线"按钮，捕捉前面φ120 圆的右侧切点和后面φ120 圆的右侧切点，绘制底座切线。方法同上，绘制左侧切线。底座的绘制结果如图 7-217 所示。

❽单击"默认"选项卡"修改"面板中的"修剪"按钮，修剪复制的φ120 圆在切线间的部分及复制的φ14 圆。

❾关闭"细实线"图层，结果如图 7-218 所示。

[05] 保存图形。单击"快速访问"工具栏中的"保存"按钮，保存文件为"端盖轴测图.dwg"。

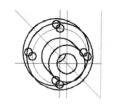

图 7-217　绘制底座

图 7-218　端盖的斜二测

7.4　局部放大图

将机件的部分结构用大于原图形所采用的比例画出的图形称为局部放大图，如图 7-219 所示。GB/T4458.1—2002 规定了局部放大图的绘制方法和标注。

绘制局部放大图应注意以下事项：

1）局部放大图可画成视图、剖视、断面，它与被放大部分的表达方式无关。

2）绘制局部放大图时，用细实线圆或长圆圈出被放大的部位，并尽量配置在被放大部位的附近。当同一机件上有几个被放大的部分时，必须用罗马数字依次标明被放大的

部位，并在局部放大图的上方标出相应的罗马数字和所采用的比例，如图 7-220 所示。

3）必要时可以用几个图形表达同一被放大部分的结构，如图 7-221 所示。

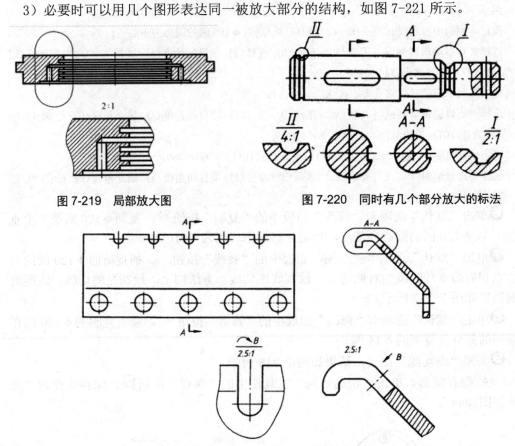

图 7-219　局部放大图　　　　　图 7-220　同时有几个部分放大的标法

图 7-221　用几个图形表达一个放大结果

第8章
零件图的绘制

零件图是生产中指导制造和检验零件的主要图样。本章将通过一些零件图绘制实例，结合前面学习过的平面图形的绘制、编辑命令及尺寸标注命令，详细介绍机械工程中零件图的绘制方法、步骤及零件图中技术要求的标注，使读者能够掌握并灵活运用所学过的命令及方便快捷地绘制零件图的方法，进而提高绘图效率。

知识点

- 零件图简介

- 零件图绘制的一般过程

- 零件图的绘制方法及绘图实例

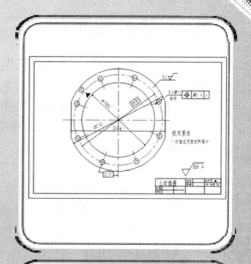

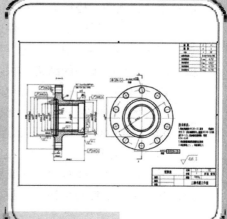

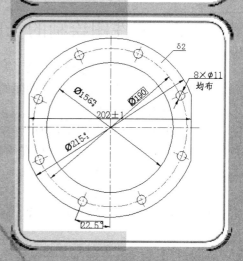

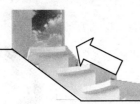
8.1　零件图简介

零件图是反映设计者意图及生产部门组织生产的重要技术文件，因此它不仅应将零件的材料和内、外结构形状及大小表达清楚，而且还要对零件的加工、检验、测量提供必要的技术要求。一张完整的零件图应包含下列内容：

1）一组视图。包括视图、剖视图、断面图、局部放大图等，用以完整、清晰地表达出零件的内、外形状和结构。

2）完整的尺寸。零件图中应正确、完整、清晰、合理地标注出用以确定零件各部分结构形状和相对位置的制造零件所需的全部尺寸。

3）技术要求。用以说明零件在制造和检验时应达到的技术要求，如表面粗糙度、尺寸公差、几何公差以及表面处理和材料热处理等。

4）标题栏。位于零件图的右下角，用以填写零件的名称、材料、比例、数量、图号以及设计、制图、校核人员签名等。

在绘制零件图时，应对零件进行形状结构分析，根据零件的结构特点、用途及主要加工方法，确定零件图的表达方案，选择主视图、视图数量和各视图的表达方法。在机械生产中，根据零件的结构形状，大致可以将零件分为 4 类：

1）轴套类零件——轴、衬套等零件。

2）盘盖类零件——端盖、阀盖、齿轮等零件。

3）叉架类零件——拨叉、连杆、支座等零件。

4）箱体类零件——阀体、泵体、减速器箱体等零件。

另外，还有一些常用零件或标准零件，如键、销、垫片、螺栓、螺母、齿轮、轴承、弹簧等，这些零件的结构或参数已经标准化，在设计时应注意参照有关标准。

8.2　零件图绘制的一般过程

在使用计算机绘图时，除了要遵守机械制图国家标准外，还应尽可能地发挥计算机共享资源的优势。以下是零件图的一般绘制过程及绘图过程中需要注意的问题：

1）在绘制零件图之前，应根据图纸幅面大小和版式的不同，分别建立符合机械制图国家标准的若干机械图样模板（模板中包括图纸幅面、图层、使用文字的一般样式、尺寸标注的一般样式等），这样在绘制零件图时，就可以直接调用建立好的模板进行绘图，有利于提高工作效率。

2）使用绘图命令和编辑命令完成图形的绘制。在绘图过程中，应根据结构的对称性、重复性等特征，灵活运用镜像、阵列、多重复制等编辑操作，避免不必要的重复劳动，

提高绘图效率。

3）进行尺寸标注。将标注内容分类，可以首先标注线性尺寸、角度尺寸、直径及半径等操作比较简单、直观的尺寸，然后标注带有尺寸公差的尺寸，最后再标注几何公差及表面粗糙度。

4）由于在 AutoCAD 中没有提供表面粗糙度符号，而且关于几何公差的标注也存在着一些不足，如符号不全和代号不一致等，因此，可以通过建立外部块、外部参照的方式积累成为用户自定义和使用的图形库，或者开发进行表面粗糙度和几何公差标注的应用程序，以达到标注这些技术要求的目的。

5）填写标题栏，并保存图形文件。

8.3　零件图的绘制实例

本节将选取一些典型的机械零件，讲解其设计思路和具体绘制方法。

8.3.1　止动垫圈设计

垫圈按其用途可分为衬垫、防松和特殊三种类型。一般垫圈用于增加支撑面，能遮盖较大孔眼及防止损伤零件表面。圆形小垫圈一般用于金属零件，圆形大垫圈一般用于非金属零件。下面以绘制非标准件止动垫圈为例，说明垫圈系列零件的设计方法和步骤。在绘制垫圈之前，首先应该对垫圈进行系统的分析，根据国家标准确定零件图的图幅、零件图中要表示的内容，以及零件各部分的线型、线宽、公差、公差标注样式及表面粗糙度等，另外还需要确定用几个视图才能清楚地表达该零件。

根据国家标准和工程分析，一个主视图就可以将该零件表达清楚完整。为了将图形表达得更加清楚，我们选择绘图比例为 1:1，图幅为 A3。图 8-1 所示为要绘制的止动垫圈零件图。下面将介绍止动垫圈零件图的绘制方法和步骤。

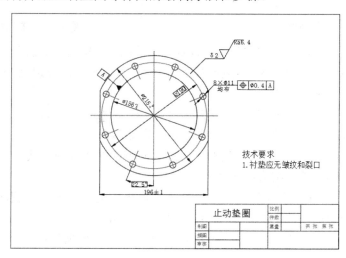

图 8-1　止动垫圈零件图

315

操作步骤

01 配置绘图环境。单击"快速访问"工具栏中的"新建"按钮，弹出"选择样板"对话框，在该对话框中选择需要的样板图。本例选择 A3 横向样板图，然后单击"打开"按钮，返回绘图区域，同时选择的样板图也会出现在绘图区域内，其中样板图左下端点坐标为（0，0）。

02 绘制止动垫圈。该零件图由一个主视图来描述，主要由中心线和圆形轮廓线构成。

❶绘制中心线。将"中心线"图层设置为当前图层。根据止动垫圈的尺寸，绘制连接盘中心线的长度约为 230。单击"默认"选项卡"绘图"面板中的"直线"按钮，绘制中心线{（143，238），（@230，0）}、{（258，123），（@0，230）}。

结果如图 8-2 所示。

❷绘制止动垫圈零件图的轮廓线。根据分析可以知道，该零件图的轮廓线主要由圆组成。在绘制主视图轮廓线的过程中需要用到圆、直线、修剪及镜像等命令。

1）绘制孔定位圆。单击"默认"选项卡"绘图"面板中的"圆"按钮，以两条中心线的交点为圆心，绘制半径为 95 的圆，结果如图 8-3 所示。

图 8-2　绘制中心线　　　　　　　　　　图 8-3　绘制定位圆

2）绘制内、外圆。将"粗实线"图层设置为当前图层。单击"默认"选项卡"绘图"面板中的"圆"按钮，以图 8-3 中两条中心线的交点为圆心，分别以 78 和 107.5 为半径绘制圆，结果如图 8-4 所示。

3）绘制竖直直线。单击"默认"选项卡"绘图"面板中的"直线"按钮，绘制端点分别为（160，238）及与圆的交点的直线，结果如图 8-5 所示。

4）延伸直线。单击"默认"选项卡"修改"面板中的"延伸"按钮，将直线 1 延伸到图 8-5 中的圆 A 处，结果如图 8-6 所示。

5）镜像直线。单击"默认"选项卡"修改"面板中的"镜像"按钮，以竖直中心线为镜像轴，镜像图 8-6 中的直线 1，结果如图 8-7 所示。

6）修剪圆弧。单击"默认"选项卡"修改"面板中的"修剪"按钮，修剪图形，结果如图 8-8 所示。

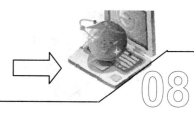
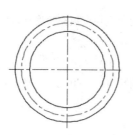

图 8-4　绘制内、外圆

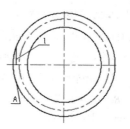

图 8-5　绘制直线

7）绘制中心线。将"中心线"图层设置为当前图层。单击"默认"选项卡"绘图"面板中的"直线"按钮 ╱，绘制中心线 {（233,303）（@30<112.5）}。

8）绘制圆。将"粗实线"图层设置为当前图层。单击"默认"选项卡"绘图"面板中的"圆"按钮 ⊙，以中心线和定位圆线的交点为圆心，半径为 5.5，绘制圆，结果如图 8-9 所示。

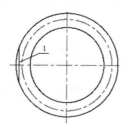

图 8-6　延伸直线

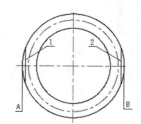

图 8-7　镜像直线

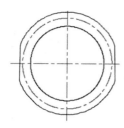

图 8-8　修剪圆弧

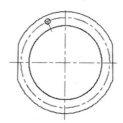

图 8-9　绘制圆孔

9）阵列圆孔。单击"默认"选项卡"修改"面板中的"环形阵列"按钮 ⊞，绘制止动垫圈上的其他圆孔，命令行中的提示与操作如下：

命令：ARRAYPOLAR

选择对象：（选取半径为 5.5 的圆）

选择对象：↙

类型 = 极轴　关联 = 是

指定阵列的中心点或 ［基点(B)/旋转轴(A)］：（选取两条中心线的交点）

选择夹点以编辑阵列或 ［关联(AS)/基点(B)/项目(I)/项目间角度(A)/填充角度(F)/行(ROW)/层(L)/旋转项目(ROT)/退出(X)］＜退出＞：I↙

输入阵列中的项目数或 ［表达式(E)］＜6＞：8↙

> 选择夹点以编辑阵列或 [关联(AS)/基点(B)/项目(I)/项目间角度(A)/填充角度(F)/行(ROW)/层
> (L)/旋转项目(ROT)/退出(X)] <退出>:F↙
>
> 指定填充角度(+=逆时针、-=顺时针)或 [表达式(EX)] <360>:360↙
>
> 选择夹点以编辑阵列或 [关联(AS)/基点(B)/项目(I)/项目间角度(A)/填充角度(F)/行(ROW)/层
> (L)/旋转项目(ROT)/退出(X)] <退出>:↙

结果如图 8-10 所示。

03 标注止动垫圈。在图形绘制完成后,要对图形进行标注,该零件图的标注包括线性标注、引线标注、直径标注、几何公差标注和填写技术要求等。下面将着重介绍标注方式。

❶线性标注。首先将"尺寸标注"图层设置为当前图层。单击"注释"选项卡"标注"面板中的"线性"按钮┌┐,进行线性标注,命令行提示与操作如下:

> 命令: _dimlinear
>
> 指定第一个尺寸界线原点或 <选择对象>:(用光标在标注的位置指定起点)
>
> 指定第二条尺寸界线原点:(用光标在标注的位置指定终点)
>
> 指定尺寸线位置或[多行文字(M)/文字(T)/角度(A)/水平(H)/垂直(V)/旋转(R)]:T↙
>
> 输入标注文字 <196>: 196%%P1↙
>
> 指定尺寸线位置或[多行文字(M)/文字(T)/角度(A)/水平(H)/垂直(V)/旋转(R)]:(用光标适当指定尺寸线位置)
>
> 标注文字 = 196±1

结果如图 8-11 所示。

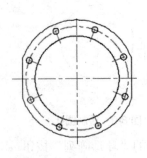

图 8-10 阵列圆孔

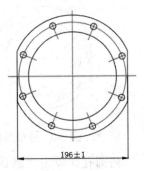

图 8-11 线性标注

注 意

在文字标注时,%%P 表示±。

❷引线标注。标注垫圈厚度。在命令行中输入"QLEADER"命令,命令行提示与操作如下:

> 命令 QLEADER:↙
>
> 指定第一个引线点或 [设置(S)] <设置>:

此时输入 S,按回车键,弹出如图 8-12 所示的"引线设置"对话框,在其中的"注

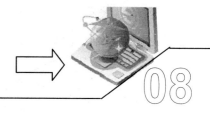

释"选项卡中的"注释类型"一栏中选择"多行文字",在"引线和箭头"选项卡中的"箭头"一栏中选择"无",再单击"确定"按钮,AutoCAD会继续提示:

指定第一个引线点或［设置(S)］〈设置〉:(用光标在标注的位置指定一点)

指定下一点:(用光标在标注的位置指定第二点)

指定下一点:(用光标在标注的位置指定第三点)

指定文字宽度〈0〉:8✓

输入注释文字的第一行〈多行文字(M)〉:δ2✓

输入注释文字的下一行:✓

图8-13所示为使用该标注方式标注的结果。

 注 意

类似于 δ、×这些特殊符号一般可以通过从文本中复制然后粘贴进命令行的方式实现。

图8-12 "引线设置"对话框

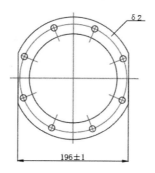

图8-13 引线标注

❸角度标注。以标注22.5°为例说明角度的标注方式。由于本例中的角度为参考尺寸,需要加注方框,所以在标注前需要设置标注样式。

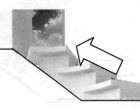

注 意

按照机械制图国家标准，角度尺寸的尺寸数字要求水平放置，所以此处在标注角度尺寸时，要新建标注样式，将其中的"文字"选项卡中的"文字对齐"项设置成"水平"。

1）单击"默认"选项卡"注释"面板中的"标注样式"按钮，弹出"标注样式管理器"对话框，将"机械制图"标注样式置为当前样式，结果如图 8-14 所示。单击"新建"按钮，弹出"创建新标注样式"对话框，在"用于"下拉列表框中选择"角度标注"如图 8-15 所示；单击"继续"按钮，弹出"新建标注样式"对话框，在"文字"选项卡"文字外观"选项组中选中"绘制文字边框"复选框，在"文字对齐"选项组中选中"水平"单选按钮，如图 8-16 所示。

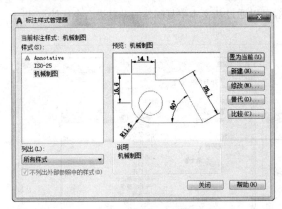

图 8-14 "标注样式管理器"对话框　　　　图 8-15 "创建新标注样式"对话框

2）单击"默认"选项卡"注释"面板中的"角度"按钮，标注角度尺寸，结果如图 8-17 所示。

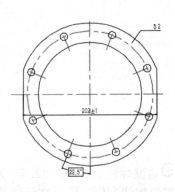

图 8-16 "新建标注样式"对话框　　　　图 8-17 标注的角度

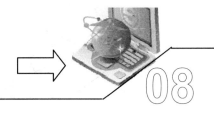
❹直径标注。

1）单击"默认"选项卡"注释"面板中的"标注样式"按钮，弹出"标注样式管理器"对话框，单击"新建"按钮，弹出"创建新标注样式"，在"用于"下拉列表框中选择"直径标注"，对话框如图8-18所示；单击"继续"按钮，弹出"新建标注样式"对话框，在"文字"选项卡"文字对齐"选项组中选中"ISO标准"单选按钮，如图8-19所示。

图8-18　创建新标注样式

2）单击"默认"选项卡"注释"面板中的"直径"按钮◌，命令行提示与操作如下：

命令：_dimdiameter
选择圆弧或圆：（选择要标注的圆）
标注文字 = 11
指定尺寸线位置或［多行文字(M)/文字(T)/角度(A)］：T↙
输入标注文字 <11>：8×%%c11↙
指定尺寸线位置或［多行文字(M)/文字(T)/角度(A)］：（适当指定位置确定尺寸文字的放置）

结果如图8-20所示。

图8-19　"新建标注样式"对话框

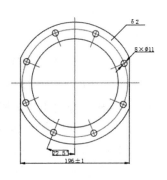

图8-20　直径标注

3）单击"注释"选项卡"文字"面板中的"多行文字"按钮**A**，弹出"文字编辑器"选项卡，标注文字"EQS"，结果如图 8-21 所示。

文字标注结果如图 8-22 所示。

4）单击"默认"选项卡"注释"面板中的"标注样式"按钮，选择"标注样式"列表中的"机械制图"样式，单击"替代"按钮，弹出"替代当前样式：机械制图"对话框，在"文字"选项卡"文字外观"选项组中选中"绘制文字边框"复选框，在"文字对齐"选项组中选中"ISO 标准"单选按钮，如图 8-23 所示。单击"确定"按钮。

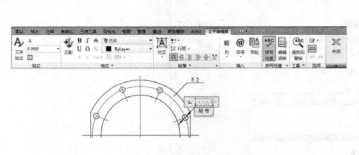

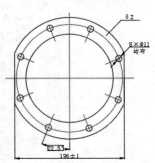

图 8-21　文字标注　　　　　　　　　　　　　　　图 8-22　文字标注结果

5）单击"默认"选项卡"注释"面板中的"直径"按钮，标注直径，结果如图 8-24 所示。

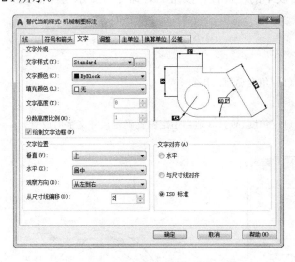

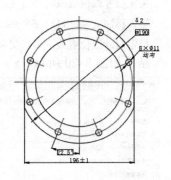

图 8-23　替代标注样式设置　　　　　　　　　　　图 8-24　直径标注

6）选中刚才标注的直径尺寸，将光标放置在文字下方的夹点处，夹点颜色由蓝色变成红色，并弹出快捷菜单，选择"仅移动文字"命令，如图 8-25 所示，适当移动尺寸数字到合适位置，结果如图 8-26 所示。

7）采用同样方法，再次替代当前标注样式，弹出"替代当前样式：机械制图"对话框，在"公差"选项卡"公差格式"选项组中选择"极限偏差"方式，"精度"设置为 0，"上偏差"设置为 1，"下偏差"设置为 0，"高度比例"设置为 0.5，"垂直位置"设置

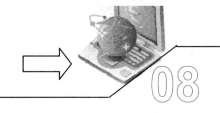
为"中",其他采用默认设置,如图 8-27 所示;在"文字"选项卡"文字对齐"选项组中选中"与尺寸线对齐"单选按钮,其他采用默认设置,如图 8-28 所示。单击"确定"按钮。

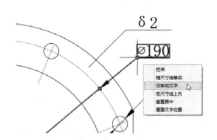

图 8-25　右键快捷菜单

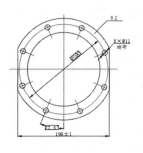

图 8-26　移动尺寸数字

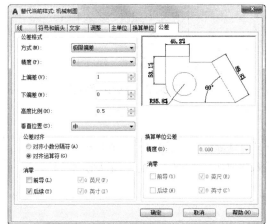

图 8-27　设置"替代当前样式"中的"公差"选项卡

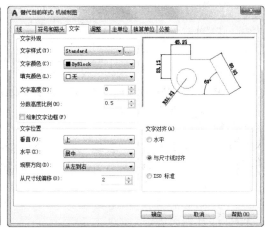

图 8-28　设置"替代当前样式"中的"文字"选项卡

8)单击"默认"选项卡"注释"面板中的"直径"按钮◎,标注内部同心圆的带公差直径,结果如图 8-29 所示。调整尺寸数字到适当位置,结果如图 8-30 所示。

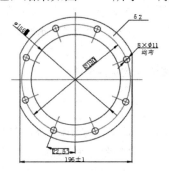

图 8-29　带公差直径标注

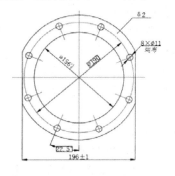

图 8-30　移动尺寸数字

9)采用同样方法,再次替代当前标注样式,弹出"替代当前样式:机械制图"对话框,在"公差"选项卡"公差格式"选项组中选择"极限偏差"方式,"精度"设置为 0,

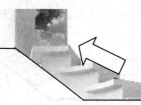

"上偏差"设置为 0,"下偏差"设置为 1,"高度比例"设置为 0.5,"垂直位置"设置为"中",其他采用默认设置,如图 8-31 所示。单击"确定"按钮。

10)单击"默认"选项卡"注释"面板中的"直径"按钮⊘,标注外部同心圆的带公差直径,并调整尺寸数字到适当位置,结果如图 8-32 所示。

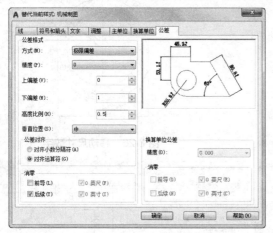

图 8-31 替代标注样式"公差"选项卡设置

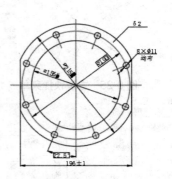

图 8-32 带公差直径标注

注 意

在标注样式的"公差"选项卡"公差格式"选项组的"下偏差"设置过程中,系统自动默认下极限偏差为负值,即在输入的数字前加一个负号,这一点需要读者格外注意。

❺标注几何公差。

1)在命令行中输入"QLEADER"命令,命令行提示与操作如下:

命令:QLEADER✓

指定第一个引线点或 [设置(S)] <设置>:✓

(弹出"引线设置"对话框,如图 8-33 所示。在"注释"选项卡中选择"公差"选项,在"引线和箭头"选项卡中选择"直线"选项,将"点数"设置为 2,将"角度约束"都设置为水平,单击"确定"按钮)

指定第一个引线点或 [设置(S)] <设置>:(利用"对象捕捉"指定标注位置)

指定下一点:(指定引线长度)

指定下一点:✓

2)弹出"形位公差"对话框,如图 8-34 所示。单击"符号",弹出"特征符号"对话框,如图 8-35 所示,选择一种形位几何符号。在公差 1、公差 2 和基准 1、基准 2、基准 3 文本框中输入公差值和基准面符号,单击"确定"按钮,结果如图 8-36 所示。

❻标注基准面符号。

1)绘制基准面符号。利用"矩形""图案填充""直线"等命令指定适当尺寸绘制基准面符号,如图 8-37 所示。

图 8-33 "引线设置"对话框

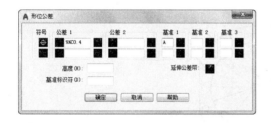

图 8-34 "形位公差"对话框

图 8-35 "特征符号"对话框

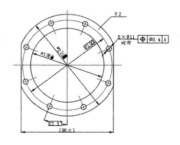

图 8-36 形位公差标注

图 8-37 插入的基准面符号

2）输入文字。单击"注释"选项卡"文字"面板中的"多行文字"按钮**A**，指定文字输入区域，弹出"文字编辑器"选项卡，指定文字高度为 8，在基准面符号中输入文字 A，如图 8-38 所示。

3）移动和旋转基准面符号。单击"默认"选项卡"修改"面板中的"移动"按钮✛和"旋转"按钮↻，将输入文字的基准面符号移动到适当位置并进行旋转，完成基准面符号标注，如图 8-39 所示。

❼标注表面粗糙度。

1）插入表面粗糙度图块。单击"默认"选项卡"绘图"面板中的"直线"按钮╱，绘制表面粗糙度符号，如图 8-40 所示，将绘制的表面粗糙度符号移动到如图 8-41 所示的图形中。

2）标注文字。单击"注释"选项卡"文字"面板中的"多行文字"按钮**A**，命令行提示与操作如下：

命令：MDTEXT↙

当前文字样式：样式 1　文字高度:2.5 注释性：　否

指定第一角点：（指定文字起始角点）

指定对角点或[高度（H）/对正（J）/行距（L）/旋转（R）/样式（S）/宽度（W）/栏（C）]：H↙

指定高度<2.5>:10↙

指定对角点或[高度（H）/对正（J）/行距（L）/旋转（R）/样式（S）/宽度（W）/栏（C）]：（指定对角点）

输入文字：Ra6.4

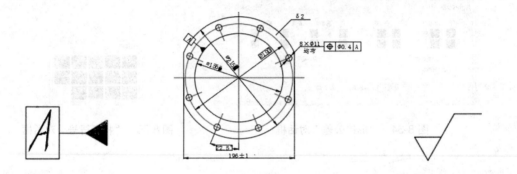

图 8-38　输入文字　　　　　图 8-39　绘制的基准面符号　　　图 8-40　表面粗糙度符号

❽标注技术要求。单击"注释"选项卡"文字"面板中的"多行文字"按钮**A**，标注技术要求，结果如图 8-42 所示。

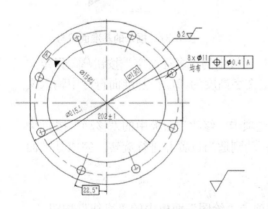

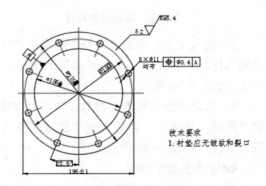

图 8-41　插入表面粗糙度图块　　　　　　图 8-42　标注技术要求

04 填写标题栏。标题栏是反应图形属性的一个重要信息来源，用户可以在其中查找零部件的材料、设计者及修改等信息。其填写与标注文字的过程相似，这里不再赘述，图 8-43 所示为填写好的标题栏。

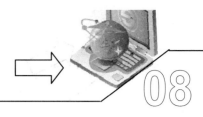

止动垫圈	材料		比例	1:1
	数量		共 张第 张	
制图				
审核				

图 8-43　填写好的标题栏

8.3.2　连接盘设计

在绘制连接盘之前，应该对连接盘进行系统的分析。需要确定零件图的图幅、零件图中要表示的内容、零件各部分的线型、线宽、公差及公差标注样式，以及表面粗糙度等，另外还需确定需要用几个视图才能清楚地表达该零件。

根据国家标准和工程分析，要将齿轮表达清楚完整，需要一个主视剖视图以及一个左视图。为了将图形表达得更加清楚，选择绘图比例为1:1，图幅为A2，另外还需要在图形中绘制连接盘内部齿轮的齿轮参数表及技术要求等。图 8-44 所示为要绘制的连接盘零件图。

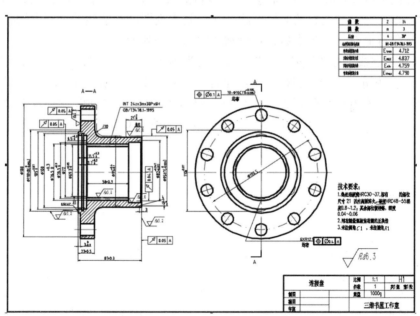

图 8-44　连接盘零件图

光盘\动画演示\第 8 章\连接盘设计.avi

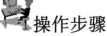操作步骤

01 配制绘图环境。

❶调入样板图。新建一个文件，选择 A2 样板，其中样板图左下端点坐标为（0，-50）。

❷新建图层。在样板图中已经设置了一系列的图层，但为了说明高频感应淬火的位置，需要用到双点画线，所以在此需要设置一个新图层。

单击"默认"选项卡"图层"面板中的"图层特性"按钮，新建一个图层，将图层名设置为"双点画线"图层，并将其颜色设置为蓝色，将双点画线图层的线型设置为 DIVIDE 线型。

02 绘制主视图。主视图为全剖视图，由于其关于中心线对称分布，所以只需绘制中心线一半的图形，另一半的图形使用镜像命令镜像即可。

❶绘制中心线和齿部分度圆线。将"中心线"图层设置为当前图层。根据连接盘的尺寸，绘制连接盘中心线的长度为 100，齿部分度线的长度为 58，两线的间距为 36，连接盘端部孔的中心线的长度为 30，与齿部分度线的间距为 41.75。

单击"默认"选项卡"绘图"面板中的"直线"按钮，绘制直线{（160，160），（@100，0）}{（160，82.25），（@30，0）}和{（176.5，124）（@58，0）}，结果如图 8-45 所示。

❷绘制主视图的轮廓线。根据分析可以知道，该主视图的轮廓线主要由直线组成，另外还有齿部的轮廓线，由于连接盘零件具有对称性，所以先绘制主视图轮廓线的一半，然后再使用镜像命令绘制完整的的轮廓线。在绘制主视图的轮廓线的过程中需要用到直线、倒角、圆角等命令。绘制锥齿轮轴轮廓线的命令序列如下：

1) 绘制外轮廓线。将"粗实线"图层设置为当前图层。单击"默认"选项卡"绘图"面板中的"直线"按钮，绘制直线，其端点坐标依次是（252，119）、（@0，-6.5）、（@-64，0）、（@0，-42.5）、（@-20，0）、（@0，35）、（@-3，0）、（@0，5）、（@5，0）、（@0，-2.5）、（@2.7，0）、（@0，2.5）、（@3.8，0）、（@0，15.36）、（@58，0）、（@0，-6.36）、（@17.5，0），结果如图 8-46 所示。

图 8-45 绘制中心线和分度线

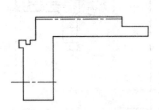

图 8-46 绘制初步轮廓图线

2) 绘制齿部齿根线。单击"默认"选项卡"绘图"面板中的"直线"按钮，绘制直线{（176.5，121.75）（@58，0）}，结果如图 8-47 所示。

3) 绘制连接盘端部孔。单击"默认"选项卡"绘图"面板中的"直线"按钮，绘制直线{（168，90.25），（@20，0）}，结果如图 8-48 所示。

4) 镜像上一步绘制的直线。单击"默认"选项卡"修改"面板中的"镜像"按钮，将刚绘制的直线以中心线为镜像轴线进行镜像，结果如图 8-49 所示。

5) 倒角处理。单击"默认"选项卡"修改"面板中的"倒角"按钮，选用距离

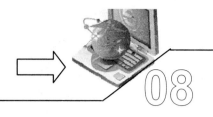
和修剪模式依次对图 8-49 中的直线 1 和直线 2 交点以及 A、B、C、D 处进行倒角，其中直线 1 和直线 2 交点以及 A、B、D 处的第一个倒角距离和第二个倒角距离都为 1，C 处第一个倒角距离和第二个倒角距离都为 0.5，结果如图 8-50 所示。

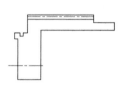
图 8-47　绘制齿根线

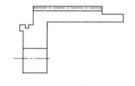
图 8-48　绘制端部孔一直线

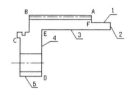
图 8-49　绘制端部孔

6）圆角处理。单击"默认"选项卡"修改"面板中的"圆角"按钮，采用修剪方式，对图 8-49 中的直线 3 和直线 4 交点进行圆角操作，设置圆角半径为 10；再对 F 处进行圆角操作，设置圆角半径为 1，结果如图 8-51 所示。

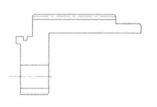
图 8-50　倒角处理

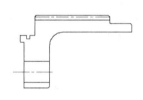
图 8-51　圆角处理

7）绘制左端直线。单击"默认"选项卡"绘图"面板中的"直线"按钮，绘制直线{（252，118），（252，160）}和{（251，119），（@41<90）}，结果如图 8-52 所示。

使用对象捕捉模式绘制直线。重复"直线"命令，以图 8-52 中的点 A 为起点，以与中心线的交点为端点绘制直线，结果如图 8-53 所示。

图 8-52　绘制左端倒角线

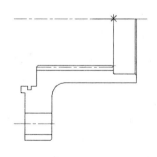
图 8-53　使用对象捕捉模式绘制直线

继续使用对象捕捉模式绘制其他直线段，完成中心线一边轮廓线的绘制，结果如图 8-54 所示。

8）镜像图形。单击"默认"选项卡"修改"面板中的"镜像"按钮，以水平中

心线为镜像轴，镜像图 8-54 中的全部图形，结果如图 8-55 所示。

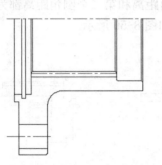

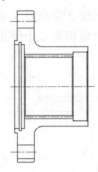

图 8-54 完成中心线一边轮廓线的绘制　　　　　　　图 8-55 镜像操作

❸填充剖面线。由于主视图为全剖视图，因此需要在该视图上绘制剖面线。将"剖面线。单击"默认"选项卡"绘图"面板中的"图案填充"按钮，弹出"图案填充创建"选项卡，在该选项卡中选择所需要的剖面线样式，并设置剖面线的旋转角度和显示比例，如图 8-56 所示，然后单击"拾取点"按钮，用鼠标在图中需添加剖面线的区域内拾取任意一点，选择完毕后按 Enter 键，绘制剖面线。图 8-57 所示为绘制了剖面线的主视图。

图 8-56 设置"图案填充创建"选项卡

❹绘制高频感应淬火位置线。在本例中，高频感应淬火位置线用双点画线来绘制。将"双点画线"图层设置为当前图层。绘制高频感应淬火位置线的命令序列如下：

1）绘制直线。单击"默认"选项卡"绘图"面板中的"直线"按钮，绘制直线。其端点坐标依次是（165，252.5）、（@25，0）、（@0，-43）、（@65，0），结果如图 8-58 所示。

2）倒角处理。单击"默认"选项卡"修改"面板中的"倒角"按钮，采用修剪、距离模式，对图 8-59 中直线 1、2 进行倒角操作，设置倒角距离均为 1。

3）圆角处理。单击"默认"选项卡"修改"面板中的"圆角"按钮，对图 8-58 中直线 2、3 进行圆角操作，设置圆角半径为 10，结果如图 8-59 所示。

03　绘制左视图。在绘制左视图前，首先分析一下该部分的结构，该部分主要由圆组成，因此可以通过作辅助线来绘制。本部分用到的命令有圆、圆弧、直线等。

❶绘制中心线和辅助线。

1）绘制中心线。将"中心线"图层设置为当前图层。单击"默认"选项卡"绘图"面板中的"直线"按钮，绘制中心线{（315，160），（512，160）}；{（415，55），（415，255）}。

2）绘制辅助线。将"粗实线"图层设置为当前图层。单击"默认"选项卡"绘图"面板中的"直线"按钮，以图 8-60 中的点 A 为起点绘制长度为 245 的水平直线。继

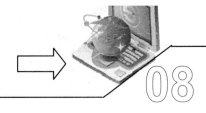

续使用该命令，依次绘制出其他辅助线，结果如图 8-60 所示。

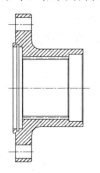
图 8-57　绘制剖面线的主视图

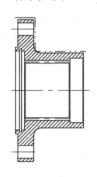
图 8-58　绘制高频感应淬火位置线

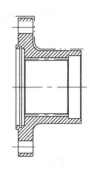
图 8-59　圆角后的轮廓线

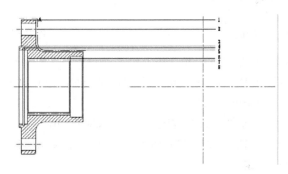

图 8-60　绘制中心线和辅助线后的图形

❷绘制左视图的轮廓线。

1）绘制齿顶圆和齿根圆。单击"默认"选项卡"绘图"面板中的"圆"按钮⊙，以图 8-60 中右边两条中心线交点为圆心，以图 8-60 中辅助线 8 与竖直中心线的距离和图 8-60 中辅助线 6 与竖直中心线的距离为半径绘制圆。

2）绘制分度圆和端部孔定位圆。将"中心线"图层设置为当前图层。

采用相同方法，以图 8-60 中右边两条中心线交点为圆心，以图 8-60 中辅助线 7 与竖直中心线的交点距离为半径绘制圆。将"粗实线"图层设置为当前图层。使用该命令依次绘制其他圆，结果如图 8-61 所示。

3）绘制连接盘端部孔。单击"默认"选项卡"绘图"面板中的"圆"按钮⊙，以图 8-60 中辅助线 2 与竖直中心线的交点为圆心，绘制半径为 8 的圆。

4）绘制连接盘端部孔中心线。将"中心线"图层设置为当前图层。单击"默认"选项卡"绘图"面板中的"直线"按钮／，绘制直线，端点坐标为{（415, 228），（@0, 20）}，结果如图 8-62 所示。

5）阵列连接盘端部孔和中心线。单击"默认"选项卡"修改" 面板中的"环形阵列"按钮⬡，绘制连接盘端部孔和中心线，命令行提示与操作如下：

命令：ARRAYPOLAR✓

选择对象：（选取图 8-63 窗口内的图形）

选择对象：✓

类型 = 极轴　关联 = 否

指定阵列的中心点或[基点(B)/旋转轴(A)]：（用光标点取图 8-63 中的中心点）

选择夹点以编辑阵列或[关联(AS)/基点(B)/项目(I)/项目间角度(A)/填充角度(F)/行(ROW)/层(L)/旋转项目(ROT)/退出(X)]〈退出〉：I↙

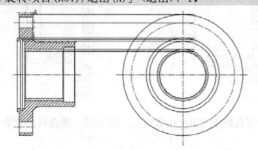

图 8-61　绘制圆

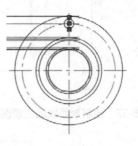

图 8-62　绘制端部孔

输入阵列中的项目数或[表达式(E)]〈6〉：10↙

选择夹点以编辑阵列或[关联(AS)/基点(B)/项目(I)/项目间角度(A)/填充角度(F)/行(ROW)/层(L)/旋转项目(ROT)/退出(X)]〈退出〉：F↙

指定填充角度(+=逆时针、-=顺时针)或[表达式(EX)]〈360〉：360↙

选择夹点以编辑阵列或[关联(AS)/基点(B)/项目(I)/项目间角度(A)/填充角度(F)/行(ROW)/层(L)/旋转项目(ROT)/退出(X)]〈退出〉：↙

结果如图 8-63 所示。

6）绘制圆弧线。将"双点画线"图层设置为当前图层。单击"默认"选项卡"绘图"面板中的"圆"按钮⊘，以（415，200）为圆心，12.5为半径绘制圆，结果如图 8-64 所示。

7）修剪圆弧。单击"默认"选项卡"修改"面板中的"修剪"按钮／，以图 6-64 中的圆 A为剪切边，对图 6-64 中圆 1 进行修剪，结果如图8-65 所示。

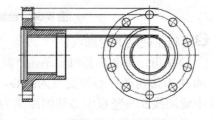

图 8-63　阵列端部孔

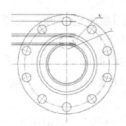

图 8-64　绘制圆

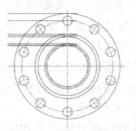

图 8-65　修剪圆弧

8）阵列图形。单击"默认"选项卡"修改"面板中的"环形阵列"按钮，阵列修剪后的圆弧，命令行提示与操作如下：

命令：ARRAYPOLAR↙

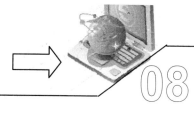

选择对象：（选取图8-65修剪后的圆弧）

选择对象：✓

类型 = 极轴 关联 = 否

指定阵列的中心点或［基点(B)/旋转轴(A)］：（用光标点取图8-65中的中心点）

选择夹点以编辑阵列或［关联(AS)/基点(B)/项目(I)/项目间角度(A)/填充角度(F)/行(ROW)/层(L)/旋转项目(ROT)/退出(X)］＜退出＞：I✓

输入阵列中的项目数或［表达式(E)］＜6＞:6✓

选择夹点以编辑阵列或［关联(AS)/基点(B)/项目(I)/项目间角度(A)/填充角度(F)/行(ROW)/层(L)/旋转项目(ROT)/退出(X)］＜退出＞：F✓

指定填充角度(+=逆时针、-=顺时针)或［表达式(EX)］＜360＞:360✓

选择夹点以编辑阵列或［关联(AS)/基点(B)/项目(I)/项目间角度(A)/填充角度(F)/行(ROW)/层(L)/旋转项目(ROT)/退出(X)］＜退出＞：✓

结果如图8-66所示。

9）删除辅助线。单击"默认"选项卡"绘图"面板中的"删除"按钮，依次删除图8-66中的辅助线，结果如图8-67所示。

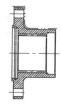

图8-66　阵列后圆弧　　　　　　图8-67　删除辅助线

04 标注连接盘。在图形绘制完成后，还要对图形进行标注。该零件图的标注包括齿轮参数表格的创建与填写、长度标注、角度标注、几何公差标注、参考尺寸标注、齿轮参数表格的创建与填写和填写技术要求等。

❶标注直径。线性直径的标注主要有两种，一种为带有公差的标注，另一种为不带公差的标注。

以标注"$\phi76.5_0^{+0.3}$"为例说明线性带有公差的直径标注方法。

1）将"标注层"图层设置为当前图层，单击"默认"选项卡"注释"面板中"标注样式"按钮，弹出"标注样式管理器"对话框，在"样式"一栏中选择"ISO-25"，再单击"修改"按钮，弹出"修改标注样式"对话框。在"主单位"选项卡的"前缀"一栏中输入%%c，该符号表示直径，如图8-68所示；在"公差"选项卡的"方式"一栏中选择"极限偏差"，在"上偏差"一栏输入0.3，在"下偏差"一栏输入0，如图8-69所示。

2）单击"注释"选项卡"标注"面板中的"线性"按钮，标注图中的尺寸，结果如图8-70所示。

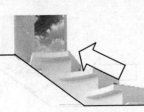

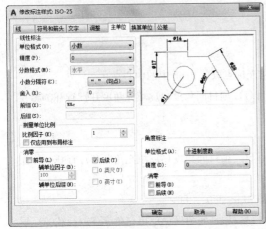

图 8-68 设置"主单位"选项卡

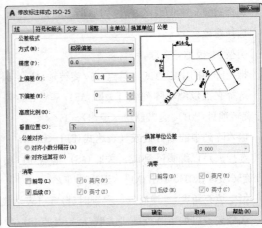

图 8-69 设置"公差"选项卡

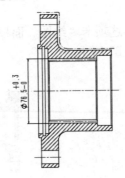

图 8-70 标注的尺寸

❷其他标注。本例还需要标注线性、半径、直径、角度以及创建与填写齿轮参数表格和标注几何公差。具体的标注方法可以参照其他实例，这里不再详细介绍。

05 填写标题栏。标题栏是反映图形属性的一个重要信息来源，用户可以在其中查找零部件的材料、设计者及修改等信息。其填写与标注文字的方法相似，这里不再赘述，也可以参照其他实例中相应的介绍。

8.3.3 齿轮花键轴设计

齿轮花键轴与前面的泵轴相比结构相对复杂，除了空心轴体外，其上还分布有花键结构。根据国家标准和工程分析，为了将其表达清楚完整，可以将轴线水平放置的位置作为主视图的位置，用来表现其主要的结构；对于其局部细节，如花键部分，通常用局部视图、局部放大视图和断面图来表现。选择绘图的比例为 1:1，图幅为 A1。图 8-71所示为要绘制的齿轮花键轴零件图。

光盘\动画演示\第 8 章\齿轮花键轴零件图.avi

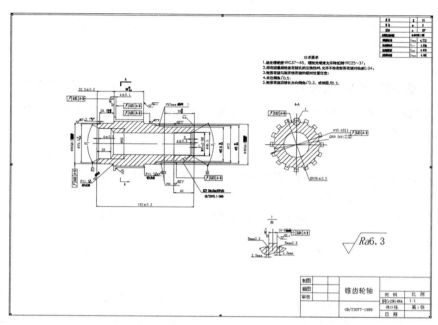

图 8-71　齿轮花键轴零件图

操作步骤

01 调入样板图。单击"标准"工具栏中的"新建"按钮□，弹出"选择样板"对话框，在该对话框中选择需要的样板图。本例选用 A1 样板图，其中样板图左下端点坐标为（0,0）。

02 绘制主视图。

❶绘制中心线。将"中心线"图层设置为当前图层。根据图纸的大小及零件的尺寸确定零件图在图纸中的位置。单击"默认"选项卡"绘图"面板中的"直线"按钮／，绘制直线，其端点坐标分别为（160,340）、（@210,0）。

❷绘制主视图的轮廓线。根据分析可以知道，该齿轮花键轴上有齿牙分布，所以该零件图比单一的齿轮轴要复杂一些。主视图的轮廓线主要由直线组成，另外还有齿轮的外形轮廓线。由于轴零件具有对称性，所以先绘制齿轮花键轴轮廓线的一半，然后再使用镜像命令绘制完整的齿轮花键轴的轮廓线。在绘制出主视图的轮廓线的过程中需要用到直线、圆角和偏移等命令。

1）绘制外轮廓线。将"粗实线"图层设置为当前图层。单击"默认"选项卡"绘图"面板中的"直线"按钮／，绘制轮廓线，其端点坐标为{（170,340），（@0,40），（@5,0），（@0,−1.75），（@3,0），（@0,1.75），（@25.8,0），（@0,5），（@59,0），（@0,−5），（@20,0）}，结果如图 8-72 所示。

2）绘制连续线段。拾取图 8-72 中的点 A 为起点，绘制直线，坐标依次是（@0,5），（@4,0），（@0,−2），（@55,0），然后再拾取图 8-72 中的点 B，结果如图 8-73 所示。

绘制连续线段，端点坐标依次为（363,340），（@0,33.75），（@−59,0）。

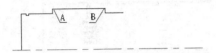

图 8-72　绘制轮廓线 1

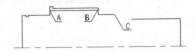

图 8-73　绘制轮廓线 2

3）绘制圆弧。单击"默认"选项卡"绘图"面板中的"圆弧"按钮，绘制圆弧，命令行提示与操作如下：

命令：ARC

指定圆弧的起点或［圆心(C)］：（在对象捕捉模式下用光标拾取图 8-73 中的点 C）

指定圆弧的第二个点或［圆心(C)/端点(E)］：E↙

指定圆弧的端点：（在对象捕捉模式下用光标拾取上一直线的最后一点）

指定圆弧的圆心或［角度(A)/方向(D)/半径(R)］：R↙

指定圆弧的半径：40↙

结果如图 8-74 所示。

4）绘制左端第一处倒角。单击"默认"选项卡"绘图"面板中的"直线"按钮，绘制直线，端点坐标分别为（174,340），（@0,30），（@10<150），然后使用修剪命令修改图形，结果如图 8-75 所示。

图 8-74　绘制圆弧

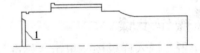

图 8-75　绘制左端第一处倒角

5）偏移直线。单击"默认"选项卡"修改"面板中的"偏移"按钮，将图 8-75 中的直线 1 向右偏移 24。

6）绘制左端第二处倒角。单击"默认"选项卡"绘图"面板中的"直线"按钮，绘制直线，其端点坐标分别为（203,340），（@0,21.5），（198,370），补全图形，结果如图 8-76 所示。重复"直线"命令，绘制齿轮花键轴右端的倒角，端点坐标分别为（359,340），（@0,23.3），（363,365.6），结果如图 8-77 所示。

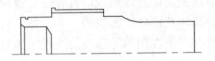

图 8-76　绘制左端第二处倒角后的图形

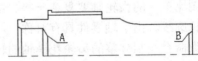

图 8-77　绘制右端倒角后的图形

7）绘制齿轮花键轴孔内连接线。单击"默认"选项卡"绘图"面板中的"直线"按钮，绘制连接线，用光标拾取图 8-77 中的点 A 并将其作为起点，下一点坐标为（@153,0）。

8）绘制圆弧。单击"默认"选项卡"绘图"面板中的"圆弧"按钮，以图 8-77 中的点 B 起点，以步骤 7）绘制的直线的端点为端点，绘制半径为 2 的圆弧，然后补全图形，完成中心孔的绘制结果如图 8-78 所示。

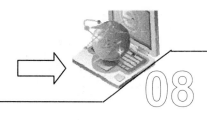

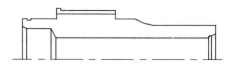

图 8-78　绘制中心孔

9）绘制内部螺纹线。将"细实线"图层设置为当前图层。单击"默认"选项卡"绘图"面板中的"直线"按钮，绘制螺纹线，端点坐标分别为（323,340），（@0,22.5），（@33,0），结果如图 8-79 所示。

10）绘制二级齿轮轮廓线。将"中心线"图层设置为当前图层。单击"默认"选项卡"绘图"面板中的"直线"按钮，绘制轮廓线，端点坐标为｛(285,376)，(@80,0)｝。

11）偏移直线。单击"默认"选项卡"修改"面板中的"偏移"按钮，将图 8-79 中的直线 1 向上偏移 2.75，再将图 8-79 中的弧线 2 向右偏移 2.75，结果如图 8-80 所示。

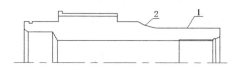

图 8-79　绘制内部螺纹线　　　　　　　　图 8-80　偏移 轮廓线

12）延伸直线。单击"默认"选项卡"修改"面板中的"延伸"按钮，延伸直线，命令行提示与操作如下：

> 命令：EXTEND✓
> 当前设置：投影=UCS，边=无
> 选择边界的边...
> 选择对象：(选择图 8-80 中的直线 1)
> 选择对象：✓
> 选择要延伸的对象，或按住 Shift 键选择要修剪的对象，或［栏选(F)/窗交(C)/投影(P)/边(E)/放弃(U)］：(选择图 8-80 中的直线 3)
> 选择要延伸的对象，或按住 Shift 键选择要修剪的对象，或［栏选(F)/窗交(C)/投影(P)/边(E)/放弃(U)］：✓

采用同样的方法，对图 8-80 中的直线 4 进行延伸，结果如图 8-81 所示。

13）修剪轮廓线。单击"默认"选项卡"修改"面板中的"修剪"按钮，以图 8-81 中的直线 2 为剪切边，修剪图 8-81 中的弧线 1，结果如图 8-82 所示。

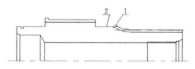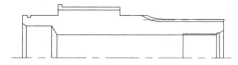

图 8-81　延伸后的轮廓线　　　　　　　　图 8-82　修剪后的轮廓线

按照设计要求对图形中相应的位置进行倒角及圆角操作，相应命令可以参照前面的介绍，结果如图 8-83 所示。

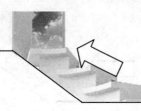
14）镜像图形。绘制好齿轮花键轴上半部分轮廓线后，单击"默认"选项卡"修改"面板中的"镜像"按钮 ⚎，将图 8-83 所示的全部图形以中心线为镜像轴线进行镜像，结果如图 8-84 所示。

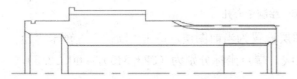

图 8-83 对轮廓线进行倒角及圆角

图 8-84 绘制出齿轮花键轴轮廓线

❸填充剖面线。由于主视图为全剖视图，因此需要在该视图上绘制剖面线。将"剖面线"图层设置为当前图层。单击"默认"选项卡"绘图"面板中的"图案填充"按钮 ▨，弹出"图案填充创建"选项卡，如图 8-85 所示。在该选项卡中进行相应的设置，然后选择绘制剖面线的区域，绘制剖面线。图 8-86 所示为绘制了剖面线的主视图。

图 8-85 "图案填充创建"选项卡

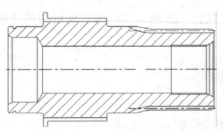

图 8-86 绘制剖面线的主视图

03 绘制左视图。

❶绘制中心线。将"中心线"图层设置为当前图层。单击"默认"选项卡"绘图"面板中的"直线"按钮 ╱，绘制中心线，其端点坐标为{（510，340），（@120，0）}、{（570，280），（@0，120）}，如图 8-87 所示。

❷绘制轮廓线。

1）绘制圆。将"粗实线"图层设置为当前图层。单击"默认"选项卡"绘图"面板中的"圆"按钮 ⊙，以图 8-87 中两条中心线的交点为圆心，分别绘制半径为 25 和 44.75 的圆。

2）绘制直线。单击"默认"选项卡"绘图"面板中的"直线"按钮 ╱，绘制直线，端点坐标为（574，340），（@ 0，53），（@-8，0）。在对象捕捉模式下用鼠标拾取与水平中心线的垂直交点。

重复"直线"命令，绘制直线，端点坐标为（574，388），（@ -8，0），结果如图 8-88 所示。

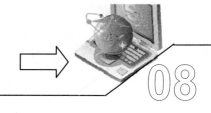

3）修剪对象。单击"默认"选项卡"修改"面板中的"修剪"按钮 ⊬，以图8-88 中的圆A和中心线1为剪切边，修剪图8-88中的直线2和直线3，结果如图8-89所示。

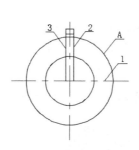

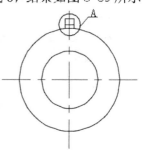

图8-87　绘制的中心线　　　　　图8-88　绘制外形轮廓线　　　　　图8-89　修剪外形轮廓线

4）阵列键槽。单击"默认"选项卡"修改"面板中的"环形阵列"按钮，进行圆周阵列操作，命令行提示与操作如下：

命令：ARRAYPOLAR

选择对象：（选取图8-89中的圆A中所有的对象✓）

选择对象：✓

类型 = 极轴　关联 = 否

指定阵列的中心点或［基点(B)/旋转轴(A)］：（用鼠标点取图8-89中的两条中心线的交点）

选择夹点以编辑阵列或［关联(AS)/基点(B)/项目(I)/项目间角度(A)/填充角度(F)/行(ROW)/层(L)/旋转项目(ROT)/退出(X)］〈退出〉：I✓

输入阵列中的项目数或［表达式(E)］〈6〉：16✓

选择夹点以编辑阵列或［关联(AS)/基点(B)/项目(I)/项目间角度(A)/填充角度(F)/行(ROW)/层(L)/旋转项目(ROT)/退出(X)］〈退出〉：F✓

指定填充角度(+=逆时针、-=顺时针)或［表达式(EX)］〈360〉：360✓

选择夹点以编辑阵列或［关联(AS)/基点(B)/项目(I)/项目间角度(A)/填充角度(F)/行(ROW)/层(L)/旋转项目(ROT)/退出(X)］〈退出〉：✓

结果如图8-90所示。

5）修剪对象。单击"默认"选项卡"修改"面板中的"修剪"按钮 ⊬，以图8-90 中的直线1和2为剪切边，修剪图8-90中的圆弧段A，结果如图8-91所示。

重复"修剪"命令，依次修剪图8-92中相应圆弧，结果如图8-92所示。

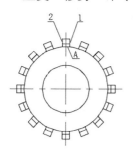

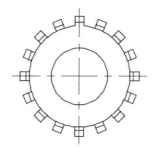

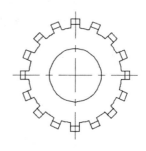

图8-90　阵列外形轮廓线　　　　　图8-91　修剪圆弧段　　　　　图8-92　修剪外形轮廓线

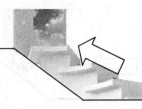
❸填充剖面线。将"剖面线"图层设置为当前图层,填充剖面线。图 8-93 所示为设置好的"图案填充创建"选项卡。命令执行过程参照前面的介绍。填充剖面线后的左视图如图 8-94 所示。

图 8-93 设置好的"图案填充创建"选项卡

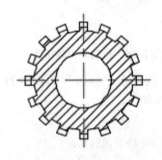

图 8-94 填充剖面线后的左视图

04 绘制局部放大视图。在绘制局部视图前,首先应该分析一下哪些部分需要用局部视图来表示。对于该齿轮花键轴图形,需要绘制左视图中的键部剖视图,以查看配合关系,另外还要绘制出单键局部放大视图,以满足加工需要。

由于键部在主视图和左视图中的技术要求没有表达清楚,而且不便于标注尺寸,因此需要对单键进行局部放大。本例采用比例为 2:1 的剖视图来表达。以下为绘制局部放大视图的命令序列如下:

❶绘制竖直中心线。将"中心线"图层设置为当前图层。单击"默认"选项卡"绘图"面板中的"直线"按钮╱,绘制中心线,坐标为(520,110)(@0,50)。单击"默认"选项卡"修改"面板中的"复制"按钮❋,复制要放大的局部视图,命令行提示与操作如下:

命令:COPY✓
选择对象:(用窗选方式选择图 8-92 最上端的键部和两边的圆弧)
选择对象:✓
指定基点或[位移(D)/模式(O)]〈位移〉:570,380✓
指定第二个点或[阵列(A)]〈使用第一个点作为位移〉:520,120✓
指定第二个点或[阵列(A)/退出(E)/放弃(U)]〈退出〉:

❷放大局部视图。

命令:SCALE✓
选择对象:(用窗选方式选择复制过来的局部视图)
选择对象:✓
指定基点:520,120✓
指定比例因子或[复制(C)/参照(R)]:2✓

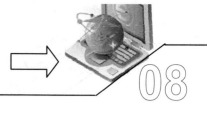

结果如图 8-95 所示。

❸修剪对象。单击"默认"选项卡"修改"面板中的"修剪"按钮￣‥，对图 8-95 中直线 1、3 进行修剪。

❹删除对象。单击"默认"选项卡"修改"面板中的"删除"按钮✎，对图 8-95 中的直线 2 进行删除，结果如图 8-96 所示。

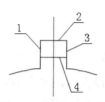

图 8-95　放大局部视图

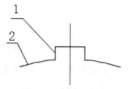

图 8-96　修剪、删除对象

❺圆角操作。单击"默认"选项卡"修改"面板中的"圆角"按钮▢，以 2 为半径，对图 8-96 中的直线 1 和直线 2 的交点进行圆角操作 。

重复"圆角"命令，对右边的对象进行圆角操作，结果如图 8-97 所示。

❻绘制样条曲线。将"细实线"图层设置为当前图层，绘制样条曲线，即局部剖视图的界线。单击"默认"选项卡"绘图"面板中的"样条曲线拟合"按钮∿，绘制如图 8-98 所示的样条曲线。

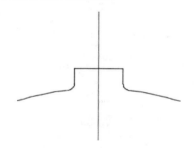

图 8-97　圆角操作后

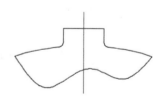

图 8-98　绘制样条曲线后

❼填充剖面线。将"剖面线"图层设置为当前图层，填充剖面线。图 8-99 为设置好的"图案填充创建"选项卡，命令执行过程参照前面的介绍。填充剖面线后的局部剖视图如图 8-100 所示。

05 标注齿轮花键轴。在图形绘制完成后，还要对图形进行标注。该零件图的标注包括齿轮参数表格的创建与填写、长度标注、角度标注、几何公差标注和填写技术要求等。

图 8-99　设置好的"图案填充创建"选项卡

❶标注倒角。前面介绍了利用 QLEADER 命令进行引线标注的方法，这里采用另外一

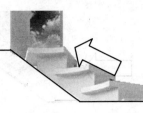

个命令 LEADER 命令进行引线标注。

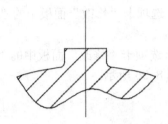

图 8-100　填充剖面线后的局部剖视图

1）设置引线标注样式。由于倒角引线端部没有箭头，所以在标注倒角时，首先应修改标注样式。单击"默认"选项卡"注释"面板中的"标注样式"按钮，弹出"标注样式管理器"对话框，如图 8-101 所示；在"样式"一栏中选择"引线"项，再单击"修改"按钮，弹出"修改标注样式"对话框。在该对话框中可以修改标注样式的直线、符号和箭头以及文字、位置等参数。打开"符号和箭头"选项卡，设置引线的样式。单击右边的下拉箭头，选择"无"，如图 8-102 所示。

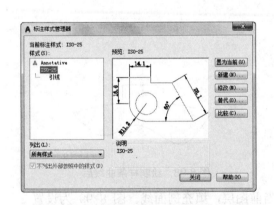

图 8-101　"标注样式管理器"对话框　　　　**图 8-102　设置"修改标注样式"对话框**

2）引线标注。以标注齿轮花键轴右端"C2"倒角为例说明倒角的标注. 命令行提示与操作如下：

> 命令：LEADER✓
>
> 指定引线起点：(用光标拾取图 8-103 中的点 1)
>
> 指定下一点：(用光标拾取图 8-103 中的点 2)
>
> 指定下一点或 [注释(A)/格式(F)/放弃(U)] <注释>：(用光标拾取图 8-103 中的点 3)
>
> 指定下一点或 [注释(A)/格式(F)/放弃(U)] <注释>：✓
>
> 输入注释文字的第一行或 <选项>：✓
>
> 输入注释选项 [公差(T)/副本(C)/块(B)/无(N)/多行文字(M)] <多行文字>：✓

执行上述命令后，系统弹出"文字编辑器"选项卡。在该选项卡中按照要求设置好

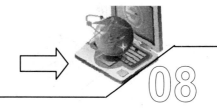

文字的格式，并输入文字的内容，如图 8-104 所示.然后单击"关闭"按钮，完成倒角的标注，结果如图 8-103 所示。

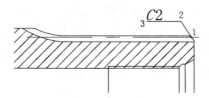

图 8-103 标注倒角

图 8-104 "文字编辑器"选项卡

❷标注表面粗糙度。

1）绘制表面粗糙度符号，如图 8-105 所示。

2）设置表面粗糙度值的文字样式。单击"默认"选项卡"注释"面板中的"文字样式"按钮 ，弹出"文字样式"对话框，设置标注的表面粗糙度值的文字样式，如图 8-106 所示。

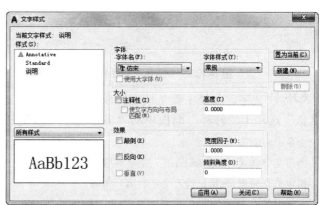

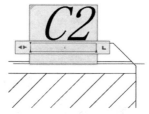

图 8-105 绘制表面粗糙度符号　　　　　　图 8-106 设置"文字样式"对话框

3）设置块属性。在命令行输入命令 DDATTDEF，弹出"属性定义"对话框，如图 8-107 所示。按照图中所示进行设置。

单击"确定"按钮，然后在绘图区域用鼠标拾取图 8-105 中的点 A，完成属性设置。

4）创建表面粗糙度符号块。单击"默认"选项卡"块"面板中的"创建"按钮，系统弹出"块定义"对话框，按照图中所示进行设置，如图 8-108 所示。

单击"拾取点"按钮，此时返回绘图区域，用鼠标拾取图 8-105 中的点 B，此时返回"块定义"对话框，再单击"选择对象"按钮，选择图 8-105 所示的图形，此时返回"块定义"对话框，单击"确定"按钮，完成块定义。

图 8-107 "属性定义"对话框

图 8-108 "块定义"对话框

5）插入表面粗糙度符号。单击"默认"选项卡"块"面板中的"插入"按钮，系统弹出"插入"对话框，在"名称"下拉选项中选择"粗糙度"，如图 8-109 所示。然后单击"确定"按钮，在绘图区合适位置放置粗糙度符号。图 8-110 所示为使用该命令方式插入的表面粗糙度符号。

图 8-109 "插入"对话框

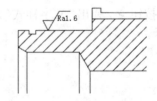
图 8-110 插入表面粗糙度符号

❸标注文字。此处主要是技术要求的标注。将"文字"图层设置为当前图层。单击"默认"选项卡"注释"面板中的"多行文字"按钮**A**，命令行提示与操作如下：

命令：MTEXT↙

当前文字样式："Standard" 文字高度：8 注释性：否

指定第一角点：（指定输入文字的第一角点）

指定对角点或 ［高度(H)/对正(J)/行距(L)/旋转(R)/样式(S)/宽度(W)/栏(C)］：（指定输入文字的对角点）

执行上述命令后，系统弹出"文字编辑器"选项卡。在该选项卡中设置需要的样式、字体和高度，然后再键入技术要求的内容，如图 8-111 所示。

❹其他标注。本例还需要标注线性、半径、直径、角度等参数，以及创建与填写齿

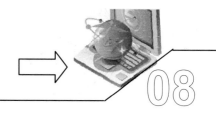

轮参数表格和标注几何公差。具体的标注方法可以参照其他实例中相应的介绍。这里不再详细介绍。

图 8-111 "文字格式"对话框

06 填写标题栏。标题栏是反应图形属性的一个重要信息来源，用户可以在其中查找零部件的材料、设计者及修改等信息。其填写与标注文字的方法相似，这里不再赘述。图 8-112 所示为填写好的标题栏。

图 8-112 填写好的标题栏

8.3.4 圆柱齿轮设计

圆柱齿轮零件是机械产品中经常使用的一种典型零件，它的主视剖视图呈对称形状，左视图则由一组同心圆构成，如图 8-113 所示。

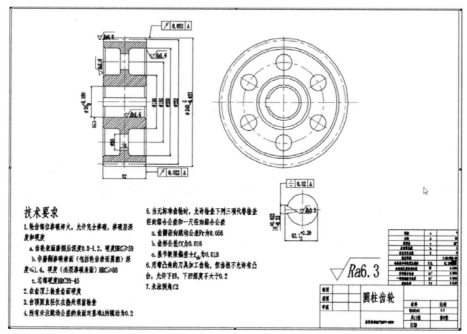

图 8-113 圆柱齿轮

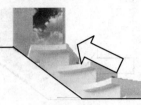
由于圆柱齿轮的 1:1 全尺寸平面图大于 A1 图幅，因此为了绘制方便，需要先隐藏"0"层，在绘图窗口中隐去标题栏和图框。按照 1:1 全尺寸绘制圆柱齿轮主视图和左视图的方法与前面章节类似，绘制过程中可充分利用多视图互相投影的对应关系。

光盘\动画演示\第 8 章\圆柱齿轮设计.avi

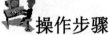 **操作步骤**

01 配置绘图环境。单击"快速访问"工具栏中的"新建"按钮 ，系统弹出"选择样板"对话框，在该对话框中选择需要的样板图。本例选用 A1 样板图 1，其中样板图左下端点坐标为（0，0）。

02 绘制圆柱齿轮。

❶绘制中心线与隐藏图层。

1）切换图层。将"中心线"图层设置为当前图层。

2）绘制中心线。单击"默认"选项卡"绘图"面板中的"直线"按钮 ，绘制中兴线{（25，170），（410，170）}、{（75，47），（75，292）}和{（270，47），（270，292）}，结果如图 8-114 所示。

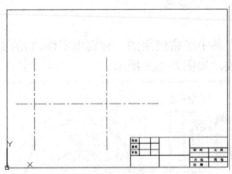

图 8-114　绘制中心线

 说　明

由于圆柱齿轮尺寸较大，因此先按照 1:1 的比例绘制圆柱齿轮，绘制完成后，再利用"图形缩放"命令使其缩小放入 A3 图纸里。为了绘制方便，需隐藏"图框"层并隐去标题栏和图框，以使版面干净，利于绘图。

3）隐藏图层。单击"默认"选项卡"图层"面板中的"图层特性"按钮 ，关闭"图框"层，如图 8-115 所示。

❷绘制圆柱齿轮主视图。

1）绘制边界线。将"粗实线"图层设置为当前图层。单击"默认"选项卡"绘图"面板中的"直线"按钮 ，利用 FROM 选项绘制两条直线，结果如图 8-116 所示，命令行提示与操作如下：

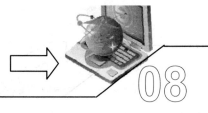

零件图的绘制

08

```
命令：LINE↙
指定第一个点：FROM↙
基点：（利用对象捕捉选择左侧中心线的交点）
<偏移>：@-41,0↙
指定下一点或 [放弃(U)]：@0,120↙
指定下一点或 [放弃(U)]：@41,0↙
指定下一点或 [闭合(C)/放弃(U)]：↙
```

图 8-115　关闭"图框"

2）偏移直线。单击"默认"选项卡"修改"面板中的"偏移"按钮，将最左侧的直线向右偏移，量为 33，再将最上部的直线向下偏移，偏移量依次为 8、20、30、60、70 和 91。向上偏移水平中心线，偏移量依次为 75 和 116，结果如图 8-117 所示。

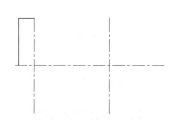

图 8-116　绘制边界线

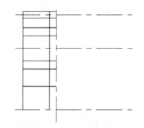

图 8-117　绘制偏移线

3）倒角处理。单击"默认"选项卡"修改"面板中的"倒角"按钮，对齿轮的左上角处倒角 C4。单击"默认"选项卡"修改"面板中的"圆角"按钮，对中间凹槽进行圆角处理，设置半径为 5。然后进行修剪，绘制倒圆角轮廓线，然后利用直线命令，补全直线。结果如图 8-118 所示。

注 意

在执行"圆角"命令时，需要对不同情况交互使用"修剪"模式和"不修剪"模式。若使用"不修剪"模式，还需调用"修剪"命令进行修剪编辑。

4）绘制键槽。单击"默认"选项卡"修改"面板中的"偏移"按钮，将水平中心线向上偏移 8，将其放入"粗实线"图层，然后进行修剪，结果如图 8-119 所示。

5）镜像处理。单击"默认"选项卡"修改"面板中的"镜像"按钮，分别以两条中心线为镜像轴进行镜像操作，结果如图 8-120 所示。

347

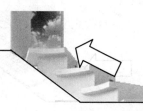

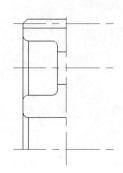

图 8-118　倒角、圆角处理及修剪轮廓线

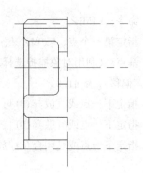

图 8-119　绘制键槽

6）绘制剖面线。将"剖面线"图层设置为当前图层。单击"默认"选项卡"绘图"面板中的"图案填充"按钮，弹出"图案填充创建"选项卡，单击"图案填充"按钮，选择"ANSI31"图案作为填充图案。单击"边界"面板中的"拾取点"按钮，填充图案，完成圆柱齿轮主视图等等绘制，如图 8-121 所示。

❸绘制圆柱齿轮左视图。

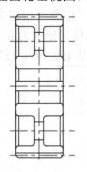

图 8-120　镜像处理

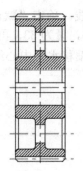

图 8-121　圆柱齿轮主视图

说　明

圆柱齿轮左视图由一组同心圆和环形分布的圆孔组成。左视图是在主视图的基础上生成的，因此需要借助主视图的位置信息确定同心圆的半径或直径数值，这时就需要从主视图引出相应的辅助定位线，利用"对象捕捉"确定同心圆。其中 6 个减重圆孔利用"环形阵列"进行绘制。

1）绘制辅助定位线。将"粗实线"图层设置为当前图层。单击"默认"选项卡"绘图"面板中的"直线"按钮，利用"对象捕捉"在主视图中确定直线起点，再利用"正交"功能保证引出线水平，终点位置任意，绘制直线，结果如图 8-122 所示。

2）绘制同心圆。单击"默认"选项卡"绘图"面板中的"圆"按钮，以右侧中心线交点为圆心，依次捕捉辅助定位线与中心线的交点，绘制 9 个圆，然后删除辅助直线。再重复"圆"命令，绘制直径为 30 的减重圆孔，然后单击"默认"选项卡"绘图"面板中的"直线"按钮，绘制减重孔的中心线，结果如图 8-123 所示。注意通过减重圆孔圆心的圆属于"中心线"图层。

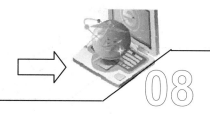

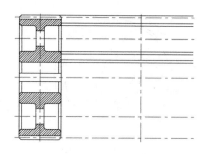

图 8-122　绘制辅助定位线

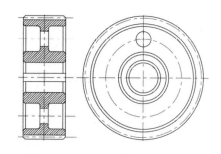

图 8-123　绘制同心圆和减重圆孔

3）环形阵列圆孔。单击"默认"选项卡"修改"面板中的"环形阵列"按钮，进行阵列操作，命令行提示与操作如下：

命令：ARRAYPLLAR↙

选择对象：（选取图 8-123 中所绘制的减重圆孔及其中心线）

选择对象：↙

类型 = 极轴　关联 = 是

指定阵列的中心点或［基点(B)/旋转轴(A)］：（同心圆的圆心）

选择夹点以编辑阵列或［关联(AS)/基点(B)/项目(I)/项目间角度(A)/填充角度(F)/行(ROW)/层(L)/旋转项目(ROT)/退出(X)］〈退出〉：I↙

输入阵列中的项目数或［表达式(E)］〈6〉：6↙

选择夹点以编辑阵列或［关联(AS)/基点(B)/项目(I)/项目间角度(A)/填充角度(F)/行(ROW)/层(L)/旋转项目(ROT)/退出(X)］〈退出〉：F↙

指定填充角度(+=逆时针、-=顺时针)或［表达式(EX)］〈360〉：360↙

选择夹点以编辑阵列或［关联(AS)/基点(B)/项目(I)/项目间角度(A)/填充角度(F)/行(ROW)/层(L)/旋转项目(ROT)/退出(X)］〈退出〉：↙

单击"默认"选项卡"修改"面板中的"打断"按钮，修剪减重圆孔过长的中心线，结果如图 8-124 所示。

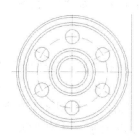

图 8-124　阵列环形分布的减重圆孔

4）绘制键槽边界线。单击"默认"选项卡"修改"面板中的"偏移"按钮，向左偏移同心圆的竖直中心线，偏移量为 33.1；然后上下偏移水平中心线，偏移量分别为 8，并更改其图层属性为"粗实线"层，结果如图 8-125 所示。

5）修剪图形。对键槽进行修剪编辑，得到圆柱齿轮左视图，如图 8-126 所示。

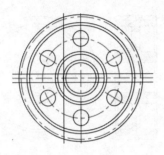

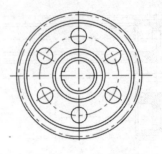

图 8-125　绘制键槽边界线　　　　　　图 8-126　圆柱齿轮左视图

说 明

为了方便对键槽的标注，需要把圆柱齿轮左视图中的键槽图形复制出来单独放置，单独标注尺寸和几何公差。

6）复制键槽。单击"默认"选项卡"修改"面板中的"复制"按钮，选择键槽轮廓线和中心线，如图 8-127 所示。

03 标注圆柱齿轮。

❶无公差尺寸标注。

1）切换图层并修改标注样式。将"标注"图层设置为当前图层。单击"默认"选项卡"注释"面板中的"标注样式"按钮，弹出"标注样式管理器"对话框，将"机械制图标注"样式设置为当前使用的标注样式。

说 明

机械制图国家标准中规定，标注的尺寸值必须是零件的实际值，而不是在图形上的值。这里之所以修改标注样式，是因为前面绘制时将图形整个缩小了一半。在此将比例因子设置为 2，标注出的尺寸数值刚好恢复为原来绘制时的数值。

2）线性标注。单击"默认"选项卡"注释"面板中的"线性"按钮，标注同心圆，使用特殊符号表示法"%%C"表示 φ，如"%%C100"表示 φ100；然后标注其他无公差尺寸，结果如图 8-128 所示。

❷带公差尺寸标注。

1）设置带公差尺寸标注样式。单击"默认"选项卡"注释"面板中的"标注样式"按钮，系统弹出"创建新标准样式"对话框，建立一个名为"副本机械制图（带公差）"的样式，"基础样式"为"机械制图标注"，如图 8-129 所示。在"新建标注样式"对话框中设置"公差"选项卡，如图 8-130 所示，并把"副本机械制图（带公差）"的样式设置为当前使用的标注样式。

2）线性标注。单击"默认"选项卡"注释"面板中的"线性"按钮，标注带公差的尺寸。

3）分解公差尺寸系。单击"默认"选项卡"修改"面板中的"分解"按钮，分解所有的带公差尺寸标注系。

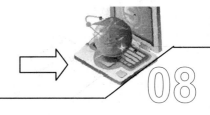

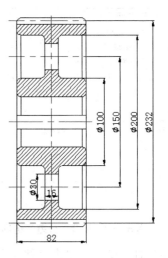

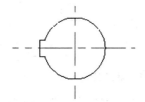

图 8-127　键槽轮廓线　　　　　　　　　图 8-128　无公差尺寸标注

图 8-129　新建标注样式

注　意

公差尺寸的分解需要使用两次"分解"命令：第一次分解尺寸线与公差文字；第二次分解公差文字中的主尺寸文字与极限偏差文字。只有这样，才能单独利用"编辑文字"命令对上、下极限偏差文字进行编辑修改。

4）编辑上、下极限偏差。在命令行中输入 DDEDIT 命令后按 Enter 键，选择需要修改的极限偏差文字，编辑上、下极限偏差，φ58：+0.030 和 0；φ240：0 和-0.027；16：+0.022 和-0.022；62：+0.20 和 0，结果如图 8-131 所示。

❸几何公差标注。

1）绘制基准符号。利用"多行文字"命令、"矩形"命令、"图案填充"命令和"多边形"命令绘制基准符号，如图 8-132 所示。

2）标注几何公差。在命令行中输入"QLEADER"命令，标注几何公差，如图 8-133 所示。

提　示

若发现几何公差符号选择有错误，可以再次单击"符号"选项重新进行选择；也可以单击"符号"选择对话框右下角"空白"选项，取消当前选择。

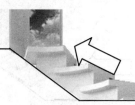

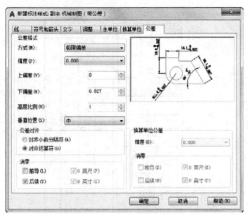

图 8-130　设置"公差"选项卡

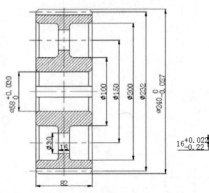

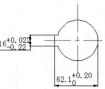

图 8-131　标注公差尺寸

3）打开图层。单击"默认"选项卡"图层"面板中的"图层特性管理器"按钮，系统弹出"图层特性管理器"选项卡，单击"图框"层属性中呈灰暗色的"打开/关闭图层"图标，使其呈鲜亮色，在绘图窗口中显示图幅边框和标题栏。

4）图形移动。单击"默认"选项卡"修改"面板中的"移动"按钮，分别移动圆柱齿轮主视图、左视图和键槽，使其均布于图纸版面里。单击"默认"选项卡"修改"面板中的"打断"按钮，删掉过长的中心线，完成圆柱齿轮的绘制，结果如图 8-133 和图 8-134 所示。

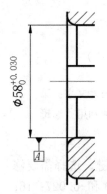

图 8-132　基准符号

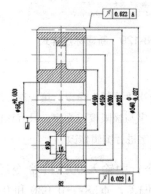

图 8-133　形位公差

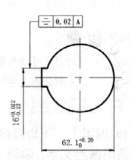

图 8-134　标注圆柱齿轮的形位公差

04 标注表面粗糙度、参数表与技术要求。

❶表面粗糙度标注

按 8.3.1 小节所介绍的方法制作表面粗糙度图块，结合"多行文字"命令标注表面粗糙度，结果如图 8-135 所示。

❷参数表标注。

1）选择菜单栏中的"格式"→"表格样式"命令，弹出"表格样式"对话框，如图 8-136 所示。

2）单击"修改"按钮，弹出"修改表格样式"对话框，如图 8-137 所示。在该对话框中进行如下设置：在"文字"选项组中设置"文字样式"为"Standard"，"文字高度"

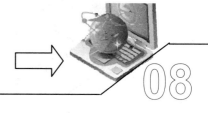
为 4.5，文字颜色为"ByBlock"，填充颜色为"无"，对齐方式为"正中"；在"边框"选项组中单击下面第一个按钮，设置栅格颜色为"洋红"；没有标题行和列标题，表格方向向下，水平单元边距和垂直单元边距都为1.5。

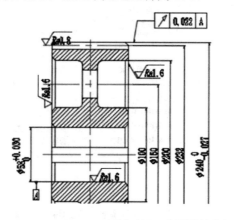

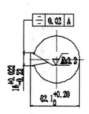

图 8-135　表面粗糙度标注

3）设置好表格样式后，按"确定"键退出。

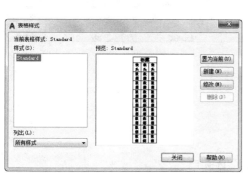

图 8-136　"表格样式"对话框　　　　　图 8-137　"修改表格样式"对话框

4）创建表格。单击"默认"选项卡"注释"面板中的"表格"按钮，弹出"插入表格"对话框，如图 8-138 所示。设置插入方式为"指定插入点"，行和列设置为 9 行 3 列，列宽为 8，行高为 1 行。确定后，在绘图平面指定插入点，则插入如图 8-139 所示的空表格，并显示"文字编辑器"选项卡。不输入文字，直接在"文字编辑器"选项卡"关闭"面板中单击"关闭文字编辑器"按钮退出。

5）单击第 1 列某一个单元格，出现钳夹点后将右边钳夹点向右拉，使列宽大约变成 60；用同样方法，将第 2 列和第 3 列的列宽拉成约 15 和 30，结果如图 8-140 所示。

6）双击单元格，重新打开多行文字编辑器，在各单元格中输入相应的文字或数据，结果如图 8-141 所示。

❸技术要求标注。

单击"默认"选项卡"注释"面板中的"多行文字"按钮**A**，标注技术要求，如图

8-142 所示。

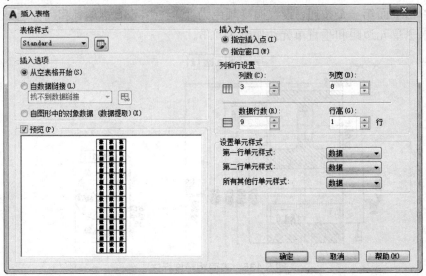

图 8-138　"插入表格"对话框

图 8-139　"表格单元"选项卡

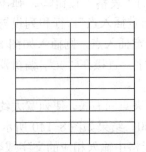

图 8-140　改变列宽

模数	m	4
齿数	Z	29
齿形角	α	20°
齿顶高系数	h	1
径向变位系数	X	0
精度等级		7-GB10095-88
公法线平均长度及偏差	$W_k E_n$	$61.283^{-0.068}_{-0.178}$
公法线长度变动公差	Fw	0.0360
径向综合公差	Fi"	0.0900
一齿径向综合公差	fi'	0.0320
齿向公差	Fβ	0.0110

图 8-141　参数表

技术要求

1. 轮齿部位渗碳淬火，允许全部渗碳，渗硬层深度和硬度
   a. 轮齿表面磨削后深度0.8~1.2，硬度HRC>59
   b. 非磨削渗硬表面（包括轮齿表面黑皮）深度<1.4，硬度（必须渗硬表面）HRC >60
   c. 芯部硬度HRC35~45
2. 在齿顶上检查齿面硬度
3. 齿顶圆直径仅在热处理前检查
4. 所有未注跳动公差的表面对基准A的跳动为0.2

5. 当无标准齿轮时，允许检查下列三项代替检查径向综合公差和一齿径向综合公差
   a. 齿圈径向跳动公差Fr为0.056
   b. 齿形公差ff为0.016
   c. 基节极限偏差±f_{pb}为0.018
6. 用零凸角的刀具加工齿轮，但齿根不允许有凸台，允许下凹，下凹深度不大于0.2
7. 未注倒角C2

图 8-142　技术要求

05 填写标题栏。

❶将"标题栏层"图层设置为当前图层。

❷在标题栏中输入相应文本。圆柱齿轮设计最终结果如图 8-113 所示。

第 9 章
装配图的绘制

　　装配图是表达机器、部件或组件的图样。在产品设计中，一般先绘制出装配图，然后根据装配图绘制零件图，在产品制造中，机器、部件和组件的工作都必须根据装配图来进行。使用和维修机器时，也往往需要通过装配图来了解机器的构造。因此，装配图在生产中起着非常重要的作用。

知识点

- ⊞　装配图简介
- ⊞　装配图的一般绘制过程与方法
- ⊞　球阀装配图实例
- ⊞　图形输出

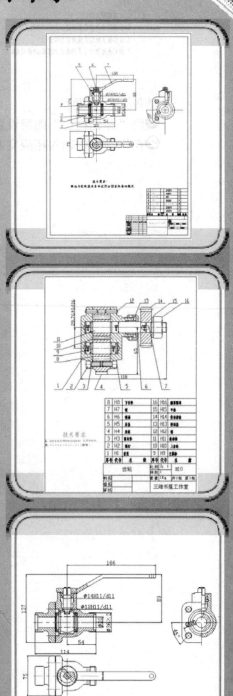

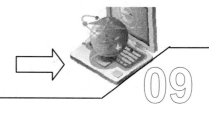

9.1 装配图简介

9.1.1 装配图的内容

如图 9-1 所示，一幅完整的装配图应包括下列内容：

1）一组视图。装配图由一组视图组成，用以表达各组成零件的相互位置和装配关系、部件或机器的工作原理和结构特点。

2）必要的尺寸。必要的尺寸包括部件或机器的性能规格尺寸、零件之间的配合尺寸、外形尺寸、部件或机器的安装尺寸和其他重要尺寸等。

3）技术要求。说明部件或机器的装配、安装、检验和运转的技术要求，一般用文字写出。

4）零部件序号、明细栏和标题栏。在装配图中，应对每个不同的零部件编写序号，并在明细栏中依次填写序号、名称、件数、材料和备注等内容。标题栏与零件图中的标题栏相同。

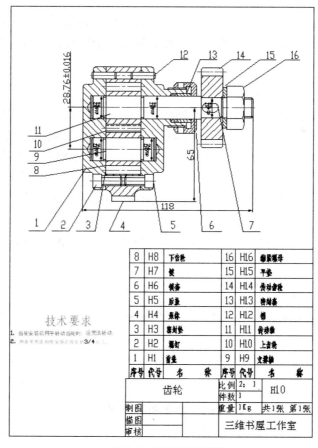

图 9-1 齿轮泵装配图

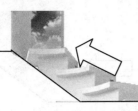

9.1.2 装配图的特殊表达方法

（1）沿结合面剖切或拆卸画法：在装配图中，为了表达部件或机器的内部结构，可以采用沿结合面剖切画法，即假想沿某些零件的结合面剖切，此时，在零件的结合面上不画剖面线，而被剖切的零件一般都应画出剖面线。

在装配图中，为了表达被遮挡部分的装配关系或其他零件，可以采用拆卸画法，即假想拆去一个或几个零件，只画出所要表达部分的视图。

（2）假想画法：为了表示运动零件的极限位置，或与该部件有装配关系但又不属于该部件的其他相邻零件（或部件），可以用双点画线画出其轮廓。

（3）夸大画法：对于薄片零件、细丝弹簧和微小间隙等，若按它们的实际尺寸在装配图中很难画出或难以明显表示时，均可不按比例而采用夸大画法绘制。

（4）简化画法：在装配图中，零件的工艺结构，如圆角、倒角、退刀槽等可不画出。对于若干相同的零件组，如螺栓连接等，可详细地画出一组或几组，其余只需用点画线表示其装配位置即可。

9.1.3 装配图中零、部件序号的编写

为了便于读图和图样管理，以及做好生产准备工作，装配图中的所有零、部件都必须编写序号，且同一装配图中相同的零、部件只编写一个序号，并将其填写在标题栏上方的明细栏中。

1. 装配图中序号编写的常见形式

装配图中序号的编写形式有 3 种，如图 9-2 所示。在所指的零、部件的可见轮廓内画一圆点，然后从圆点开始画指引线（细实线），在指引线的末端画一水平线或圆（均为细实线），在水平线上或圆内注写序号，序号的字高应比尺寸数字大两号，如图 9-2a 所示。

在指引线的末端也可以不画水平线或圆，直接注写序号，序号的字高应比尺寸数字大两号，如图 9-2b 所示。

对于很薄的零件或涂黑的剖面，可用箭头代替圆点，箭头指向该部分的轮廓，如图 9-2c 所示。

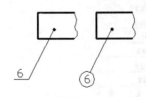 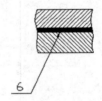

a）序号在指引线上或圆内　　　b）序号在指引线附近　　　c）箭头代替圆点

图 9-2　序号的编写形式

2. 编写序号的注意事项

指引线相互不能相交，不能与剖面线平行，必要时可以将指引线画成折线，但是只允许曲折一次，如图 9-3 所示。

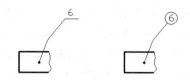

图 9-3　指引线为折线

序号应按照水平或垂直方向顺时针（或逆时针）方向顺次排列整齐，并尽可能均匀分布；对一组紧固件以及装配关系清楚的零件组，可采用公共指引线，如图 9-4 所示。

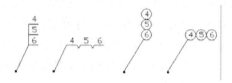

图 9-4　零件组的编号形式

装配图中的标准化组件（如滚动轴承、电动机等）可看作一个整体，只编写一个序号；部件中的标准件可以与非标准件同样地编写序号，也可以不编写序号，而将标准件的数量与规格直接用指引线标明在图中。

9.2　装配图的一般绘制过程与方法

9.2.1　装配图的一般绘制过程

装配图的绘制过程与零件图相似，但又有其自身的特点。装配图的一般绘制过程如下：

1）在绘制装配图之前，同样需要根据图纸幅面大小和版式的不同，分别建立符合机械制图国家标准的若干机械图样模板。模板中包括图纸幅面、图层、使用文字的一般样式和尺寸标注的一般样式等，在绘制装配图时可以直接调用建立好的模板进行绘图，这样有利于提高工作效率。

2）使用绘制装配图的方法绘制完成装配图（这些方法将在下一节做详细介绍）。

3）对装配图进行尺寸标注。

4）编写零部件序号。用快速引线标注命令 QLEADER 绘制编写序号的指引线及注写序号。

5）绘制明细栏（也可以将明细栏的单元格创建为图块，用到时插入即可），填写标题栏及明细栏，注写技术要求。

6）保存图形文件。

9.2.2　装配图的绘制方法

（1）零件图块插入法：即将组成部件或机器的各个零件的图形先创建为图块，然后再按零件间的相对位置关系，将零件图块逐个插入，拼画成装配图的一种方法。

（2）图形文件插入法：由于在 AutoCAD 2018 中，图形文件可以用插入块命令 INSERT 在不同的图形中直接插入，因此可以用直接插入零件图形文件的方法来拼画装配图。该方法与零件图块插入法极其相似，不同的是此时插入基点为零件图形的左下角坐标（0，0），这样在拼画装配图时就无法准确地确定零件图形在装配图中的位置。为了使图形插入时能准确地放到需要的位置，在绘制完零件图形后，应首先用定义基点命令 BASE 设置插入基点，然后再保存文件，这样在用插入块命令 INSERT 将该图形文件插入时，就以定义的基点为插入点进行插入，从而完成装配图的拼画。

（3）直接绘制：对于一些比较简单的装配图，可以直接利用 AutoCAD 的二维绘图及编辑命令，按照装配图的画图步骤将其绘制出来。在绘制过程中，还要用到对象捕捉及正交等绘图辅助工具帮助我们进行精确绘图，并用对象追踪来保证视图之间的投影关系。

（4）利用设计中心拼画装配图：在 AutoCAD 设计中心中可以直接插入其他图形中定义的图块，但是一次只能插入一个图块。图块被插入到图形中后，如果原来的图块被修改，则插入到图形中的图块也随之改变。

AutoCAD 设计中心提供了两种插入图块的方法：

1）采用"默认比例和旋转角"方式插入图块。采用该方法插入图块的步骤为：从"内容显示窗口"或"查找"对话框中选择要插入的图块，按住鼠标左键将其拖放到当前图形中，系统将比较图形和插入图块的单位，根据两者之间的比例对图块进行自动缩放。

2）根据"指定比例和旋转角"插入图块。采用该方法插入图块的步骤为：从"内容显示窗口"或"查找"对话框中用鼠标右键选择要插入的图块，按住鼠标右键将其拖放到当前图形中后松开，从弹出的快捷菜单中选择"插入块"选项，此时将弹出"插入"对话框，后面的操作与插入图块相同。

利用 AutoCAD 2018 设计中心，用户除了可以方便地插入其他图形中的图块之外，还可以插入其他图形中的标注样式、图层、线型、文字样式及外部引用等图形元素。具体步骤为：用鼠标左键单击选取欲插入的图形元素并将其拖放到绘图区内。如果用户想一次插入多个对象，则可以通过按住 Shift 键或 Ctrl 键选取多个对象，方法与在资源管理器中对文件的操作相似。

9.3　球阀装配图实例

球阀装配平面图（见图 9-5）是球阀零部件加工和装配过程中重要的技术文件。在设计过程中要用到剖视以及放大等表达方式，还要标注装配尺寸，绘制和填写明细栏等。因此，通过球阀装配图的绘制，可以提高综合设计能力。将零件图的视图进行修改，制作成块，然后将这些块插入装配图中。制作块的步骤本节不再介绍，用户可以参考相应的介绍。

光盘\动画演示\第 9 章\阀体装配平面图.avi

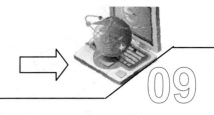

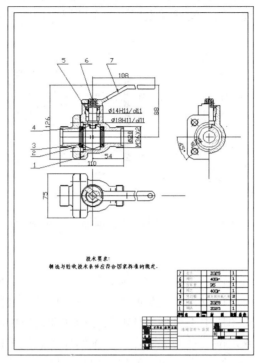

图 9-5 球阀装配平面图

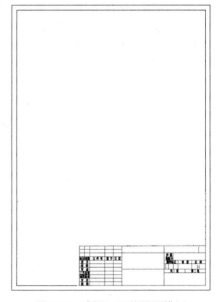

图 9-6 球阀平面装配图模板

操作步骤

9.3.1 配置绘图环境

01 建立新文件。启动 AutoCAD 2018 应用程序，单击"标准"工具栏中的"新建"按钮 🗋，弹出"选择样板文件"对话框，选择随书光盘文件 X:\原始文件\A2 竖向样板图 dwt，如图 9-6 所示。单击"打开"按钮，建立新文件。将新文件命名为"球阀装配平面图.dwg"并保存。

02 关闭线宽。单击状态栏中的"线宽"按钮 ☰，关闭线宽显示，这样在绘制图形时就不会显示线宽。

03 关闭栅格。单击状态栏中的"栅格"按钮或者使用快捷键 F7 关闭栅格，系统默认为关闭栅格。选择菜单栏中的"视图"→"缩放"→"全部"命令，调整绘图窗口的显示比例。

04 创建新图层。单击"默认"选项卡"图层"面板中的"图层特性"按钮，弹出"图层特性管理器"选项板，新建并设置每一个图层，如图 9-7 所示。

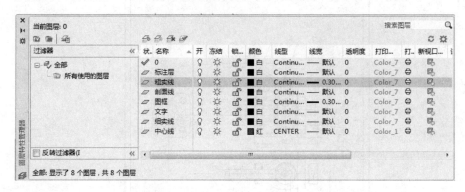

图 9-7   "图层特性管理器"选项板

9.3.2   组装装配图

球阀装配平面图主要由阀体、阀盖、密封圈、阀芯、压紧套、阀杆和扳手等零件图组成。在绘制零件图时，用户可以为了装配的需要，将零件的主视图以及其他视图分别定义成图块，但是在定义的图块中不包括零件的尺寸标注和定位中心线，块的基点应选择在与其零件有装配关系或定位关系的关键点上。本例球阀装配平面图中所有的装配零件图在附赠光盘的"装配平面图"中已定义好块，用户可以直接应用。具体尺寸参考各零件的立体图。

01 装配零件图。

❶插入阀体平面图。单击"视图"选项卡"选项板"面板中的"设计中心"按钮，AutoCAD 弹出"设计中心"选项板，如图 9-8 所示。在 AutoCAD 设计中心中有"文件夹""打开的图形"和"历史记录"等选项卡，用户可以根据需要选择相应的选项。

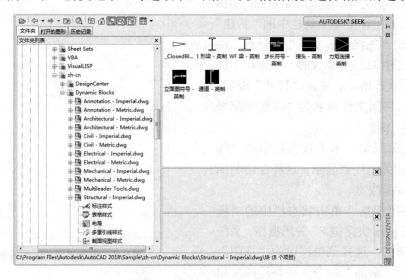

图 9-8   "设计中心"选项板

在"设计中心"选项卡中单击"文件夹"选项卡，则计算机中所有的文件都会显示在其中，在其中找出要插入阀体零件图的文件夹。在选项板右侧的显示框中选择"阀体主视图"，右击弹出快捷菜单，选择"插入为块"命令，弹出"插入"对话框，如图9-9所示。

按照图示进行设置，插入的图形比例为1:1，旋转角度为0，然后单击"确定"按钮，则此时AutoCAD在命令行会提示："指定插入点或 ［基点(B)/比例(S)/X/Y/Z/旋转(R)］"。

在命令行中输入"150,400"，则"阀体主视图"块会插入到"球阀装配平面图"中，且插入后轴右端中心线处的坐标为（150,400），结果如图9-10所示。

图9-9 "插入"对话框

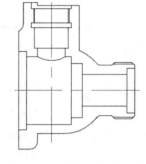

图9-10 插入阀体主视图

继续插入"阀体俯视图"块，设置插入的图形比例为1:1，旋转角度为0，插入点的坐标为"150,250"；继续插入"阀体左视图"块，设置插入的图形比例为1:1，旋转角度为0，插入点的坐标为"300,400"。结果如图9-11所示。

❷插入阀盖平面图。单击"视图"选项卡"选项板"面板中的"设计中心"按钮，弹出"设计中心"选项板，如图9-12所示。在相应的文件夹中找出"阀盖主视图"，并右键单击 "阀盖主视图"，在弹出的快捷菜单中选择"插入为块"命令，插入"阀盖主视图"块，设置插入的图形比例为1:1，旋转角度为0，插入点的坐标为"36,400"。由于阀盖的外形轮廓与阀体的左视图的外形轮廓相同，故"阀盖左视图"块不需要插入。因为阀盖是一个对称结构，所以把"阀盖主视图"块插入到"阀体装配平面图"的俯视图中，结果如图9-13所示。

图9-11 插入阀体三视图

图9-12 "设计中心"选项板

把俯视图中的"阀盖主视图"块分解并修改（具体过程可以参考前面相应的命令），结果如图 9-14 所示。

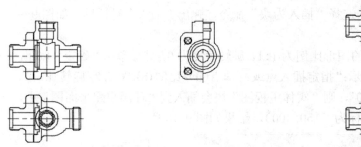

图 9-13　插入阀盖　　　　　　　　　　　图 9-14　修改视图后的图形

❸插入密封圈平面图。单击"视图"选项卡"选项板"面板中的"设计中心"按钮🖼，弹出"设计中心"选项板，如图 9-15 所示。在相应的文件夹中找出"密封圈"，依照上述命令插入"密封圈"。

在平面图中插入"密封圈"块，设置插入的图形比例为 1:1，旋转角度为 90，设置插入点的坐标为"116,400"。由于该装配图中有两个密封圈，所以还要再插入一个，插入的图形比例为 1:1，旋转角度为-90，插入点的坐标为"77,400"，结果如图 9-16 所示。

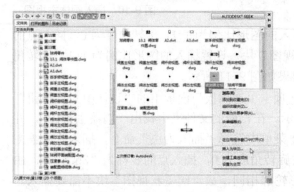

图 9-15　"设计中心"选项板　　　　　　　图 9-16　插入密封圈

❹插入阀芯平面图。单击"视图"选项卡"选项板"面板中的"设计中心"按钮🖼，弹出"设计中心"选项卡，如图 9-17 所示。在相应的文件夹中找出"阀芯主视图"，依照上述命令插入"阀芯主视图"。

在平面图中插入"阀芯主视图"块，设置插入的图形比例为 1:1，旋转角度为 0，插入点的坐标为"96,400"，结果如图 9-18 所示。

❺插入阀杆平面图。单击"视图"选项卡"选项板"面板中的"设计中心"按钮🖼，弹出"设计中心"选项卡，如图 9-19 所示。在相应的文件夹中找出"阀杆主视图"，依照上述命令插入"阀杆主视图"。

在平面图中插入"阀杆主视图"块，设置插入的图形比例为 1:1，旋转角度为-90，插入点的坐标为"96,427"；插入"阀杆俯视图"块，设置插入的图形比例为 1:1，旋转角度为 0，插入点的坐标为"96,250"。"阀杆左视图"块与"阀杆主视图"块相同，故

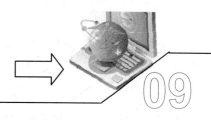
可插入"阀杆主视图"块到装配图的左视图中。设置插入的图形比例为 1:1，旋转角度为-90，插入点的坐标为"300,427"，结果如图 9-20 所示。

图 9-17 "设计中心"选项板　　　　　　图 9-18 插入阀芯主视图后的图形

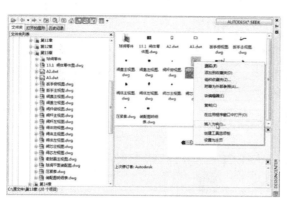
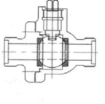

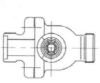

图 9-19 "设计中心"选项卡　　　　　　　　　图 9-20 插入阀杆

❻插入压紧套平面图。单击"视图"选项卡"选项板"面板中的"设计中心"按钮，弹出"设计中心"选项卡，如图 9-21 所示。在相应的文件夹中找出"压紧套主视图"，依照上述命令插入"压紧套主视图"。

在平面图中插入"压紧套主视图"块，设置插入的图形比例为1:1，旋转角度为 0，插入点的坐标为"96,435"；由于压紧套主视图的外形轮廓与阀体左视图的外形轮廓相同，故"压紧套左视图"块不需要插入。因为压紧套是一个对称结构，所以把"压紧套主视图"块插入到"阀体装配平面图"的左视图中，设置插入的图形比例为 1:1，旋转角度为 0，插入点的坐标为"300,435"，结果如图 9-22 所示。

把主视图和左视图中的块分解并修改（具体过程可以参考前面相应的命令），结果如图 9-23 所示。

❼插入扳手平面图。单击"视图"选项卡"选项板"面板中的"设计中心"按钮，

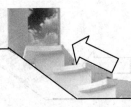

AutoCAD 2018中文版机械设计实例教程

弹出"设计中心"选项卡，如图9-24所示。在相应的文件夹中找出"扳手主视图"，依照上述命令插入"扳手主视图"。

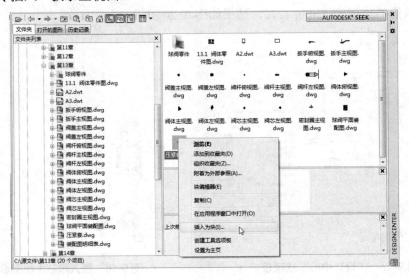

图 9-21 "设计中心"选项卡

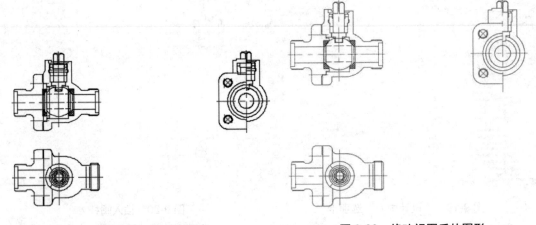

图 9-22 插入压紧套　　　　　　图 9-23 修改视图后的图形

在平面图中插入"扳手主视图"块，设置插入的图形比例为1∶1，旋转角度为0，插入点的坐标为"96, 454"；继续插入"扳手俯视图"块，设置插入的图形比例为1∶1，旋转角度为0，插入点的坐标为"96, 250"。结果如图9-25所示。

把主视图和俯视图中的"扳手"块分解并修改（具体过程可以参考前面相应的命令），结果如图9-26所示。

02 填充剖面线。

❶修改视图。综合运用各种命令，将图 9-26 所示的图形进行修改并绘制填充剖面线的区域线。结果如图9-27所示。

❷填充剖面线。单击"默认"选项卡"绘图"面板中的"图案填充"按钮，弹出"图案填充创建"选项卡，在该选项卡中选择所需要的剖面线样式，并设置剖面线的旋

转角度和显示比例。图 9-28 所示为设置完毕的"图案填充创建"选项卡。将视图中需要填充的位置进行填充，结果如图 9-29 所示。

图 9-24 "设计中心"选项板

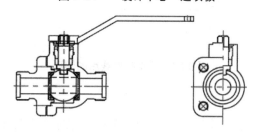

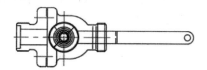

图 9-25 插入扳手

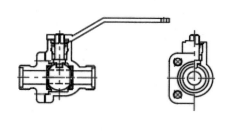

图 9-26 修改视图后的图形

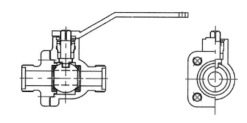

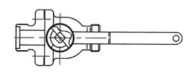

图 9-27 修改并绘制填充剖面线的区域线

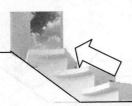

图 9-28 "图案填充创建"选项卡

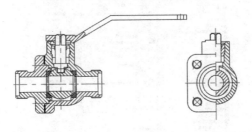

图 9-29 填充剖面线后的图形

9.3.3 标注球阀装配平面图

01 标注尺寸。在装配图中，不需要将每个零件的尺寸全部标注出来，需要标注的尺寸有：规格尺寸、装配尺寸、外形尺寸、安装尺寸以及其他重要尺寸。在本例中，只需要标注一些装配尺寸，而且都为线性标注，比较简单，前面已有相应的介绍，这里就不再赘述。图 9-30 所示为标注后的装配图。

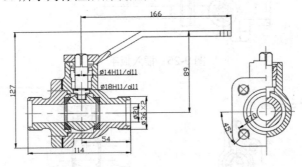

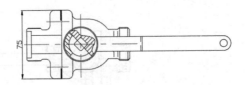

图 9-30 标注尺寸后的装配图

02 标注零件序号。标注零件序号采用引线标注方式。单击"默认"选项卡"注

释"面板中的"多重引线样式"按钮，弹出"多重引线样式管理器"对话框，选择
"Standard"样式，然后单击"修改"按钮，弹出"修改多重引线样式"对话框，如图
9-31 所示。修改引线标注样式，将箭头的大小设置为 5，文字高度设置为 5。设置完成
后，单击"确定"按钮，关闭对话框。然后单击"注释"选项卡"引线"面板中的"多
重引线"按钮，标注零件序号，结果如图 9-32 所示。标注完成后，将图中所有的视
图移动到图框中合适的位置。

图 9-31　"修改多重引线样式"对话框

03 填写明细栏。通过"设计中心"，将"明细栏"图块插入到装配图中，插入点
选择在标题栏的右上角处。插入"明细栏"图块后切换图层，将"文字"图层设置为当
前图层。然后再使用"多行文字"命令填写明细栏。图 9-33 所示为填写好的装配图明细
栏。

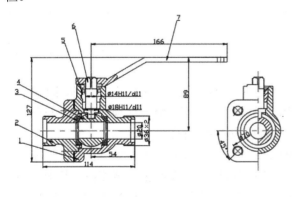

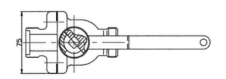

7	扳手		ZG25	1	
6	阀杆		40Cr	1	
5	压紧套		35	1	
4	阀芯		40Cr	1	
3	密封圈		填充聚四氟乙烯	2	
2	阀盖		ZG25	1	
1	阀体		ZG25	1	
序号	名　称	零件号	材　料	数量	备注

图 9-32　标注零件序号　　　　　　　图 9-33　装配图明细栏

04 填写技术要求。

单击"注释"选项卡"文字"面板中的"多行文字"按钮**A**,弹出"文字编辑器"选项卡。在其中设置需要的样式、字体和高度,然后再键入技术要求的内容,如图9-34所示。

技术要求
制造和验收技术条件应符合国家标准的规定。

图 9-34 "文字编辑器"选项卡

9.3.4 填写标题栏

01 将"文字"图层设置为当前图层。

02 填写标题栏。单击"注释"选项卡"文字"面板中的"多行文字"按钮**A**,弹出"文字编辑"选项卡,在标题栏中填写相应的项目,结果如图9-35所示。

图 9-35 填写好的标题栏

9.4 图形输出

在利用 AutoCAD 建立了图形文件后,通常要进行绘图的最后一个环节,即输出图形。在这个过程中,要想在一张图纸上得到一幅完整的图形,必须恰当地规划图形的布局,合适地安排图纸规格和尺寸,正确地选择打印设备及各种打印参数。

在进行绘图输出时,将用到一个重要的命令 PLOT(打印),该命令可以将图形输出到绘图仪、打印机或图形文件中。AutoCAD 2018 的打印和绘图输出非常方便,其中打印预览功能非常有用,可实现所见即所得。AutoCAD 2018 支持所有的标准 Windows 输出设备。下面分别介绍 PLOT 命令的有关参数设置的知识。

1. 执行方式

命令行:PLOT。

菜单:"文件"→"打印"。

快速访问工具栏:"标准"→"打印"。

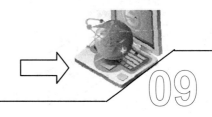

快捷键：Ctrl+P。

2．选项说明

单击"快速访问"工具栏中的"打印"按钮🖶，弹出"打印"对话框，按下右下角的"更多选项"按钮⦿，将对话框展开，如图 9-36 所示。

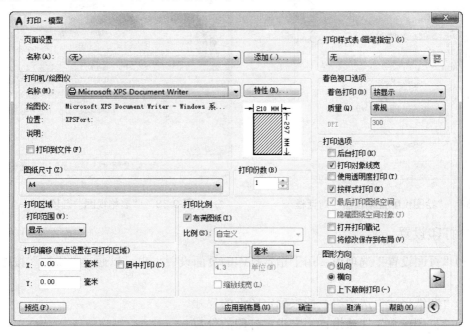

图 9-36 "打印"对话框

在"打印"对话框中可设置打印设备参数和图纸尺寸、打印份数等。

9.4.1 打印设备参数设置

（1）"打印机/绘图仪"选项组：用来设置打印机配置。

①"名称"下拉列表框：选择系统所连接的打印机或绘图仪名。下面的提示行给出了当前打印机名称、位置以及相应说明。

②"特性"按钮：确定打印机或绘图仪的配置属性。单击该按钮后，系统弹出"绘图仪配置编辑器"对话框，如图 9-37 所示。用户可以在其中对绘图仪的配置进行编辑。

（2）"打印样式表"选项组：用来确定准备输出的图形的有关参数。

①"名称"下拉列表框：选择相应的参数配置文件名。

②"编辑"按钮：弹出"打印样式表编辑器-acad.ctb"对话框中单击该按钮，的"表格视图"选项卡，如图 9-38 所示。在该对话框中可以编辑有关参数。

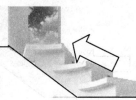

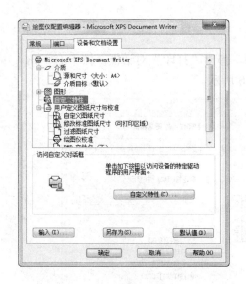

图 9-37 "绘图仪配置编辑器"对话框

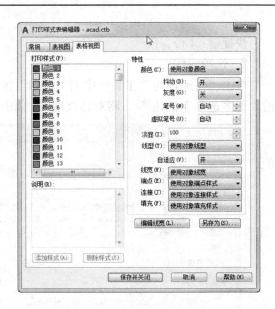

图 9-38 "表格视图"选项卡

9.4.2 打印设置

（1）"页面设置"选项组：用于指定打印的页面设置，也可以通过"添加"按钮添加新设置。

（2）"图纸尺寸"选项组：用来确定图纸的尺寸。

（3）"打印份数"选项组：用来指定打印的份数。

（4）"图形方向"选项组：用来确定打印方向。

①"纵向"单选按钮：表示用户选择纵向打印方向。

②"横向"单选按钮：表示用户选择横向打印方向。

③"上下颠倒打印"复选框：控制是否将图形旋转180°打印。

（5）"打印区域"选项组：用来确定打印区域的范围。

①"窗口"选项：选定打印窗口的大小。

②"范围"选项：与"范围缩放"命令相类似，用于告诉系统打印当前绘图空间内所有包含实体的部分（已冻结层除外）。在使用"范围"之前，最好先用"范围缩放"命令查看一下系统将打印的内容。

③"图形界限"选项：控制系统打印当前层或由绘图界限所定义的绘图区域。如果当前视点并不处于平面视图状态，系统将作为"范围"选项处理。其中，当前图形在图纸空间时，对话框中显示"布局"按钮；当前图形在模型空间时，对话框显示"图形范围"按钮。

④"显示"选项：控制系统打印当前视窗中显示的内容。

（6）"打印比例"选项组：用来确定绘图比例。

①"比例"下拉列表框：确定绘图比例。当为"自定义"选项时，可在下面的文字框中自定义任意打印比例。

②"缩放线宽"复选框：确定是否打开线宽比例控制。该复选框只有在打印图纸空间时才会用到。

（7）"打印偏移"选项组：用来确定打印位置。

①"居中打印"复选框：控制是否居中打印。

②"X"和"Y"文字框：分别控制 X 轴和 Y 轴打印偏移量。

（8）"打印选项"选项组

① 后台打印：指定在后台处理打印（BACKGROUNDPLOT 系统变量）。

② 打印对象线宽：指定是否打印指定给对象和图层的线宽。如果选定"按样式打印"，则该选项不可用。

③ 使用透明度打印：指定是否打印对象透明度。仅当打印具有透明对象的图形时，才应使用此选项。重要信息出于性能原因的考虑，打印透明对象在默认情况下被禁用。若要打印透明对象，请选中"使用透明度打印"选项。此设置可由 PLOTTRANSPARENCYOVERRIDE 系统变量替代。默认情况下，该系统变量会使用"页面设置"和"打印"对话框中的设置。

④ 按样式打印：指定是否打印应用于对象和图层的打印样式。如果选择该选项，也将自动选择"打印对象线宽"。

⑤ 最后打印图纸空间：首先打印模型空间几何图形。通常先打印图纸空间几何图形，然后再打印模型空间几何图形。

⑥ 隐藏图纸空间对象：指定 HIDE 操作是否应用于图纸空间视口中的对象。此选项仅在布局选项卡中可用。此设置的效果反映在打印预览中，而不反映在布局中。

⑦ 打开打印戳记：在每个图形的指定角点处放置打印戳记并/或将戳记记录到文件中。打印戳记设置可以在"打印戳记"对话框中指定，可以从该对话框中指定要应用于打印戳记的信息，如图形名称、日期和时间、打印比例等。要打开"打印戳记"对话框，请选择"打开打印戳记"选项，然后单击该选项右侧显示的"打印戳记设置"按钮。

也可以通过单击"选项"对话框的"打印和发布"选项卡中的"打印戳记设置"按钮来打开"打印戳记"对话框。

⑧ "打印戳记设置"按钮：选中"打印"对话框中的"打开打印戳记"选项时，将显示"打印戳记"对话框。

⑨ 将修改保存到布局：将在"打印"对话框中所做的修改保存到布局。

（9）"着色视口选项"选项组：指定着色和渲染视口的打印方式，并确定它们的分辨率大小和 DPI 值。

以前只能将三维图像打印为线框。为了打印着色或渲染图像，必须将场景渲染为位图，然后在其他程序中打印此位图。现在使用着色打印便可以在 AutoCAD 中打印着色三维图像或渲染三维图像。还可以使用不同的着色选项和渲染选项设置多个视口。

①"着色打印"下拉列表框：指定视图的打印方式。

②"质量"下拉列表框：指定着色和渲染视口的打印质量。

③ "DPI"文字框：指定渲染和着色视图每英寸的点数，最大可为当前打印设备分

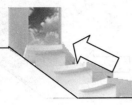

辨率的最大值。只有在"质量"下拉列表框中选择了"自定义"后，此选项才可用。

（10）"预览"按钮：用于预览整个图形窗口中将要打印的图形，如图 9-39 所示。

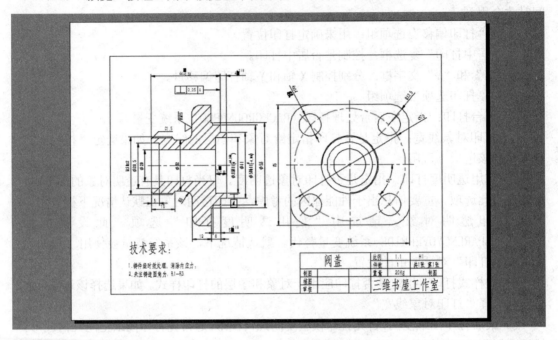

图 9-39　"预览"显示

完成上述绘图参数设置后，可以单击"确定"按钮进行打印输出。

第 10 章
三维机械图形绘制

实体建模是 AutoCAD 三维建模中比较重要的一部分。实体模型能够完整描述对象的三维模型，比三维线框、三维曲面更能表达实物。这些功能命令的工具栏操作主要集中在"实体"工具栏和"实体编辑"工具栏。

本章主要介绍三维坐标系统的建立，视点的设置，三维面、三维网格曲面、基本三维表面及基本三维实体的绘制，三维实体的编辑，三维实体的布尔运算，三维实体的着色与渲染等内容。

知识点

- ✡ 三维坐标系统

- ✡ 绘制三维网格曲面

- ✡ 绘制基本三维网格

- ✡ 绘制基本三维实体

- ✡ 编辑三维图形

- ✡ 显示形式

- ✡ 编辑实体

10.1   三维坐标系统

AutoCAD 2018 使用的是笛卡儿坐标系。AutoCAD 2018 使用的直角坐标系有两种类型，一种是绘制二维图形时常用的坐标系，即世界坐标系（WCS），由系统默认提供。世界坐标系又称通用坐标系或绝对坐标系。对于二维绘图来说，世界坐标系足以满足要求。为了方便创建三维模型，AutoCAD 2018 允许用户根据自己的需要设定坐标系，即用户坐标系（UCS）。合理的创建 UCS，用户可以方便地创建三维模型。

10.1.1   坐标系建立

1. 执行方式

命令行：UCS。

菜单："工具" → "新建 UCS"。

工具栏：UCS。

功能区：单击"视图"选项卡"坐标"面板中的"UCS"按钮└。

2. 操作格式

命令：UCS✓

当前 UCS 名称：*世界*

指定 UCS 的原点或 ［面(F)/命名(NA)/对象(OB)/上一个(P)/视图(V)/世界(W)/X/Y/Z/Z 轴(ZA)］〈世界〉：W

3. 选项说明

（1）指定 UCS 的原点：使用一点、两点或三点定义一个新的 UCS。如果指定单个点 1，当前 UCS 的原点将会移动而不会更改 X、Y 和 Z 轴的方向。选择该项，系统提示：

指定 X 轴上的点或〈接受〉：（继续指定 X 轴通过的点 2 或直接 Enter 接受原坐标系 X 轴为新坐标系 X 轴）

指定 XY 平面上的点或〈接受〉：（继续指定 XY 平面通过的点 3 以确定 Y 轴或直接 Enter 接受原坐标系 XY 平面为新坐标系 XY 平面，根据右手法则，相应的 Z 轴也同时确定）

使用一点、两点或三点定义 UCS 的示意图如图 10-1 所示。

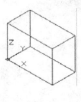
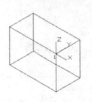
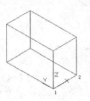

原 UCS   指定一点   指定两点   指定三点

图 10-1　使用一点、两点或三点定义 UCS 的示意图

（2）面(F)：将 UCS 与三维实体的选定面对齐。要选择一个面，请在此面的边界内

或面的边上单击，被选中的面将亮显，UCS 的 X 轴将与找到的第一个面上的最近的边对齐。选择该项，系统提示：

> 选择实体面、曲面或网格：（选择面）
>
> 输入选项［X 轴反向(X)/Y 轴反向(Y)］〈接受〉:↙（结果如图 10-2 所示）

如果选择"下一个"选项，系统将 UCS 定位于邻接的面或选定边的后向面。

（3）对象(OB)：根据选定三维对象定义新的 UCS，如图 10-3 所示。新建 UCS 的拉伸方向（Z 轴正方向）与选定对象的拉伸方向相同。选择该项，系统提示：

> 选择对齐 UCS 的对象:选择对象

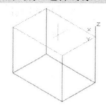

图 10-2　选择面确定坐标系

图 10-3　选择对象确定 UCS

对于大多数对象，新 UCS 的原点位于离选定对象最近的顶点处，并且 X 轴与一条边对齐或相切。对于平面对象，UCS 的 XY 平面与该对象所在的平面对齐。对于复杂对象，将重新定位原点，但是轴的当前方向保持不变。

注　意

该选项不能用于下列对象：三维多段线、三维网格和构造线。

（4）视图(V)：以垂直于观察方向（平行于屏幕）的平面为 XY 平面，建立新的 UCS。UCS 原点保持不变。

（5）世界(W)：将当前用户坐标系设置为世界坐标系。WCS 是所有 UCS 的基准，不能被重新定义。

（6）X、Y、Z：绕指定轴旋转当前 UCS。

（7）Z 轴(ZA)：用指定的 Z 轴正半轴定义 UCS。

10.1.2　动态 UCS

具体操作方法是：按下状态栏上的"DUCS"按钮。

可以使用动态 UCS 在三维实体的平整面上创建对象，而无需手动更改 UCS 方向。

在执行命令的过程中，当将光标移动到面上方时，动态 UCS 会临时将 UCS 的 XY 平面与三维实体的平整面对齐，如图 10-4 所示。

原 UCS

绘制圆柱体时的动态 UCS

图 10-4　动态 UCS

动态 UCS 激活后，指定的点和绘图工具（例如极轴追踪和栅格）都将与动态 UCS 建立的临时 UCS 相关联。

10.2　动态观察

AutoCAD 2018 提供了具有交互控制功能的三维动态观测器。用三维动态观测器，用户可以实时地控制和改变当前视口中创建的三维视图，以得到用户期望的效果。

1．受约束的动态观察

（1）执行方式

命令行：3DORBIT。

菜单："视图"→"动态观察"→"受约束的动态观察"。

快捷菜单：启用交互式三维视图后，在视口中右键单击弹出快捷菜单（见图 10-5），选择"受约束的动态观察"项。

工具栏："动态观察"→"受约束的动态观察"按钮 或"三维导航"→"受约束的动态观察"按钮 ，如图 10-6 所示。

功能区：单击"视图"选项卡"导航"面板上的"动态观察"下拉菜单中的"动态观察"按钮 。

图 10-5　快捷菜单

"动态观察"　　　　　　　"三维导航"

图 10-6　"动态观察"和"三维导航"工具栏

（2）操作格式

命令：3DORBIT↙

执行该命令后，视图的目标将保持静止，而视点将围绕目标移动。但是，从用户的视点看起来就像三维模型正在随着鼠标光标拖动而旋转。用户可以以此方式指定模型的任意视图。

系统显示三维动态观察光标图标。如果水平拖动光标，相机将平行于世界坐标系

（WCS）的 XY 平面移动。如果垂直拖动光标，相机将沿 Z 轴移动，如图 10-7 所示。

原始图形　　　　　　　　　　　　　　拖动鼠标

图 10-7　受约束的三维动态观察

2．自由动态观察

（1）执行方式

命令行：3DFORBIT。

菜单："视图"→"动态观察"→"自由动态观察"。

快捷菜单：启用交互式三维视图后，在视口中右键单击弹出快捷菜单（见图 10-5），选择"自由动态观察"项。

工具栏："动态观察"→"自由动态观察"按钮 或"三维导航"→"自由动态观察"按钮 ，如图 10-6 所示。

功能区：单击"视图"选项卡"导航"面板上的"动态观察"下拉菜单中的"自由动态观察"按钮 。

（2）操作格式

命令：3DFORBIT↙

执行该命令后，在当前视口出现一个绿色的大圆，在大圆上有四个绿色的小圆，如图 10-8 所示。此时通过拖动鼠标就可以对视图进行旋转观测。在三维动态观测器中，查看目标的点被固定，用户可以利用鼠标控制相机位置绕观察对象得到动态的观测效果。当鼠标在绿色大圆的不同位置进行拖动时，鼠标的表现形式是不同的，视图的旋转方向也不同。视图的旋转是由光标的表现形式及其位置决定的。鼠标在不同位置的有 、 、 、 几种表现形式，拖动这些图标，可分别对对象进行不同形式的旋转。

3．连续动态观察

（1）执行方式

命令行：3DCORBIT。

菜单："视图"→"动态观察"→"连续动态观察"。

快捷菜单：启用交互式三维视图后，在视口中右键单击弹出快捷菜单（图 10-5），选择"自由动态观察"项。

工具栏："动态观察"→"连续动态观察"按钮 或"三维导航"→"连续动态观察"按钮 ，如图 10-8 所示。

功能区：单击"视图"选项卡"导航"面板上的"动态观察"下拉菜单中的"连续

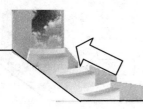

动态观察"按钮 。

（2）操作格式

命令：3DCORBIT✓

执行该命令后，界面出现动态观察图标，按住鼠标左键拖动，图形按鼠标拖动方向旋转，旋转速度为鼠标的拖动速度，如图 10-9 所示。

图 10-8 自由动态观察

图 10-9 连续动态观察

10.3 绘制三维网格曲面

10.3.1 创建三维面

1. 执行方式

命令行：3DFACE。

菜单："绘图"→"建模"→"网格"→"三维面"。

2. 操作格式

命令：3DFACE✓

指定第一点或［不可见（I）］：（指定某一点或输入 I）

3. 选项说明

（1）指定第一点：输入某一点的坐标或用鼠标确定某一点，以定义三维面的起点。在输入第一点后，可按顺时针或逆时针方向输入其余的点，以创建普通三维面。如果在输入四点后按 Enter 键，则以指定的四点生成一个空间三维平面。如果在提示下继续输入第二个平面上的第三点和第四点坐标，则生成第二个平面。该平面以第一个平面的第三点和第四点作为第二个平面的第一点和第二点，创建第二个三维平面。继续输入点可以创建用户要创建的平面，按 Enter 键结束。

（2）不可见：控制三维面各边的可见性，以便建立有孔对象的正确模型。如果在输入某一边之前输入"I"，则可以使该边不可见。图 10-10 所示为建立一长方体时某一边使用 I 命令和不使用 I 命令的视图比较。

可见边 不可见边

图 10-10 "不可见"命令选项视图比较

10.3.2 平移网格

1. 执行方式

命令行：TABSURF。

菜单："绘图"→"建模"→"网格"→"平移网格"。

功能区：单击"三维工具"选项卡"建模"面板中的"平移曲面"按钮⑧。

2. 操作格式

命令：TABSURF↙

当前线框密度：SURFTAB1=6

选择用作轮廓曲线的对象：（选择如图 10-11a 所示的六边形）

选择用作方向矢量的对象：（选择如图 10-11a 所示的直线）

最后绘制的图形如图 10-11b 所示。

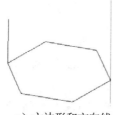
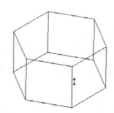

a）六边形和方向线　　　　b）平移曲面

图 10-11 平移曲面的绘制

3. 选项说明

（1）轮廓曲线。轮廓曲线可以是直线、圆弧、圆、椭圆、二维或三维多段线。AutoCAD 从轮廓曲线上离选定点最近的点开始绘制曲面。

（2）方向矢量。方向矢量指出形状的拉伸方向和长度。在多段线或直线上选定的端点决定了拉伸方向。

10.3.3 直纹网格

1. 执行方式

命令行：RULESURF。

菜单："绘图"→"建模"→"网格"→"直纹网格"。

功能区：单击"三维工具"选项卡"建模"面板中的"直纹曲面"按钮。

2. 操作格式

命令：RULESURF✓
当前线框密度：SURFTAB1=6
选择第一条定义曲线：（选择如图 10-12a 所示的大圆）
选择第二条定义曲线：（选择如图 10-12a 所示的小圆）

a）作为草图的圆　　　　　b）生成的直纹曲面

图 10-12　绘制直纹曲面

10.3.4　旋转网格

1. 执行方式

命令行：REVSURF。
菜单："绘图"→"建模"→"网格"→"旋转网格"。

2. 操作格式

命令：REVSURF✓
当前线框密度：SURFTAB1=6　SURFTAB2=6
选择要旋转的对象：（指定已绘制好的直线、圆弧、圆、二维或三维多段线,如图 10-13a 中的回转轮廓线）
选择定义旋转轴的对象：（指定已绘制好的用作旋转轴的直线或是开放的二维、三维多段线，如图 10-13a 中的轴线）
指定起点角度<0>：✓
指定夹角（+=逆时针，—=顺时针）<360>：✓

图 10-13b 所示为利用 REVSURF 命令绘制的回转面，图 10-13c 所示为调整视角显示的结果。

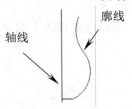  

a）轴线和回转轮廓线　　　　b）回转面　　　　c）调整视角

图 10-13　绘制花瓶

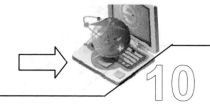
3. 选项说明

1）起点角度如果设置为非零值，则平面将从生成路径曲线位置的某个偏移处开始旋转。

2）夹角用来指定绕旋转轴旋转的角度。

3）系统变量 SURFTAB1 和 SURFTAB2 用来控制生成网格的密度。SURFTAB1 指定在旋转方向上绘制的网格线的数目，SURFTAB2 将指定绘制的网格线数目进行等分。

10.3.5 实例——圆锥滚子轴承

本实例绘制的圆锥滚子轴承如图 10-14 所示，首先利用二维绘图的方法绘制平面图形，然后利用旋转曲面命令形成回转体，然后创建滚动体形成滚子。绘制过程中要用到直线、多段线编辑等命令，以及旋转曲面命令。

图 10-14 圆锥滚子轴承

光盘\动画演示\第 10 章\圆锥滚子轴承.avi

操作步骤

01 设置线框密度。

命令：SURFTAB1✓

输入 SURFTAB1 的新值 <6>：20✓

命令：SURFTAB2✓

输入 SURFTAB2 的新值 <6>：20✓

02 创建截面。用前面介绍的二维图形绘制方法，利用"直线"命令以及"偏移""镜像""修剪""延伸"等命令绘制如图 10-15 所示的二维图形。具体操作如下：

单击"默认"选项卡"绘图"面板中的"直线"按钮 ╱，绘制图形，命令行操作与提示如下：

命令：LINE✓

指定第一个点：0, 17.5✓

指定下一点或[放弃（U）]：0, 26.57✓

指定下一点或[放弃（U）]：3, 26.57✓

指定下一点或[闭合（C）/放弃（U）]：2.3, 23.5✓

指定下一点或[闭合（C）/放弃（U）]：11.55, 21✓

指定下一点或[闭合（C）/放弃（U）]：11.84, 22✓

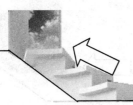

指定下一点或[闭合（C）/放弃（U）]：18.5,22✓

指定下一点或[闭合（C）/放弃（U）]：18.5,17.5✓

指定下一点或[闭合（C）/放弃（U）]：C✓

重复直线命令，命令行操作与提示如下：

命令：LINE✓

指定第一个点：3.5,32.7✓

指定下一点或[放弃（U）]：3.5,36✓

指定下一点或[放弃（U）]：18.5,36✓

指定下一点或[闭合（C）/放弃（U）]：18.5,28.75✓

指定下一点或[闭合（C）/放弃（U）]：C✓

接下来利用"偏移"命令将图10-15中的直线1向上偏移5，然后再利用"延伸"、"直线"和"裁剪"命令修改图形，结果如图10-15中图形2所示。

注 意

图10-15中图形2和图形3有重合部位，需将图线重新绘制一次，为后面生成多段线做准备。

03 生成多段线。单击"默认"选项卡"修改"面板中的"编辑多段线"按钮 ，编辑直线，命令行提示与操作如下：

命令：PEDIT

选择多段线或［多条(M)］：（选择图10-15中图形1的一条线段）

选定的对象不是多段线

是否将其转换为多段线？<Y> Y✓

输入选项 ［闭合(C)/合并(J)/宽度(W)/编辑顶点(E)/拟合(F)/样条曲线(S)/非曲线化(D)/线型生成(L)/反转(R)/放弃(U)]：J✓

选择对象：（选择图10-15中图形1的其他线段）

选择对象：✓

多段线已增加 3 条线段

输入选项 ［打开(O)/合并(J)/宽度(W)/编辑顶点(E)/拟合(F)/样条曲线(S)/非曲线化(D)/线型生成(L)/反转(R)/放弃(U)]：✓

这样图10-15中的图形1就转换成封闭的多段线。采用相同方法，把图10-15中图形2和图形3也转换成封闭的多段线。

04 旋转多段线。单击"三维工具"选项卡"建模"面板中的"旋转"按钮 ，创建轴承内外圈，命令行提示与操作如下：

命令：REVOLVE✓

选择要旋转的对象或[模式（MO）]：（分别选取图形1及图形3）✓

指定轴起点或根据以下选项之一定义轴[对象（O/X/Y/Z）<对象>：X✓

指定旋转角度或[起点角度（ST）/反转（R）/表达式（EX）]<360>：360✓

结果如图 10-16 所示。

05 创建滚动体。方法同上，以图形 2 的上边延长的斜线为轴线，旋转图形 2，创建滚动体。

06 切换到左视图。单击"视图"选项卡"视图"面板中的"左视"按钮，或者选择菜单栏中的"视图"→"三维视图"→"左视"命令，结果如图 10-17 所示。

07 阵列滚动体。单击"默认"选项卡"修改"面板中的"环形阵列"按钮，将创建的滚动体进行环形阵列，阵列中心为图 10-17 中的圆心，数目为 10，结果如图 10-18 所示。

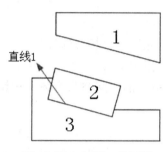

直线1

图 10-15　绘制二维图形

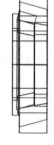

图 10-16　旋转多段线

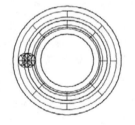

图 10-17　创建滚动体后的左视图

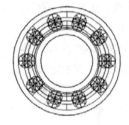

图 10-18　阵列滚动体

08 切换视图。单击"视图"选项卡"视图"面板中的"东南等轴测"按钮，切换到东南等轴测图。

09 隐藏。单击"视图"选项卡"视觉样式"面板中的"隐藏"按钮，隐藏处理后的图形，如图 10-19 所示。

图 10-19　消隐后的轴承

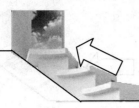

10.4 绘制基本三维网格

三维基本图元与三维基本形体表面类似，有长方体表面、圆柱体表面、棱锥面、楔体表面、球面、圆锥面、圆环面等。

10.4.1 绘制网格长方体

1. 执行方式

命令行：MESH。

菜单栏："绘图"→"建模"→"网格"→"图元"→"长方体"。

工具栏："平滑网格图元"→"网络长方体"按钮⊞。

功能区：单击"三维工具"选项卡"建模"面板中的"网络长方体"按钮⊞。

2. 操作格式

命令:MESH↙

输入选项[长方体（B）/圆锥体（C）/圆柱体（CY）/棱锥体（P）/球体（S）/楔体（W）/圆环体（T）/设置（SE）]<长方体>：B↙

指定第一个角点或[中心（C）]：（指定第一点）

指定其他角点或[立方体（C）/长度（L）]：L↙

指定长度：（指定长度）↙

指定宽度：（指定宽度）↙

指定高度或[两点（2P）]：（指定高度）↙

3. 选项说明

（1）指定第一角点：设置网格长方体的第一个角点。

（2）中心：设置网格长方体的中心。

（3）立方体：将长方体的所有边设置为相等长度。

（4）长度：设置网格长方体沿 X 轴的宽度。

（5）宽度：设置网格长方体沿 Y 轴的宽度。

（6）高度：设置网格长方体沿 Z 轴的高度。

（7）两点（高度）：基于两点之间的距离设置高度。

10.4.2 绘制网格圆锥体

1. 执行方式

命令行：MESH。

菜单栏："绘图"→"建模"→"网格"→"图元"→"圆锥体"。

工具栏："平滑网格图元"→"网络圆锥体"按钮△。

功能区：单击"三维工具"选项卡"建模"面板中的"网络圆锥体"按钮△。

2. 操作格式

命令:MESH✓
输入选项[长方体（B）/圆锥体（C）/圆柱体（CY）/棱锥体（P）/球体（S）/楔体（W）/圆环体（T）/设置（SE）]<长方体>:C✓
指定底面的中心点或[三点（3P）/两点（2P）/切点、切点、半径（T）/椭圆（E）]：（指定底面中心）
指定底面半径或[直径（D）]：（指定半径）✓
指定高度或[两点（2P）/轴端点（A）/顶面半径（T）]<50.0000>:（指定高度）✓

3. 选项说明

（1）指定底面的中心点：设置网格圆锥体底面的中心点。
（2）三点：通过指定三点设置网格圆锥体的位置、大小和平面。
（3）两点：根据两点定义网格圆锥体的底面直径。
（4）切点、切点、半径：定义具有指定半径，且半径与两个对象相切的网格圆锥体的底面。
（5）椭圆：指定网格圆锥体的椭圆底面。
（6）指定底面半径：设置网格圆锥体底面的半径。
（7）指定直径：设置圆锥体的底面直径。
（8）指定高度：设置网格圆锥体沿与底面所在平面垂直的轴的高度。
（9）两点：通过指定两点之间的距离定义网格圆锥体的高度。
（10）指定轴端点：设置圆锥体的顶点的位置，或圆锥体平截面顶面的中心位置。轴端点的方向可以为三维空间中的任意位置。
（11）指定顶面半径：指定创建圆锥体平截面时圆锥体的顶面半径。
其他三维网格，如网格圆柱体、网格棱锥体、网格球体、网格楔体、网格圆环体，其绘制方式与前面所讲述的网格长方体的绘制方法类似，不再赘述。

10.5 绘制基本三维实体

10.5.1 绘制长方体

1. 执行方式

命令行：BOX。
菜单："绘图"→"建模"→"长方体"。
工具栏："建模"→"长方体"按钮▢。
功能区：单击"三维工具"选项卡"建模"面板中的"长方体"按钮▢。

2. 操作格式

命令:BOX✓

指定第一个角点或[中心（C）]：（指定第一个角点）

指定其他角点或[立方体（C）/长度（L）]：L↙

指定长度<100.0000>：（指定长度）↙

指定宽度<200.0000>：（指定宽度）↙

指定高度或[两点（2P）<50.0000>：（指定高度）↙

3. 选项说明

（1）指定长方体的角点：确定长方体的一个顶点的位置。选择该选项后，AutoCAD
继续提示：

指定其他角点或 [立方体(C)/长度(L)]：（指定第二点或输入选项）

① 指定其他角点：输入另一角点的数值，即可确定该长方体。如果输入的是正值，
则沿着当前 UCS 的 X、Y 和 Z 轴的正向绘制长度。如果输入的是负值，则沿着 X、Y 和 Z
轴的负向绘制长度。图 10-20 所示为利用角点命令创建的长方体。

② 立方体：创建一个长、宽、高相等的长方体。图 10-21 所示为使用指定长度命令
创建的正方体。

③ 长度：要求输入长、宽、高的值。图 10-22 所示为利用长、宽和高命令创建的长
方体。

（2）中心点：使用指定的中心点创建长方体。图 10-23 所示为使用中心点命令创建
的长方体。

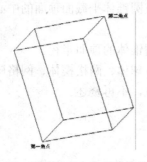

图 10-20　利用角点命令创建的长方体

图 10-21　利用指定长度命令创建的长方体

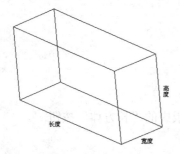

图 10-22　利用长、宽和高命令创建的长方体

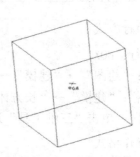

图 10-23　使用中心点命令创建的长方体

10.5.2 绘制圆柱体

1. 执行方式

命令行：CYLINDER。

菜单："绘图"→"建模"→"圆柱体"。

工具条："建模"→"圆柱体"按钮□。

功能区：单击"三维工具"选项卡"建模"面板中的"圆柱体"按钮□。

2. 操作格式

命令：CYLINDER✓

指定底面的中心点或 ［三点(3P)/两点(2P)/切点、切点、半径(T)/椭圆(E)］：

3. 选项说明

（1）中心点：输入底面圆心的坐标，此选项为系统的默认选项，然后指定底面的半径和高度。AutoCAD 按指定的高度创建圆柱体，且圆柱体的中心线与当前坐标系的 Z 轴平行，如图 10-24 所示。也可以指定另一个端面的圆心来指定高度，AutoCAD 根据圆柱体两个端面的中心位置来创建圆柱体，该圆柱体的中心线就是两个端面的连线，如图 10-25 所示。

（2）椭圆：绘制椭圆柱体。其中端面椭圆的绘制方法与平面椭圆一样，结果如图 10-26 所示。

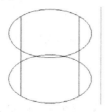
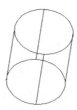
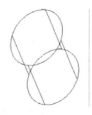

图 10-24 按指定的高度创建圆柱体　　图 10-25 根据圆柱体两个端面的　　图 10-26 绘制椭圆柱体

中心位置创建圆柱体

其他的基本实体，如螺旋、楔体、圆锥体、球体和圆环体等的绘制方法与前面讲述的长方体和圆柱体的绘制方法类似，不再赘述。

10.6 编辑三维图形

10.6.1 拉伸

1. 执行方式

命令行：EXTRUDE。

菜单："绘图"→"建模"→"拉伸"。

工具栏："建模"→"拉伸"按钮□。

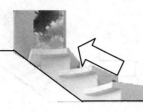
功能区：单击"三维工具"选项卡"建模"面板中的"拉伸"按钮 ▣ 。

2. 操作格式

命令：EXTRUDE✓

当前线框密度： ISOLINES=8，闭合轮廓创建模式 = 实体

选择要拉伸的对象或（模式 MO）：（选择要拉伸对象）

选择要拉伸的对象或 [模式(MO)]：✓

指定拉伸的高度或 [方向(D)/路径(P)/倾斜角(T)/表达式(E)]:P✓

选择拉伸路径或 [倾斜角(T)]：

3. 选项说明

（1）拉伸高度：按指定的高度来拉伸出三维实体对象。输入高度值后，根据实际需要，指定拉伸的倾斜角度。如果指定的角度为 0，AutoCAD 则把二维对象按指定的高度拉伸成柱体；如果输入角度值，则拉伸后实体截面沿拉伸方向按此角度变化，成为一个棱台或圆台体。图 10-27 所示为以不同角度拉伸圆的结果。

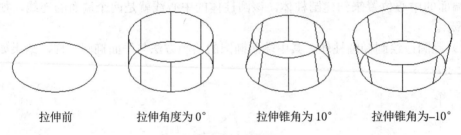

拉伸前　　　　拉伸角度为 0°　　　　拉伸锥角为 10°　　　　拉伸锥角为–10°

图 10-27　拉伸圆

（2）方向：通过指定的两点指定拉伸的长度和方向。

（3）路径：以现有的图形对象作为拉伸对象创建三维实体对象。图 10-28 所示为沿圆弧曲线路径拉伸圆的结果。

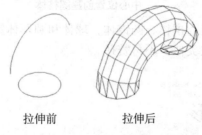

拉伸前　　　　拉伸后

图 10-28　沿圆弧曲线路径拉伸圆

（4）倾斜角：用于拉伸的倾斜角是两个指定点间的距离。

（5）表达式：输入公式或方程式以指定拉伸高度。

10.6.2　旋转

1. 执行方式

命令行：REVOLVE。

菜单："绘图"→"建模"→"旋转"。

工具栏："建模"→"旋转"按钮⟁。

功能区：单击"三维工具"选项卡"建模"面板中的"旋转"按钮⟁。

2．操作格式

命令：REVOLVE↙

当前线框密度：ISOLINES=8，闭合轮廓创建模式 = 实体

选择要旋转的对象［模式(MO)］：（选择绘制好的二维对象）

选择要旋转的对象［模式(MO)］：↙

指定轴起点或根据以下选项之一定义轴［对象(O)/X/Y/Z］〈对象〉：

3．选项说明

（1）指定轴的起点：通过两个点来定义旋转轴。AutoCAD 将按指定的角度和旋转轴旋转二维对象。

（2）对象：选择已经绘制好的直线或用多段线命令绘制的直线段为旋转轴线。

（3）X（Y/Z）轴：将二维对象绕当前坐标系（UCS）的 X(Y)轴旋转，如图 10-29 所示为矩形沿平行 X 轴的轴线旋转生成的旋转体。

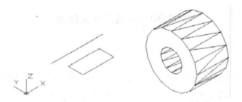

旋转界面　　　　　旋转后的实体

图 10-29　矩形沿平行 X 轴的轴线旋转生成的旋转体

10.6.3　剖视图

1．执行方式

命令行：SLICE。

菜单："修改"→"三维操作"→"剖切"。

功能区：单击"三维工具"选项卡"实体编辑"面板中的"剖切"按钮⟁。

2．操作格式

命令：SLICE↙

选择要剖切的对象：（选择要剖切的实体）

选择要剖切的对象：↙

指定切面的起点或［平面对象(O)/曲面(S)/z 轴(Z)/视图(V)/xy(XY)/yz(YZ)/zx(ZX)/三点(3)］〈三点〉：

3．选项说明

（1）平面对象(O)：将所选择的对象所在的平面作为剖切面。

（2）曲面(S)：将剪切平面与曲面对齐。

（3）z 轴(Z)：通过平面上指定的一点和在平面的 Z 轴（法线）上指定的另一点来定义剖切平面。

（4）视图(V)：以平行于当前视图的平面作为剖切面。

（5）xy/yx/zx 平面：将剖切平面与当前用户坐标系（UCS）的 XY 平面/YZ 平面/ZX 平面对齐。

（6）三点：将根据空间中 3 个点确定的平面作为剖切面。确定剖切面后，系统会提示保留一侧或两侧。

图 10-30 所示为剖切三维实体图。

剖切前的三维实体　　　　　　　　剖切后的实体

图 10-30　剖切三维实体图

10.6.4　布尔运算

布尔运算在数学的集合运算中得到了广泛应用，AutoCAD 也将该运算应用在实体的创建过程中。用户可以对三维实体对象进行下列布尔运算：

1. 并集

（1）执行方式

命令行：UNION。

菜单："修改"→"实体编辑"→"并集"。

工具栏："实体编辑"→"并集"按钮⑩。

功能区：单击"三维工具"选项卡"实体编辑"面板中的"并集"按钮⑩。

（2）操作格式

> 命令:UNION↙
>
> 选择对象：（点取绘制好的第 2 个对象）
>
> 选择对象:↙

按 Enter 键后，所有已经选择的对象将合并成一个整体。图 10-31 所示为圆柱体和长方体并集后的图形。

2. 交集

（1）执行方式

命令行：INTERSECT。

菜单:"修改"→"实体编辑"→"交集"。

工具栏:"实体编辑"→"交集"按钮⑩。

功能区:单击"三维工具"选项卡"实体编辑"面板中的"交集"按钮⑩。

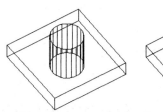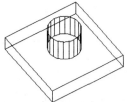

图 10-31　并集

（2）操作格式

命令:INTERSECT

选择对象:（点取绘制好的第 2 个对象）

选择对象:↙

按 Enter 键后,视口中的图形即是多个对象的公共部分。图 10-32 所示为圆柱体与长方体交集后的图形。

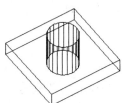

图 10-32　交集

3. 差集

（1）执行方式

命令行:SUBTRACT。

菜单:"修改"→"实体编辑"→"差集"。

工具栏:"实体编辑"→"差集"按钮⑩。

功能区:单击"三维工具"选项卡"实体编辑"面板中的"差集"按钮⑩。

（2）操作格式

命令:SUBTRACT↙

选择对象:（点取绘制好的对象）

选择对象:↙

选择对象:（点取要减去的对象）

选择对象:↙

按 Enter 键后得到的则是求差后的实体。图 10-33 所示为圆柱体和长方体差集后的结果。

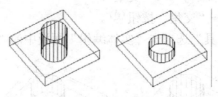

图 10-33　差集

10.6.5　实例——密封圈

本例设计的密封圈如图 10-34 所示。主要应用创建圆柱体命令 CYLINDER，球命令 SPHERE，以及布尔运算的差集命令 SUBTRACT 来完成图形的绘制。

图 10-34　密封圈立体图

光盘\动画演示\第 10 章\密封圈立体图.avi

操作步骤

01 设置线框密度。在命令行中输入"ISOLINES"命令，设置线框密度为 10。单击 "视图"面板中的"西南等轴测"按钮◈，切换到西南等轴测图。

02 绘制密封圈。

❶绘制圆柱体。单击"三维工具"选项卡"建模"面板中的"圆柱体"按钮▣，采用指定底面的中心点、底面半径和高度的模式绘制圆柱体。以原点为底面圆心，半径为 17.5，高度为 6 绘制的圆柱体如图 10-35 所示。继续单击"三维工具"选项卡"建模"面板中的"圆柱体"按钮▣，以坐标原点为圆心，创建半径为 10，高度为 2 的圆柱体，结果如图 10-36 所示。

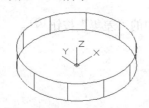

图 10-35　绘制一个圆柱体

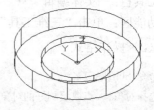

图 10-36　绘制两个圆柱体后的图形

❷绘制球体。单击"三维工具"选项卡"建模"面板中的"球体"按钮◯，以点 (0, 0, 19) 为圆心，半径为 20 绘制球，结果如图 10-37 所示。

❸差集处理。单击"三维工具"选项卡"实体编辑"面板中的"差集"按钮◑，将外形轮廓和内部轮廓进行差集处理，结果如图 10-38 所示。

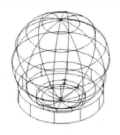

图 10-37　绘制球体

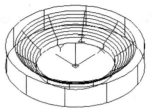

图 10-38　差集处理后的图形

10.6.6　三维倒角

1. 执行方式

命令行：CHAMFEREDGE。

菜单："修改"→"实体编辑"→"倒角"。

工具栏："实体编辑"→"倒角"按钮 。

功能区：单击"三维工具"选项卡"实体编辑"面板中的"倒角"按钮 。

2. 操作格式

命令：CHAMFEREDGE✓

距离 1 = 1.0000，距离 2 = 1.0000

选择一条边或 [环(L)/距离(D)]：（选择实体上的一条边）

选择同一个面上的其他边或[环（L）/距离（D）]：✓

按 Enter 键接受倒角或[距离（D）]：✓

10.6.7　三维圆角

1. 执行方式

命令行：FILLETEDGE。

菜单："修改"→"实体编辑"→"圆角"。

工具栏："实体编辑"→"圆角"按钮 。

功能区：单击"三维工具"选项卡"实体编辑"面板中的"圆角"按钮 。

2. 操作格式

命令：FILLETEDGE✓

半径 = 1.0000

选择边或 [链(C)/环(L)/半径(R)]：（选择实体上的一条边）

选择边或 [链(C)/环(L)/半径(R)]：R✓

输入圆角半径或 [表达式(E)]<1.0000>：（输入圆角半径）✓

选择边或 [链(C)/环（L）/半径(R)]：✓

10.6.8　实例——平键

绘制如图 10-39 所示的平键。主要应用创建矩形命令 RECTANG、倒角命令 CHAMFER、

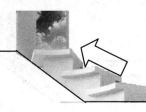
圆角命令 FILLET、拉伸命令 EXTRUDE 来完成图形的绘制。

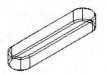

图 10-39　平键

 光盘\动画演示\第 10 章\平键 16×70 设计.avi

操作步骤

01 绘制轮廓线。单击"默认"选项卡"绘图"面板中的"矩形"按钮▭，指定矩形的两个角点：{(0,0)，(70,16)}，如图 10-40a 所示。单击"默认"选项卡"修改"面板中的"圆角"按钮◻，设置圆角半径为 8，对矩形 4 个直角进行修剪，结果如图 10-40b 所示。

　　　　　　　a)　　　　　　　　　　　　　　　　　b)

图 10-40　绘制轮廓线

02 拉伸实体。单击"三维工具"选项卡"建模"面板中的"拉伸"按钮▯，将上步绘制的图形进行拉伸，拉伸高度为 10。命令行提示与操作如下：

命令：EXTRUDE✓

当前线框密度：　ISOLINES=8，闭合轮廓创建模式=实体

选择要拉伸的对象或[模式（MO）]:(选择圆角后的矩形)

选择要拉伸的对象或[模式（MO）]：✓

指定拉伸的高度或［方向(D)/路径(P)/倾斜角(T)/表达式(E)］：　10✓

命令执行后，由于当前处于俯视观察角度，因而似乎没有变化，如图 10-41a 所示。单击"视图"选项卡"视图"面板中的"西南等轴测"按钮◈，拉伸后的效果立即可见，如图 10-41b 所示。

　　　　　　　a)　　　　　　　　　　　　　　　　　b)

图 10-41　拉伸实体

03 实体倒角。单击"三维工具"选项卡"实体编辑"面板中的"倒角"按钮◈，

将实体进行倒角处理。命令行提示与操作如下：

命令：CHAMFEREDGE↙

距离1=0.0000，距离2=1.0000

选择一条边或［环(L)/距离(D)]:L↙

选择环边或[边（E）/距离（D）]:（在绘图区选择边1，绘图窗口用高亮线显示环边，如图10-42b所示）

输入选项［接受(A)/下一个(N)]＜接受＞:N↙

输入选项［接受(A)/下一个(N)]＜接受＞:（如图10-42c图的环边所示）↙

选择环边或[边（E）/距离（D）]:D↙

指定距离1或［表达式(E)]＜1.0000＞:1↙

指定距离2或［表达式(E)]＜1.0000＞:1↙

选择同一个面上的其他边或[环（L）/距离（D）]:↙

按Enter键接受倒角或[距离（D）]:↙

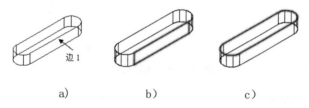

图10-42　选择倒角基面

04 实体底面倒角。单击"三维工具"选项卡"实体编辑"面板中的"倒角"按钮，对平键底面进行倒角操作，如图10-43所示。至此，简单的平键实体绘制完毕，如图10-39所示。

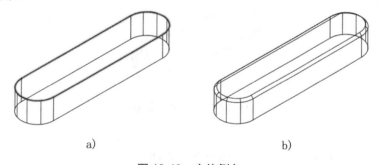

图10-43　实体倒角

10.6.9　三维旋转

1. 执行方式

命令行：3DROTATE。

菜单："修改"→"三维操作"→"三维旋转"。

工具栏："建模"→"三维旋转"按钮。

2. 操作格式

命令：3DROTATE↙

UCS 当前正角方向： ANGDIR=逆时针 ANGBASE=0

选择对象：（点取要旋转的对象）

选择对象：↙

指定基点：

拾取旋转轴：

指定角的起点或键入角度：

指定角的端点：

图 10-44 所示为一棱锥表面绕某一轴顺时针旋转 30°的情形。

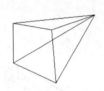

旋转前   旋转后

图 10-44　棱锥旋转

10.6.10　实例——阀杆

本例设计的阀杆如图 10-45 所示。主要应用创建圆柱体命令 CYLINDER、球体命令 SPHERE、长方体命令 BOX、三维旋转命令 3DROTATE、倒角命令 CHAMFER，以及布尔运算的差集命令 SUBTRACT 和并集命令 UNION 等来完成图形的绘制。

图 10-45　阀杆立体图

光盘\动画演示\第 10 章\阀杆立体图.avi

操作步骤

01 设置线框密度。在命令行中输入 "ISOLINES"，设置线框密度为 10。单击 "视图" 选项卡 "视图" 面板中的 "西南等轴测" 按钮 ，切换到西南等轴测图。

02 设置用户坐标系。

命令：UCS ↙

当前 UCS 名称：*世界*

UCS 的原点或 ［面(F)/命名(NA)/对象(OB)/上一个(P)/视图(V)/世界(W)/X/Y/Z/Z 轴(ZA)］〈世
界〉：X✓

 指定绕 X 轴的旋转角度〈90〉：✓

03 绘制阀杆主体。

❶创建圆柱。单击"三维工具"选项卡"建模"面板中的"圆柱体"按钮🔲，采用
指定底面圆心点、底面半径和高度的模式，绘制以原点为圆心、底面半径为 7、高度为
14 的圆柱体。

 继续在该圆柱上依次创建一个直径为 14，高 24 的圆柱和两个直径为 18，高 5 的圆
柱，结果如图 10-46 所示。

❷创建球。单击"三维工具"选项卡"建模"面板中的"球体"按钮⭕，在点(0, 0, 30)
处绘制半径为 20 的球体，结果如图 10-47 所示。

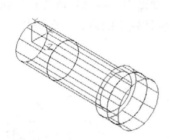

图 10-46   创建圆柱

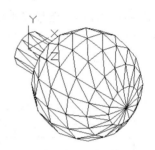

图 10-47   创建球

❸剖切球及右侧直径为 18 的圆柱，将视图切换到左视图。单击"三维工具"选项
卡"实体编辑"面板中的"剖切"按钮🪓，选取球及右部直径为 18 的圆柱，以 ZX 为剖
切面，分别指定剖切面上的点为（0, 4.25）和（0, -4.25），对实体进行对称剖切，保
留实体中部，结果如图 10-48 所示。

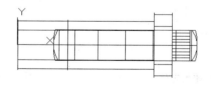

图 10-48   剖切后的实体

❹剖切球。单击"三维工具"选项卡"实体编辑"面板中的"剖切"按钮🪓，选取
球，以 YZ 为剖切面，指定剖切面上的点为（48, 0），对球进行剖切，保留球的右部，结
果如图 10-49 所示。

04 绘制细部特征。

❶对左端 φ14 圆柱进行倒角操作。单击"视图"选项卡"视图"面板中的"西南等
轴测"按钮💠，将视图切换到西南等轴测图。单击"默认"选项卡"修改"面板中的"倒
角"按钮△，对阀杆边缘进行倒角操作，结果如图 10-50 所示。命令行提示与操作如下：

命令：CHAMFER ✓

（"修剪：模式） 当前倒角距离 1=0.0000，距离 2=0.0000

选择第一条直线或 ［多段线(P)/距离(D)/角度(A)/修剪(T)/方式(M)/多个(U)］：(选择阀杆边缘)

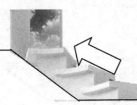

基面选择...

输入曲面选择选项 ［下一个(N)/当前(OK)］〈当前 OK 〉: N↙

输入曲面选择选项 ［下一个(N)/当前(OK)］〈当前(OK)〉: ↙

指定基面倒角距离或 ［表达式(E)］: 3.0↙

指定其他曲面倒角距离或 ［表达式(E)］〈3.0000〉: 2↙

选择边或 ［环(L)］: (选择左端 φ14 圆柱左端面)

选择边或 ［环(L)］: ↙ (完成倒角操作)

❷创建长方体。将视图切换到后视图。单击"三维工具"选项卡"建模"面板中的"长方体"按钮▢，采用角点，长度的模式，绘制以坐标（0, 0, -7）为中心、长度为 11、宽度为 11、高度为 14 的长方体，结果如图 10-51 所示。

❸旋转长方体。选择菜单栏中的"修改"→"三维操作"→"三维旋转"命令，将上一步绘制的长方体以 Z 轴为旋转轴，以坐标原点为旋转轴上的点，将长方体旋转 45°，结果如图 10-52 所示。

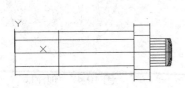

图 10-49　剖切球

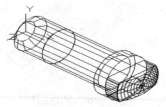

图 10-50　倒角后的实体

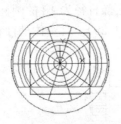

图 10-51　创建长方体

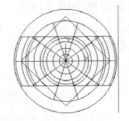

图 10-52　旋转长方体

❹交集运算。首先单击"视图"选项卡"视图"面板中"西南等轴测"按钮◈，将视图切换到西南等轴测图；然后单击"三维工具"选项卡"实体编辑"面板中的"交集"按钮◎，将 φ14 圆柱与长方体进行交集运算。

❺并集运算。单击"三维工具"选项卡"实体编辑"面板中的"并集"按钮◎，将全部实体进行并集运算。单击"视图"选项卡"视觉样式"面板中的"隐藏"按钮◈，进行消隐处理，结果如图 10-53 所示。

图 10-53　并集后的实体

10.6.11 三维镜像

1. 执行方式

命令行：MIRROR3D。

菜单："修改" → "三维操作" → "三维镜像"。

2. 操作格式

命令：MIRROR3D↙

选择对象：（选择镜像的对象）

选择对象：↙

指定镜像平面(三点)的第一个点或[对象(O)/最近的(L)/Z 轴(Z)/视图(V)/XY 平面(XY)/YZ 平面(YZ)/ZX 平面(ZX)/三点(3)] <三点>：

3. 选项说明

（1）点：输入镜像平面上的第一个点的坐标。该选项通过 3 个点确定镜像平面，是系统的默认选项。

（2）最近的：相对于最后定义的镜像平面对选定的对象进行镜像处理。

（3）Z 轴（Z）：利用指定的平面作为镜像平面。选择该选项后，出现如下提示：

在镜像平面上指定点：（输入镜像平面上一点的坐标）

在镜像平面的 Z 轴（法向）上指定点：（输入与镜像平面垂直的任意一条直线上任意一点的坐标）

是否删除源对象？[是（Y）/否（N）]：（根据需要确定是否删除源对象）

（4）视图（V）：指定一个平行于当前视图的平面作为镜像平面。

（5）XY（YZ、ZX）平面：指定一个平行于当前坐标系的 XY（YZ、ZX）平面作为镜像平面。

10.6.12 实例——阀芯

本实例设计的阀芯如图 10-54 所示。主要应用创建圆柱体命令 CYLINDER、球体命令 SPHERE、三维镜像命令 MIRROR3D 和布尔运算的差集命令 SUBTRACT 来完成图形的绘制。

图 10-54 阀芯立体图

 光盘\动画演示\第 10 章\阀芯.avi

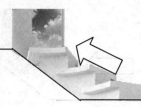

操作步骤

01 设置线框密度。单击"视图"选项卡"视图"面板中的"西南等轴测"按钮，将视图切换到西南等轴测图。在命令行中输入"ISOLINES"，设置线框密度为10。

02 绘制阀芯。

❶绘制球体。单击"三维工具"选项卡"建模"面板中的"球体"按钮○，在原点处绘制半径为20的球体。

❷剖切球，首先单击"视图"选项卡"视图"面板中的"前视"按钮□，将视图切换到前视图；然后单击"三维工具"选项卡"实体编辑"面板中的"剖切"按钮，对球进行剖切。命令行提示与操作如下：

> 命令:SLICE↙
>
> 选择要剖切的对象：(选取球体)
>
> 选择要剖切的对象：↙
>
> 指定切面的起点或［平面对象(O)/曲面(S)/z 轴(Z)/视图(V)/xy(XY)/yz(YZ)/zx(ZX)/三点(3)］〈三点〉:: YZ↙
>
> 指定 YZ 平面上的点〈0,0,0〉:(16,0,0) ↙
>
> 在所需要的侧面上指定点或［保留两个侧面(B)]〈保留两个侧面〉:（保留球的左侧）

继续在命令行中输入"SLICE"，选取球，以YZ为剖切面，指定YZ平面上的点为(-16, 0,0)，保留球的右侧，结果如图10-55所示。

❸创建圆柱，首先单击"视图"选项卡"视图"面板中的"左视"按钮□，将视图切换到左视图；然后单击"三维工具"选项卡"建模"面板中的"圆柱体"按钮□，采用指定底面圆心点、底面半径和高度的模式，以底面圆心为原点，创建半径为10、高度为16的圆柱体。

继续在命令行中输入"CYLINDER"，以点（0，48，0）为圆心，创建半径为34、高5的圆柱，结果如图10-56所示。

图10-55 剖切球

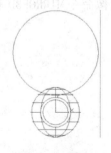

图10-56 创建圆柱

❹镜像操作。首先单击"视图"选项卡"视图"面板中的"西南等轴测"按钮，将视图切换到西南等轴测图，然后选择菜单栏中的"修改"→"三维操作"→"三维镜像"命令，将上一步绘制的两圆柱体沿过原点XY平面做镜像操作，结果如图10-57所示。

❺差集运算。单击"三维工具"选项卡"实体编辑"面板中的"差集"按钮⊙，

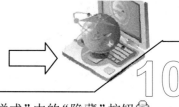

将球与四个圆柱体进行差集运算。单击"视图"选项卡"视觉样式"中的"隐藏"按钮，进行隐藏处理，结果如图 10-58 所示。

⑥渲染处理。单击"视图"选项卡"视觉样式"面板中的"真实"按钮，渲染实体，渲染后的效果如图 10-54 所示。

图 10-57　镜像圆柱

图 10-58　消隐后的实体

10.6.13　三维阵列

1. 执行方式

命令行：3DARRAY。

菜单："修改"→"三维操作"→"三维阵列"。

工具栏："建模"→"三维阵列"按钮。

2. 操作格式

命令：3DARRAY✓

选择对象：（选择阵列的对象）

选择对象：（选择下一个对象或按 Enter 键）

输入阵列类型[矩形（R）/环形（P）]〈矩形〉：

3. 选项说明

（1）对图形进行矩形阵列复制：该选项是系统的默认选项。选择该选项后出现如下提示：

输入行数（---）〈1〉：（输入行数）

输入列数（|||）〈1〉：（输入列数）

输入层数（…）〈1〉：（输入层数）

指定行间距（---）：（输入行间距）

指定列间距（|||）：（输入列间距）

指定层间距（…）：（输入层间距）

（2）对图形进行环形阵列复制：选择该选项后出现如下提示：

输入阵列中的项目数目：（输入阵列的数目）

指定要填充的角度（+=逆时针，—=顺时针）〈360〉：（输入环形阵列的圆心角）

旋转阵列对象？[是（Y）/否(N)]〈是〉：（确定阵列上的每一个图形是否根据旋转轴线的位置进行旋转）

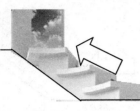

指定阵列的中心点：（输入旋转轴线上一点的坐标）

指定旋转轴上的第二点：（输入旋转轴上另一点的坐标）

图 10-59 所示为 3 层、3 行、3 列，间距分别为 300 的圆柱的矩形阵列。图 10-60 所示为圆柱的环形阵列。

图 10-59 矩形阵列　　　　　　　图 10-60 环形阵列

10.6.14 实例——压紧套

本实例绘制的压紧套如图 10-61 所示。主要应用创建圆柱体命令 CYLINDER、长方体命令 BOX、旋转命令 REVOLVE、三维阵列命令 3DARRAT，以及布尔运算的差集命令 SUBTRACT 和并集命令 UNION 等来完成图形的绘制。

光盘\动画演示\第 10 章\压紧套.avi

图 10-61 压紧套立体图

操作步骤

01 设置线框密度。单击"视图"选项卡"视图"面板中的"西南等轴测"按钮，将视图切换到西南等轴测图。在命令行中输入"ISOLINES"，设置线框密度为 10。

02 绘制压紧套实体。

❶绘制多段线。单击"默认"选项卡"绘图"面板中的"多段线"按钮，命令行提示与操作如下：

命令：PLINE✓

指定起点:0, 0

当前线宽为 0.0000

指定下一个点或 [圆弧(A)/半宽(H)/长度(L)/放弃(U)/宽度(W)]: 12,0✓

指定下一点或 [圆弧(A)/闭合(C)/半宽(H)/长度(L)/放弃(U)/宽度(W)]: @1,0.75↙
指定下一点或 [圆弧(A)/闭合(C)/半宽(H)/长度(L)/放弃(U)/宽度(W)]: @-1,0.75↙
指定下一点或 [圆弧(A)/闭合(C)/半宽(H)/长度(L)/放弃(U)/宽度(W)]: @-12,0↙
指定下一点或 [圆弧(A)/闭合(C)/半宽(H)/长度(L)/放弃(U)/宽度(W)]: 0,0↙
指定下一点或 [圆弧(A)/闭合(C)/半宽(H)/长度(L)/放弃(U)/宽度(W)]: C↙

结果如图 10-62 所示。

❷旋转多段线。单击"三维工具"选项卡"建模"面板中的"旋转"按钮⟲，将上一步绘制的多段线绕 Y 轴旋转一周，结果如图 10-63 所示。

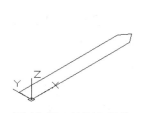

图 10-62　绘制多段线

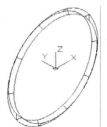

图 10-63　旋转 图形

❸阵列旋转后的实体。选择菜单栏中的"修改"→"三维操作"→"三维阵列"命令，阵列旋转后的图形，设置阵列行数为 7、列数为 1、层数为 1、行间距为 1.5。隐藏后的结果如图 10-64 所示。

❹绘制圆柱体。单击"三维工具"选项卡"建模"面板中的"圆柱体"按钮⬭，绘制底面圆心为 (0,10.5,0)、半径为 12、轴端点为 (0,14.5,0) 的圆柱体。

❺并集处理。单击"三维工具"选项卡"实体编辑"面板中的"并集"按钮⬤，将视图中所有的图形并集处理。并集后的结果如图 10-65 所示。

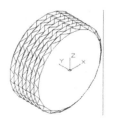

图 10-64　阵列处理后的图形

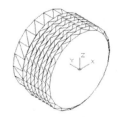

图 10-65　并集后的图形

03　绘制压紧套细部特征。

❶绘制长方体。单击"三维工具"选项卡"建模"面板中的"长方体"按钮⬜，绘制一长方体，为另一端的松紧刀口做准备。采用两角点模式，创建两角点的坐标分别为 (-15,0,-1.5)，(@30,3,3) 的长方体。消隐后结果如图 10-66 所示。

❷差集处理。单击"三维工具"选项卡"实体编辑"面板中的"差集"按钮⬤，将并集后的图形与长方体进行差集处理。结果如图 10-67 所示。

❸绘制圆柱体。单击"三维工具"选项卡"建模"面板中的"圆柱体"按钮⬭，以原点坐标为底面圆心，创建直径为 16、轴端点为 (@0,5,0) 的圆柱。继续单击"圆柱体"按钮⬭，以原点坐标为底面圆心，创建另一个直径为 14、轴端点为 (@0,10,0) 的圆柱。

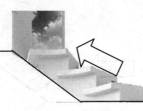

❹差集处理。单击"三维工具"选项卡"实体编辑"面板中的"差集"按钮 ⊚，将并集后的图形与上一步绘制的两个圆柱体进行差集处理结果如图 10-68 所示。

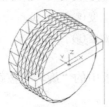

图 10-66　绘制长方体后的图形

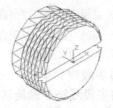

图 10-67　差集处理后的图形

❺设置视图方向。选择菜单栏中的"视图"→"动态观察"→"自由动态观察"命令，将视图调整到合适的位置。结果如图 10-69 所示。

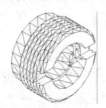

图 10-68　差集处理后的图形

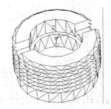

图 10-69　改变视图方向后的图形

10.6.15　三维移动

1. 执行方式

命令行：3DMOVE。

菜单："修改"→"三维操作"→"三维移动"。

工具栏："建模"→"三维移动"按钮 ⊕。

2. 操作格式

命令：3DMOVE✓

选择对象：找到 1 个

选择对象：✓

指定基点或 [位移(D)] 〈位移〉：（指定基点）

指定第二个点或 〈使用第一个点作为位移〉：（指定第二点）

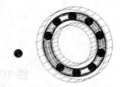

图 10-70　三维移动

其操作方法与二维移动命令类似。图 10-70 所示为将滚珠从轴承中移出的情形。

10.6.16　实例——阀盖

本实例绘制的阀盖如图 10-71 所示。主要应用创建圆柱体命令 CYLINDER、长方体命令 BOX、旋转命令 REVOLVE、圆角命令 FILLET、倒角命令 CHAMFER，以及布尔运算的差集命令 SUBTRACT 和并集命令 UNION 等来完成图形的绘制。

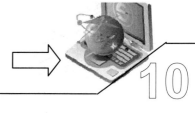

图 10-71　阀盖

操作步骤

01 启动系统。启动 AutoCAD 2018，使用默认设置绘图环境。

02 设置线框密度。

命令：ISOLINES

输入 ISOLINES 的新值 <8>：10✓

03 设置视图方向。单击"视图"选项卡"视图"面板中的"西南等轴测"按钮，将当前视图方向设置为西南等轴测视图。

04 设置用户坐标系，将坐标系原点绕 X 轴旋转 90°。

命令：UCS✓

当前 UCS 名称：*世界*

UCS 的原点或 [面(F)/命名(NA)/对象(OB)/上一个(P)/视图(V)/世界(W)/X/Y/Z/Z 轴(ZA)] <世界>：X✓

指定绕 X 轴的旋转角度 <90>：✓

05 绘制长方体。单击"三维工具"选项卡"建模"面板中的"长方体"按钮，绘制以原点为中心点、长度为 75、宽度为 75、高度为 12 的长方体。

06 对长方体进行圆角。单击"默认"选项卡"修改"面板中的"圆角"按钮，圆角半径为 12.5 对长方体的 4 个 Z 轴方向边进行圆角。

07 设置用户坐标系。

命令：UCS✓

当前 UCS 名称：*世界*

指定 UCS 的原点或 [面(F)/命名(NA)/对象(OB)/上一个(P)/视图(V)/世界(W)/X/Y/Z/Z 轴(ZA)] <世界>：(0，0，-32)✓

指定 X 轴上的点或 <接受>：

08 绘制圆柱体。单击"三维工具"选项卡"建模"面板中的"圆柱体"按钮，以（0,0,0）为底面中心点，创建半径为 18、高 15 以及半径为 16、高为 26 的圆柱体。

09 绘制圆柱体。单击"三维工具"选项卡"建模"面板中的"圆柱体"按钮，捕捉圆角圆心为中心点，创建直径为 10、高 12 的圆柱体。

10 复制圆柱体。单击"默认"选项卡"修改"面板中的"复制"按钮，将上

步绘制的圆柱体以圆柱体的圆心为基点,复制到其余三个圆角圆心处。

11 差集处理。单击"三维工具"选项卡"实体编辑"面板中的"差集"按钮 ⓪,将第 **09**、**10** 步绘制的圆柱体从第 **05** 步中的图形中减去,结果如图 10-72 所示。

12 绘制圆柱体。单击"三维工具"选项卡"建模"面板中的"圆柱体"按钮 ▯,以(0,0,32)为圆心,分别创建直径为 53、高为 7,直径为 50、高为 12,及直径为 41、高为 16 的圆柱体。

13 并集处理。单击"三维工具"选项卡"实体编辑"面板中的"并集"按钮 ⓪,将所有图形进行并集运算,结果如图 10-73 所示。

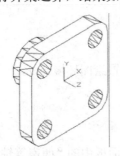
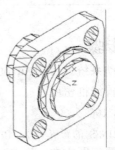

图 10-72 差集后的图形   图 10-73 并集后的图形

14 绘制圆柱体。单击"三维工具"选项卡"建模"面板中的"圆柱体"按钮 ▯,捕捉实体前端面圆心为中心点,分别创建直径为 35、高为-7 及直径为 20、高为-48 的圆柱体;捕捉实体后端面圆心为中心点,创建直径为 28.5、高 5 的圆柱体。

15 差集处理。单击"三维工具"选项卡"实体编辑"面板中的"差集"按钮 ⓪,将实体与第 **14** 步绘制的圆柱体进行差集运算,结果如图 10-74 所示。

16 圆角处理。单击"默认"选项卡"修改"面板中的"圆角"按钮 ▱,设置圆角半径分别为 R1、R3、R5,对需要的边进行圆角。

17 倒角处理。单击"修改"工具栏中的"倒角"按钮 ▱,设置倒角距离为 1.5,对实体后端面进行倒角。

18 设置视图方向。将当前视图方向设置为左视图。消隐处理后的图形如图 10-75 所示。

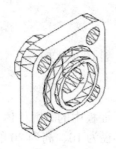
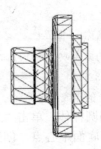

图 10-74 差集后的图形   图 10-75 倒角及倒圆角后的图形

19 绘制螺纹。

❶绘制多边形。单击"默认"选项卡"绘图"面板中的"多边形"按钮⬠，在实体旁边绘制一个正三角形，设置其边长为2。

❷绘制构造线。单击"默认"选项卡"绘图"面板中的"构造线"按钮✒，过正三角形底边绘制水平辅助线。

❸偏移辅助线。单击"默认"选项卡"修改"面板中的"偏移"按钮⬄，将水平辅助线向上偏移18。

❹旋转正三角形。单击"三维工具"选项卡"建模"面板中的"旋转"按钮🌀，以偏移后的水平辅助线为旋转轴，选取正三角形，将其旋转360°。

❺删除辅助线。单击"默认"选项卡"修改"面板中的"删除"按钮✐，删除绘制的辅助线。

❻阵列对象。单击菜单栏中的"修改"→"三维操作"→"三维阵列"命令，将旋转形成的实体进行1行8列的矩形阵列，设置列间距为2。

❼并集处理。单击"三维工具"选项卡"实体编辑"面板中的"并集"按钮⬭，将阵列后的实体进行并集运算，结果如图10-76所示。

20 移动螺纹。单击菜单栏中的"修改"→"三维操作"→"三维移动"命令，命令行提示与操作如下：

命令：3DMOVE↙

选择对象：（用鼠标选取绘制的螺纹）

选择对象：↙

指定基点或［位移(D)］〈位移〉：（用鼠标选取螺纹左端面圆心）

指定第二个点或〈使用第一个点作为位移〉：（用鼠标选取实体左端圆心）

结果如图10-77所示。

图 10-76　绘制螺纹

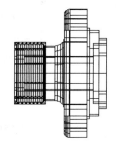

图 10-77　移动螺纹后的图形

21 差集处理。单击"三维工具"选项卡"实体编辑"面板中的"差集"按钮⬭，将实体与螺纹差集运算，结果如图10-71所示。

10.7　显示形式

渲染是对三维图形对象加上颜色和材质因素，以及灯光、背景、场景等因素，能够更真实地表达图形的外观和纹理。渲染是输出图形前的关键步骤，尤其在效果图设计中。

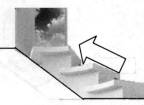

10.7.1　渲染

1. 高级渲染设置

（1）执行方式

命令行：RPREF。

菜单："视图"→"渲染"→"高级渲染设置"。

工具栏："渲染"→"高级渲染设置"按钮 。

功能区：单击"视图"选项卡"选项板"面板中的"高级渲染设置"按钮 。

（2）操作格式

命令：RPREF↙

执行上述命令后，系统弹出如图 10-78 所示的"高级渲染设置"选项板。通过该选项板，可以对渲染的有关参数进行设置。

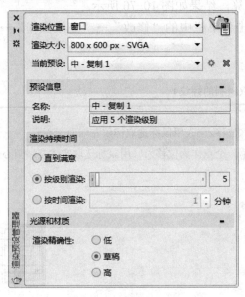

图 10-78　"高级渲染设置"选项板

2. 渲染

（1）执行方式

命令行：RENDER。

功能区：单击"可视化"选项卡"渲染"面板中的"渲染到尺寸"按钮 。

（2）操作格式

命令：RENDER↙

执行上述命令后，系统弹出如图 10-79 所示的"渲染"对话框，其中显示了渲染结果和相关参数。

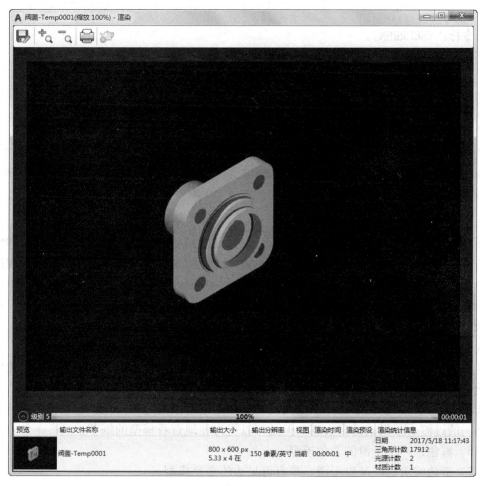

图 10-79 "渲染"对话框

10.7.2 隐藏

1. 执行方式

命令行：HIDE。

菜单："视图"→"消隐"。

工具栏："渲染"→"隐藏"按钮⬡。

功能区：单击"视图"选项卡"视觉样式"面板中的"隐藏"按钮⬡。

2. 操作格式

命令：HIDE✓

执行上述命令后，系统将被其他对象挡住的图线隐藏起来，以增强三维视觉效果。

10.7.3 视觉样式

1. 执行方式

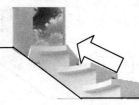

命令行：VSCURRENT。

菜单："视图"→"视觉样式"→"二维线框等"。

工具栏："视觉样式"→"二维线框等"按钮 。

功能区：单击"视图"选项卡"视觉样式"面板中的"视觉样式"下拉菜单。

2．操作格式

命令：VSCURRENT✓

输入选项［二维线框(2)/线框(W)/隐藏(H)/真实(R)/概念(C)/着色(S)/带边缘着色(E)/灰度(G)/勾画(SK)/X 射线(X)/其他(O)]〈二维线框〉：

3．选项说明

（1）二维线框（2）：用直线和曲线表示对象的边界。光栅和 OLE 对象、线型和线宽都是可见的。即使将 COMPASS 系统变量的值设置为1，它也不会出现在二维线框视图中。

（2）线框（W）：显示用直线和曲线表示边界的对象。显示着色三维 UCS 图标。可将 COMPASS 系统变量设定为 1 来查看坐标球。

（3）隐藏(H)：显示用三维线框表示的对象并隐藏表示后向面的直线。

（4）真实(R)：着色多边形平面间的对象，并使对象的边平滑化。如果已为对象附着材质，将显示已附着到对象的材质。

（5）概念(C)：着色多边形平面间的对象，并使对象的边平滑化。着色使用冷色和暖色之间的过渡。效果缺乏真实感，但是可以更方便地查看模型的细节。

（6）着色：产生平滑的着色模型。

（7）带边缘着色：产生平滑、带有可见边的着色模型。

（8）灰度：使用单色面颜色模式可以产生灰色效果。

（9）勾画：使用外伸和抖动产生手绘效果。

（10）X 射线：更改面的不透明度，使整个场景变成部分透明。

（11）其他：输入视觉样式名称［?]：输入当前图形中的视觉样式的名称或输入"?"以显示名称列表并重复该提示。

10.7.4　视觉样式管理器

1．执行方式

命令行：VISUALSTYLES。

菜单："视图"→"视觉样式"→"视觉样式管理器或工具"→"选项板"→"视觉样式"。

工具栏："视觉样式"→"视觉样式管理器"按钮 。

功能区：单击"视图"选项卡"视觉样式"面板上"视觉样式"下拉菜单中的"视觉样式管理器"按钮，或单击"视图"选项卡"视觉样式"面板中的"对话框启动器"按钮 ，或单击"视图"选项卡"选项板"面板中的"视觉样式"按钮 。

2. 操作格式

命令：VISUALSTYLES✓

执行上述命令后，系统弹出"视觉样式管理器"对话框，可以对视觉样式的各参数进行设置，如图 10-80 所示。图 10-81 所示为按图 10-79 进行设置的概念图的显示结果。

图 10-80 "视觉样式管理器"对话框

图 10-81 显示结果

10.7.5 实例——圆柱大齿轮立体图

本实例绘制的圆柱大齿轮立体图如图 10-82 所示。主要应用创建圆柱体命令 CYLINDER、长方体命令 BOX、旋转命令 REVOLVE、三维阵列命令 3DARRAT、圆角命令 FILLET、倒角命令 CHAMFER，以及布尔运算的差集命令 SUBTRACT 和并集命令 UNION 等来完成图形的绘制。

图 10-82 圆柱大齿轮立体图

光盘\动画演示\第 10 章\大齿轮立体图.avi

操作步骤

01 绘制齿轮基体。

❶建立新文件。启动 AutoCAD 2018 应用程序，以"无样板打开-公制"方式建立新文件；将新文件命名为"大齿轮立体图.dwg"并保存。

❷绘制矩形。单击"默认"选项卡"绘图"面板中的"矩形"按钮▭，指定两个角点坐标分别为（-41,0）和（41,112），绘制矩形，结果如图 10-83 所示。

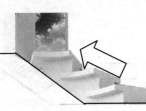

❸分解矩形。单击"默认"选项卡"修改"面板中的"分解"按钮，分解矩形使之成为 4 条直线。

❹偏移直线。单击"默认"选项卡"修改"面板中的"偏移"按钮，将下边向上依次偏移 29、50 和 100，两边向中间各偏移 31，结果如图 10-84 所示。

❺修剪图形。单击"默认"选项卡"修改"面板中的"修剪"按钮，对图形进行修剪，结果如图 10-85 所示。

❻合并齿轮基本轮廓线。在命令行中输入"PEDIT"命令后按 Enter 键，将旋转体轮廓线合并为一条多段线，满足"旋转"命令的要求，结果如图 10-86 所示。

图 10-83　绘制矩形　　图 10-84　绘制偏移直线　　图 10-85　修剪图形　　图 10-86　合并齿轮基体轮廓线

❼旋转实体。单击"三维工具"选项卡"建模"面板中的"旋转"按钮，将齿轮基体轮廓线绕 X 轴旋转 360°。将视图切换到西南等轴测视图，观察旋转结果，如图 10-87 所示。

❽对实体进行圆角。单击"默认"选项卡"修改"面板中的"圆角"按钮，绘制齿轮的铸造圆角，圆角半径为 2，如图 10-88 所示。

❾对实体倒角。单击"默认"选项卡"修改"面板中的"倒角"按钮，对齿轮边缘进行倒角操作，倒角参数为 C2，结果如图 10-89 所示。

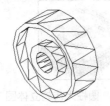  

图 10-87　旋转实体　　　　图 10-88　对实体进行圆角　　　　图 10-89　对实体倒角

02 绘制齿轮轮齿。

❶切换视角。将当前视角切换为俯视。

❷创建新图层。单击"默认"选项卡"图层"面板中的"图层特性"按钮，弹出"图层特性管理器"选项卡，再单击"新建图层"按钮，创建"图层 1"，并将"图层 1"至于当前图层，然后单击"0"图层中的"打开/关闭"按钮，使之变为黯淡色，关闭"0"图层，最后关闭选项卡。

❸绘制圆弧。单击"默认"选项卡"绘图"面板中的"圆弧"按钮，绘制轮齿圆弧，结果如图 10-90 所示。命令行提示与操作如下：

命令：ARC↙

指定圆弧的起点或 [圆心(C)]：-1.5,8↙

指定圆弧的第二个点或 [圆心(C)/端点(E)]: E↙

指定圆弧的端点: -3,2,0↙

指定圆弧的中心点(按住 Ctrl 键以切换方向)或 [角度(A)/方向(D)/半径(R)]: R↙

指定圆弧的半径(按住 Ctrl 键以切换方向) 15↙

❹镜像圆弧。单击"默认"选项卡"修改"面板中的"镜像"按钮 ⚖，以 Y 轴为镜像轴，将圆弧进行镜像处理，如图 10-91 所示。

❺连接圆弧。单击"默认"选项卡"绘图"面板中的"直线"按钮 ╱，利用"对象捕捉"功能绘制两段圆弧端点的连接直线，结果如图 10-92 所示。

图 10-90　绘制轮齿圆弧

图 10-91　镜像圆弧

图 10-92　绘制直线

❻合并轮廓线。在命令行中输入"PEDIT"命令后按 Enter 键，将两段圆弧和两段直线合并为一条多段线，满足"拉伸"命令的要求。

❼切换视角。单击"视图"选项卡"视图"面板中的"西南等轴测"按钮 ◈，将当前视图切换为西南等轴测视图。

❽拉伸实体。单击"三维工具"选项卡"建模"面板中的"拉伸"按钮 ▥，将合并后的多段线拉伸 82，结果如图 10-93 所示。

❾移动实体。单击"默认"选项卡"修改"面板中的"移动"按钮 ✣，选择轮齿实体作为移动对象,在轮齿实体上任意选择一点作为移动基点,移动第二点相对坐标为"@0,112, -41"。

❿环形阵列轮齿。选择菜单栏中的"修改"→"三维操作"→"三维阵列"命令，将拉伸实体进行 360° 环形阵列，阵列数目为 62，阵列的中心点为 (0,0,0)，旋转轴上的第二点为 (0,0,100)，结果如图 10-94 所示。

图 10-93　拉伸实体

图 10-94　环形阵列轮齿

⓫旋转实体。选择菜单栏中的"修改"→"三维操作"→"三维旋转"命令，将所有轮齿绕 Y 轴旋转 90°，结果如图 10-95 所示。

⓬打开"0"图层。单击"默认"选项卡"图层"面板中的"图层特性"按钮 🗂，弹出"图层特性管理器"选项卡，单击"0" 图层中的"打开/关闭"按钮 💡，使之变为鲜亮色 💡，打开并显示"0"图层，如图 10-96 所示。然后关闭选项卡。

⓭布尔运算求并集。单击"三维工具"选项卡"实体编辑"面板中的"并集"按钮

⑩，选择图 10-96 中的所有实体，使之成为一个三维实体。

03 绘制键槽和减轻孔。

❶绘制长方体。单击"三维工具"选项卡"建模"面板中的"长方体"按钮▢，指定长方体一个角点坐标为（-41,34,-8），另一角点坐标为（@82,-10,16），绘制长方体结果如图 10-97 所示。

❷绘制键槽。单击"三维工具"选项卡"实体编辑"面板中的"差集"按钮⑩，执行命令后从齿轮基体中减去长方体，在齿轮轴孔中形成键槽，结果如图 10-98 所示。

 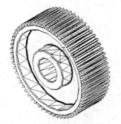 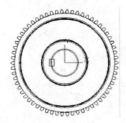 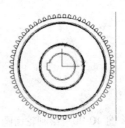

图 10-95　旋转三维实体　图 10-96　打开并显示"0"图层　图 10-97　绘制长方体　图 10-98　绘制键槽

❸绘制圆柱体。单击"三维工具"选项卡"建模"面板中的"圆柱体"按钮▢，采用指定两个底面圆心点和底面半径的模式，绘制中心点为（-30,75,0）、半径为 15、轴端点为（30,75,0）的圆柱体，如图 10-99 所示。

❹环形阵列圆柱体。选择菜单栏中的"修改"→"三维操作"→"三维阵列"命令，将圆柱体进行 360º 环形阵列，阵列数目为 6，结果如图 10-100 所示。

❺绘制减轻孔。单击"三维工具"选项卡"实体编辑"面板中的"差集"按钮⑩，执行命令后从齿轮基体中减去 6 个圆柱体，在齿轮凹槽内形成 6 个减轻孔，如图 10-101 所示。

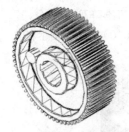  

图 10-99　绘制圆柱体　　　　图 10-100　环形阵列圆柱体　　　　图 10-101　绘制减轻孔

04 渲染齿轮。

❶选择菜单栏中的"视图"→"视觉样式"→"真实"命令，将实体显示为真实实体样式。选择菜单栏中的"视图"→"动态观察"→"自由动态观察"命令，调整齿轮实体的位置。

❷选择菜单栏中的"视图"→"渲染"→"材质编辑器"命令，弹出"材质编辑器"选项板，如图 10-102 所示。

❸单击"常规"面板下"颜色"后面的按钮▾，在弹出的快捷菜单中选择"颜色"，继续单击"常规"面板下"颜色"后面的按钮▫，在弹出的快捷菜单中选择"编辑颜色"，

如图 10-103 所示，然后弹出"选择颜色"对话框，如图 10-104 所示。设置适当的颜色。

图 10-102　"材质编辑器"选项板

图 10-103　快捷菜单

❹附着材质。在"材质编辑器"选项板中单击左下角的"创建或复制材质"按钮，选择"金属"，然后在"金属"面板下的"类型"中选择青铜，如图 10-105 所示。

❺渲染设置。选择菜单栏中的"视图"→"渲染"→"高级渲染设置"命令，弹出"渲染预设管理器"选项板，如图 10-106 所示。进行适当设置。

❻图形渲染。单击"可视化"选项卡"渲染"面板中的"渲染到尺寸"按钮，系统进行渲染，等待几秒钟，完成图形渲染，如图 10-107 所示。

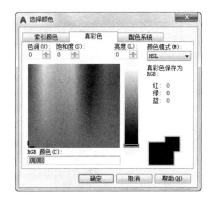

图 10-104　"选择颜色"对话框

图 10-105　设置材质

❼保存渲染效果图。选择菜单栏中的"工具"→"显示图像"→"保存"命令，弹出"渲染输出文件"对话框，如图 10-108 所示。在该对话框中设置保存图像的格式，输入图像名称，选择保存位置，然后单击"保存"按钮，保存图像。

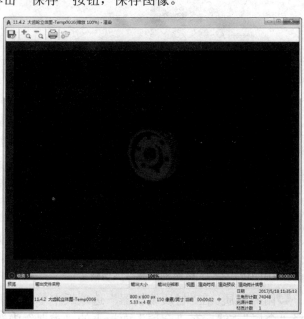

图 10-106 "渲染预设管理器"选项板	图 10-107 "渲染"对话框

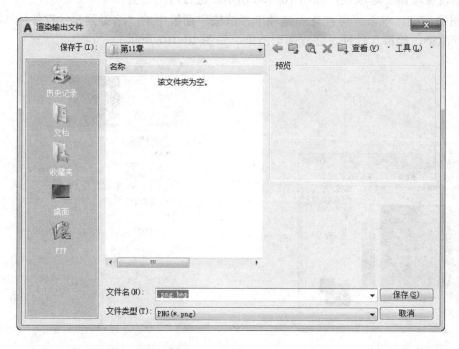

图 10-108   "渲染输出文件"对话框

10.8 编辑实体

10.8.1 拉伸面

1. 执行方式

命令行：SOLIDEDIT。

菜单："修改"→"实体编辑"→"拉伸面"。

工具栏："实体编辑"→"拉伸面"按钮。

功能区：单击"三维工具"选项卡"实体编辑"面板中的"拉伸面"按钮。

2. 操作格式

命令：SOLIDEDIT↙

输入实体编辑选项 [面(F)/边(E)/体(B)/放弃(U)/退出(X)] <退出>：F↙

输入面编辑选项 [拉伸(E)/移动(M)/旋转(R)/偏移(O)/倾斜(T)/删除(D)/复制(C)/颜色(L)/材质(A)/放弃(U)/退出(X)] <退出>：E↙

选择面或 [放弃(U)/删除(R)]：（选择要进行拉伸的面）

选择面或 [放弃(U)/删除(R)/全部（ALL）]：↙

指定拉伸高度或 [路径(P)]：

指定拉伸的倾斜角度 <0>：

[拉伸(E)/移动(M)/旋转(R)/偏移(O)/倾斜(T)/删除(D)/复制(C)/颜色(L)/材质(A)/放弃(U)/退出(X)] <退出>：X↙

输入实体编辑选项 [面(F)/边(E)/体(B)/放弃(U)/退出(X)] <退出>：X↙

3. 选项说明

（1）指定拉伸高度：按指定的高度值来拉伸面。指定拉伸的倾斜角度后，完成拉伸操作。

（2）路径：沿指定的路径曲线拉伸面。图 10-109 所示为拉伸长方体的顶面和侧面的结果。

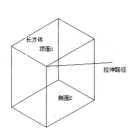

拉伸前的长方体

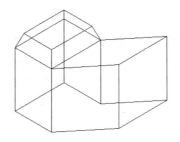

拉伸后的三维实体

图 10-109 拉伸长方体

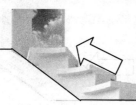

10.8.2 复制边

1. 执行方式

命令行：SOLIDEDIT。
菜单："修改"→"实体编辑"→"复制边"。
工具栏："实体编辑"→"复制边"按钮 。
功能区：单击"三维工具"选项卡"实体编辑"面板中的"复制边"按钮 。

2. 操作格式

命令：_SOLIDEDIT
实体编辑自动检查：SOLIDCHECK=1
输入实体编辑选项 [面(F)/边(E)/体(B)/放弃(U)/退出(X)]〈退出〉：_EDGE
输入边编辑选项 [复制（C）/着色（L）/放弃（U）/退出（×）]〈退出〉：_COPY
选择边或 [放弃（U）/删除（R）]：(选择曲线边)
选择边或 [放弃（U）/删除（R）]：✓
指定基点或位移：(选择基点)
指定位移的第二点：(选择第二点)

图 10-110 所示为复制边的图形效果。

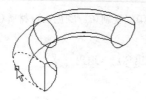 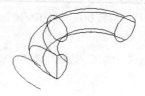

选择边　　　　　　　　　　　　复制边

图 10-110　复制边

其他选项功能与此类似，不再赘述。

10.8.3 实例——扳手立体图

本实例绘制的扳手立体图如图 10-111 所示。主要应用创建圆柱体命令 CYLINDER，复制边命令 SOLIDEDIT、长方体命令 BOX、拉伸命令 EXTRUDE 以及布尔运算的差集命令 SUBTRACT 和并集命令 UNION 等来完成图形的绘制。

图 10-111　扳手立体图

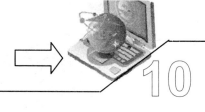

光盘\动画演示\第 10 章\扳手立体图.avi

操作步骤

01 设置线框密度。在命令行中输入"ISOLINES",设置线框密度为 10。单击"视图"选项卡"视图"面板中的"西南等轴测"按钮，切换到西南等轴测图。

02 绘制扳手端部。

❶创建圆柱。单击"三维工具"选项卡"建模"面板中的"圆柱体"按钮，采用指定底面圆心点、底面半径和高度的模式，绘制以原点为圆心、半径为 19、高度为 10 的圆柱体。

❷复制圆柱底边。单击"三维工具"选项卡"实体编辑"面板中的 "复制边"按钮，选取圆柱底面边线，在原位置进行复制。

❸绘制辅助线。单击"默认"选项卡"绘图"面板中的"构造线"按钮，过坐标原点及（@10<135）绘制辅助线。

❹修剪辅助线及复制边。单击"默认"选项卡"修改"面板中的"修剪"按钮，对辅助线及复制的边进行修剪。

❺创建面域。单击"默认"选项卡"绘图"面板中的"面域"按钮，将修剪后的图形创建为面域，如图 10-112 所示。

❻拉伸面域。单击"三维工具"选项卡"建模"面板中的"拉伸"按钮，将创建的面域进行拉伸操作，拉伸高度为 3。

❼差集运算。单击"三维工具"选项卡"实体编辑"面板中的"差集"按钮，将圆柱与拉伸实体进行差集运算，结果如图 10-113 所示。

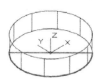

图 10-112 创建面域

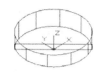

图 10-113 差集运算

❽创建圆柱。单击"三维工具"选项卡"建模"面板中的"圆柱体"按钮，以坐标原点为圆心，创建直径为 14、高为 10 的圆柱题。

❾创建长方体。单击"三维工具"选项卡"建模"面板中的"长方体"按钮，采用角点、长度的模式，绘制中心点坐标为(0,0,5)、长度为 11、宽度为 11、高度为 10 的长方体。

❿交集运算。单击"三维工具"选项卡"实体编辑"面板中的"交集"按钮，将步骤❽创建的圆柱体与步骤❾创建的长方体进行交集运算。

⓫差集运算。单击"三维工具"选项卡"实体编辑"面板中的"差集"按钮，将圆柱与交集后的实体进行差集运算，结果如图 10-114 所示。

03 绘制把手。

❶创建面域。将视图切换到俯视图，首先单击"默认"选项卡"绘图"面板中的"直线"按钮✐，绘制二维图形。命令行提示与操作如下：

命令：LINE↙

指定第一个点：（按 Shift 键同时单击鼠标右键，选择捕捉对象为"自（F）"）

指定第一个点：from 基点：(0，0) ↙

〈偏移〉：(@0,7.5) ↙

指定下一点或[放弃（U）]：(@216，-1.5) ↙

指定下一点或[放弃（U）]：↙

然后利用"镜像""圆""修剪""直线""删除""偏移""圆角"和"打断"命令绘制图形，结果如图 10-115 所示。

单击"默认"选项卡"绘图"面板中的"面域"按钮◎，将其创建为面域。

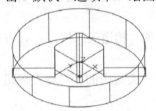

图 10-114　差集后的图形

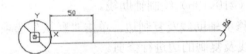

图 10-115　创建面域

❷拉伸面域。单击"三维工具"选项卡"建模"面板中的"拉伸"按钮▥，分别将两个面域拉伸 6。

❸旋转拉伸实体。将视图切换到前视图。在命令行中输入"ROTATE3D"命令，命令行提示与操作如下：

命令：ROTATE3D↙

当前正向角度：ANGDIR=逆时针 ANGBASE=0

选择对象：（选取拉伸创建的两个实体）

选择对象：

指定轴上的第一个点或定义轴依据[对象(O)/最近的(L)/视图(V)/X 轴(X)/Y 轴(Y)/Z 轴(Z)/两点(2)]：Z↙

指定 Z 轴上的点 〈0,0,0〉：_endp 于（捕捉实体左下角点）

指定旋转角度或 [参照(R)]：30↙

重复"旋转"命令，将右部拉伸实体以 Z 轴为旋转轴，以实体左上角点为旋转轴上的点，将实体旋转-30°，结果如图 10-116 所示。

❹并集运算。单击"三维工具"选项卡"实体编辑"面板中的"并集"按钮⑩，将实体进行并集运算。

❺创建圆柱。首先单击"视图"选项卡"视图"面板中的"西南等轴测"按钮◈，将视图切换到西南等轴测视图；然后单击"三维工具"选项卡"建模"面板中的"圆柱体"按钮▤，以右端圆弧的圆心为中心点，创建直径为 8、高为 6 的圆柱。

❻差集运算。单击"三维工具"选项卡"实体编辑"面板中的"差集"按钮⑩，

将实体与圆柱体进行差集运算。差集后的图形如图 10-117 所示。

图 10-116　旋转后的图形

图 10-117　差集后的图形

04 视觉效果处理。单击"视图"选项卡"视图样式"面板"视图样式"下拉列表框中的"真实"按钮 ，进行视觉效果处理，结果如图 10-111 所示。

10.8.4　夹点编辑

利用夹点编辑功能，可以很方便地对三维实体进行编辑。该功能与二维对象夹点编辑功能相似。

其方法很简单，单击要编辑的对象，系统显示编辑夹点，选择某个夹点，按住鼠标拖动，则三维对象随之改变。选择不同的夹点，可以编辑对象的不同参数，红色夹点为当前编辑夹点，如图 10-118 所示。

图 10-118　圆锥体及其夹点编辑

10.8.5　实例——阀体设计

本实例绘制的阀体如图 10-119 所示。主要应用创建圆柱体命令 CYLINDER、长方体命令 BOX、球命令 SPHERE、拉伸命令 EXTRUDE，以及布尔运算的差集命令 SUBTRACT 和并集命令 UNION 等来完成图形的绘制。

图 10-119　阀体

　光盘\动画演示\第 10 章\阀体.avi

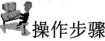 操作步骤

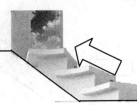

01 启动系统。启动 AutoCAD 2018，使用默认设置绘图环境。

02 设置线框密度。

命令：ISOLINES

输入 ISOLINES 的新值 〈8〉：10✓

03 设置视图方向。单击"视图"选项卡"视图"面板中的"西南等轴测"按钮，将视图切换到西南等轴测图。

04 设置用户坐标系。

命令：UCS✓

当前 UCS 名称：*世界*

指定 UCS 的原点或 [面(F)/命名(NA)/对象(OB)/上一个(P)/视图(V)/世界(W)/X/Y/Z/Z 轴(ZA)]〈世界〉：X✓

指定绕 X 轴的旋转角度 〈90〉：✓

05 绘制长方体。单击"三维工具"选项卡"建模"面板中的"长方体"按钮，以（0,0,0）为中心点，创建长为 75、宽为 75、高为 12 的长方体。

06 圆角处理。单击"默认"选项卡"修改"面板中的"圆角"按钮，对上一步绘制的长方体的 4 个竖直边进行圆角处理，圆角半径为 12.5。

07 设置用户坐标系。在命令行中输入"UCS"命令，将坐标原点移动到（0, 0, 6）。

08 绘制圆柱体。单击"三维工具"选项卡"建模"面板中的"圆柱体"按钮，以（0, 0, 0）为圆心，创建直径为 55、高为 17 的圆柱体。

09 绘制球体。单击"三维工具"选项卡"建模"面板中的"球体"按钮，绘制以（0,0,17）为球心、直径为 55 的球体。

10 设置用户坐标系。在命令行中输入"UCS"命令，将坐标原点移动到（0, 0, 63）。

11 绘制圆柱体。单击"三维工具"选项卡"建模"面板中的"圆柱体"按钮，以（0, 0, 0）为圆心，分别创建直径为 36、高为-15 及直径为 32、高为-34 的圆柱体。

12 并集处理。单击"三维工具"选项卡"实体编辑"面板中的"并集"按钮，将所有实体进行并集运算。隐藏处理后的图形如图 10-120 所示。

13 绘制内形圆柱体。单击"三维工具"选项卡"建模"面板中的"圆柱体"按钮，以（0, 0, 0）为圆心，分别创建直径为 28.5、高为-5 及直径为 20、高为-34 的圆柱体；以（0, 0, -34）为圆心，创建直径为 35、高为-7 的圆柱体；以（0, 0, -41）为圆心，创建直径为 43、高为-29 的圆柱体；以（0, 0, -70）为圆心，创建直径为 50、高为-5 的圆柱体。

14 设置用户坐标系。在命令行中输入"UCS"命令，将坐标原点移动到（0, 56, -54），并将其绕 X 轴旋转 90°。

15 绘制外形圆柱体。单击"三维工具"选项卡"建模"面板中的"圆柱体"按钮，以（0, 0, 0）为圆心，创建直径为 36、高为 50 的圆柱体。

16 并集及差集处理。单击"三维工具"选项卡"实体编辑"面板中的"并集"按钮 ⟟，将实体与 φ36 的圆柱进行并集运算。单击"三维工具"选项卡"实体编辑"面板中的"差集"按钮 ⟟，将实体与内形圆柱体进行差集运算，结果如图 10-121 所示。

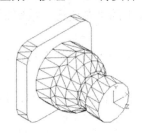

图 10-120　并集后的实体

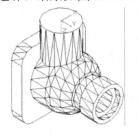

图 10-121　布尔运算后的实体

17 绘制内形圆柱体。单击"三维工具"选项卡"建模"面板中的"圆柱体"按钮 ⟟，以（0，0，0）为圆心，绘制直径为 26、高为 4 的圆柱体；以（0，0，4）为圆心，绘制直径为 24、高为 9 的圆柱体；以（0，0，13）为圆心，绘制直径为 24.3、高为 3 的圆柱体；以（0，0，16）为圆心，绘制直径为 22、高为 13 的圆柱体；以（0，0，29）为圆心，绘制直径为 18，高为 27 的圆柱体。

18 差集处理。单击"三维工具"选项卡"实体编辑"面板中的"差集"按钮 ⟟，将实体与内形圆柱进行差集运算，结果如图 10-122 所示。

19 绘制二维图形，并将其创建为面域。

❶绘制圆。单击"默认"选项卡"绘图"面板中的"圆"按钮 ⟟，以（0，0）为圆心，分别绘制直径为 36 及直径为 26 的圆。

❷绘制直线。单击"默认"选项卡"绘图"面板中的"直线"按钮 ⟟，分别从（0，0）→（@18<225）及从（0，0）→（@18<315）绘制直线。

❸修剪图形。单击"默认"选项卡"修改"面板中的"修剪"按钮 ⟟，对圆进行修剪。

❹面域处理。单击"默认"选项卡"绘图"面板中的"面域"按钮 ⟟，将绘制的二维图形创建为面域，结果如图 10-123 所示。

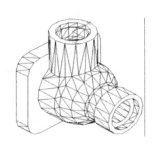

图 10-122　差集后的图形

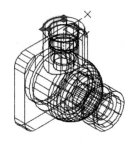

图 10-123　创建面域

20 拉伸图形。单击"三维工具"选项卡"建模"面板中的"拉伸"按钮 ⟟，将上一步创建的面域图形拉伸，高度为 2。

21 差集处理。单击"三维工具"选项卡"实体编辑"面板中的"差集"按钮 ⟟，将阀体与拉伸实体进行差集运算，结果如图 10-124 所示。

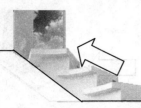

22 设置视图方向。将当前视图方向设置为左视图方向。

23 绘制阀体外螺纹。

❶ 绘制多边形。单击"默认"选项卡"绘图"面板中的"多边形"按钮⬠，在实体旁边绘制一个正三角形，设置边长为2。

❷ 绘制辅助线。单击"默认"选项卡"绘图"面板中的"构造线"按钮✓，过正三角形底边绘制水平辅助线。

❸ 偏移直线。单击"默认"选项卡"修改"面板中的"偏移"按钮⬒，将水平辅助线向上偏移18。

❹ 旋转对象。单击"三维工具"选项卡"建模"面板中的"旋转"按钮◌，以偏移后的水平辅助线为旋转轴，选取正三角形，将其旋转360°。

❺ 删除辅助线。单击"默认"选项卡"修改"面板中的"删除"按钮✎，删除绘制的辅助线。

❻ 三维阵列处理。选择菜单栏中的"修改"→"三维操作"→"三维阵列"命令，将旋转形成的实体进行1行、8列的矩形阵列，列间距为2。

❼ 并集处理。单击"三维工具"选项卡"实体编辑"面板中的"并集"按钮◎，将阵列后的实体进行并集运算。

❽ 移动对象。单击"默认"选项卡"修改"面板中的"移动"按钮✣，以螺纹右端面圆心为基点，将其移动到阀体右端圆心处。

❾ 差集处理。单击"三维工具"选项卡"实体编辑"面板中的"差集"按钮◎，将阀体与螺纹进行差集运算。

隐藏处理后的图形如图10-125所示。

图 10-124　拉伸及差集处理后的阀体

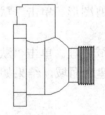

图 10-125　创建阀体外螺纹

24 绘制螺纹孔。单击"视图"选项卡"视图"面板中的"西南等轴测"按钮◈，将视图切换到西南等轴测视图。

❶ 绘制多段线。单击"默认"选项卡"绘图"面板中的"多段线"按钮⤵，命令行提示与操作如下：

```
命令: _PLINE
指定起点: 0,-100↙
当前线宽为 0.0000
指定下一个点或 [圆弧(A)/半宽(H)/长度(L)/放弃(U)/宽度(W)]: @5,0↙
指定下一点或 [圆弧(A)/闭合(C)/半宽(H)/长度(L)/放弃(U)/宽度(W)]: @0.75,0.75↙
```

指定下一点或 ［圆弧(A)/闭合(C)/半宽(H)/长度(L)/放弃(U)/宽度(W)］: @-0.75,0.75↙

指定下一点或 ［圆弧(A)/闭合(C)/半宽(H)/长度(L)/放弃(U)/宽度(W)］: @-5,0↙

指定下一点或 ［圆弧(A)/闭合(C)/半宽(H)/长度(L)/放弃(U)/宽度(W)］:C↙

❷旋转多段线。单击"三维工具"选项卡"建模"面板中的"旋转"按钮，以 Y 轴为旋转轴，选择刚绘制的图形，将其旋转 360°。

❸阵列旋转后的实体。选择菜单栏中的"修改"→"三维操作"→"三维阵列"命令，将旋转生成的实体进行行数为 8、列数为 1 的阵列，行间距为 1.5。

❹并集处理。单击"三维工具"选项卡"实体编辑"面板中的"并集"按钮，将阵列后的实体进行并集运算。

❺旋转螺纹角度。选择菜单栏中的"修改"→"三维操作"→"三维旋转"命令，以（0，-100，0）为基点，Z 轴为旋转轴旋转 90°。

❻复制螺纹。单击"默认"选项卡"修改"面板中的"复制"按钮，将螺纹孔复制到阀体的 4 个圆角圆心处，然后将多余的螺纹孔删除。

❼差集处理。首先单击"视图"选项卡"视图"面板中的"西南等轴测"按钮，将视图切换到西南等轴测视图；然后单击"三维工具"选项卡"实体编辑"面板中的"差集"按钮，将阀体与复制的螺纹进行差集运算。消隐后的图形如图 10-126 所示。

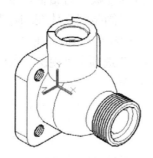

图 10-126 创建阀体螺纹孔

25 视觉效果处理。单击"视图"选项卡"视觉样式"面板"视觉样式"下拉菜单中的"真实"按钮，对图形进行处理，效果如图 10-119 所示。

10.9 综合实例——球阀装配立体图

本节绘制的球阀装配立体图由双头螺柱、螺母、密封圈、扳手、阀杆、阀芯、压紧套、阀体和阀盖等组成。

制作思路如下：首先，打开基准零件图，将其变为平面视图；然后，打开要装配的零件，将其变为平面视图，将要装配的零件图复制粘贴到基准零件视图中；再通过确定合适的点，将要装配的零件图装配到基准零件图，并进行干涉检查；最后，通过着色及变换视图方向为装配图设置合理的位置和颜色，然后渲染处理，结果如图 10-127 所示。

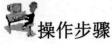 光盘\动画演示\第 10 章\球阀装配立体图.avi

操作步骤

图 10-127　球阀装配立体图

10.9.1　配置绘图环境

01 建立新文件。启动 AutoCAD 2018，使用默认设置绘图环境。选择菜单栏中的"文件"→"新建"命令，弹出"选择样板"对话框，以"无样板打开－公制"（毫米）方式建立新文件，将新文件命名为"球阀装配立体图.dwg"并保存。

02 设置线框密度。在命令行中输入"ISOLINES"，设置线框密度为 10。

03 设置视图方向。单击"视图"选项卡"视图"面板中的"西南等轴测"按钮◇，将当前视图方向设置为西南等轴测视图。

10.9.2　绘制球阀装配立体图

01 装配阀体。

❶打开阀体。单击"快速访问"工具栏中的"打开"按钮▷，打开随书光盘中的文件：\原始文件\第 10 章\阀体.DWG。

❷设置视图方向。将当前视图方向设置为左视图方向。

❸复制阀体。选择菜单栏中的"编辑"→"复制"命令，将"阀体"图形复制到"球阀装配立体图"中，指定的插入点为（0，0），结果如图 10-128 所示。图 10-129 所示为经过渲染的西南等轴测方向阀体立体图。

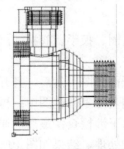

图 10-128　装入阀体后的图形

图 10-129　西南等轴测方向阀体立体图

02 装配阀盖。

❶打开阀盖。选择菜单栏中的"文件"→"打开"命令，打开随书光盘中的文件：\原始文件\第 10 章\阀盖.DWG。结果如图 10-130 所示。

❷设置视图方向。将当前视图方向设置为左视图方向，结果如图 10-131 所示。

❸复制阀盖。选择菜单栏中的"编辑"→"复制"命令，将"阀盖"图形复制到"球阀装配立体图"中。将插入点指定为一合适的位置，结果如图 10-132 所示。

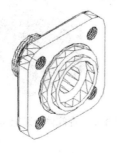

图 10-130　阀盖立体图

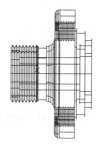

图 10-131　阀盖左视图

❹移动阀盖。单击"默认"选项卡"修改"面板中的"移动"按钮✥，将阀盖以图 10-132 中的点 1 为基点移动到图 10-132 中的点 2 位置，结果如图 10-133 所示。

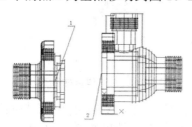

图 10-132　将阀盖复制到球阀装配立体图中

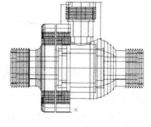

图 10-133　将阀盖装入阀体

❺干涉检查。选择菜单栏中的"修改"→"三维操作"→"干涉检查"命令，对阀体和阀盖进行干涉检查。命令行提示与操作如下：

```
命令：INTERFERE✓
选择第一组对象或 [嵌套选择(N)/设置(S)]：（选择阀体）
选择第一组对象或 [嵌套选择(N)/设置(S)]：✓
选择第二组对象或 [嵌套选择(N)/检查第一组(K)] <检查>：（选择阀盖）
选择第二组对象或 [嵌套选择(N)/检查第一组(K)] <检查>：✓
对象未干涉
```

如果对象干涉，系统弹出"干涉检查"对话框，如图 10-134 所示。该对话框显示检查结果，如果存在干涉，则在装配图上亮显干涉区域，这时，就要检查装配是否到位，调整相应的装配位置，直到不发生干涉为止。图 10-135 所示为经过渲染的在阀体上装配阀盖后的西南等轴测方向立体图。

03 装配密封圈。

❶打开密封圈。单击"快速访问"工具栏中的"打开"按钮▷，打开随书光盘中的文件：\原始文件\第 10 章\密封圈.DWG。结果如图 10-136 所示。

❷设置视图方向。将当前视图方向设置为左视图方向。

❸三维旋转视图。选择菜单栏中的"修改"→"三维操作"→"三维旋转"命令，将"密封圈"沿 Z 轴旋转 90°，结果如图 10-137 所示。

图 10-134 "干涉检查"对话框

图 10-135 在阀体上装配阀盖后的立体图

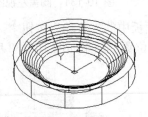

图 10-136 密封圈立体图

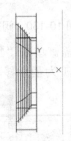

图 10-137 三维旋转图形

❹复制密封圈。选择菜单栏中的"编辑"→"复制"命令，复制两个"密封圈"图形到"阀体装配立体图"中，将插入点指定为一合适的位置，结果如图 10-138 所示。

❺三维旋转对象。选择菜单栏中的"修改"→"三维操作"→"三维旋转"命令，将左边的"密封圈"沿 Z 轴旋转 180°，结果如图 10-139 所示。

❻移动密封圈。单击"默认"选项卡"修改"面板中的"移动"按钮✛，将图 10-139 中左边的密封圈以图 10-139 中的点 3 为基点移动到图 10-139 中的点 1 位置，将图 10-139 中右边的密封圈以图 10-139 中的点 4 为基点移动到图 10-139 中的点 2 位置，结果如图 10-140 所示。

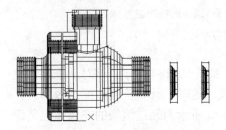

图 10-138 插入密封圈后的图形

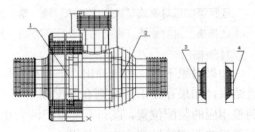

图 10-139 旋转密封圈后的图形

❼干涉检查。选择菜单栏中的"修改"→"三维操作"→"干涉检查"命令，对阀体和密封圈进行干涉检查。如果发生干涉，则检查装配是否到位，调整相应的装配位置，

直到不发生干涉为止。图 10-141 所示为消隐后的西南等轴测方向装配图。

04 装配阀芯。

❶打开阀芯。单击"快速访问"工具栏中的"打开"按钮 📂，打开随书光盘中的文件：\原始文件\第 10 章\阀芯.DWG。图 10-142 所示为经过渲染的阀芯立体图。

❷设置视图方向。将当前视图方向设置为主视图方向，结果如图 10-143 所示。

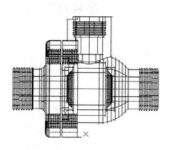

图 10-140　装入密封圈后的图形

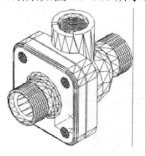

图 10-141　西南等轴测方向装配图

图 10-142　阀芯立体图

图 10-143　主视图

❸复制阀芯。选择菜单栏中的"编辑"→"复制"命令，将"阀芯"图形复制到"球阀装配立体图"中，将插入点指定为一合适的位置，结果如图 10-144 所示。

❹移动阀芯。单击"默认"选项卡"修改"面板中的"移动"按钮 ✛，将阀芯以图 10-145 中阀芯的圆心为基点移动到图 10-145 中密封圈的圆心位置，结果如图 10-145 所示。

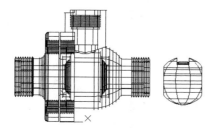

图 10-144　插入阀芯后的图形

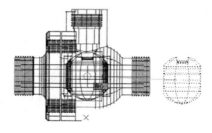

图 10-145　装入阀芯后的图形

❺干涉检查。选择菜单栏中的"修改"→"三维操作"→"干涉检查"命令，对阀芯和左右两个密封圈进行干涉检查，如果发生干涉，则检查装配是否到位，调整相应的装配位置，直到不发生干涉为止。图 10-146 所示为经过渲染的装配后的西南等轴测方向立体图。

05 装配压紧套。

❶打开压紧套。单击"快速访问"工具栏中的"打开"按钮 📂，打开随书光盘中

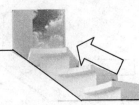
的文件：\原始文件\第 10 章\压紧套.DWG。图 10-147 所示为渲染后的压紧套立体图。

❷设置视图方向。将当前视图方向设置为左视图方向，结果如图 10-148 所示。

❸三维旋转视图。选择菜单栏中的"修改"→"三维操作"→"三维旋转"命令，将压紧套沿 Z 轴旋转 90°，结果如图 10-149 所示。

❹复制压紧套。选择菜单栏中的"编辑"→"复制"命令，将"压紧套"图形复制到"阀体装配立体图"中，结果如图 10-150 所示。

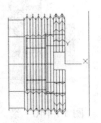

图 10-146　西南等轴测方向立体图　　图 10-147　压紧套立体图　　图 10-148　左视图方向图形

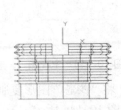
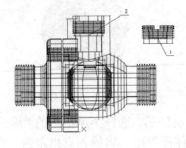

图 10-149　旋转后的图形　　　　　　　图 10-150　插入压紧套后的图形

❺移动压紧套。单击"默认"选项卡"修改"面板中的"移动"按钮✣，将压紧套以图 10-150 中点 1 为基点移动到图 10-150 中点 2 位置，结果如图 10-151 所示。

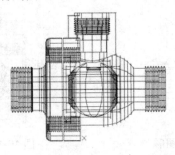

图 10-151　装入压紧套后的图形

06 装配阀杆。

❶打开阀杆。单击"快速访问"工具栏中的"打开"按钮📂，打开随书光盘中的文件：\原始文件\第 10 章\阀杆.DWG。图 10-152 所示为渲染后的阀杆。

❷设置视图方向。将当前视图方向设置为左视图方向，结果如图 10-153 所示立体图。

图 10-152　阀杆立体图

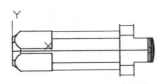

图 10-153　左视图方向图形

❸三维旋转视图。选择菜单栏中的"修改"→"三维操作"→"三维旋转"命令，将阀杆沿 Z 轴旋转-90°，结果如图 10-154 所示。

❹复制阀杆。选择菜单栏中的"编辑"→"复制"命令，将"阀杆"图形复制到"球阀装配立体图"中，将插入点指定为一合适的位置，结果如图 10-155 所示。

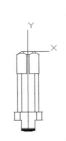

图 10-154　旋转后的图形

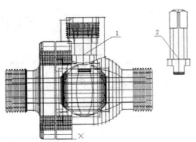

图 10-155　插入阀杆后的图形

❺移动阀杆。单击"默认"选项卡"修改"面板中的"移动"按钮✥，将阀杆以图 10-155 中点 2 为基点移动到图 10-155 中点 1 位置，结果如图 10-156 所示。

❻干涉检查。单击"三维工具"选项卡"实体编辑"面板中的"干涉检查"按钮，对阀杆和阀芯进行干涉检查，如果发生干涉，则检查装配是否到位，调整相应的装配位置，直到不发生干涉为止。图 10-157 所示为经过渲染的装配阀杆后的西南等轴测方向的立体图。

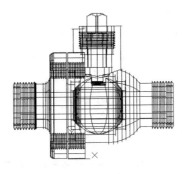

图 10-156　装入阀杆后的图形

图 10-157　西南等轴测方向立体图

07　装配扳手。

❶打开扳手。单击"快速访问"工具栏中的"打开"按钮，打开随书光盘中的文件：\原始文件\第 10 章\扳手.DWG。图 10-158 所示为渲染后的扳手立体图。

❷设置视图方向。将当前视图方向设置为主视图方向，结果如图 10-159 所示。

图 10-158 扳手立体图

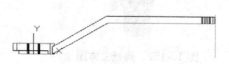

图 10-159 主视图

❸复制扳手。选择菜单栏中的"编辑"→"复制"命令，将"扳手"图形复制到"阀体装配立体图"中，结果如图 10-160 所示。

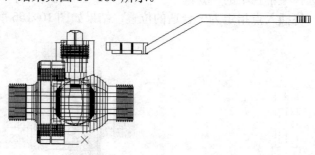

图 10-160 插入扳手后的图形

❹移动扳手。单击"默认"选项卡"修改"面板中的"移动"按钮✥，将扳手以图 10-160 中扳手左上部的圆心为基点移动到图 10-160 中阀杆上部的圆心位置，结果如图 10-161 所示。

❺干涉检查。单击"三维工具"选项卡"实体编辑"面板中的"干涉检查"按钮⬁，对扳手和阀杆进行干涉检查，如果发生干涉，则检查装配是否到位，调整相应的装配位置，直到不发生干涉为止。图 10-162 所示为西南等轴测方向装配图。

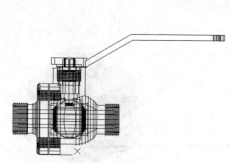

图 10-161 装入扳手后的图形

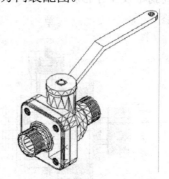

图 10-162 西南等轴测方向装配图

08 装配双头螺柱立体图。

❶打开双头螺柱。单击"快速访问"工具栏中的"打开"按钮📂，打开随书光盘中的文件：\原始文件\第 10 章\双头螺柱.DWG。图 10-163 所示为渲染后的双头螺柱立体图。

❷设置视图方向。将当前视图方向设置为左视图方向，结果如图 10-164 所示。

图 10-163　双头螺柱立体图

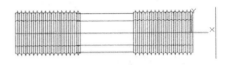

图 10-164　左视图

❸复制双头螺柱。选择菜单栏中的"编辑"→"复制"命令，将"双头螺柱"图形复制到"球阀装配立体图"中，将插入点指定为一合适的位置，结果如图 10-165 所示。

❹移动双头螺柱。单击"默认"选项卡"修改"面板中的"移动"按钮✛，将双头螺柱以图 10-165 中的点 2 为基点移动到图 10-165 中的点 1 位置，结果如图 10-166 所示。

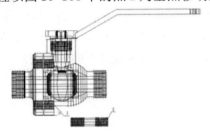

图 10-165　插入双头螺柱后的图形

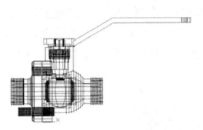

图 10-166　装入双头螺柱后的图形

❺干涉检查。单击"三维工具"选项卡"实体编辑"面板中的"干涉检查"按钮📄，对双头螺柱和阀盖以及阀体进行干涉检查。如果发生干涉，则检查装配是否到位，调整相应的装配位置，直到不发生干涉为止。图 10-167 所示为经过渲染的装配后的西南等轴测方向立体图。

（09）装配螺母立体图。

❶打开螺母。单击"快速访问"工具栏中的"打开"按钮📂，打开随书光盘中的文件：\原始文件\第 10 章\螺母.DWG。图 10-168 所示为渲染后的螺母立体图。

图 10-167　西南等轴测方向立体图

图 10-168　螺母立体图

❷设置视图方向。将当前视图方向设置为左视图方向并沿 Z 轴旋转-90°，结果如图 10-169 所示。

❸复制螺母。选择菜单栏中的"编辑"→"复制"命令，将"螺母"图形复制到"球阀装配立体图"中，结果如图 10-170 所示。

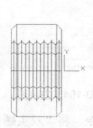

图 10-169 左视图

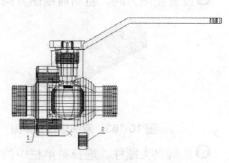

图 10-170 插入螺母后的图形

❹移动螺母。单击"默认"选项卡"修改"面板中的"移动"按钮✛，将螺母 以图 10-170 中的点 2 为基点移动到图 10-170 中的点 1 位置，结果如图 10-171 所示。

❺干涉检查。单击"三维工具"选项卡"实体编辑"面板中的"干涉检查"按钮，对螺母和双头螺柱进行干涉检查，如果发生干涉，则检查装配是否到位，调整相应的装配位置，直到不发生干涉为止。图 10-172 所示为消隐后的西南等轴测方向装配图。

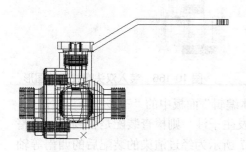

图 10-171 装入螺母后的图形

图 10-172 西南等轴测方向装配图

10 阵列双头螺柱和螺母立体图。

❶设置视图方向。将当前视图方向设置为左视图方向，结果如图 10-173 所示。

❷三维阵列双头螺柱和螺母立体图：选择菜单栏中的"修改"→"三维操作"→"三维阵列"命令，将双头螺柱和螺母进行三维矩形阵列操作，设置行数为 2、列数为 1 行间距为 50；重复阵列操作，设置行数为 1、列数为 2、列间距为 50。结果如图 10-174 所示。

❸设置视图方向。将视图方向设置为西北等轴测方向。消隐后结果如图 10-175 所示。

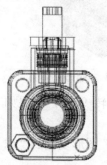

图 10-173 左视图

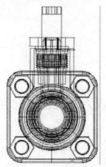

图 10-174 三维阵列后的图形

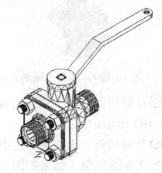

图 10-175 西南等轴测方向装配图

(11) 剖切球阀装配立体图。

❶打开球阀装配立体图。单击"快速访问"工具栏中的"打开"按钮，打开"球阀装配立体图.dwg"，如图 10-175 所示。

❷1/2 剖切视图。单击"三维工具"选项卡"实体编辑"面板中的"剖切"按钮，对球阀装配立体图进行 1/2 剖切处理。命令行提示与操作如下。

> 命令：SLICE✓
>
> 选择要剖切的对象：（选择阀盖、阀体、左边的密封圈和阀芯）
>
> 选择要剖切的对象：✓
>
> 指定切面的起点或［对象(O)/Z 轴(Z)/视图(V)/XY 平面(XY)/YZ 平面(YZ)/ZX 平面(ZX)/三点(3)］〈三点〉：YZ✓
>
> 指定 YZ 平面上的点〈0,0,0〉：✓
>
> 在要保留的一侧指定点或［保留两侧(B)］：1,0,0✓

❸删除对象。单击"默认"选项卡"修改"面板中的"删除"按钮，将 YZ 平面右侧的两个双头螺柱和两个螺母删除。消隐后的结果如图 10-176 所示。

❹打开球阀装配立体图。选择菜单栏中的"文件"→"打开"命令，打开"球阀装配立体图.dwg"，如图 10-175 所示。

❺1/4 剖切视图。单击"三维工具"选项卡"实体编辑"面板中的"剖切"按钮，对球阀装配立体图进行 1/4 剖切处理。采用相同方法连续进行两次剖切。

 说明

　　执行第二次"剖切"命令时，AutoCAD 会提示"剖切平面不与 1 个选定实体相交"。执行该命令后，将多余的图形删除即可。

❻删除对象。单击"默认"选项卡"修改"面板中的"删除"按钮，将视图中相应的图形删除。渲染后的结果如图 10-177 所示。

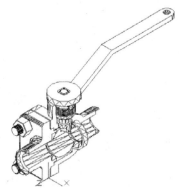

图 10-176　1/2 剖切视图

图 10-177　1/4 剖切视图

第 11 章
由三维实体生成二维视图

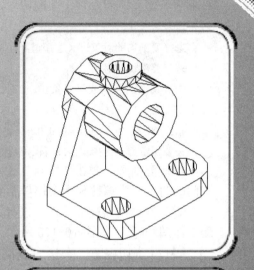

在第 10 章中介绍了利用 AutoCAD 2018 创建三维实体模型的命令及方法，并创建了阀盖的三维实体模型，那么我们能否根据已有的三维实体模型来获得它们的二维视图呢？答案是肯定的。本章将介绍利用 AutoCAD 2018 所提供的一些命令，由三维实体模型生成二维视图的方法。

知识点

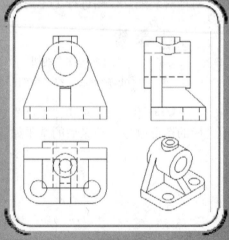

❏　　由三维实体生成三视图

❏　　由三维实体生成剖视图

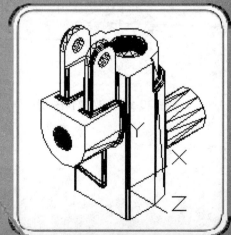

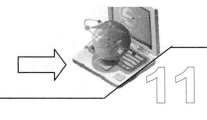
11.1 由三维实体生成三视图

在 AutoCAD 2018 中，由三维实体模型生成二维视图可以采用以下两种方法：

1) 用 VPORTS 或 MVIEW 命令，在图纸空间中创建多个二维视图视口，然后使用创建实体轮廓线命令 SOLPROF，在每个视口中分别生成实体模型的轮廓线。

2) 用创建实体视图命令 SOLVIEW，在图纸空间中生成实体模型的各个二维视图视口，然后使用创建实体图形命令 SOLDRAW（该命令仅适用于 SOLVIEW 命令创建的视口），在每个视口中分别生成实体模型的轮廓线。

11.1.1 创建实体视图命令 SOLVIEW

1. 执行方式

命令行：SOLVIEW。

菜单栏：选择"绘图"→"建模"→"设置"→"视图"命令。

2. 操作格式

命令：SOLVIEW✓

正在重生成布局。

重生成模型 – 缓存视口。

输入选项 [UCS(U)/正交(O)/辅助(A)/截面(S)]：

3. 选项说明

（1）UCS(U)：基于当前 UCS 或保存的 UCS 创建新视口。视口中的视图是三维实体模型在平行于 XY 平面（X 轴指向右，Y 轴垂直向上）的投影面上投影所得到的平面视图。

（2）正交（O）：根据已生成的视图创建新的正交视图。

（3）辅助（A）：在已生成的视图中指定两个点来定义一个倾斜平面，系统将创建该倾斜平面内的斜视图。

（4）截面（S）：在已生成的视图中指定两个点来定义剖切平面的位置，系统将根据该剖切平面创建剖视图。

利用 SOLVIEW 命令创建浮动视口后，系统还将创建多个图层（见表 11-1），分别用于放置视口边框、视口中的可见轮廓线、不可见轮廓线、尺寸标注和填充图案等。

表 11-1 使用 SOLVIEW 命令后自动创建的图层

图层名	对象类型
VPORTS	视口边框
视图名－VIS	可见轮廓线
视图名－HID	不可见轮廓线
视图名－DIM	尺寸标注
视图名－HAT	填充图案

11.1.2 实例——轴承座实体模型

用前面介绍的方法及命令，生成轴承座实体模型（见图 11-1）的三视图及轴测图，如图 11-2 所示。

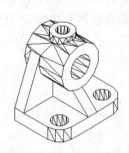

图 11-1　轴承座实体模型

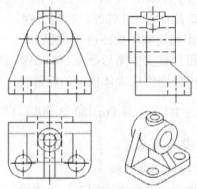

图 11-2　轴承座三视图及轴测图

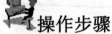 **操作步骤**

01 使用 VPORTS（或 MVIEW）及 SOLPROF 命令。

❶单击"快速访问"工具栏中的"打开"按钮 ⬏，打开随书光盘中的文件：\原始文件\第 11 章\轴承座实体.DWG。单击"打开"按钮，或双击该文件名，即可将该文件打开，将其另存为"轴承座三视图.dwg"。

❷进入图纸空间，删除视口。单击"布局 1"选项卡，进入图纸空间，如图 11-3 所示。单击"默认"选项卡"修改"面板中的"删除"按钮 ✐，命令行提示与操作如下：

> 命令：（删除整个视口）
>
> _erase 选择对象：（单击视口边框上任一点，如图 11-3 所示的"1"点）
>
> 找到 1 个
>
> 选择对象：↙

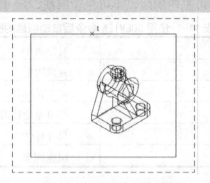

图 11-3　图纸空间中的视口

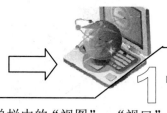

❸使用 VPORTS（或 MVIEW）命令创建多个视口。选择菜单栏中的"视图"→"视口"→"新建视口"，弹出"视口"对话框。在该对话框中如图 11-4 所示设置 4 个视口。设置完成后，单击"确定"按钮。命令行提示与操作如下：

指定第一个角点或［布满(F)］＜布满＞：↙
正在重生成模型

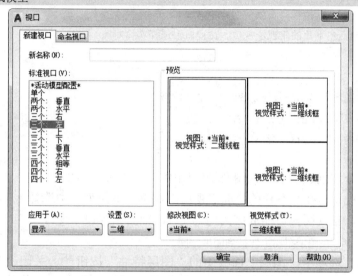

图 11-4　"视口"对话框

结果如图 11-5 所示。

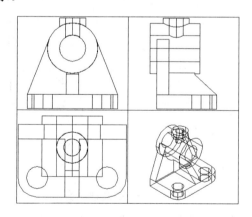

图 11-5　创建多个视口

❹使用 SOLPROF 命令创建实体轮廓线。

命令：MSPACE↙（在图纸布局中切换到模型空间）

命令：SOLPROF↙（创建实体模型的轮廓线）

选择对象：（在左上角的主视图视口中单击鼠标左键，激活该视口，激活后视口边框显示为黑色粗实线。在视口中选择实体对象）

找到 1 个

选择对象：↙

是否在单独的图层中显示隐藏的轮廓线？[是(Y)/否(N)]〈是〉:✓

是否将轮廓线投影到平面？[是(Y)/否(N)]〈是〉:✓

是否删除相切的边？[是(Y)/否(N)]〈是〉:✓

已选定一个实体

命令:✓（继续创建其他视口实体模型的轮廓线）

选择对象:（激活左下角的俯视图视口。在视口中选择实体对象）

找到 1 个

选择对象:✓

是否在单独的图层中显示隐藏的轮廓线？[是(Y)/否(N)]〈是〉:✓

是否将轮廓线投影到平面？[是(Y)/否(N)]〈是〉:✓

是否删除相切的边？[是(Y)/否(N)]〈是〉:✓

已选定一个实体

方法同前，分别创建剩余左视图及轴测图中实体模型的轮廓线。

激活主视图视口，在状态栏的"选定视口的比例"下拉列表中选择1:1，方法同前，分别设置俯视图、左视图视口缩放比例均为1:1，轴测图视口不变。

命令: PSPACE✓（在图纸布局中切换到图纸空间）

单击"默认"选项卡"图层"面板中的"图层特性"按钮，关闭"0"层（该层中为实体模型）和"PH-25D"层（该层中为轴测图不可见轮廓线），并将其余以"PH-"开头的图层的线型设置为"ACAD_ISO02W100"，结果如图11-6所示。

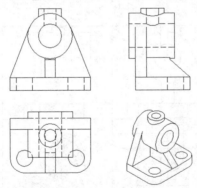

图11-6 三视图及轴测图

单击"默认"选项卡"图层"面板中的"图层特性"按钮，新建一个图层"DHX"，用于绘制三视图中的轴线及对称中心线，设置线型为"ACAD_ISO04W100"，其余不变，并将其设置为当前图层。

单击"默认"选项卡"绘图"面板中的"直线"按钮，画出三视图中的轴线及对称中心线。

❺保存图形。单击"快速访问"工具栏中的"保存"按钮，将图形保存。

02 使用SOLVIEW及SOLDRAW命令。

❶打开图形文件"轴承座实体.dwg"，并将其另存为"轴承座三视图1.dwg"。单击

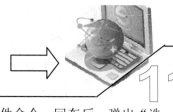

"快速访问"工具栏中的"新建"按钮 🗋，打开已有图形文件命令。回车后，弹出"选择文件"对话框，从中选择保存的"轴承座实体.dwg"文件，单击"打开"按钮，或双击该文件名，即可将该文件打开。选择菜单栏中的"文件"→"另存为"命令，将图形以"轴承座三视图 1.dwg"为义件名保存在指定路径中。

命令:UCS↙（更改用户坐标系）

当前 UCS 名称：*没有名称*

指定 UCS 的原点或［面(F)/命名(NA)/对象(OB)/上一个(P)/视图(V)/世界(W)/X/Y/Z/Z 轴(ZA)］〈世界〉:V↙（更改用户坐标系为视图，即原点不变，XY 平面与屏幕平行）

命令: UCS

当前 UCS 名称：*右视*

指定 UCS 的原点或［面(F)/命名(NA)/对象(OB)/上一个(P)/视图(V)/世界(W)/X/Y/Z/Z 轴(ZA)］〈世界〉: NA↙

输入选项［恢复(R)/保存(S)/删除(D)/?］: S↙

输入保存当前 UCS 的名称或［?］: 轴测↙

❷进入图纸空间，删除视口（方法同前）。

❸使用 SOLVIEW 命令创建视口。

命令: SOLVIEW↙（创建视口命令）

输入选项［UCS(U)/正交(O)/辅助(A)/截面(S)］: U↙（选择用户坐标系）

输入选项［命名(N)/世界(W) /当前(C)］〈当前〉: W↙（使用世界坐标系创建视口）

输入视图比例〈1〉:↙（回车，取默认值）

指定视图中心:（在图纸空间左下角适当位置处单击，确定俯视图视口的中心位置）

指定视图中心〈指定视口〉:↙（回车，指定视口）

指定视口的第一个角点:（指定俯视图视口的左上角点）

指定视口的对角点:（指定俯视图视口的右下角点，这两个点确定了俯视图视口的范围）

输入视图名: 俯视图↙（指定视口的名称）

UCSVIEW = 1 UCS 将与视图一起保存（结果如图 11-7 所示）

输入选项［UCS(U)/正交(O)/辅助(A)/截面(S)］: O↙（选择正交选项，由俯视图视口创建主视图）

指定视口要投影的那一侧:〈对象捕捉 开〉（打开对象捕捉功能，如图 11-7 所示，选择俯视图视口下边框的中点"1"）

指定视图中心:（在俯视图视口上方适当位置处单击，确定主视图视口的中心位置）

指定视图中心〈指定视口〉:↙

指定视口的第一个角点:（指定主视图视口的左上角点）

指定视口的对角点:（指定主视图视口的左上角点）

输入视图名: 主视图↙（指定视口的名称）

UCSVIEW = 1 UCS 将与视图一起保存

输入选项［UCS(U)/正交(O)/辅助(A)/截面(S)］: O↙（选择正交选项，由主视图视口创建左视图）

指定视口要投影的那一侧:（如图 11-8 所示，选择主视图视口左边框的中点"1"）

指定视图中心:（在主视图视口右边适当位置处单击，确定俯视图视口的中心位置）

指定视图中心〈指定视口〉:✓

指定视口的第一个角点:(指定左视图视口的左上角点)

指定视口的对角点:(指定左视图视口的左上角点)

输入视图名:左视图✓（指定视口的名称）

UCSVIEW = 1 UCS 将与视图一起保存（结果如图 11-9 所示）

输入选项［UCS(U)/正交(O)/辅助(A)/截面(S)］:U✓

输入选项［命名(N)/世界(W)/?/当前©]〈当前〉:N✓（使用保存的用户坐标系，创建轴测图视口）

输入要恢复的 UCS 名:轴测✓（输入坐标系名称）

输入视图比例〈1〉:0.7✓（输入视图比例）

指定视图中心:(在左视图视口下方适当位置处单击,确定轴测图视口的中心位置)

指定视图中心〈指定视口〉:✓

指定视口的第一个角点:(指定轴测图视口的左上角点)

指定视口的对角点:(指定轴测图视口的左上角点)

输入视图名:轴测图✓（指定视口的名称）

UCSVIEW = 1 UCS 将与视图一起保存（结果如图 11-10 所示）

输入选项［UCS(U)/正交(O)/辅助(A)/截面(S)］:✓（回车,结束命令）

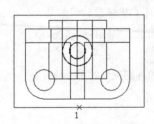

图 11-7　创建的俯视图视口

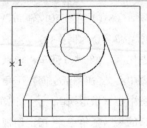

图 11-8　创建的主视图视口

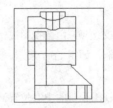

图 11-9　创建的左视图视口

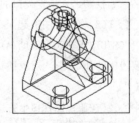

图 11-10　创建的轴测图视口

❹在命令行中输入"SOLDRAW"命令，生成实体轮廓线，命令行提示与操作如下：

命令:SOLDRAW✓（创建实体图形命令）

选择要绘图的视口...

选择对象:(分别单击主视图、俯视图、左视图及轴测图视口边框,选择视口)

……

找到 1 个,总计 4 个

选择对象:✓

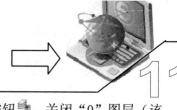

单击"默认"选项卡"图层"面板中的"图层特性"按钮🖼，关闭"0"图层（该图层中为实体模型）、"轴测图-HID"图层（该图层中为轴测图不可见轮廓线）和"VPORTS"图层（该层中为视口边框），并分别将"主视图-HID""俯视图-HID"和"左视图-HID"图层的线型设置为"ACAD_ISO02W100"，结果如图 11-11 所示。

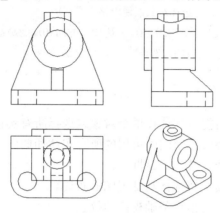

图 11-11　获得的三视图及轴测图

单击"默认"选项卡"图层"面板中的"图层特性"按钮🖼，新建一个图层"DHX"，用于绘制三视图中的轴线及对称中心线，设置线型为"ACAD_ISO04W100"，其余不变，并将其设置为当前图层。

单击"默认"选项卡"绘图"面板中的"直线"按钮╱，画出三视图中的轴线及对称中心线。

如果创建的主视图、俯视图及左视图没有对齐，即不满足"主俯视图长对正、主左视图高平齐、俯左视图宽相等"的原则，则可以使用对齐视图命令 MVSETUP，分别将其对齐。

❺保存图形。单击"快速访问"工具栏中的"保存"按钮🖫。

11.2　创建视图

11.2.1　基础视图

从模型空间或 Autodesk Inventor 模型创建基础视图。基础视图是指在图形中创建的第一个视图。其他所有视图都源于基础视图。基础视图中包含模型空间中所有可见的实体和曲面。如果模型空间不包含任何可见实体或曲面，将显示"选择文件"对话框，以使用户可以选择 Inventor 模型。

1. 执行方式

命令行：VIEWBASE。

功能区：单击"布局"选项卡"创建视图"面板中的"基点"按钮🖵。

2. 操作格式

命令：VIEWBASE↙

指定模型源［模型空间(M)/文件(F)]〈模型空间〉：（输入选项）

输入要置为当前的新的或现有布局名称或［?]〈布局 1〉：（指定名称或接受选项）

选择对象或［整个模型(E)]：（选择对象或使用整个模型）

指定基础视图的位置或［类型(T)/选择(E)/表达(R)/方向(O)/隐藏线(H)/比例(S)/可见性(V)/移动(M)/退出(X)]〈类型〉：（指定点或输入选项）

3. 选项说明

（1）模型空间

① 模型空间中，系统将提示您选择单个对象或选择所有实体和曲面。

② 布局中，系统将选择模型空间中可用的所有实体和曲面并指定基础视图的位置。

（2）文件：打开"选择文件"对话框。

① 模型空间中系统将提示您选择基础视图的布局。

② 布局中，系统将提示您指定基础视图的位置。

（3）选择

① 如果模型空间不包含任何可见实体或曲面，将显示"选择文件"对话框，以使用户可以选择 Inventor 模型。

② 基础视图包含模型空间中所有可用的实体和曲面。可以使用"选择"选项从基础视图排除实体和曲面。

（4）类型：指定在创建基础视图后是退出命令还是继续创建投影视图。

（5）表达：显示表达类型，您可以选择要显示在基础视图中的表达。

（6）方向：指定要用于基础视图的方向。

要为模型使用模型空间中的相同方向，可以选择当前选项。否则，可以从图 11-12 所示的方向中选择。

（7）隐藏线：指定要用于基础视图的显示样式，如图 11-13 所示。

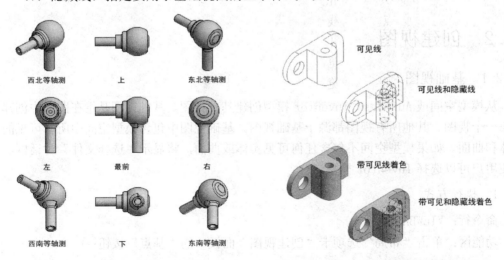

图 11-12　视图的方向　　　　　　　　图 11-13　隐藏线显示样式

446

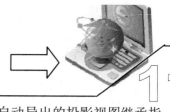

（8）比例：指定要用于基础视图的绝对比例。从此视图自动导出的投影视图继承指定的比例。

（9）可见性：显示要为基础视图设置的可见性选项。对象可见性选项是特定于模型的，某些选项在选定的模型中可能不可用。

（10）移动：将其放置在绘图区域中，可以移动基础视图，而无需强制退出该命令。

（11）退出：返回上一提示或完成命令，具体取决于选项在命令循环中的显示位置。

11.2.2　投影视图

从现有工程视图创建一个或多个投影视图。投影视图继承父视图的比例、显示设置和对齐。不能使用过期的工程视图或无法读取的工程视图作为父视图。

退出该命令后，显示"已成功创建 n 个投影视图"提示。

1. 执行方式

命令行：VIEWPROJ。

功能区：单击"布局"选项卡"创建视图"面板中的"投影"按钮。

快捷菜单：选择工程视图作为父视图，在绘图区域中单击鼠标右键，然后单击"创建视图"→"投影视图"。

2. 操作格式

命令：WPROJ↙

选择父视图：（单击视图以用作父视图）

指定投影视图位置：（投影类型取决于放置投影视图的位置。以所需的方向拖动预览。随着您靠近正交视图位置，预览捕捉到位。单击以放置该视图。提示将一直重复，直到选择退出选项）

11.2.3　截面视图

创建选定三维模型的截面视图。

创建选定的 AutoCAD 或 Inventor 三维模型的截面视图。如果"推断约束"处于启用状态，将基于对象捕捉点将剖切线约束到父视图几何图形。当"推断约束"处于禁用状态时，不会将剖切线约束到父视图几何图形，但是可以在创建截面视图后手动添加约束。

一旦指定了剖切线，截面预览以及按字母顺序排序的截面标签标识符将附着到光标上。默认情况下，截面视图的预览将与剖切线的第一段或最后一段对齐，具体取决于与父视图和剖切线相对的光标位置。将显示从父视图中心绘制的且与剖切线垂直的对齐指示线。按 Shift 键可打断对齐。

程序始终从图形中确定下一个可用截面标签。默认情况下，将排除标签 I、O、Q、S、X 和 Z，但可以手动覆盖这些标签。可以在"截面视图样式管理器"对话框中指定要排除的字母。

1. 执行方式

命令行：VIEWSECTION。

功能区：单击"布局"选项卡"创建视图"面板中的"截面"按钮。

快捷菜单：在父视图上单击鼠标右键，然后选择"创建视图"→"截面视图"。

2. 操作格式

命令：WSECTION↙

选择父视图：（为截面详图选择一个视图）

指定起点或 [类型(T)/表达(R)/隐藏线(H)/比例(S)/可见性(V)/注释(A)/图案填充(C)/退出(X)]〈类型〉：（指定剖切线的起点或输入选项）

3. 选项说明

（1）类型：截面视图的类型。可供查看的选项取决于所选的类型。

① 全剖：使用完整的视图进行剖切。

② 半剖：指定一半的视图用于剖切。一旦指定了剖切线的端点，截面预览以及按字母顺序排序的截面标签标识符将附着到光标上。

③ 阶梯剖：指定由截面指定的偏移将用于剪切模型。系统将提示指定下一个点，直到用户选择"完成"。一旦选择了"完成"，截面视图预览以及按字母顺序排序的截面标签标识符将附着到光标上。

④ 旋转剖：指定截面视图始终与第一条或最后一条剖切线垂直对齐。指定第一个点后，系统将提示指定下一个点，直到用户选择"完成"。一旦选择了"完成"，截面视图预览以及按字母顺序排序的截面标签标识符将附着到光标上。

⑤ 对象：指定视图中要用作剖切线的现有几何图形。如果已选定现有几何图形并已创建截面视图，将删除选定的几何图形。从几何图形创建的剖切线将关联到父视图，但它不会约束到视图几何图形。

⑥ 退出：返回到上一个提示而不选择截面类型。

（2）表达：此面板仅当已从 Inventor 模型创建了截面视图时才可见。创建截面视图时，仅可以编辑设计视图的值。

（3）隐藏线：指定截面视图的显示选项。

① 可见线：在仅显示可见线的线框中显示截面视图。

② 可见线和隐藏线：在同时显示可见线和隐藏线的线框中显示截面视图。

③ 带可见线着色：将截面视图显示为着色，且仅显示可见线。

④ 带可见线和隐藏线着色：将截面视图显示为着色，同时显示可见线和隐藏线。

⑤ 从俯视图：显示带有从父基础视图或投影视图继承的特性的截面视图。

（4）比例：指定截面视图的比例。默认情况下，父视图的比例是继承的。

① 输入比例：指定截面视图的比例。

② 来自父视图：指定与父视图相同的比例。这是默认行为。

（5）可见性：指定要为截面视图设置的可见性选项。对象可见性选项是特定于模型的，某些选项在选定的模型中可能不可用。

① 干涉边：打开或关闭干涉边的可见性。打开后，基础视图会显示由于干涉条件而被排除的隐藏边和可见边。

② 相切边：打开或关闭相切边的可见性。打开时，选定的视图显示一条线以表示相

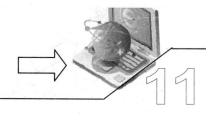

切曲面的相交处。

相切边省略线。缩短相切边的长度，以区别于可见边。此选项仅当相切边处于选中状态时才可用。

③ 折弯范围：打开或关闭钣金折弯范围线的可见性。钣金折弯范围线表示在展开钣金视图中折弯平开或折叠所围绕的变换位置。

此选项仅当相应的模型具有定义的展开钣金视图时才可用。

④ 螺纹特征：打开或关闭螺栓和螺纹孔上的螺纹线的可见性。

⑤ 表达轨迹线：打开或关闭表达轨迹线的可见性。表达轨迹线是分解视图（在表达文件中）中的线，用来显示零部件移动到装配位置所用的方向。

（6）注释

① 标识符：为剖切线和生成的截面视图指定标签。程序始终从图形中确定下一个可用截面标签。默认情况下，将排除标签 I、O、Q、S、X 和 Z，但可以手动覆盖这些标签。可以在"截面视图样式管理器"对话框中指定要排除的字母。

② 标签：指定是否显示截面视图标签文字。

（7）图案填充：指定图案填充是否显示在截面视图中。

（8）退出：返回上一提示或完成命令，具体取决于选项在命令循环中的显示位置。

11.2.4 局部视图

创建部分工程视图的大型局部视图。可以使用圆形或矩形局部视图。此命令仅可用于布局中，因而必须有工程视图

1. 执行方式

命令行：VIEWDETAIL。

功能区：单击"布局"选项卡"创建视图"面板中的"局部"按钮 。

快捷菜单：在父视图上单击鼠标右键，然后选择"创建视图"→"局部视图"。

2. 操作格式

命令：VIEWDETAIL✓

选择父视图：（选择视图以创建局部视图）

指定圆心或 ［表达(R)/隐藏线(H)/比例(S)/可见性(V)/边界(B)/模型边(E)/注释(A)］〈边界〉：（指定局部视图的中心点）

指定边界的尺寸或 ［矩形(R)/放弃(U)］：（使用定点设备指定局部视图边界尺寸，并指定边界类型）

指定局部视图的位置：（使用定点设备来指定放置局部视图的位置）

选择选项 ［表达(R)/隐藏线(H)/比例(S)/可见性(V)/边界(B)/模型边(E)/注释(A)/移动(M)/退出(X)］〈退出〉：

3. 选项说明

（1）表达：此面板仅当已从 Inventor 模型创建局部视图时才可见。在创建局部视图时，仅可以编辑设计视图的值。

（2）隐藏线：指定局部视图的显示选项。

① 可见线：在仅显示可见线的线框中显示局部视图。

② 可见线和隐藏线：在可见线和隐藏线都显示的线框中显示局部视图。

③ 带可见线着色：将局部视图显示为着色，仅显示可见线。

④ 带可见线和隐藏线着色：将局部视图显示为着色，可见线和隐藏线都显示。

⑤ 来自父视图：显示具有从父视图继承的特性的局部视图。

（3）比例：指定局部视图的比例。默认情况下，局部视图的比例将是父视图的两倍或是功能区中"外观"面板上的"比例"列表中的下一个较大值。

① 输入比例：输入局部视图的比例。

② 来自父视图：指定与父视图相同的比例。

（4）可见性：指定要为局部视图设置的可见性选项。对象可见性选项是模型特定的，而且某些选项可能在选定的模型和从该模型创建的视图中不可用。

① 干涉边：打开或关闭干涉边的可见性。打开后，视图会显示由于干涉条件而被排除的隐藏边和可见边。

② 相切边：打开或关闭相切边的可见性。打开时，视图会显示一条线以表示相切曲面的相交处。相切边省略线。缩短相切边的长度，以区别于可见边。此选项仅当相切边处于选中状态时才可用。

③ 折弯范围：打开或关闭钣金折弯范围线的可见性。钣金折弯范围线表示在展开钣金视图中折弯平开或折叠所围绕的变换位置。此选项仅当相应的模型具有定义的展开钣金视图时才可用。

④ 螺纹特征：打开或关闭螺栓和螺纹孔上的螺纹线的可见性。

⑤ 表达轨迹线：打开或关闭表达轨迹线的可见性。表达轨迹线是分解视图（在表达文件中）中的线，用来显示零部件移动到装配位置所用的方向。

（5）边界：指定局部视图边界类型。

① 圆形：指定用于创建局部视图的圆形边界。这是默认边界类型。如果"推断约束"处于启用状态，则圆形详图边界的中心关联到父视图上的点。如果"推断约束"处于禁用状态，则圆形详图边界的中心不关联到父视图上的点。

② 矩形：指定用于创建局部视图的矩形边界。如果"推断约束"处于启用状态，则矩形详图边界的角关联到父视图上的点。如果"推断约束"处于禁用状态，则矩形详图边界的角不关联到父视图上的点。

（6）注释

① 标识符：为详图边界和生成的局部视图指定标签。程序始终从图形中确定下一个可用局部标签。

② 标签：指定是否显示局部视图标签文字。

（7）模型边

① 平滑：指定局部视图中模型上的裁切线为平滑。

② 平滑带边框：指定局部视图中模型上的裁切线为平滑，而且在局部视图周围绘制边界。

③ 平滑带连接线：指定局部视图中模型上的裁切线为平滑、在局部视图周围绘制边界以及指定将局部视图连接到父视图中的详图边界的引线。

④ 锯齿状：指定局部视图中模型上的裁切线为锯齿状。局部视图没有边框，而且在父视图中的局部视图和详图边界之间没有引线。

（8）移动：将其放置在绘图区域中后，可以移动局部视图，而无需强制退出该命令。

（9）退出：返回上一提示或完成命令，具体取决于选项在命令循环中的显示位置。

11.3 修改视图

11.3.1 编辑视图

1. 执行方式

命令行：VIEWEDIT。

功能区：单击“布局”选项卡“修改视图”面板中的“编辑视图”按钮 。

快捷菜单：选择要编辑的工程视图，在绘图区域中单击鼠标右键，然后选择“编辑视图”。

2. 操作格式

命令：VIEWEDIT↙

选择视图：（单击要编辑的视图）

选择选项 ［选择(S)/表达(R)/隐藏线(H)/比例(S)/可见性(V)/投影(P)/深度(D)/边界(B)/注释(A)/图案填充(C)/退出(X)］〈退出〉：（指定点或输入选项）

3. 选项说明

（1）选择

① 模型空间选择：切换到模型空间以选择要在布局中使用的实体和曲面。

② 返回到布局：切换到包含工程视图的布局。

（2）表达：指定表达类型，可以选择要显示在选定视图中的表达。表达仅受 Inventor 模型支持。

（3）隐藏线：指定要用于基础视图的显示样式。

（4）比例：指定用于选定视图的绝对比例。要更改比例，可以从下拉列表中选择标准比例或直接输入非标准比例。默认情况下，投影视图和截面视图继承与父视图相同的比例，局部视图比父视图的比例大一个等级。

（5）可见性：指定要为基础视图设置的可见性选项。

（6）投影：指定截面视图的投影方式是否为正交。

（7）深度：指定剖切线的深度。

（8）边界：指定局部视图边界为圆形还是矩形。默认边界为圆形。

（9）注释

① 标识符：为剖切线及生成的截面视图和详图边界及生成的局部视图指定标签。

程序将从图形中自动确定下一个自由截面视图和局部视图标签。您可以输入自己的标签名称或编号。

② 标签：指定是否显示截面视图或局部视图标签。

③ 模型边：指定局部视图模型的边的样式。

（10）图案填充：指定图案填充是否显示在选定的截面视图或局部视图中。

（11）退出：返回上一提示或完成命令，具体取决于选项在命令循环中的显示位置。

11.3.2　编辑部件

从工程视图中选择部件进行编辑。将光标悬停在工程视图上时可选定的部件将亮显。当前，仅可编辑控制从截面视图包含或排除的特性。

1. 执行方式

命令行：VIEWCOMPONENT。

功能区：单击"布局"选项卡"修改视图"面板中的"编辑部件"按钮。

2. 操作格式

命令：VIEWCOMPONENT↙

选择部件：（从工程视图中拾取部件）

选择截面参与方式：［无(N)/截面(S)/切片(L)］〈截面〉:

3. 选项说明

（1）无：指定在创建此部件的截面视图或局部视图时，该部件没有拆分，而是以其完整的形式显示。

（2）截面：指定在使用截面视图或局部视图时，用户可以剖切选定的部件。

（3）剖切：指定在剖切部件时，将创建一个真正的零深度几何图形。

11.3.3　符号草图

将剖切线和详图边界约束到工程视图几何图形。

1. 执行方式

命令行：VIEWSYMBOLSKETCH。

功能区：单击"布局"选项卡"修改视图"面板中的"符号草图"按钮。

2. 操作格式

命令：VIEWSYMBOLSKETCH

选择截面或详图符号：（拾取要约束的剖切线或详图边界）

选择剖切线或详图边界将在功能区中显示"参数化"选项卡。您可以将几何约束和标注约束添加到剖切线或详图边界，这有助于约束剖切线和详图边界，以便在图形中查看更改时以可预测的方式操作。

如果需要，可以添加其他几何图形来约束符号。该几何图形将被视为该符号的构造几何图形，而且仅在编辑该符号时可见。当退出草图模式或编辑其他符号时，该几何图

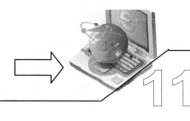
形不可见。

11.4 实例——创建手压阀阀体视图

本实例将如图 11-14 所示的手压阀阀体实体转换成三视图。

图 11-14 手压阀阀体

光盘\动画演示\第 11 章\转换手压阀阀体.avi

操作步骤

01 单击"快速访问"工具栏中的"打开"按钮 �🗁，打开随书光盘中的文件：\
原始文件\第 11 章\手压阀阀体.DWG。选择菜单栏中的"视图"→"视觉样式"→"消隐"
命令，消隐后的手压阀阀体如图 11-14 所示。

02 单击"默认"选项卡"视图"面板中"基点"下拉菜单中的"从模型空间"
按钮 🅰，将手压阀阀体俯视图放置到适当位置。命令行提示与操作如下：

命令：VIEWBASE↙

指定模型源 [模型空间(M)/文件(F)]〈模型空间〉：_M↙

选择对象或 [整个模型(E)]〈整个模型〉：找到 1 个（选择手压阀阀体↙）

选择对象或 [整个模型(E)]〈整个模型〉：

输入要置为当前的新的或现有布局名称或 [?]〈布局1〉：布局2↙

正在重生成布局。

正在重生成布局。

类型 = 基础和投影 隐藏线 = 可见线和隐藏线 比例 = 1:2

指定基础视图的位置或 [类型(T)/选择(E)/方向(O)/隐藏线(H)/比例(S)/可见性(V)]〈类型〉：H
↙

选择样式 [可见线(V)/可见线和隐藏线(I)/带可见性着色(S)/带可见线和隐藏线着色(H)]〈可见
线和隐藏线〉： V↙

指定基础视图的位置或 [类型(T)/选择(E)/方向(O)/隐藏线(H)/比例(S)/可见性(V)]〈类型〉：O
↙

选择方向 [当前(C)/俯视(T)/仰视(B)/左视(L)/右视(R)/前视(F)/后视(BA)/西南等轴测(SW)/
东南等轴测(SE)/东北等轴测(NE)/西北等轴测(NW)]〈前视〉：T↙

指定基础视图的位置或 ［类型(T)/选择(E)/方向(O)/隐藏线(H)/比例(S)/可见性(V)］〈类型〉：
（放置适当位置）

选择选项 ［选择(E)/方向(O)/隐藏线(H)/比例(S)/可见性(V)/移动(M)/退出(X)］〈退出〉：↙

指定投影视图的位置或 〈退出〉：↙

已成功创建基础视图

结果如图 11-15 所示。

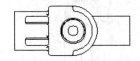

图 11-15 手压阀阀体俯视图

03 单击"布局"选项卡"创建视图"面板中的"截面"按钮，绘制主视图的全剖视图。命令行提示与操作如下：

命令：VIEWSECTION

选择父视图：找到 1 个（选择手压阀阀体俯视图）

隐藏线 = 可见线 比例 = 1:2（来自父视图）

指定起点或 ［类型(T)/隐藏线(H)/比例(S)/可见性(V)/注释(A)/图案填充(C)］〈类型〉：H↙

选择样式 ［可见线(V)/可见线和隐藏线(I)/带可见线着色(S)/带可见线和隐藏线着色(H)/来自父视图(F)］〈可见线〉：V↙

指定起点或 ［类型(T)/隐藏线(H)/比例(S)/可见性(V)/注释(A)/图案填充(C)］〈类型〉：T↙

选择类型 ［全剖(F)/半剖(H)/阶梯剖(OF)/旋转剖(A)/对象(OB)/退出(X)］〈退出〉：F↙

指定起点：（指定手压阀阀体俯视图中左侧直线中的点为起点）

指定端点或 ［放弃(U)］：（指定手压阀阀体俯视图中右侧直线中的点为端点）

指定截面视图的位置或：（指定适当位置）

选择选项 ［隐藏线(H)/比例(S)/可见性(V)/投影(P)/深度(D)/注释(A)/图案填充(C)/移动(M)/退出(X)］〈退出〉：↙

已成功创建截面视图

结果如图 11-16 所示。

04 单击"布局"选项卡"创建视图"面板中的"截面"按钮，以主视图为父视图绘制左视图，命令行提示与操作如下：

命令：_VIEWSECTION

选择父视图：找到 1 个

隐藏线 = 可见线 比例 = 1:2（来自父视图）

指定起点或 ［类型(T)/隐藏线(H)/比例(S)/可见性(V)/剪切(U)/注释(A)/图案填充(C)］〈类型〉：T↙

选择类型 ［全剖(F)/半剖(H)/阶梯剖(OF)/旋转剖(A)/对象(OB)/退出(X)］〈退出〉：H↙

指定起点：

指定下一个点或 ［放弃(U)］：

指定端点或〔放弃(U)〕:

指定截面视图的位置或:

选择选项〔隐藏线(H)/比例(S)/可见性(V)/剪切(U)/投影(P)/深度(D)/注释(A)/图案填充(C)/移动(M)/退出(X)〕〈退出〉:

已成功创建截面视图

结果如图 11-17 所示。

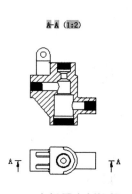

图 11-16　主视图全剖视图

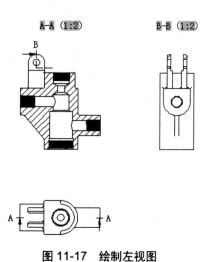

图 11-17　绘制左视图